W0257048

Das Blech
und seine Prüfung

Von

Dr.-Ing. habil. Gerhard Oehler
Professor an der Technischen Hochschule Hannover

Mit 258 Abbildungen
und 12 Tabellen im Text und auf 1 Tafel

Springer-Verlag

Berlin / Göttingen / Heidelberg

1953

Vorwort.

Es bestehen zahlreiche Bücher und wertvolle Veröffentlichungen hervorragender Fachleute von Stahl- und Walzwerken. Daneben wächst die Anzahl der Forschungsarbeiten in Hochschule und Laboratorium über elektrophysikalische und sonstige meßtechnische Verfahren zur Feststellung von Blechdickenabweichungen oder Fehlern im Blech. Über die zahlreichen Prüfmethoden der Umformeignung von Blechen und über seine Bearbeitung selbst finden wir im Fachschrifttum neben Einzelaufsätzen auch größere zusammenfassende Abhandlungen. Ein Buch jedoch, das in der Hand des in der blechverarbeitenden Industrie beschäftigten Betriebsleiters, Werkstattingenieurs und Meisters Auskunft über das Blech und seine Prüfverfahren geben konnte, fehlte bislang.

Selbstverständlich kann ein solches Buch nicht alle Fragen beantworten. Es wurde daher bei der Bearbeitung dieses Buches auf Schrifttumshinweise besonderer Wert gelegt, so daß derjenige, der sich für diese oder jene Sonderfrage interessiert, auf das Spezialschrifttum verwiesen wird. Für fast jeden Unterabschnitt dieses Buches, der nur auf wenigen Seiten ein Gebiet umreißt, bestehen dickleibige Spezialwerke. Deren Studium wird sich in diesem oder jenem Fall bestimmt empfehlen. Ziel dieses Buches ist es, von der wissenschaftlichen Seite, also von der Hochschule her kommend zu dem Mann im Betrieb eine Brücke zu schlagen und ihn mit dem gegenwärtigen Stand der Technik über das Blech und seine Prüfverfahren vertraut zu machen, soweit ihn dies als Blechverarbeiter angeht. Er soll überhaupt erst einmal hören, daß außer der Mikrometerschraube zur Messung der Blechdicke noch zahlreiche weitere Möglichkeiten bekannt sind, und daß mehrere Prüfverfahren nebeneinander bestehen, die dem gleichen Zweck dienen. Er muß wissen, warum und wieso Wolken oder Poren oder Fließfiguren auf der Blechoberfläche erscheinen und wie man diese vermeidet oder einschränken kann und ob und wie ein Blech schweißbar oder lötfähig ist. Dabei ließ sich eine kritische Stellungnahme nicht vermeiden, und man möge mir verzeihen, wenn ich neben den Vorzügen der einzelnen Verfahren auch deren Nachteile nicht verschwiegen habe.

Zu danken habe ich all den Vielen, von denen ich zu diesem Buch so manche Anregung und Hilfe empfing. Zu meinen früheren Erfahrungen als Betriebsleiter und Beratender Ingenieur sowie in der Forschungsstelle Blechbearbeitung am Institut Professor KIENZLES an der T. H. Hannover, konnte ich in der Gemeinschaftsarbeit der letzten Jahre sehr viel hinzulernen, sei es in den Arbeitskreisen der Forschungsgesellschaft Blechbearbeitung, sei es in den von mir geleiteten Kursen der Technischen Akademie Bergisch-Land, sei es auf den Tagungen des ADB- (VDI-) Ausschusses für Kaltformung oder aus den Niederschriften des AWF-Stanzereiausschusses, sei es in Hochschul-Kolloquien oder bei Betriebsberatungen und Werksbesuchen. Es gibt für uns Ingenieure nun einmal nichts Schöneres als die Gemeinschaftsarbeit. Und so wurde hier ein Buch aus der Praxis für die Praxis geschrieben.

Hannover, im Juni 1953.

Gerhard Oehler.

(VDI, VDEh).

Inhaltsverzeichnis.

		Seite
Verzeichnis der Tabellen		VIII
1. Bleche und Bänder für Stanz- und Ziehzwecke		1
1.1 Stahlbleche		2
	1.11 Herstellung	2
	1.12 Äußere Beschaffenheit	12
	1.13 Oberflächenbehandlung zur Erleichterung der Kaltformung	24
	1.14 Legierte Stahlbleche	26
	1.15 Plattierte Stahlbleche	30
	1.16 Verzinnte Stahlbleche (Weißbleche)	34
	1.17 Verzinkte Stahlbleche	36
1.2 Bleche aus Aluminium und Leichtmetallen		37
	1.21 Herstellung	37
	1.22 Bezeichnung der legierten Leichtmetallbleche	39
	1.23 Eigenschaften des Aluminiums und seiner Legierungen	39
	1.24 Aushärtung aushärtbarer Bleche	43
	1.25 Magnesiumlegierungen	44
	1.26 Oberflächenbehandlung	45
	1.27 Plattierte Aluminiumbleche	47
1.3 Kupferbleche		47
1.4 Messingbleche		48
1.5 Bleche aus Zink und Zinklegierungen		50
	1.51 Gießen der Walzplatten	50
	1.52 Walzen der Bleche und Bänder	51
	1.53 Verwendung	53
	1.54 Verarbeitung	53
1.6 Bronzebleche und Bleche aus anderen Metallen		54
1.7 Bleche aus Plexiglas und anderen thermoplastischen Werkstoffen		56
2. Die Verarbeitungsfähigkeit der verschiedenen Bleche		57
2.1 Die Verarbeitung von Blechen unter Schnittwerkzeugen		57
2.2 Die Verarbeitung von Blechen unter Biegewerkzeugen		59
2.3 Verarbeitung der Bleche beim Tiefziehen		63
2.4 Das Schweißen der Bleche		69
	2.41 Stahlbleche	69
	2.42 Aluminium- und andere Leichtmetallbleche	81
	2.43 Kupferbleche	85
	2.44 Messing- und Bronzebleche	86
	2.45 Zink- und Zinklegierungsbleche	87

		Seite
2.5	Das Löten von Blechen	89
	2.51 Stahlbleche	89
	2.52 Weißblech	96
	2.53 Aluminium- und andere Leichtmetallbleche	97
	2.54 Kupferblech	100
	2.55 Messing- und Bronzebleche	100
	2.56 Zink- und Zinklegierungsbleche	101
2.6	Anstriche und ihre Prüfung	102
2.7	Emailüberzüge und ihre Prüfung	109
3.	**Die Blechdicke**	**120**
3.1	Blechdickentoleranzen	120
3.2	Einfluß der Parallelitätstoleranz auf das Ziehergebnis	122
3.3	Präzisionstoleranzen	127
3.4	Blechdickenmessung	128
	3.41 Messungen am ruhenden Teil	128
	3.42 Messungen am bewegten Blech oder Band	138
	3.43 Blechdickenmessung an umgeformten Teilen	152
	3.44 Umfangsmessung an umgeformten Blechteilen	152
4.	**Prüfung der Festigkeit von Blechen**	**154**
4.1	Härteprüfung	154
	4.11 Kugeldruckprobe	154
	4.12 Vickers-Härteprobe	155
	4.13 Doppel-Vickersprobe	155
	4.14 Rockwellprüfung	155
4.2	Ermittelung von Dehnung, Bruch- und Streckgrenze	157
	4.21 Zerreißversuch	157
	4.22 Keilzugversuch ohne Ziehdüse	161
	4.23 Keilzugversuch mit Ziehdüse	161
	4.24 Tiefungszerreißversuch	163
4.3	Scherfestigkeit	165
	4.31 Scherkraftmesser	165
	4.32 Kraftwegschreiber für Blechuntersuchungen	166
4.4	Biegefähigkeit	167
	4.41 Hin- und Herbiegeprobe	167
	4.42 Wangenprüfgerät nach ARHELGER	168
	4.43 Querkraftfreie Biegeprobe nach WOLTER	169
	4.44 Abkantversuch nach DIN 9003	171
	4.45 Abkantversuch nach GÜTH	171
	4.46 Trapez-Freibiegeprobe	172
	4.47 Faltversuch und Doppelfaltversuch	173
	4.48 Sonstige Biegeprüfungen	174
	4.49 Ermittelung der Rückfederung beim Biegen	178
4.5	Eignung zur ziehtechnischen Umformung	180
	4.51 Einbeulverfahren	180

Seite

4.52 Napfziehversuch 188
4.53 Schlag-Napfzugverfahren mit anschließender Napfaufweitung . 198
4.54 Lochaufweitungsverfahren 202
4.55 Streckziehprüfung 205

4.6 Schweißbarkeit und Festigkeit der Schweißnaht 207
4.61 Schweißnahttiefungsversuch 207
4.62 Schweißnahtbiegeversuch 207
4.63 Punktschweißverbindung 209
4.64 Schweißrissigkeit 210
4.65 Zyglo-Verfahren 210

4.7 Dauerfestigkeit 213

4.8 Warmfestigkeit 215

4.9 Alterungsanfälligkeit 216

5. Sonstige Blechprüfungen 219

5.1 Chemische Analyse 219
5.11 Analyse an Stahlblechen 219
5.12 Analyse an Messing- und Bronzeblechen 224
5.13 Tüpfelproben, insbesondere an Leichtmetallblechen 225
5.14 Weitere chemische Prüfverfahren 226

5.2 Metallographische Prüfung 227
5.21 Vorbereitung des Schliffes 227
5.22 Herstellung der Ätzung 230
5.23 Beispiele für die Anwendung 234
5.24 Plastizometeruntersuchungen 240

5.3 Zerstörungsfreie Blechprüfverfahren 246
5.31 Röntgenstrahlen 246
5.32 Ultraschall 259
5.33 Induktive Prüfverfahren 266

5.4 Kornorientierung und magnetische Eigenschaften 267
5.41 Torsions-Magnetometer 267
5.42 Epsteingerät und Ferrometer 270
5.43 Vektormesser 275

5.5 Oberflächenrauhigkeit 277
5.51 Öltropfenprobe 277
5.52 Tastschnittgerät 278
5.53 Andere Oberflächenprüfverfahren 284

DIN - Blatt-Verzeichnis für Prüfverfahren 287

Schrifttum 289

Sachverzeichnis 293

Verzeichnis der Tabellen.

Tabelle	Seite
1 DIN-Vorschriften für Bleche und Bänder	2
2 Amerikanische Blechbezeichnungen mit Werten für τ_B und σ_B	3
3 Phosphatierungsverfahren	25
4 Mechanische Eigenschaften von Leichtmetallblechen und -bändern aus Aluminium und Aluminiumlegierungen	40
5 Mechanische Eigenschaften von Leichtmetallblechen und Bändern aus Magnesiumlegierungen	45
6 Verarbeitungseigenschaften von Blechen (Tafel I)	64/65
7 Schweißverfahren	68
8 Weichlote nach DIN 1730	88
9 Hartlote nach DIN 1733 bis 1735	90
10 Ätzmittel für metallographische Untersuchungen von Blechen	232
11 Vorschriften für Dynamo- und Transformatorenbleche nach DIN 46 400	274
12 Am FORSTER-LEITZ-Gerät an Stahlblechen aufgenommene Rauhigkeitsbilder	280

1. Bleche und Bänder für Stanz- und Ziehzwecke.

Einleitend und zutreffend auch für die anderen Metalle sei an dieser Stelle vorweg betont, daß das Blech nur eine Form des mittels Walzen hergestellten Halbzeuges ist. In der Mengenfertigung kleiner Stanzteile werden neben Blechen auch Bänder — in Abschnitten oft als Stäbe bezeichnet —, zumeist in Breiten von etwa 100 mm, aber zuweilen auch in beachtlichen Breiten bis zu 600 mm und darüber verwendet. Die folgenden Ausführungen über die Eigenschaften der Bleche und ihre Prüfverfahren beziehen sich also auch auf in Bändern gelieferte Werkstoffe, auch wenn hier nur von Blechen der Einfachheit halber geredet wird. Tab. 1 enthält eine Zusammenstellung der einschlägigen DIN-Blätter.

Nicht nur in angloamerikanischen Fachzeitschriften, sondern auch im deutschen Schrifttum finden sich, insbesondere in Referaten über Blechverarbeitungsverfahren, häufig Hinweise auf amerikanische Blechnormbezeichnungen, mit denen der Leser nichts anzufangen weiß. Aus diesem Grund wird in Tab. 2 eine Zusammenstellung der wichtigsten amerikanischen Blechwerkstoffe[1] gebracht mit den in kg/mm^2 umgerechneten Festigkeitswerten und den jeweiligen deutschen Bezeichnungen und Normen. Diese deutschen Werkstoffe stimmen hinsichtlich ihrer legierungsmäßigen Zusammensetzung nicht genau mit den amerikanischen überein. So enthält beispielsweise die amerikanische Legierung 61 S im Gegensatz zur deutschen Legierung Al Mg Si kein Mn, dafür aber geringe Zusätze von Cr und Cu. Auch die anderen Legierungen weichen von den entsprechenden deutschen ab. Weiterhin ist bei den amerikanischen Leichtmetallblechen zu beachten, daß die meist mit einem S endende Kurzbezeichnung nach einem waagerechten Strich auf die Werkstoffbehandlung hinweist. Hierbei bedeuten:

O = weich geglüht, angelassen
¼ H = ¼ hart
½ H = ½ hart
¾ H = ¾ hart
H = $^1/_1$ hart
T = ausgehärtet
RT = ausgehärtet und kalt verformt

---

[1] S. 7 u. 8 des Bliss-Power-Press Handbuches. Toledo 1950. Ferner P. KEEFE: Wrought Al.-Alloys. Materials and Methods Bd. 33 (1951) Nr. 6 S. 89—104.

1.1 Stahlbleche.

1.11 Herstellung.

Der weitaus größte Teil des in Stanzereibetrieben verarbeiteten Werkstoffes sind unlegierte Feinbleche, worunter Stahlbleche mit geringem Kohlenstoffgehalt unter 3 mm Dicke verstanden werden. Je nach Herstellungsart, insbesondere Glüh- und Oberflächenbehandlung, wird in 6 Gruppen unterschieden:

a) Schwarzbleche (St I bis III 23). Sie werden im Gegensatz zu den nächstgenannten im ungebeizten Zustand geliefert, sind im allgemeinen

Tabelle 1. *DIN-Vorschriften für Bleche und Bänder.*

Werkstoff	Gütevorschriften	Abmessungen, Blechdicken und Gewichtsabweichung
Stahl (allgemein)	(1606, 1611, 1669, 17200, 17210)	
Feinblech bis 3 mm . . .	1623	1541
Mittelblech 3 mm bis 5 mm	1622	1542
Grobblech über 5 mm . .	1621	1543, 1620
Kesselblech	17155	—
Bandstahl bis 5 mm kalt gewalzt	1624 (in Änderung)	1544, 59200
— warm gewalzt	—	1016
Siliziumstahlblech	46400	46400
Kupfer	1708	—
— Tafel	—	1752
— Band	—	1792
Kupferlegierungen	1718, 1726	1777 (für Federn)
Al-Bronze	1714	—
Ni-Co-Legierungen	1780 (für Federn)	—
Neusilber-Monel (Cr-Ni-Legierungen)	1727	—
Messing	1709, 1726, 1774 1778 (für Federn)	—
— Tafel	—	1751
— Band	—	1791
Sonder-Messing	—	1777 (für Federn)
Bronze	1779 (für Federn)	—
Zink	1706	—
— Tafel	—	9721
— Band	—	9722
Zinklegierungen	1724	wie bei Zink
Aluminium	1712, 1788	—
— Tafeln	—	1753
— Band	—	1793
Aluminiumlegierungen . .	1725, 1745	—
— Tafeln	—	1783
— Band	—	1784
Magnesiumlegierungen . .	1729	—
— Bleche	9715	9101
Nichteisenmetalle (Prüfvorschriften)	(1781)	—

Tabelle 2. *Amerikanische Blechbezeichnungen mit τ_B- und σ_B-Werten.*

Nr.	Amerikanische Bezeichnung	Entsprechende deutsche Bezeichnung	τ_B lb/sqi	τ_B kg/mm²	σ_B lb/sqi	σ_B kg/mm²
1	2 S—O	Al 99 weich	9 600	6,7	13 000	9,2
2	2 S—1/4 H	Al 99 1/4 hart	10 000	7,1	15 000	10,7
3	2 S—1/2 H } Al + 0,2 Cu + 0,05 Mn + 0,1 Zn	Al 99 1/2 hart	11 000	7,8	17 000	12,1
4	2 S—3/4 H	Al 99 3/4 hart	12 000	8,5	20 000	14,2
5	2 S—H	Al 99 hart	13 000	9,2	24 000	17,0
6	3 S—O	Al Mn weich	11 000	7,8	16 000	11,4
7	3 S—1/4 H	Al Mn 1/4 hart	12 000	8,5	18 000	12,8
8	3 S—1/2 H } Al + 0,2 Cu + 0,7 Fe + 0,6 Si	Al Mn 1/2 hart	14 000	9,9	21 000	14,9
9	3 S—3/4 H + 1,0—1,5 Mn + 0,1 Zn	Al Mn 3/4 hart	15 000	10,7	25 000	17,5
10	3 S—H	Al Mn hart	16 000	11,4	29 000	20,6
11	Alclad 3 S—O (Nr. 6 plattiert mit Nr. 42)	} Al Mn platt. mit { weich	11 000	7,2	16 000	11,4
12	Alclad 3 S—T (Nr. 6 ausgeh. platt. mit Nr. 42)	Al Cu Zn Mn { ausgeh.	16 000	11,4	29 000	20,6
13	4 S—O	Al Mg Mn weich	16 000	11,4	26 000	18,5
14	4 S—H 32 } Al + 0,2 Cu + 0,7 Fe + 0,3 Si +	(entspricht 1/4 hart	17 000	12,0	31 000	22,0
15	4 S—H 34 } 1,0—1,5 Mn + 0,8—1,3 Mg +	KS-Seewasser) 1/2 hart	18 000	12,7	34 000	24,0
16	4 S—H 36 } 0,1 Zn	3/4 hart	20 000	14,2	37 000	26,2
17	4 S—H 38	hart	21 000	14,9	40 000	28,4
18	Alclad 4 S—O (Nr. 13 platt. mit Nr. 42)	Al Mg Mn platt. weich	16 000	11,4	26 000	18,5
19	Alclad 4 S—T (Nr. 13 ausgeh. platt. mit Nr. 42)	Al Mg Mn ausgehärtet	23 000	16,2	46 000	32,8
20	14 S—O } Al + 4—5 Cu + 1 Fe + 0,2—	Al Cu Mg weich	18 000	12,8	27 000	18,2
21	14 S—T 4 } 0,8 Mg + 0,5 Zn + 1 Cr + 0,5 —	Al Cu Mg } ausgehärtet	38 000	27,0	62 000	44,0
22	14 S—T 6 } 1,2 Si + 0,4—1,2 Mn	Al Cu Mg } ausgehärtet	42 000	29,8	70 000	49,6
23	Alclad 14 S—O Al. pl. mit Nr. 38	weich	18 000	12,8	25 000	17,5
24	Alclad 14 S—W	walzhart	40 000	28,4	64 000	45,5
25	Alclad 14 S—T Al. pl. mit Nr. 38	ausgehärtet	42 000	29,8	69 000	49,0
26	17 S—O } Al + 4,4 Cu + 0,8 Si	Al Cu Mg weich	18 000	12,8	26 000	18,5
27	17 S—T } + 0,8 Mn + 0,4 Mg	Al Cu Mg ausgehärtet	36 000	25,6	62 000	44,0
28	24 S O	Al Cu Mg weich	18 000	12,8	27 000	19,2
29	24 S—T } Al + 4 Cu + 0,5 Mn + 0,5 Mg	Al Cu Mg ausgehärtet	41 000	29,1	68 000	48,3
30	24 S—RT	Al Cu Mg ausgehärtet u. kalt verf.	42 000	29,8	73 000	51,8
31	Alclad 24 S—T Al. plattiert	Al Cu Mg ausgehärtet	40 000	28,4	64 000	45,5
32	Alclad 24 S—RT mit Nr. 29/30	Al Cu Mg ausgehärtet u. kalt verf.	41 000	29,1	67 000	47,5
33	52 S—O	Al Mg 3 weich	18 000	12,8	29 000	20,6
34	52 S—1/4 H	Al Mg 3 1/4 hart	20 000	14,2	34 000	24,2
35	52 S—1/2 H } Al + 2,5 Mg + 0,25 Cr	Al Mg 3 1/2 hart	21 000	14,9	37 000	26,3
36	52 S—3/4 H	Al Mg 3 3/4 hart	23 000	16,7	39 000	27,7
37	52 S—H	Al Mg 3 hart	24 000	17,0	41 000	29,1
38	53 S Al + 0,1 Cu + 0,35 Fe + 1,1—1,4 Mg + 0,1 Zn + 0,1 —0,4 Cr	Al Mg Si nur zum Plattieren auf Nr. 23, 24, 25	—	—	—	—
39	61 S—O } Al + 0,25 Cu	Al Mg Si weich	12 500	8,9	18 000	12,8
40	61 S—W } + 0,6 Si + 1 Mg	Al Mg Si walzhart	24 000	17,0	35 000	24,8
41	61 S—T } + 0,25 Cr	Al Mg Si ausgehärtet	30 000	21,3	45 000	32,0
42	72 S Al + 0,1 Cu + 0,5 Fe + 0,1 Mn + 0,7—1,3 Zn	Nur zum Plattieren auf Nr. 11, 12, 18, 19, 45, 46	—	—	—	—
43	75 S—O } Al + 1,6 Cu +	Al Zn Mg weich	23 000	16,7	40 000	28,4
44	75 S—T } 2,5 Mg + 5,7 Zn + 0,3 Cr	Al Zn Mg ausgehärtet	47 000	33,4	88 000	62,5
45	Alclad 75 S—O Al plattiert	Al Zn Mg weich	19 000	13,5	32 000	22,8
46	Alclad 75 S—T mit Nr. 42	Al Zn Mg ausgehärtet	46 000	32,7	76 000	54,0
47	Alclad R 301—0 } Al 99 plattiert mit	Al plattiert weich	18 000	12,7	25 000	17,7
48	Alclad R 301—T 3 } 0,1 Cu + 0,6 Fe + 0,5—	Al plattiert ausgehärtet {	37 000	36,2	62 000	44,0
49	Alclad R 301—T 6 } 0,9 Si + 0,25—0,75 Mn + 0,8—1,2 Mg + 0,1 Cr		41 000	29,0	68 000	48,3
50	150 S—O	Al Mg 1 weich	14 000	10,0	21 000	14,9
51	150 S—H 22 } Al + 0,25 Cu + 0,8 Fe	Al Mg 1 1/4 hart	15 000	10,7	23 500	16,7
52	150 S—H 32 } + 0,5 Si + 0,15 Mn	Al Mg 1 1/2 hart	16 000	11,4	25 500	18,0
53	150 S—H 34 } + 1,0—1,8 Mg + 0,25 Zn	Al Mg 1 3/4 hart	17 000	12,0	28 000	19,8
54	150 S—H 36 } + 0,1 Cr	Al Mg 1 hart	18 000	12,7	30 000	21,3
55	B 505—O	(In Deutschland weich	14 000	10,0	21 000	14,9
56	B 505—H 32 } Al + 0,2 Cu + 0,6 Fe + 0,3 Si	unbekannte 1/4 hart	16 000	11,4	24 500	17,5
57	B 505—H 34 } + 0,1 Mn + 1,0—1,6 Mg	Leichtmetall- 1/2 hart	17 000	12,0	27 500	19,5
58	B 505—H 36 } + 0,25 Zn + 0,1 Cr	Legierung) 3/4 hart	18 000	12,7	29 500	21,0
59	B 505—H 38	hart	19 000	13,5	31 000	22,0
—	Clad oft für Alclad gebraucht.	—	—	—	—	—
60	Cartridge, Cu 70%, Zn 30%, soft	Ms 70 weich	32 000	22,8	47 000	33,4
61	Forging, Cu 60%, Zn 38% Pb 2%, soft	Ms 60 weich	48 000	34,1	60 000	42,6

Tabelle 2 (Fortsetzung).

Nr.	Amerikanische Bezeichnung	Entsprechende deutsche Bezeichnung	τ_B		σ_B	
			lb/sqi	kg/mm²	lb/sqi	kg/mm²
62	Rolled strip and sheet, Cu 65%, Zn 35%, soft	Ms 65 weich	32000	22,7	46000	32,7
63	1/4 hard	Ms 65 1/4 hart	40000	28,4	59000	42,0
64	1/2 hard	Ms 65 1/2 hart	44000	31,2	65000	46,1
65	3/4 hard	Ms 65 3/4 hart	47000	33,4	72000	51,1
66	Hard	Ms 65 hart	50000	35,5	78000	55,5
67	Extra hard	Ms 65 bes. hart	54000	38,4	84000	59,6
68	Spring	Ms 65 federhart	57000	40,5	95000	67,5
69	Britannia metal	Britanniametall[1]	9000	6,4	8000	5,7
70	Bronze, phosphor, grade „A", sheet, annealed	Phosphorbronze geglüht	40000	28,4	55000	39,0
71	Spring temper	Phosphorbronze federhart	65000	46,2	105000	74,5
72	Copper, soft	Cu weich	24000	17,1	32000	22,8
73	Hard	Cu hart	37000	26,2	55000	39,0
74	Cupronickel, Cu 80%, Ni 20%, soft	Cu Ni 80 weich	35000	24,9	48000	34,1
75	Duralumin[2], annealed	Al Cu Mg weichgeglüht	20000	14,2	28000	19,9
76	Gold, 14 carat, soft	Gold, weich	42000	29,8	58000	41,2
77	Gilding metal, Cu 95%, Zn 5%, soft	Ms 95 (Tombak) weich	25000	17,8	35000	24,1
78	Inconel (nickel-chromium-iron-alloy)	Ni 80 Cr (DIN 1727) (80 Ni + 14 Cr + 6 Fe)	59000	34,8	80000	57,0
79	Lead	Blei	3500	2,5	5000	3,5
80	Magnesium Alloys:	Mg-Legierung				
81	Dowmetal[3] C, heat treating	Mg Mn	20000	14,2	40000	28,4
82	Dowmetal G, heat treating	hartgewalzt	19000	13,5	33000	23,4
83	Dowmetal H, heat treating	weich	19000	13,5	40000	28,4
84	Dowmetal J−1, forging	(89,9 Mg + 10 Al + 0,1 Mn)	18000	12,8	38000	27,0
85	Dowmetal J−1, hard-rolled sheet	(91 Mg + 6 Al + 3 Zn + 0,2 Mn)	20000	14,2	42000	29,0
86	Dowmetal J−1, annealed sheet	geglüht	19000	13,5	37000	26,3
87	Dowmetal FS−1, hard rolled sheet	Mg Al 7 hart	19000	13,5	38000	27,0
88	Dowmetal FS−1, annealed sheet	Mg Al 7 weich	17000	12,1	32000	22,8
89	Monel metal, soft	Mg Al 7 weich	50000	35,3	70000	49,7
90	Monel metal, hard rolled sheet	Mg Al 7 hart	65200	46,4	108000	76,6
91	Nickel, annealed	Nickel weich geglüht	53000	37,6	68000	48,3
92	Nickel, hard rolled sheet	Nickel hartgewalzt	75300	53,5	120500	88,5
93	Nickel (German) silver, Ni 18%, Cu 65%, Zn 17%, soft	Neusilber	35000	24,1	58000	41,2
94	Silver, sterling, soft	Silber, weich	27000	19,2	37000	26,3
95	1/2 hard	Silber, 1/2 hart	45000	32,0	65000	46,2
96	Steel, mild	Stahl (DIN 1621)	50000	35,5	60000	42,6
97	Armco iron, annealed	Armco St. gegl.	40000	28,4	45000	32,0
98	Boiler plate	DIN 17155	55000	39,1	70000	49,7
99	Casting	DIN 1681	60000	42,6	70000	49,7
100	Hack-saw blade	W-Bl. 150 C 90 W 3	78000	55,4	105000	74,5
101	Nickel, 3,5%	Einsatzst. DIN 17210	70000	49,7	85000	60,4
102	Silicon[4]	Siliciumstahl DIN 46400	60000	42,6	72000	51,2
103	Stainless[5], 18−8, annealed	18 Cr, geglüht	75000	53,2	95000	67,5
104	Cutlery, knife 410, full hard	+ 8 Ni, vollhart	145000	103,0	170000	120,8
105	Cutlery, fork and spoon 420, 1/4 hard	+ 0,1 C + Fe, 1/4 hart	65000	46,1	85000	60,4

Die Zusammensetzungsangaben für Nr. 89/90: Monel: 63 Ni + 32 Cu + 5 Al. Für Nr. 85/86: 92,5 Mg + 6,5 Al + 0,2 Mn + 0,8 Zn.

[1] Britannia-Metall ist eine Zinnlegierung, die auch in Deutschland unter diesem Namen bekannt ist: 70−94 Sn, 5−24 Sb, 0,2−9 Cu, 0,0−0,5 Zn, 0,0−0,1 Pb.

[2] Duralumin ist ein in vielen Ländern gebräuchliches Markenwort. Die Zusammensetzung nach DIN 1725 ist folgende: 2,2−5 Cu, 0,2−1,8 Mg, 0,3−1,5 Mn, Si bis 1,0 Fe + Ti bis 1,0. Zn bis 0,9.

[3] Dowmetal ist die Bezeichnung für Magnesiumlegierungen der Dow Chemical Co., Midland/Mich. USA. (Oft auch Down-Metal bezeichnet.)

[4] Die Bezeichnung „Silicon" wird im amerikanischen Schrifttum für ganz verschiedene Werkstoffe gebraucht und bedeutet dort an sich nur Silizium. Gemeint ist hier offenbar Silizium-Stahlblech, was auch bei uns als Dynamoblech oder Trafoblech je nach Si-Gehalt bezeichnet wird. In den USA werden mit Silicon aber auch siliziumhaltige Messinglegierungen, Bronzen oder gar Leichtmetallegierungen bezeichnet.

[5] Die rostfreien Bleche dieser Gruppe „Stainless" sind in Werkstoffblatt 400 VDEh beschrieben.

Tabelle 2 (Fortsetzung).

Nr.	Amerikanische Bezeichnung	Entsprechende deutsche Bezeichnung	τ_B		σ_B	
			lb/sqi	kg/mm²	lb/sqi	kg/mm²
106	Wrought iron	Schweißstahl	40 000	28,4	48 000	34,1
107	Structural[1]	57 Cu + 40 Zn + 3 Al	45 000	32,0	60 000	42,6
108	Rolled strip and sheet, soft, extra deep drawing	DIN 1624	41 000	29,1	48 000	34,1
109	Soft, deep drawing	St VIII —1623 weich	42 000	29,8	53 000	37,7
110	1/4 hard	DIN 1623 1/4 hart	45 000	32,0	60 000	42,6
111	1/2 hard	DIN 1623 1/2 hart	50 000	35,5	72 000	51,2
112	Hard	DIN 1623 hart	61 000	43,4	92 000	65,4
113	S A E, 1010, cold rolled	C 10 DIN 17210	42 000	29,9	56 000	39,8
114	1015, cold rolled	C 15 DIN 17210	50 000	35,5	67 000	47,6
115	1020, cold rolled	} C 22 DIN 17200	52 000	37,0	69 000	49,0
116	1025, cold rolled		60 000	42,6	80 000	56,9
117	1030, cold rolled	C 35 DIN 17200	63 000	44,8	85 000	60,4
118	1040, cold rolled	C 45 DIN 17200	73 000	51,9	100 000	71,0
119	1050, cold rolled	C 45 —60 DIN 17200	82 000	58,2	110 000	78,1
120	1075, hot rolled	C 75 Werkst. Bl. 150	78 000	55,4	103 000	73,1
121	1095, hot rolled	C 85 W 2, C 90 W 3	80 000	56,8	106 000	75,2
122	Zinc, commercial	Zinkbl. Handelsgüte	19 000	13,5	23 000	16,4
123	Drawing	Zinkbl. Ziehgüte	16 000	11,4	20 000	14,2

[1] Die Bezeichnung „Structural" findet man für die verschiedensten Werkstoffe. Gemeint ist hier offenbar eine Structuralbronze. Daneben gibt es aber auch Structural-Silizium-Stähle und aushärtbare Structural-Leichtmetalllegierungen.

für Ziehzwecke ungeeignet und werden daher in Stanzereien seltener verwendet.

b) Ziehbleche (St V und VI 23). Weder an die Oberfläche noch an die Umformung werden besondere Ansprüche gestellt, so daß dieses Blech für flache, einfache Ziehteile mit mäßig rauher und emaillierfähiger Oberfläche jedoch für eigentliche Tiefzüge kaum in Betracht kommt. Bei St VI 23 ist die Oberflächenbeschaffenheit etwas besser als bei St V 23 und entspricht insoweit eher den St VII 23-Blechen.

c) Tiefziehbleche (St VII 23). Normale Tiefziehgüte mit geglätteter Oberfläche, die aber noch kleine Poren und Narben enthalten darf.

d) Sondertiefziehbleche (St VIII 23 t und k). Die Ziehgüte von St VIII 23 t ist etwa die gleiche wie beim Tiefziehblech St VII 23, nur ist die Oberfläche einwandfrei matt oder blank. Hingegen ist bei VIII 23 k die Oberfläche etwa die gleiche wie bei St VII 23. Dafür ist aber eine für Stahlbleche höchst erreichbare Tiefziehfähigkeit möglich.

e) Bekleidungsbleche (St IX 23). Sie sind für Ziehbeanspruchungen wenig geeignet. Es wird hier vielmehr auf eine einwandfrei matte oder blanke Oberfläche Wert gelegt, die ohne besondere Schleif- und Poliervorgänge empfindliche Veredelungsverfahren (Elektrogalvanik, Tauchlackierung) gestattet.

f) Karosseriebleche (St X 23). Ihre Oberfläche ist einwandfrei matt oder blank. Dabei ermöglichen die Karosseriebleche eine hohe Umformung, kommen insoweit den Blechen St VIII 23 k an Ziehgüte gleich.

Neben den Feinblechen bis zu 3 mm Dicke werden Bleche eines Dickenbereiches von 3 bis 5 mm als Mittelbleche und noch dickere Bleche als Grobbleche bezeichnet. Die Tab. 1 und 6 zu S. 2 und 57 enthalten wichtige technische Angaben über die Stahlbleche, insbesondere auch Hinweise auf die dafür geltenden DIN-Vorschriften.

Zum größten Teil wird der zur Feinblechherstellung erforderliche Stahl im Siemens-Martin-Ofen erschmolzen und in Kokillen gegossen, in denen er zu Rohblöcken nach der Abkühlung erstarrt. Hierbei müssen für Qualitätsbleche, worunter Stähle der Gruppen St V bis X 23 verstanden werden, besondere Schmelzanalysen vorgeschrieben werden. Dabei sind die C-, P-, S- und Si-Gehalte so gering als möglich zu halten. Die C-, aber insbesondere die P- und S-Gehalte, welche beiden letztere für ein gut ziehfähiges Blech nicht mehr als je 0,04% ausmachen dürfen, sind für die Bildung von Seigerungen und Einschlüssen ursächlich und führen zu den so gefürchteten Doppelungen. Silizium erhöht die Festigkeit und setzt somit die Dehnung, also die Umformfähigkeit herab. Das gleiche gilt von Kupfer, das erst seit Verwendung von schlecht sortiertem Kriegsschrott unangenehm als unerwünschter Eisenbegleiter in Anteilen von über 0,20% auftritt[1]. Außerdem ergeben sich Schwierigkeiten beim Beizen, wo es zu schwer entfernbaren braunfleckigen Niederschlägen führt. Schließlich stören bereits kleine Cu-Gehalte beim Verzinnen, also auch bei der Herstellung von Weißblechen, die Bildung einer Eisen–Zinn-Legierung. Da Teile aus Tiefziehstahlblech sowieso meist korrosionsschützende Überzüge erhalten, ist der Vorteil eines Cu-Gehaltes als Korrosionsschutz hier unwesentlich. Neben Kupfer gelten auch die durch den Schrott eingebrachten Nickel-[2] und Chromgehalte als sehr unerwünschte Eisenbegleiter im Ziehblech, da sie die Tiefziehfähigkeit herabsetzen. Außerdem verursacht Chrom Schwierigkeiten beim Schweißen und Emaillieren, weil es schwer schmelzende Oxyde bildet und ein chromhaltiger Zunder sich im Email schlechter auflöst.

Es wird bei Tiefziehblechen häufig von beruhigt und unberuhigt vergossenen Stählen gesprochen. Beim normalen oder unberuhigten Stahl sind Einschlüsse frei werdender CO-Gase im Block gleichmäßig verteilt. Insbesondere bildet sich eine Randzone solcher Einschlüsse in der unteren Blockhälfte. Diese Kohlenoxydbildung wird wesentlich eingeschränkt, indem der im Stahl gelöste Sauerstoff durch Zugabe kleiner Mengen Silizium oder Aluminium hieran bevorzugt gebunden wird und nicht mehr Gelegenheit zur CO-Gasbildung findet. Durch

---

[1] EISENKOLB, F.: Einfluß des Kupfergehaltes auf die mechanischen Eigenschaften von Feinblechen. Technik Bd. 5 (1950) Nr. 1 S. 13—15.

[2] BENNEK, H.: Einfluß kleinster Beimengungen von Cu und Ni auf unlegierte Stähle. Stahl u. Eisen Bd. 55 (1935) S. 160—164.

Wegfall dieser Gasbildung, die starkes Sprühen und Wallen des flüssigen, in die Kokillen einströmenden Stahles verursacht, erfolgt die Erstarrung ruhiger, daher die Bezeichnung beruhigter Stahl. An Stelle der zahlreichen kleineren Gasblasen im Block des unberuhigten Stahles finden sich nur wenige größere Gasblasen im oberen Teil des beruhigt vergossenen Blockes, die mit dem Abtrennen des Blockkopfes für den kommenden Walzprozeß ausgeschieden werden. Dies spricht unbedingt für den beruhigt vergossenen Stahl. Immerhin sind die Ansichten der Fachleute geteilt. In USA, wo zur Verarbeitung reinere Erze als bei uns gelangen, wird im Gegensatz zu Europa der unberuhigt vergossene Stahl auch für die Blechherstellung bevorzugt. Fein verteilte zahlreiche Hohlräume allerdings nur kleinen Ausmaßes lassen sich bei starken Walzdrücken und hohen Walztemperaturen ganz gut verschweißen. Sie verschwinden dann, während die Beigaben von Tonerde und SiO_2 im Stahl bleiben und insbesondere der letztgenannte Eisenbegleiter für einen Stahl hoher Dehnung und Umformfähigkeit unerwünscht ist.

In letzter Zeit haben außer den Siemens-Martin-Stählen phosphorarme Thomasstähle an Bedeutung gewonnen, die unter der Bezeichnung PN- oder ALTO-Stahl bekannt sind und weniger Stickstoff als die sonst üblichen Thomasstähle enthalten[1]. Hierbei werden die Stähle mit sauerstoffangereichertem Wind oder mit Gemischen davon mit Dampf- oder Kohlensäure erblasen. Die Entwicklung dieser Stähle, von denen man sich eine gleich gute Tiefzieheignung wie bei den bisher bekannten SM-Stählen verspricht, ist noch nicht abgeschlossen.

Die erstarrten Blöcke werden teilweise zwecks Säuberung außen gehobelt oder abgedreht oder geflammt. Äußerlich erkennbare Einschlüsse oder Seigerungsstellen werden ausgebohrt. Zum Auswalzen von Qualitätsblechen kommen die mittleren Blockpartien in Betracht, die oberen und unteren genügen nur für Handelsbleche[2].

Zumeist werden die Rohblöcke zu sogenannten Platinenadern warm ausgewalzt, wie dies in Abb. 1 dargestellt ist[3]. Teilweise werden aber auch die Blöcke erst auf Blockstraßen zu kleineren Dimensionen vorgeblockt und in gleicher Hitze, seltener erst nach Wiedererwärmung auf einer Platinenstraße ausgewalzt. In den USA und während des Krieges auch in Deutschland wurden sogar Blöcke größeren Querschnittes in der Gießhitze auf Blockstraßen und Platinenstraßen in

---

[1] KLEIN, O.: Blechgüten. Mitt. Forsch.-Ges. Blechverarb. Nr. 36 v. 30. 11. 1950 S. 3.

[2] Über die Blockauswahl und Verwertung der verschiedenen Höhenschichten von Rohblöcken siehe F. EISENKOLB: Die Stahlauswahl für Tiefziehbleche. Arch. Metallkde. Bd. 2 (1948) S. 223 Abb. 9.

[3] Die Photos zu Abb. 1 bis 4 und 247 bis 249 wurden von den Stahlwerken Bochum AG zur Verfügung gestellt.

Abb. 1. Auswalzen von Platinen.

Tandemanordnung ausgewalzt. Dies ist das wirtschaftlich günstigste Verfahren, neben dem als weitere Vorteile eine weitgehende Durchknetung des Werkstoffes und ein dichtes gasblasenfreies Gefüge zu nennen sind. Es besteht z. Z. Aussicht auf die Neuerstellung einer solchen Breitbandanlage in Deutschland an Stelle der inzwischen demontierten.

Die Platine ist der Ausgangspunkt für die Stahlblechherstellung. Sie ist etwa 0,25 m breit. Ihre Dicke richtet sich nach dem endgültigen Blechtafelformat und der gewünschten Blechdicke. Sie wird bei Herstellung hochwertiger Bleche nach dem Walzvorgang gebeizt und anschließend in gasbeheizten Öfen auf etwa 1000° C in neutraler, besser leicht reduzierender Ofenatmosphäre geglüht. Diese so erhitzte Platine wird dann zum Vorblech, was auch als Sturz bezeichnet wird, auf die reichliche halbe endgültige Tafellänge ausgewalzt. Das Vorblech wird bei hochwertiger Blechgüte gebeizt, bei gewöhnlichen Blechen wird darauf verzichtet.

Jetzt werden die Vorbleche auf knapp 1000 °C, zuweilen auch nur bis 900° C vorgewärmt und zu Rohblechen ausgewalzt. Abb. 2 stellt das Warmwalzen von Blechen unter einem Trio-Vorgerüst einer mecha-

Abb. 2. Trio-Vorgerüst einer mechanisierten Straße.

nisierten Straße dar. Dabei werden im allgemeinen die Vorbleche zu mehreren Tafeln gemeinsam gewalzt. Bei diesem sogenannten „Walzen in Paketen" müssen die Vorbleche gut zueinander passen. Dicke Bleche werden einzeln und nicht in Paketen gewalzt. Das Auswalzen bis zum Sturz geschieht immer im Warmwalzverfahren unter Dreiwalzengerüsten oder unter Zweiwalzengerüsten. Das weitere Herunterwalzen erfolgt teilweise im Kaltwalzverfahren. Es leuchtet ein, daß die zur Kaltstreckung des Werkstoffes notwendigen Drücke erheblich höher als im Warmwalzverfahren sind. Hier werden meistens Dreiwalzengerüste verwendet. Der erste Stich bzw. erste Walzvorgang unter dem Kaltwalzwerk streckt den Werkstoff am meisten, während die nachfolgenden Stiche ihn weniger strecken und dabei außerordentlich härten, so daß das Blech spröde wird und an Dehnung verliert, also zur Umformung, insbesondere zum Tiefziehen, ungeeignet wird. Aus diesem Grunde müssen die Bleche durch Normalglüharbeitsgänge [1] (Normalisieren) wieder erweicht werden. Abb. 3 zeigt einen Balkenherd-Normalisierofen.

Abb. 3. Balkenherd-Normalisierofen in der Glüherei.

Die einfachen und billigeren Bleche, die sogenannten Schwarzbleche oder Handelsbleche, sind im allgemeinen nach einem kurzen Glühen in Paketen im Flammofen und nachträglichem Richten fertig. Dies gilt insbesondere für St I 23. Nicht viel anders ist die Behandlung der Rohbleche nach St II 23. Nur erfolgt dort das Glühen nicht im Flammofen, sondern unter Luftabschluß in Kisten im Kanalglühofen. Man spricht hier von sogenannten kistengeglühten Blechen. Die Qualität ist kaum besser als bei St I 23. Nur erhält das Feinblech eine glattere äußere Oberfläche. Bei St III 23 wird das Blech gleichfalls kistengeglüht, und zwar zumeist in mechanisch arbeitenden Glühöfen. Das Vor-

---

[1] Unter Normalisieren wird ein Glühen bis über die Umwandlungstemperatur, also für Stahlblech bis auf etwa 900° mit schneller Abkühlung bis auf etwa 700° im Ofen verstanden. Siehe hierzu auch E. MARKE: Glühen von Qualitätsfeinblechen. Stahl u. Eisen Bd. 52 (1932) Heft 11 S. 262 bis 266. — Einfluß des Walzens und Glühens bei verschiedenen Temperaturen. Arch. Eisenhüttenkunde E/30—2 1928 Heft 3 S. 1—8.

material — SM- oder Thomasstahl — unterliegt je nach dem Verwendungszweck einer gewissen Auswahl.

Wesentlich mehr interessieren den Stanzereifachmann die Bleche von St V 23 an aufwärts. Hier kommt fast ausschließlich SM-Material in Stanzgüte in Betracht [1]. Dabei werden die Blöcke von vornherein insoweit gereinigt, als ihre Köpfe, in denen sich Lunker und Seiger bilden, abgesägt werden. Nach dem Auswalzen der Blöcke und Vorbleche werden die Rohbleche allseitig beschnitten und normalisiert. Bei St V 23

Abb. 4. Beizanlage in einem Feinblechwalzwerk.

werden nach dem Normalisieren die Bleche gebeizt und getrocknet. Dann erfolgt ein Glättstich in Form eines leichten Kaltwalzens und ein Ausrichten. Damit ist die Herstellung der Feinbleche beendet, welche noch auf grobe Oberflächenfehler, Dicke und Maßhaltigkeit geprüft werden. Bei kistengeglühten Ziehblechen der Gruppe V wird nach dem Warmwalzen, Dressieren und Beizen kistengeglüht unter Luftabschluß. Abb. 4 zeigt die Beizanlage eines Feinblechwerkes. Die Bezeichnung „einmal dekapiert“ und „zweimal dekapiert“ bezieht sich nicht, wie häufig angenommen wird, auf einen zusätzlichen Glüharbeitsgang. Vielmehr versteht man unter doppelt dekapierten Blechen solche, die vor

---

[1] Für St V 23 wird zuweilen noch Thomasmaterial verwendet, doch muß dies besonders bezeichnet werden.

dem Auswalzen zum Rohblech gebeizt werden. Es ist also allein für die Bezeichnung „doppelt dekapiert" das Beizen des Sturzes maßgebend. Sonst gilt die Bezeichnung „einfach dekapiert". St V 23 ist ein einfach dekapiertes, St VI 23 ein doppelt dekapiertes Ziehblech.

Das Stahlblech St VII 23 ist ein Werkstoff, für den bereits ausgesuchte Schmelzen in Frage kommen. Für diese Bleche werden bestimmte Chargenanalysen vorgeschrieben, wonach insbesondere die zulässigen Höchstmengen von Kohlenstoff (bis 0,1%), Mangan (bis 0,4%), Schwefel (bis 0,04%) und Phosphor (bis 0,04%) begrenzt sind. Die Bleche St VII 23 und aufwärts sind sämtlich doppelt dekapiert. Die Bleche für St VII 23 werden nach dem Walzen und Beizen des Sturzes wieder auf 900° erhitzt, auf die endgültige Blechlänge warm gewalzt und fertig beschnitten. Nach dem Normalisieren und Beizen erfolgt ein Polierstich. Dann werden die Bleche gerichtet, auf Maßhaltigkeit kontrolliert und zumeist eingeölt.

Noch peinlicher ist die Auswahl der Chargen für die Herstellung der Feinbleche von St VIII 23 bis St X 23. Die Blöcke werden besonders sorgfältig vorbereitet, bevor sie zum Sturz ausgewalzt werden. Soweit Verunreinigungen des Blockes von außen erkennbar sind, werden diese durch Hobeln oder Ausbohren beseitigt. Nach dem Warmwalzen, Beizen, Weiterwalzen auf $^2/_3$ Fertiglänge, Besäumen, Öffnen der Walzpakete, Normalisieren und Beizen werden die Bleche kalt fertig gewalzt. Im allgemeinen werden sie auch nach dem Glättstich — zuweilen erfolgen mehrere Glättstiche — anschließend kistengeglüht, kalt nachgewalzt und gerichtet.

Damit wäre in großen Zügen die Vorbehandlung und Herstellung der für die Stanzerei in Betracht kommenden Stahlbleche erläutert. Das Glühen erfolgt heute teilweise in Blankglühanlagen, wobei sowohl in Durchlauföfen als auch in Einkammeröfen unter Schutzgas geglüht wird. Nach der letzten Glühung erfolgt bei Feinblechen häufig eine geringe Kaltnachwalzung, die eine Querschnittsabnahme von 0,5 bis 3,0% bewirkt. Ihr Zweck ist eine Einschränkung der Fließfigurenbildung bei der Umformung und eine Verbesserung der Oberflächenglätte. Im allgemeinen herrscht die Ansicht vor, daß bei diesem Walzvorgang wie bei jeder Kaltformung Streckgrenze und Zugfestigkeit erhöht, Dehnung und damit auch die Tiefziehfähigkeit herabgesetzt werden. Dies gilt aber für sehr kleine Querschnittsverminderungen bzw. Abwalzgrade, die etwa bei 0,25% liegen, nicht. Nach EISENKOLB[1] wird angenommen, daß durch eine so geringe Kaltbeanspruchung die Korngrenzen und die Gleitflächen des Gefüges gelockert werden und dadurch der Fließvorgang an

---

[1] EISENKOLB, F.: Einfluß geringer Kaltwalzbeanspruchungen auf die mechanischen Eigenschaften von Feinblechen. Arch. Eisenhüttenw. Bd. 21 (1950) Heft 5/6 S. 197—201.

der Streckgrenze bereits bei geringeren Spannungen einsetzt, als es sonst bei Ausbildung der sogenannten „oberen Streckgrenze" der Fall ist, welche als eine Verzugserscheinung zu betrachten ist. Die Erniedrigung der Streckgrenze wirkt sich vorteilhaft für die Tiefung aus, indem hier das Fließen bereits bei geringeren Spannungen vor sich gehen kann.

1.12 Äußere Beschaffenheit

Die äußere Beschaffenheit des Bleches ist im Hinblick auf die späteren Oberflächenbehandlungsverfahren zuweilen wichtig. Es ist dabei zu unterscheiden zwischen Fehlern, die räumlich hervortreten und solchen, die überhaupt nicht oder nur ganz unwesentlich räumlich in Erscheinung treten, so daß sie bei Emaillieren und Anstreichen verschwinden, hingegen bei galvanotechnischer Behandlung oder empfindlicher Kunstharz-Tauchlackierung (Karosserie!) noch stören. Auf die verschiedenen Oberflächenansprüche bei den einzelnen Stahlblechklassen wurde bereits auf S. 5 eingangs hingewiesen.

1.121 Räumlich hervortretende Blechfehler.

1.1211 Blasen. Oberflächen mit ausgewalzten Blasen[1] weisen auf Gaseinschlüsse hin. Es sind Ausschußbleche. Ursache sind entweder zu geringer Walzdruck oder zu niedrige Temperatur oder beides, so daß die Gasblasen nicht zum Verschweißen gebracht werden, oder ein gar zu lunkerhaltiges Vormaterial. Sogenannte Beizblasen entstehen bei zu langem Beizen von Stahlblechen in Salz- und besonders in Schwefelsäure. Veranlassung sind nichtmetallische

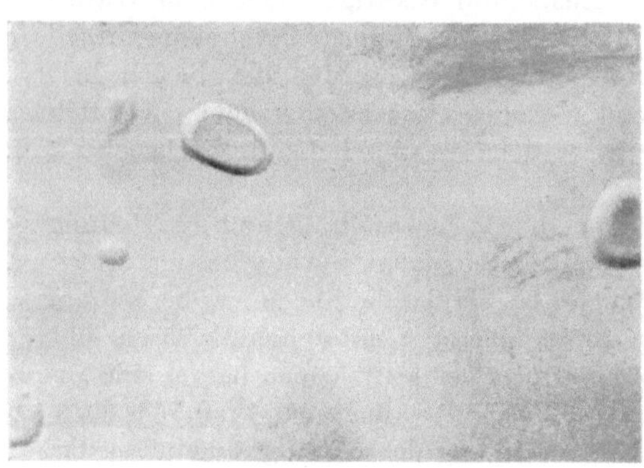
Abb. 5. Ausgewalzte Beizblasen.

Einschlüsse und unverschweißte Gasblasen im Stahl, die insbesondere bei langer Beizdauer sich in der in Abb. 5 ersichtlichen Form zeigen.

1.1212 Mehrfach zerrissene Oberfläche, größere Poren. Desoxydationserzeugnisse, sogenannte Rotschlacke, zuweilen auch in den Block eingedrungene Reste feuerfester Werkstoffe verursachen entsprechend Abb. 6 unterschiedlich tiefe Narben mit harten, oft dunkleren Rändern.

---

[1] MARKE, E.: Oberfläche von Feinblechen. Stahl u. Eisen Bd. 54 (1934) Heft 7 S. 149—152. Diesem Aufsatz sind mit Genehmigung des Verlages Abb. 5 bis 12 und 14 entnommen.

Zuweilen sieht man, wie in Abb. 7 dargestellt, an Stelle großflächiger Narben aneinandergereihte kleine punktförmige Narben in Wellenlinien, sogenannte Wolken[1]. Eine sehr ähnliche Porenbildung wird durch überreichlich vorhandenen Schmierstoff herbeigeführt, der durch den Kaltwalzvorgang in anfänglich nur kleine, kaum erkennbare Poren gedrückt wird und diese unter dem Walzendruck erweitert[2]. Daher wird bei den ersten Kaltstichen trocken gewalzt, wozu keine neuen oder neu nachgeschliffenen und polierten Walzen verwendet werden. Sind die Poren geschlossen, wird bei den weiteren Stichen wie üblich geschmiert.

1.1213 Beiznarben. Die Beiznarben nach Abb. 8 zeigen im Gegensatz zu den zuletzt beschriebenen Rotschlackenspuren keine andersfarbigen Ränder

---

[1] Siehe Fußnote 1 S. 12.
[2] Über Porenbildung beim Kaltwalzen von Blechen und Bändern wird berichtet in Ind. Anz. 1950 Nr. 42 S. 460.

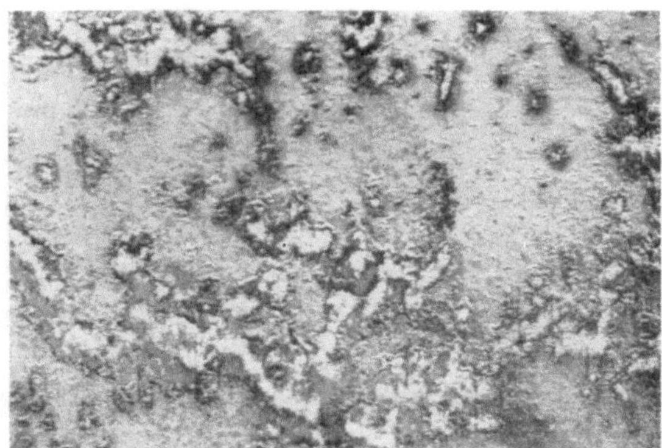

Abb. 6. Durch Einschlüsse bedingte rissige Oberfläche.

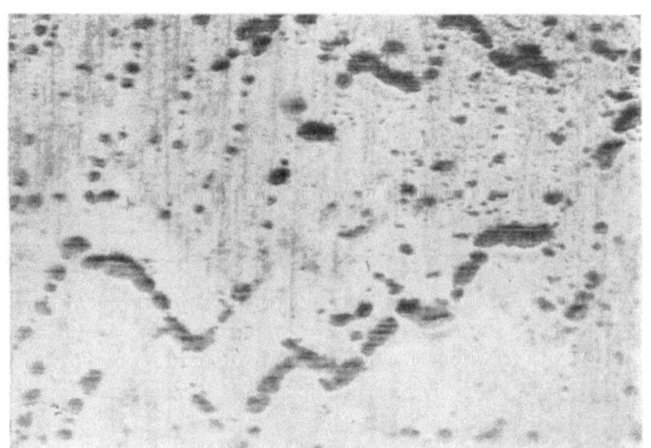

Abb. 7. Sogenannte „Wolkenbildung" durch nichtmetallische Einschlüsse.

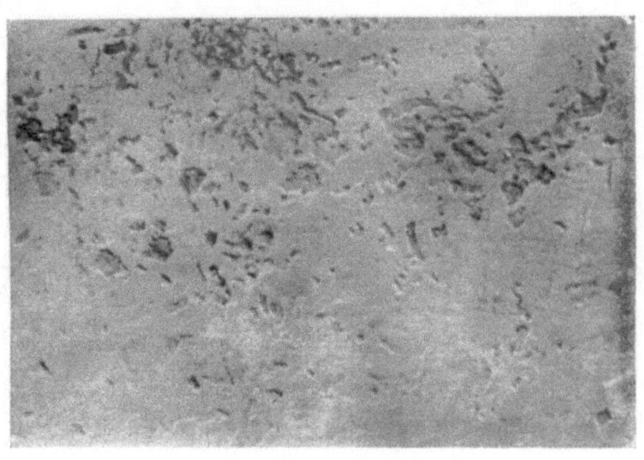

Abb. 8. Beiznarben.

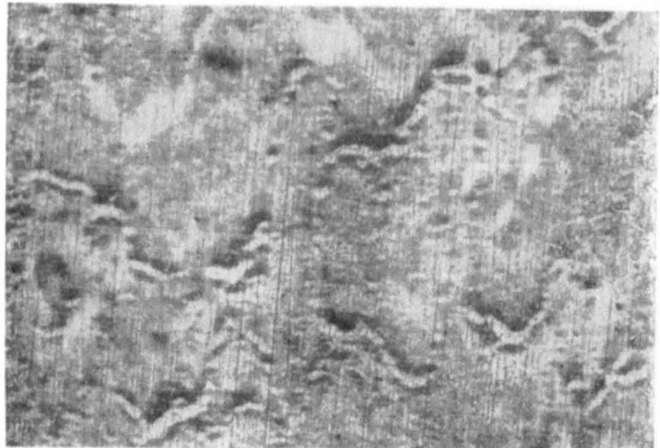

Abb. 9. Erhabene Narben als Abdruck eines Bleches nach Abb. 7.

Abb. 10. Schleifrißnarben.

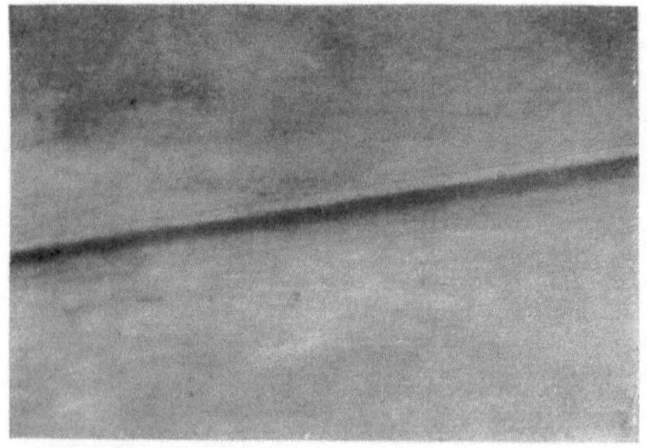

Abb. 11. Überwalzschnitt.

und sind sämtlich gleich tief. Sie entstehen dadurch, daß die Bleche vor dem Walzen nicht von anhaftendem Zunder gesäubert wurden. Infolgedessen wird der Zunder in das Blech mit eingewalzt und entfällt erst beim Beizen.

1.1214 Räumlich erhabene Narben. Sind, wie in Abb. 9 ersichtlich, auf dem Blech erhabene Narben in unregelmäßiger Form und Anordnung vorhanden, so sind diese zumeist durch Abdruck eines Nachbarbleches gegen ein Blech nach Abb. 7 beim gleichzeitigen Walzen mehrerer Bleche entstanden. Treten diese Narben als flache Spitzkegel auf, so handelt es sich hierbei um Eindrücke stark abgenutzter Walzen. Ebenso können Schleifrisse der Walzen eine Anhäufung paralleler schmaler langgezogener Narben gemäß Abb. 10 verursachen, die zuweilen oben bräunlich infolge Rost in den Schleifrißgruben gefärbt sind. Fehler dieser Art, die durch ein Absetzen von Werkstoff auf den Walzen und den Blechen hervorgerufen werden, sind weiterhin auf stark klebende Bleche zurückzuführen. Der Fachmann bezeichnet diese Erscheinung manchmal als „Eiche geritzt", da es sich hier um eine, wenn auch unbeabsichtigte Musterung handelt.

1.1215 Überwalzschnitt. Diese in Abb. 11 dargestellte äußerst seltene Erscheinung ist durch Überschneiden der Bleche bedingt. An der einen Seite des Bleches ist der geradlinige Schnitt, an der anderen Seite darunter eine hellere Druckspur wahrnehmbar.

1.1216 Eindrücke mit Gegendruckspuren. Verhältnismäßig häufig sind unter den Eindrucknarben auf der anderen Blechseite helle Gegendruckspuren zu finden. Dies geschieht immer dort, wo irgendwelche Fremdkörper mit eingewalzt worden sind. Kleine flache Mulden kreisrunder oder ovaler Form können von beim Sortieren liegengebliebenen Radiergummiresten herrühren. Hingegen stammen scharf eingedrückte, kommaartige Narben meist von ab-

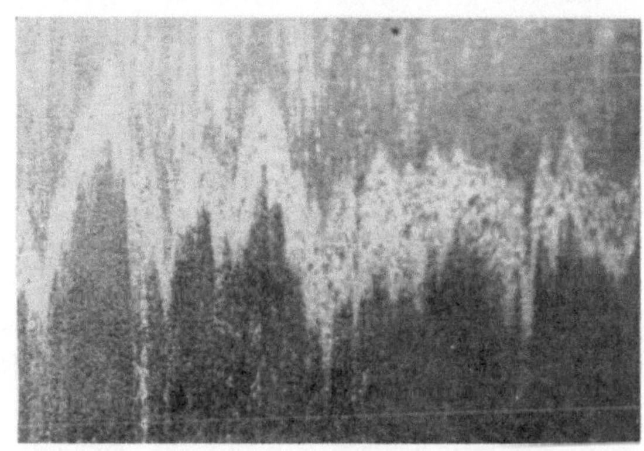

Abb. 12. Blitzfiguren.

geschürftem Grat, wie er sich beim Schneiden der Blechtafeln bei zu weitem Schneidspalt oder stumpfen Messern am beschnittenen Rand bildet. Beim Herüberziehen der Blechtafeln über andere lösen sich vom Grat Späne ab, bleiben liegen und werden eingewalzt. Daher ist eine sorgfältige Reinigung der Blechtafeln vor dem Walzen unerläßlich.

1.122 Nicht oder fast nicht räumlich hervortretende Fehler.

1.1221 Mit hellen Punkten oder Strichen übersätes Blech. Es handelt sich hierbei um kalt ausgewalzte erhabene Narben, deren Ursache unter 1.1214 beschrieben ist. Beim Auswalzen von „Wolken" nach Abb. 7 entstehen sogenannte „Blitzfiguren". Das sind die in Abb. 12 sichtbaren hellen zickzackförmig verlaufenden Streifen.

1.1222 Schwarze kleine, feinverteilte Punkte. Die Ursache dieser Erscheinung — im rauhen Werkstattjargon als „Fliegenschiß" bezeichnet — ist noch nicht einwandfrei geklärt. Wahrscheinlich sind auch hier Desoxydationsprodukte ursächlich. Wenn auch diese Punkte nur klein sind und ihre Größe unter 1 mm Durchmesser liegt, so stören sie bei hellen Tönen von Nitro- und Kunstharzlacken erheblich. Unter dem Mikroskop ist zu prüfen, ob es sich hier um schwarze, in der Blechoberflächenebene liegende dunkle Stellen oder vertiefte Poren handelt. Es

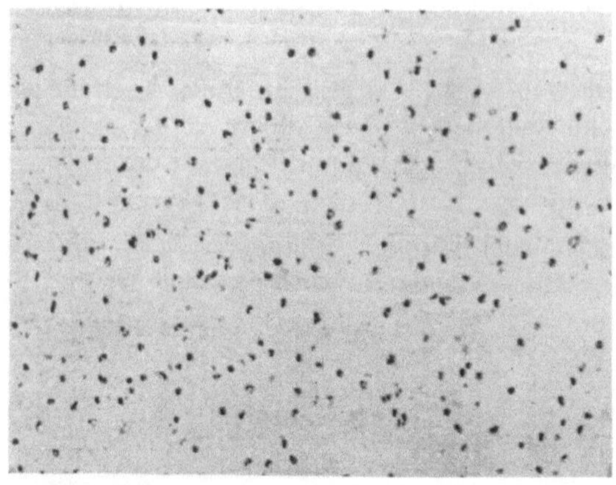

sind dies kleine Bläschen, die weniger auf Einschlüsse, sondern auf Wasserstoffabscheidungen während des Erstarrens zurückzuführen sind. Auch bei beruhigten Stählen treten diese Erscheinungen auf. Abb. 13 zeigt die Oberfläche eines Bleches, die mit derartigen Poren übersät ist, die von zu starkem Beizen des beruhigten Stahles herrühren.

Abb. 13. Blasen unter 1 mm Durchmesser auf zu stark gebeiztem und nachgewalztem Feinblech aus beruhigtem SM-Stahl.

1.1223 Schlagwellen. Die Schlagwellen sind nach Abb. 14 als dicht nebeneinanderliegende blanke und matte Stellen erkennbar. Die Ursache liegt meist an einer im Verhältnis zum Druck zu hohen Walz

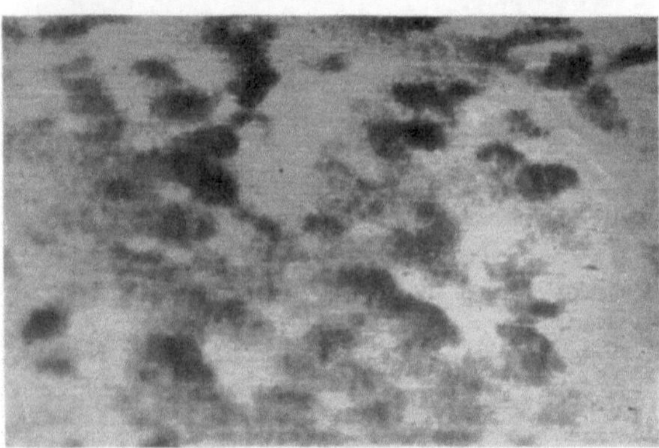

geschwindigkeit, die dem Blech keine Zeit zum Fließen läßt, so daß sich einzelne Teilchen übereinanderschieben und zu leicht gewölbten Erhebungen führen. Beim Kaltnachwalzen treten die ursprünglich gewölbten Stellen durch hellere Druckspuren hervor. Ganz be

Abb. 14. Schlagwellen.

sonders unangenehm sind sogenannte „Kammschläge“, bedingt durch die Verzahnung am Bandwalzstuhl bei weichem Werkstoff. An Stahlblech treten sie seltener auf als an Messingblech und sind auch dort zumeist erst in hochglanzpoliertem Zustand erkennbar. Für galvanisch nachbehandelte Zierleisten und ähnliche Gegenstände zeichnen sich dann die in gleichem Abstand aufeinanderfolgenden Striche quer zur Bandwalzrichtung deutlich ab und sind Gegenstand mancher Mängelrüge.

Eine ähnliche Erscheinung zeigt sich bei Walzfalten, die meistens beim Walzen in Paketen auftreten, wobei die Bleche gegenseitig kleben. Durch vorheriges Kohlen der Bleche wird dieses Kleben vermieden. Abb. 15 stellt die Oberfläche eines kaltgewalzten Feinbleches dar. Die kleineren dunklen Flecke sind Schlackenbestandteile. Der sich schräg über die Abbildung hinziehende helle, beiderseits dunkel umsäumte breite Streifen ist die zurückbleibende Spur einer ausgewalzten Randfalte.

1.1224 Fleckige Oberfläche. Die Stahlbleche, insbesondere die Ziehbleche, fallen im allgemeinen in braungelblicher Farbe an. Sie werden „beizfarben" geliefert. Aber auch blauschwarz getönte Bleche sind

Abb. 15. Eingewalzte Randfalte sowie Schlackenspuren an der Oberfläche.

häufig im Handel. Stark fleckige Bleche sind Folgen einer ungleichmäßigen Beizung oder des Abspringens einer anhaftenden Zunderschicht beim Auswalzen der Vorbleche zu Rohblechen vor dem Beizen. Da durch das spätere Normalisieren Werkstoffspannungen ausgeglichen werden, sind diese Flecken für das Ziehergebnis unbeachtlich[1]. Sie stören dort, wo das Blech nach der Verarbeitung nicht mehr überspritzt oder derart galvanisch behandelt wird, daß diese Flecken unverdeckt bleiben. Bei sorgfältiger Herstellung der Bleche fallen solche Flecken fort. Auf die schmutzigbraunen Flecken nach dem Beizen Cu-haltiger Stahlbleche wurde auf S. 6 bereits hingewiesen.

1.123 Bei der Umformung entstehende Fehler.

1.1231 Fließfiguren. Die auch als „Lüderssche Linien" bezeichneten Fließfiguren[2] nach Abb. 16 treten bei Werkstoffen mit betonter Streck-

---

[1] Auf S. 43 des Buches von GÜTTNER: Das Feinblech und seine Verwendung im Karosseriebau (Berlin 1939) werden derartige Blechoberflächenfehler bildlich erläutert.

[2] Fußnote 2 siehe S. 18.

grenze auf, insbesondere dort, wo deutlich anfangs eine obere und anschließend absinkend eine untere Streckgrenze festgestellt wird. An
jedem Zerreißstab aus Blech kann auf der Zerreißmaschine der Eintritt
der Fließfigurenbildung beim Erreichen der Streckgrenze beobachtet
werden. Die Fließlinien liegen dort meist im Winkel von 45° zur Zug-
und Walzrichtung. Bei unregelmäßigen Ziehformen verlaufen die Fließfiguren auch unregelmäßig und können ein gleichmäßiges Aussehen
größerer Flächen, insbesondere im Karosseriebau, stören. Gemäß S. 11
wird die Neigung zur Fließfigurenbildung eingeschränkt durch einen
leichten zusätzlichen Kaltstich, der die Tiefziehfähigkeit des Bleches

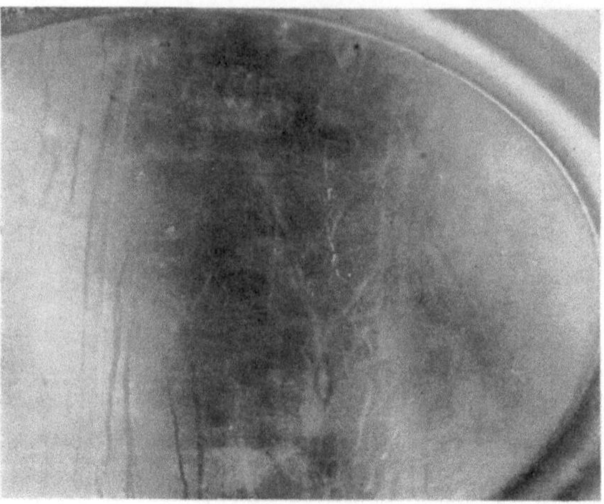

Abb. 16. Fließfiguren.

nicht beeinträchtigt. Eine Herabsetzung der Ziehgeschwindigkeit, eine
schnelle Verarbeitung des Bleches nach seiner Herstellung und kühler
Transport und Lagerung dienen weiterhin zur Beseitigung der Gefahr
einer Fließfigurenbildung beim Ziehen.

1.1232 Tupfenbildung. Ebenso wie die Fließfiguren nur im Bereich
der Streckgrenze auftreten, bilden sich dort Tupfen, die bei stärkerer
Beanspruchung des Werkstoffes verschwinden. Diese Tupfen eines
Durchmessers von etwa 5 mm und einer kaum merklichen ¡Erhöhung
rühren davon her, daß im Werkstoff ungleich verteilte Stellen einer
etwas höheren Streckgrenze erst später zum Fließen kommen. Die teilweise vertretene Ansicht, daß es sich hier um mit Tonerde angereicherte
Stellen im mit Aluminium beruhigten Blech handelt, läßt sich nicht

<hr>

[2] SACHS, G.: Principles and methods of sheet-metal Fabricating S. 55—58
(New York 1951) und BEISSWÄNGER u. LÄMMLE: Untersuchungen über das Auf-
treten von Fließfiguren an Stahl-Tiefziehblechen. Mitt. Forsch.-Ges. Blechverarb.
Nr. 8 v. 15. 4. 1951 S. 90—102.

aufrechthalten, da diese seltene Erscheinung auch bei unberuhigten Blechen beobachtet wird.

1.1233 Knickbrüche. Insbesondere bei Bandmaterial, seltener bei Blechen, entstehen beim Aufhaspeln nach dem Glühen Knicke, die durch den letzten Kaltstich ausgebügelt und erst später wieder bei der Umformung sichtbar werden. Sie sind leicht mit Fließfiguren zu verwechseln, liegen jedoch nicht wie diese schräg unter 45°, sondern quer zur Walzrichtung.

1.1234 Zipfelbildung an Ziehteilen (Anisotropie). An Ziehteilen zeigen sich nach dem Ziehen am äußeren Rand Zipfel oder Ohren, die im

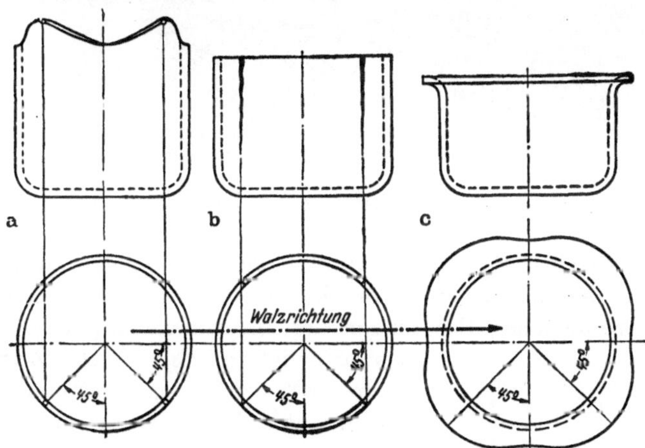

Abb. 17. Zipfel- und senkrechte Rißbildung an aus anisotropen Blechen hergestellten Ziehteilen

Winkel von 45° zur Walzrichtung liegen[1]. Bei dem in Abb. 17 links gezeichneten zylindrischen Durchzug zeigen die vier Lappen zipfelförmig nach oben. Nach dem Beschneiden eines solchen Teiles neigt gemäß Abb. 17 Mitte die Zarge an jenen Stellen vom Rand nach dem Boden aufzureißen[2]. Bei Ziehteilen mit Flansch zeigt sich die Zipfelbildung am Flansch entsprechend Abb. 17 rechts und Abb. 18, wo die Zipfelbildung unter 45° von der mit *WR* bezeichneten Walzrichtung an Gehäusen für Heißluftduschen deutlich zu erkennen ist. Dabei äußert sich die mangelhafte Blechgüte seltener in Rissen am Umfang des Boden-

---

[1] Siehe hierzu auch a) K. CHRISTOPH: Die Prüfung von Feinblechen S. 8. Diss. München 1929. — b) F. EISENKOLB: Die Untersuchungen über die Tiefziehfähigkeit von Feinblechen. Stahl u. Eisen Bd. 52 (1932) Heft 15 S. 359. — c) G. WASSERMANN: Texturen metallischer Werkstoffe S. 152/53. Berlin 1939 und auszugsweise Z. VDI Bd. 80 (1936) Heft 10 S. 287. — d) G. OEHLER: Fehlerhafte Ziehteile infolge mangelhaften Bleches. Werkstattstechnik Bd. 36 (1942) Heft 19/20 S. 417.

[2] JEVONS, J. D.: Metal Ind.. Lond. Bd. 50 (1937) S. 337—342 und 405—411.

randes, wie beim rechten Teil der Abb. 18 erkennbar ist, sondern häufiger in Form von senkrechten Rissen auf der Zarge in der Ziehrichtung. In Abb. 19 ist diese Zipfelbildung am Blechflansch einer Heißwasserspeicherhaube erkennbar. Je stärker diese auch als Anisotropie bezeich-

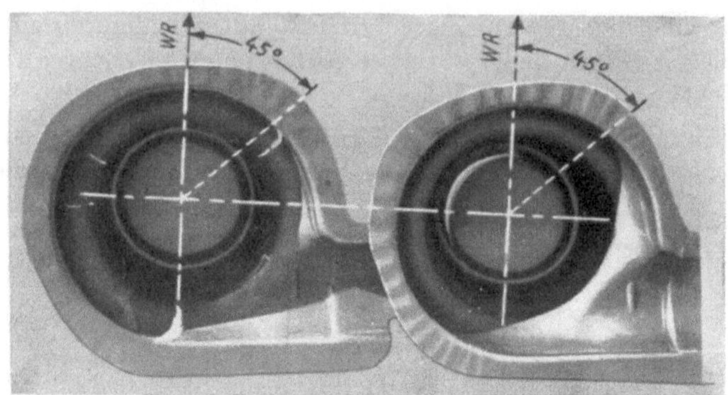

Abb. 18. Zipfelbildung am Blechflansch von Gehäusen für Heißluftduschen.

nete Zipfelungserscheinung auftritt, um so geringer ist der Werkstoff zum Tiefziehen geeignet. Als anisotrope Bleche werden solche bezeichnet, die in den verschiedenen Richtungen der Blechebene ungleiche Dehnungswerte liefern. Es sind also Zerreißstäbe in der Walzrichtung, quer und unter 45° zu ihr, der Blechtafel zu entnehmen, falls die Anisotropie eines Werkstoffes nachgeprüft werden soll. Hierbei ist jedoch ausdrücklich zu erwähnen, daß ein solches typisches anisotropes Verhalten entsprechend einer auffallenden regelmäßigen Zipfelbildung unter 45° zur Walzrichtung nur für Stahlbleche als Maßstab für eine geringe Tiefzieheignung gilt. Bei Nichteisenmetallen, insbesondere Kupfer- oder zumindest stark kupferlegierten Blechen, ist eine anisotrop bedingte Zipfelbildung

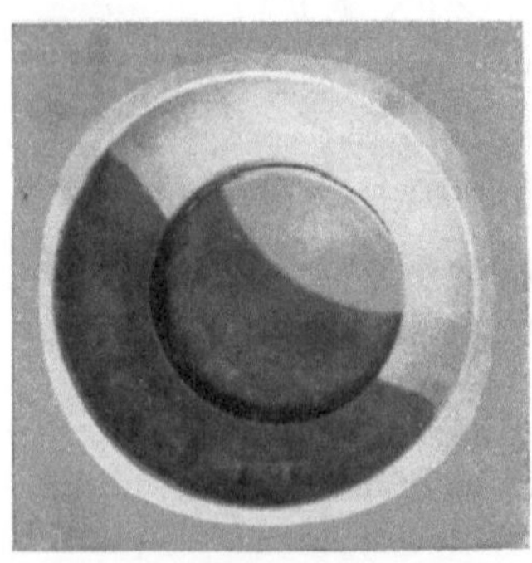

Abb. 19. Zipfelbildung am Blechflansch einer Heißwasserspeicherhaube.

eine durchaus normale Erscheinung, die dort an allen zylindrischen Ziehteilen zu beobachten und durch die Kristallstruktur zu erklären ist.

1.1235 Doppelung. Als Doppelungen bezeichnete unganze Stellen sind durch eingewalzte Einschlüsse oder Blasen bedingt und ergeben zumeist waagerecht verlaufende Rißbildungen, die bei kleinen Ausmaßen vom umgebenden Werkstoff beim Ziehen häufig verpreßt werden. Bei größeren Einschlüssen in Blechen wirkt sich dies beim Tiefziehen so aus, als wenn zwei übereinanderliegende Bleche gezogen würden, so daß an den Rissen die Abstufung zwischen innerer und äußerer Partie sichtbar hervortritt, wie dies die Abb. 20 und 22 veranschaulichen. Daher ist die Bezeichnung unganzer Bleche als gedoppelte Bleche durchaus zutreffend, wobei allerdings nach Abb. 21 mehrere Schichttrennungen übereinander möglich sind. Diese Abstufungen zwischen äußeren und inneren Schichten zeigen Abb. 20 und 21 an runden, zylindrischen Ziehteilen aus St VI 23 deutlich. Aber auch bei hochwertigeren Blechen, wie z. B. an den beiden rechteckigen Tiefziehteilen aus St VIII 23 k der Abb. 22, ist die Rißbildung infolge gedoppelten Bleches erkennbar. In den weitaus meisten Fällen werden solche doppelten od. unganzen Stellen überhaupt nicht bemerkt und sind auch nach geringen Umformbeanspruchungen nicht wahrzunehmen. Liegt aber gerade die Stelle über einer Biegekante oder Ziehkante, oder wird diese Stelle ballig verformt, so zeigen sich meistens Blasen. Zuweilen platzt dort auch das Blech auf und offenbart die unganze Stelle bzw. den Einschluß.

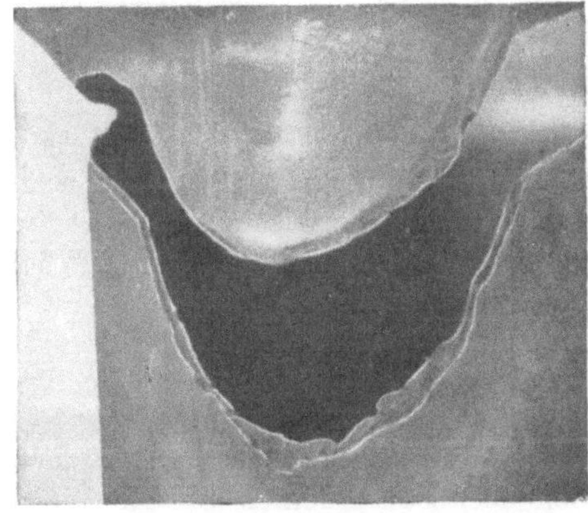

Abb. 20. Infolge Doppelung gerissenes rundes Ziehteil.

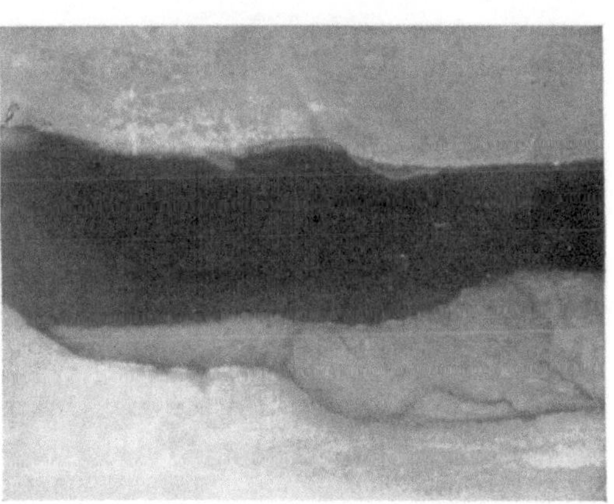

Abb. 21.
Mehrfach übereinanderliegende Doppelungsschichten.

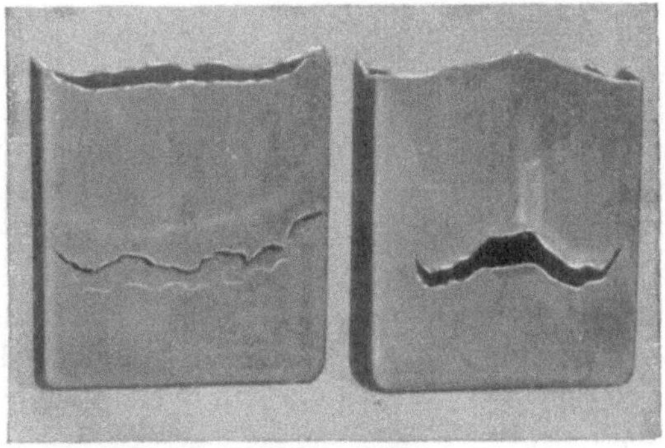

Abb. 22. Rißbildung infolge Doppelung an schmalen rechteckigen Hülsen.

1.1236 Sonstige Risse. Nicht durch Einschlüsse bedingte Risse sind äußerst selten. Doch können in weiches Blech eingewalzte harte Späne oder Überlagerungen bzw. Überwalzschnitte gemäß 1.1215 dazu führen. Die Alterungssprödigkeit bedingt an stark verformten Stellen des Bleches Risse, die oft erst später unter zusätzlicher Einwirkung mechanischer Beanspruchungen auftreten. Weiterhin verursachen Wärmespannungen bei zu schnellem Erhitzen oder Abkühlen ein Aufreißen von gezogenen Blechteilen. Schließlich entstehen bei zu starken Ziehbeanspruchungen und nicht angebrachtem Verzicht auf Zwischenglüharbeitsgänge sehr häufig Risse. Hierauf wird beim Napfzugversuch zu S. 188ff. noch näher eingegangen.

1.1237 Narbige Oberfläche. Nach der Umformung zeigt das Blech an den hochbeanspruchten Stellen stets eine narbige Oberfläche, die

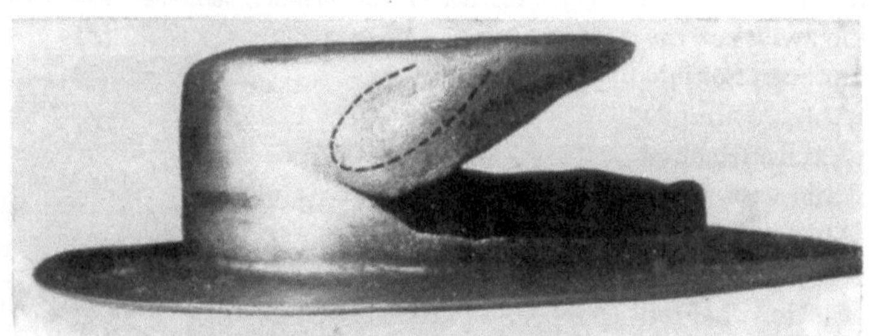

Abb. 23. Gerissenes Ziehteil mit grobkörnigen Flecken.

auch als Körnung bezeichnet wird. Je feiner das Korn, um so größer ist die Tiefzieheignung nach der Ansicht der meisten Fachleute. Darüber wird später auf S. 184 beim Einbeulversuch und auf S. 204 beim Aufweitungsversuch noch berichtet. Es trifft aber nicht immer zu, daß solche Bleche nichts taugen, die an den stark beanspruchten Stellen ein grobnarbiges Gefüge aufweisen. Nur das unregelmäßige Auftreten grobnarbiger Stellen an Ziehteilen verrät eine ungleichmäßige Verarbeitung des Werkstoffes und weist eine geringe Eignung als Ziehblech nach. Als Beispiel wird auf Abb. 23 verwiesen. Dieses gerissene Ziehteil zeigt innerhalb des gestrichelten Linienzuges derartig grobnarbiges Gefüge, womit die geringe Eignung des Bleches für Tiefziehzwecke bewiesen ist. Grobnarbige Oberflächen treten als Folge von Überglühungen des Bleches zuweilen auf.

1.1238 Kritisch verformte aufgerauhte Oberfläche. Dieses früher sehr viel häufiger als heute bekannte Merkmal auf Stahlblechen unter 0,2 % C nach der Umformung wurde erstmalig von Pomp[1] erklärt und be-

---

[1] Erstmalig von Pomp erkannt. Puppe, J.: Walzwerkswesen III S. 503. Düsseldorf 1939.

ruht auf dem Einfluß einer kritischen Kaltumformung im Bereich von 3 bis 25 % in Verbindung mit einem kritischen Glühbereich von 700 bis 800°. Erfährt ein Blech beim Kaltwalzen oder Umformen eine Querschnittsabnahme obigen Bereiches und wird es zwischen 650 und 850°

Abb. 24. Aufgerauhte Oberfläche infolge Glühfehler.

geglüht, so ist seine Kerbzähigkeit gering und spröde, also zur weiteren Kaltumformung ungeeignet. Das dabei äußerlich auftretende grobnarbige Gefüge zeigt Abb. 163 S. 203 an einer Aufweitungsprobe. Eine derartige Oberfläche wird als Apfelsinenhaut bezeichnet[1].

Abb. 25. Schildplattartige Oberfläche.

1.1239 Elefantenhaut und schildplattartige Oberfläche. Diese Oberflächenerscheinungen gemäß Abb. 24 ähnlich einer Elefantenhaut sind selten und treten ebenso wie die unter 1.1237 und 1.1238 nur an hochbeanspruchten Stellen des gezogenen Blechteiles auf. Ursache mag auf eine zu starke Entkohlung und Oxydation und auf Glühfehler zurück-

---

[1] Siehe Stahl u. Eisen Bd. 40 (1920) S. 1261—1269, 1366—1378 und 1403 bis 1415; Werkstoffhandbuch Stahl — Eisen T 31—5.

zuführen sein. Besonders dort, wo beim Kistenglühen vergessen wurde, das oberste Blech des Stapels mit einem siliziumhaltigen Schutzblech zu bedecken, zeigen sich dort später zuweilen solche Merkmale. Aber auch ein Warmwalzfehler derart, daß nur eine Seite des Bleches mit der Walze in Verbindung stand, ist möglich.

Dort, wo die Oberfläche in mehrere Flächen aufgerissen ist, ähnlich der Musterung von Schildplatt gemäß Abb. 25, handelt es sich um in das Blech eingepreßten bzw. eingewalzten Zunder. Vor der Umformung fällt derselbe nicht auf und ist nur bei genauerem Hinsehen in Form eines unregelmäßigen Netzwerkes erkennbar. Zuweilen sieht es so aus, als wenn Schweißraupen mit eingewalzt wären. Erst nach der Umformung zeigen sich die Oberflächenfehler, oft unter Vergrößerung der Oberfläche gemäß Abb. 25.

1.13 Oberflächenbehandlung zur Erleichterung der Kaltformung.

Es bestehen eine Reihe Oberflächenbehandlungsverfahren, deren eigentliche Aufgabe im Korrosionsschutz besteht, die aber gleichzeitig die Kaltformung begünstigen. Es würde zu weit führen, im Rahmen dieses Buches die verschiedenen galvanischen, Lackier- und sonstigen Veredelungsverfahren auch nur andeutungsweise zu behandeln.

1.131 Bonder- und Parkerverfahren.

Unter Bondern[1] versteht man eine der gebräuchlichsten Arten der Phosphatierung von Metallen, insbesondere von Stahlblechen, durch Salzschichtbildung infolge chemischer Reaktion der sauren Phosphatlösung mit der Metalloberfläche. Diese Phosphatschicht besteht aus unlöslichen mit der Metalloberfläche fest verwachsenen Kristallen. Die Bonderschichten bei der Kaltformung bewirken eine Herabsetzung der Verformungsarbeit und des Werkzeugverschleißes, die Einsparung von Zwischenglühungen und eine Verbesserung der Oberflächenbeschaffenheit. Außerdem ermöglichen die Triphosphatschicht oder die im folgenden Abschnitt erwähnte Kupfersulfatschicht das Ziehen mit fettlosen oder fettarmen Schmiermitteln, wie Emulsion, Kalkmilch oder Rübölersatz, da sie eine sehr gute Aufsaugmöglichkeit[2] besitzen. Die Bonder-

---

[1] Folgendes Schrifttum ist für die Bonderverfahren beachtlich: a) KÖHLER, W.: Fortschritte auf dem Gebiete der Phosphatierung. Weinheim: Chemie-Verlag 1950. — b) KRAUSE, H.: Phosphatverfahren. Leipzig 1942. — c) WERNER, E.: Phosphatverfahren. Z. Oberflächentechn. Bd. 18 (1941) Nr. 23/24 S. 169. — d) FABER, H., u. K. BAER: Phosphatierung im Dienste der Werkstoffumstellung. Masch.-Bau Bd. 21 (1942) Nr. 3 S. 117. — e) Z. Bonder-Post, Hausmitt. d. Metallges. Frankfurt a. M. Daraus Tab. 2 entnommen. — f) MACHU, W.: Phosphatierung. Weinheim: Chemie-Verlag 1950.

[2] WÜSTEFELD und LOUWIEN haben festgestellt, daß die Phosphatschicht unter den Verarbeitungsdrücken der Blechformung pulverisiert wird und mit dem Schmiermittel eine als Ziehschmierstoff besonders geeignete Paste bildet. Metallwirtsch. Bd. 21 (1942) Nr. 1/2 S. 7—14.

technik wurde aus dem Parkerverfahren entwickelt. Tab. 3 zeigt einige Phosphatierungsverfahren, wobei hinsichtlich der Schichtdicke noch weitere Variationsmöglichkeiten bestehen.

Tabelle 3. *Phosphatierungsverfahren.*

Phosphatierungs-System	Badtemperatur °C	Schichtgewicht mg/dm²
Parker	90—98	120—250
Bonder 2	90—98	80—150
Bonder 3	90—98	50—150
Bonder 5	80—90	30— 80
Bonder 6	80—85	20— 80
Bonder X 68	65—70	30— 50
Bonder X 4	40—50	30— 50
Kaltbonder	20—30	50—100

1.132 Verkupfern.

Beim Verkupfern werden die Zuschnitte oder Teile vor dem Ziehen in eine wäßrige Lösung von 0,5 % Kupfervitriol und 0,05 % Schwefelsäure getaucht. Der dabei erzielte hauchdünne Kupfersulfatüberzug gewährleistet einen guten Schmierfilm.

1.133 Kunstharzüberzüge.

Gemäß Nachrichten aus USA werden in letzter Zeit elastische auf das Blech aufspritzbare Kunstharzüberzüge[1] verwendet, die während der Umformung nicht von der geschützten Blechoberfläche abgerissen und nachher abgezogen werden. Die Überzüge lassen sich auch durch Eintauchen der Bleche herstellen. Sie sind meist farblos, nicht giftig und werden in Schichtdicken von 0,02 bis 0,1 mm angewendet. Angeblich sollen diese Überzüge eine bessere Schmierwirkung gegenüber Ziehfetten und anderen Schmierstoffen haben. Die Festigkeit der Überzüge gestattet sogar das Ziehen rostiger und zundriger Bleche. Andererseits werden Ziehriefen und sonstige Bearbeitungsmarken auf den Blechen vermieden, weshalb dieses Verfahren insbesondere in der Karosserieherstellung sich gut eingeführt hat. Die Blechhalterkraft kann dabei unbedenklich um etwa 60 % gesteigert werden, was vor allen Dingen bei flachen, kegel- oder muldenförmigen Ziehteilen eine Einschränkung der Faltenbildung bedeutet. Ein weiterer Vorteil beruht auf der weitgehenden Schonung der Werkzeugverschleißkanten.

---

[1] Siehe hierzu CLAUSER: Materials and Methods Bd. 26 (1947) Nr. 1 S. 70 bis 74; Enamelist Bd. 26 (1950) Nr. 5 S. 8—11. — RECTANUS: Schutz der Oberflächengüte durch abziehbare Kunstharzüberzüge. Werkstattstechn. u. Masch.-Bau Bd. 41 (1951) Nr. 3 S. 95.

1.134 Schmierstoffe.

Schmierstoffe[1] erleichtern die Kaltformung erheblich durch Herabsetzung der Reibung. Den geringsten Schmiermittelverbrauch gewährleisten Ziehwerkzeuge mit hartverchromten oder mit Hartmetall versehenen Niederhalteflächen und Ziehkanten. Werden diese Flächen außerdem geschliffen und geläppt, so wird bei Werkzeugen für feinmechanische Zwecke der Verbrauch an Schmierstoff noch weiter herabgesetzt und die Leistung erhöht. Ein Zusatz von kornfreiem Graphit, von Talkum sowie sonstiger fester geeigneter Füllmittel empfiehlt sich besonders dort, wo infolge großer Stempelgeschwindigkeit hohe Temperaturen entstehen. Müssen Ziehteile vor der Weiterverarbeitung entfettet werden, so sind Beigaben von Flockengraphit zum Schmiermittel ungeeignet. Das Schmiermittel kann sparsam, muß aber in gleichmäßiger Dicke aufgetragen werden. Amerikanische Betriebe verwenden hierfür besondere Walzenauftragsmaschinen. In Tab. 6 (S. 64/65) zu S. 57 sind die für die Kaltformung des betreffenden Werkstoffes günstigsten Schmierstoffe im einzelnen angeführt. Auf die Entfettungsverfahren[2] kann hier im einzelnen nicht eingegangen werden.

1.14 Legierte Stahlbleche.

Es lassen sich fast alle Legierungen zu Blechen und Bändern auswalzen. Das gilt auch für die legierten Stähle. Allerdings ist der Bedarf doch nicht bei allen legierten Stählen vorhanden, sie in Blechform oder Bandform zu verarbeiten. Es sollen daher nur die wichtigsten derartigen Stähle hier Erwähnung finden, die für den Blechverarbeiter Bedeutung haben.

1.141 Bleche mit besonderen elektromagnetischen
Eigenschaften.

An erster Stelle sind die sogenannten Dynamostähle oder Siliziumstahlbleche hervorzuheben, da gerade in der Stanzereitechnik diese sehr häufig verarbeitet werden. Bei Gehalten von 0,4 bis 2,3 % Si werden sie als Dynamo-, bei Gehalten von 3,6 bis 4,4 % Si als Trafo-Bleche be-

---

[1] Über den Einfluß der Schmiermittel beim Tiefziehen sei noch auf folgende Aufsätze hingewiesen: a) McElgin, James: Anforderung an Ziehmittel. Steel Proc. Bd. 35 (1949) Nr. 6 S. 306—309. — b) Liddiard, P. D.: Die Anforderungen an Schmiermittel beim Tiefziehen und die Entfernung von Rückständen. Sheet Met. Ind. Bd. 25 (1948) Nr. 254 S. 1167—1173. — c) Evans, E. A., H. Silman u. Prof. H. W. Swift: Schmierung bei Zieharbeiten. Sheet Met. Ind. Bd. 25 (1948) Nr. 249 S. 95—98; Nr. 251 S. 517/18. — d) Eisenkolb: Verfahren zur Ermittelung der Eignung von Ziehfetten. Arch. Metallkde. Bd. 3 (1949) Heft 8 S. 287/88.

[2] Sheet Met. Ind. Bd. 27 (1950) Nr. 280 S. 737—742. Auszug in Mitt. Forsch.-Ges. Blechverarb. Nr. 2 v. 15. 1. 1951 S. 23/24 und R. Au: Elektrolytische Entfettung Nr. 7 v. 1. 4. 1951 S. 83 daselbst.

zeichnet. Die ersteren Stähle werden im Siemens-Martin-Ofen, hingegen die hochlegierten Trafo-Stähle im Elektro-Ofen hergestellt. Das Warmauswalzen der Bleche geschieht bei Temperaturen von 800 bis 1000°. Aber auch das Kaltwalzen erfolgt nicht bei Raumtemperatur, sondern bei höheren Temperaturen von 50 bis 300°. Geglüht werden die Siliziumstahlbleche meistens in geschlossenen Kästen im Kanalofen oder in Durchlauföfen unter Schutzgas bei 900° bis 1000° je nach Si-Gehalt. Wichtig ist eine sehr langsame Abkühlung. Eine Überglühung vermindert die elektromagnetischen Eigenschaften. Die meist an der Oberfläche befindlichen Siliziumkristalle bedingen einen sehr starken Werkzeugverschleiß, so daß nur hochchromhaltige Werkzeugstähle, aber noch besser mit Hartmetall[1] bestückte Werkzeuge zum Schneiden der Bleche eingesetzt werden. Die Verarbeitung erfolgt bei den großen anfallenden Mengen häufig unter besonderen Nutenstanz- und Schnittautomaten oder unter schnellaufenden Pressen.

Unter unmagnetischen Stählen versteht man solche, deren magnetische Permeabilität unter 1,01 liegt. Nur bei erhöhten Ansprüchen an die Festigkeit läßt man höhere Werte zu. Es ist zu beachten, daß an Bearbeitungsstellen und somit an Schnitt- und Rißstellen der Werkstoff wieder magnetisch wird. Die Stähle enthalten vorwiegend Nickel und Mangan, wobei der Ni-Gehalt doppelt so groß ist wie der Mn-Gehalt. Zuweilen enthalten die Bleche auch etwas Chromgehalt, aber nur wenig Kohle. Für Kaltverarbeitungszwecke sind diese Stähle äußerst ungünstig.

Legierungen mit besonders hoher Anfangspermeabilität, worunter der Grenzwert des Verhältnisses der Induktion zur Feldstärke zu verstehen ist, gehören eigentlich schon zu den Nickelblechen, da der Ni-Gehalt größer als der Fe-Gehalt ist. Der C-Gehalt liegt dabei immer unter 0,1%. Auch in den Legierungen für Bleche gleichbleibender Permeabilität herrscht Nickel als Bestandteil vor. Bei Legierungen mit besonders hoher Sättigung tritt an Stelle des Nickels Kobalt, wobei der höchste Sättigungsgrad bei einem Kobaltgehalt von 40% erreicht wird. Die Co-haltigen Legierungen sind in der Kaltumformung schwieriger zu verarbeiten als die nickelhaltigen.

1.142 Schwerrostende Stähle.

Im Gegensatz zu den im folgenden Abschnitt behandelten nichtrostenden Stählen versteht man unter schwerrostenden oder witterungsbeständigen Stählen Reineisensorten und niedriglegierte Stahlgruppen, die zwar nicht absolut korrosionsfest sind, aber gegenüber den üblichen Stählen immerhin einen erhöhten Widerstand gegen Rosten und da-

---

[1] OEHLER, G.: Hartmetallschnittwerkzeuge in der Blechverarbeitung. Werkstattstechn. u. Masch.-Bau Bd. 41 (1951) Heft 11 S. 436—438.

durch eine erhöhte Lebensdauer aufweisen. Es ist bisher noch zu wenig erkannt worden, daß sie Unterrostungen größeren Widerstand leisten und daher für verschiedene Oberflächenverfahren z. B. Lacken und Anstrichen geeigneter als die üblichen Stahlbleche sind. Werden die Bleche nicht oder nur unerheblich umgeformt, so kommt man mit den sogenannten Kupferstählen aus, deren Kupfergehalt mindestens 0,2 % beträgt. Ebenso ist dafür ein höherer Phosphorgehalt zulässig, der neben dem Kupfer den Rostwiderstand erhöht. Werden hingegen die Bleche kalt umgeformt, so ist der erhöhte Cu- und P-Gehalt für Tiefziehen oder andere Formänderungen ungünstig, und man bevorzugt statt dessen die zweite Gruppe der schwerrostenden Stähle, nämlich die sogenannten technisch reinen Eisensorten, welche weniger als insgesamt 0,15 % der Elemente C, Mn, P, S und Si enthalten. Hierzu gehört das sogenannte Armco-Eisen. Diese Bleche haben eine hohe Dehnung und lassen sich ausgezeichnet umformen. Sie werden gern für verzinkte oder emaillierte Tiefziehteile vorgesehen. Hingegen sieht man die gekupferten Stähle häufiger als Bauteile teilweise in verzinkter oder lackierter Ausführung. Hierzu gehören in erster Linie Wellbleche, Behälterbleche, Dachbeblechungen, Wagenbleche, soweit sie nicht gezogen werden, gepreßte Eisenbahnschwellen u. dgl.

1.143 Nichtrostende und säurebeständige Stähle.

Man unterscheidet zwischen ferritischen und austenitischen Stählen[1]. Während die erste Gruppe sich schlecht umformen läßt, sind die Stähle der zweiten Gruppe außerordentlich bildsam und übertreffen im allgemeinen auch die Tiefziehfähigkeit erstklassiger Tiefziehstahlbleche[2]. Dieser Umstand neben ihrer Eigenschaft der Rost- und Säurebeständigkeit erschließt diesen Werkstoffen ein großes Anwendungsgebiet. Allerdings darf dabei nicht übersehen werden, daß für die Verarbeitung austenitischer Stähle besondere Anweisungen zu beachten sind. So hängt bei Weiterschlägen der Erfolg in erster Linie von einem richtigen Glühen und vor allen Dingen einem Abschrecken nach dem Glühen ab. Die Glühtemperatur liegt zwischen 1050 und 1100°. Sehr kritisch ist beim Abkühlen der Bereich um 700°. Wird nicht nach dem Glühen in kaltem Wasser abgeschreckt, sondern durchläuft der Stahl langsam beim Abkühlen den Temperaturbereich um 700° C, so wird das Blechteil außerordentlich hart und spröde. Nur bei sehr dünnen Blechen ist ein

---

[1] HOUDREMONT: Die rostfreien Stähle. Krupp. Mh. Bd. 11 (1930) Nr. 11 S. 279.

[2] Das in der Betriebstechnischen Sammelmappe des VDI-Verlages von LITTEN-DUBOIS nach dessen Aufsatz in Masch.-Bau Betrieb Bd. 12 (1933) auf S. 255 vorgeschlagene Schaubild zur Ermittelung der Zugabstufung für nicht rostende Stahlbleche bezieht sich im oberen Teil auf V 2 A-Stahlblech und im unteren Teil auf die nicht rostenden Stahlbleche der anderen Gruppen VM, RS und FF.

Abschrecken im kalten Luftstrom zulässig. Dies ist dann anzuwenden, wenn die Gefahr besteht, daß bei einem zu schroffen Abschrecken im Wasser das dünnwandige Teil infolge der Abschreckspannungen sich verzieht und seine Form verliert[1].

Die meisten austenitischen, nichtrostenden Stähle haben einen Cr-Gehalt von 18% und einen Ni-Gehalt von 8%. Daneben gibt es aber noch andere Stähle, die man schon besser als Nickelstähle bezeichnet, da der Ni-Gehalt über 50% liegt. Als weiteres Legierungselement außer Fe enthalten diese Nickelstähle noch Cr- oder Mo-Gehalte bis zu 20%.

1.144 Hitzebeständige Stähle.

Hitze- oder zunderbeständige Stahlbleche müssen Temperaturen von 550° vertragen, ohne dabei der Korrosion zu unterliegen. Die Stähle zeichnen sich durch einen hohen Cr-Gehalt, zuweilen auch durch erhebliche Nickelgehalte bis zu 30% aus. Sie sind nur beschränkt kalt umformbar und für die Konstruktion von Tiefziehteilen möglichst nicht zu verwenden. Diese läßt sich aber leider oft nicht umgehen, und man muß daher die Ziehteile in mehreren Stufen bei kleinen Ziehverhältnissen herstellen[2]. Die Cr–Si (Al)-Stahlbleche vertragen Temperaturen bis 1200° C.

Zur Verschalung der Verbrennungskammern von Düsenantriebseinheiten, wie sie in jüngster Zeit im Flugzeugbau verwendet werden, werden besonders hoch hitzebeständige Legierungen benötigt. Die dafür eingesetzten Bleche bestehen aus 80% Ni und 20% Cr und werden in USA mit dem Namen Nimonic bezeichnet. Infolge des hohen Nickelgehaltes ist die Kaltumformbarkeit des Werkstoffes nicht so ungünstig wie bei den anderen Chrom–Nickel-Stählen und liegt etwa in der Größenordnung der Tiefziehstahlbleche[3].

1.145 Federstähle.

Der Bedarf an Federstahlblechen wird mit der Verbreitung der Tellerfeder und Bandfeder voraussichtlich noch zunehmen. Die dafür erforderlichen Stähle werden für wenig beanspruchte Federn nach dem SM- oder Thomasverfahren gewonnen, hingegen für höchstbeanspruchte Federn im Elektro- oder Tiegelofen hergestellt. Das hochelastische Verhalten und die hohe Härte der Federn werden durch hohe Gehalte an C, Si, Mn, Cr und V erreicht. Vor dem Härten im Abschreckmittel wird der Federstahl meist durch Kaltwalzung zusätzlich gefestigt. Selbst-

---

[1] SPENCER, L. J.: Die Kaltverarbeitung nichtrostender Stähle. Steel Proc. Bd. 36 (1950) Nr. 8, 9, 10, 11 S. 383, 440, 504, 570. — OEHLER, G.: Tiefziehstufung rostfreier Stahlbleche. Werkstattstechn. u. Masch.-Bau Bd. 41 (1951) Heft 10 S. 402/03. Dort finden sich weitere Schrifttumshinweise.

[2] TREAT, R., u. H. CHASE: Ziehen hochfester Legierungen. Steel Bd. 127 (1950) Nr. 17 S. 68—70.

[3] Production of sheet metal components for jet-propulsion units. Machinery, Lond. v. 10. 11. 1949, S. 667—672.

verständlich sind Federstahlbleche außerordentlich schwer zu verarbeiten. Eine Kaltumformung ist ausgeschlossen, und bei einer Warmumformung gehen die elastischen Eigenschaften verloren. Nur dort, wo örtlich dies in Kauf genommen werden kann, wird man sich damit behelfen dürfen. Aber auch das Schneiden von federharten Stahlblechen begegnet großen Schwierigkeiten, da zumeist der Werkstoff an der Schnittkante einreißt. Dort, wo gehärtete Federn unbedingt gelocht werden müssen, kann man sich nur durch eine hohe Blechhalterpressung an der Umgebung der Schnittöffnung helfen.

Das Versagen der Federbleche im Betrieb bzw. nach dem Einbau hängt oft weniger von der Legierung und der Härtung als von der Oberfläche ab. Je höher die Festigkeit der Feder, um so empfindlicher ist sie gegen Oberflächenmängel. Auf Wechselfestigkeit beanspruchte Federn werden daher nachträglich oft poliert. Wesentlich günstiger ist es, die Verarbeitung nicht im federharten Zustande, sondern vor dem Härten vorzunehmen. Dabei empfiehlt sich eine Abschreckung nicht im kalten, sondern im warmen Ölbad von etwa 50 bis 60° und ein Anlassen bis auf etwa 500°. Doch werden bei kalt gewalzten Federstählen oft auch geringere Anlaßtemperaturen empfohlen.

1.15 Plattierte Stahlbleche.

Zum Plattieren[1] wird das Überzugsmetall in größerer Dicke als Platte auf den Stahluntergrund und mit ihm zusammen in Schweißhitze ausgewalzt. Man versteht also unter Plattierung eine durch Anwendung von Druck oder erhöhter Temperatur oder von beiden bewirkte innige Verbindung zwischen Werkstoffen, wovon der eine stärkere als Grundmetall und die verhältnismäßig dünne Deckschicht als Auflagemetall bezeichnet werden. Das Auftragen von Metallschichten durch Tauchen oder auf galvanischem Wege oder durch Spritzen wird nicht als Plattierung bezeichnet.

Grund- und Auflagemetall werden zuweilen sogar kalt unter Anwendung hoher Drücke aufeinander gepreßt, zumeist jedoch unter Vermeidung von Oxydbildung gemeinsam erhitzt und dann verwalzt. Es kann im Rahmen dieses Buches nicht auf die verschiedenen einzelnen Abwandlungen der Verfahren eingegangen werden.

Die warmgewalzten plattierten Bleche werden in Dicken von 3 mm an aufwärts geliefert. Dabei werden heute Tafellängen bis zu 10 m und Breiten bis zu 4 m hergestellt. Durch nachträgliche Kaltwalzung können geringere Dicken erzielt werden, so daß man diese plattierten Bleche so-

---

[1] Hierzu siehe folgendes Schrifttum: Clad steels. Materials and Methods Bd. 25 (1947) S. 108. — RÄDEKER, W., u. E. SCHÖNE: Technische Eigenschaften plattierter Bleche. Z. VDI Bd. 80 (1936) S. 1163—1165. — CANZLER, H.: Plattierte Bleche. Mitt. Forsch.-Ges. Blechverarb. Nr. 4 v. 15. 2. 1953 S. 56—60.

gar bis auf 0,2 mm herunterwalzen kann. Diese kalt gewalzten Blechtafeln werden allerdings im allgemeinen nur in geringeren Abmessungen hergestellt, und zwar in Tafelgrößen von 200×50 cm. Hier darf allerdings nicht übersehen werden, daß ein kaltes Nachwalzen plattierten Materials zwar weniger zum Abspringen der Auflageschicht, aber dafür häufiger zu Spannungen des Grenzgefüges und Reißsprödigkeit des Werkstoffes selbst führt, so daß hierdurch die Kaltverformbarkeit wesentlich herabgesetzt anstatt verbessert werden kann. Abb. 26 zeigt in 100facher Vergrößerung das Grenzgefüge eines aluminiumplattierten Stahlbleches mit guten Tiefzieheigenschaften. Ein anderes plattiertes Leichtmetallblech ist in Abb. 54 bis 56 im Schliff dargestellt.

Beim Plattieren wird die Bindung der beiden Metalle an ihren Grenzflächen durch Resonanz der Atomverbände erreicht. Voraussetzung hierfür ist eine Temperatur, welche eine genügend große Atombeweglichkeit gewährleistet[1]. Nach den gegenwärtigen Verfahren ist es möglich, alle solchen Bleche, Stangen, Rohre, Profile undMaschinenelemente zu plattieren, welche sich auf die hierfür notwendigen Tem

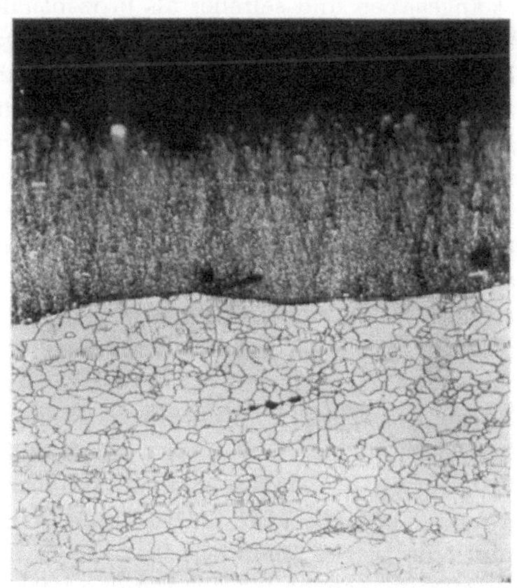

Abb. 26. Aluminiumplattiertes Stahlblech (V = 100).

peraturen bringen lassen. Während früher plattierte Abfälle der Stanzereien wertlos waren, da die Rückverwendung des Überzuges aus wirtschaftlichen Gründen ausschied, werden heute die Zuschnitte für Stanz- und Ziehteile schon vorher ausgeschnitten und anschließend plattiert, oder es werden Bleche und Bänder nur an den Stellen plattiert, wo später der Ausschnitt des Teiles in der Stanzerei erfolgt. Im allgemeinen werden heute Stahlbleche mit Auflagen von Nickel, Kupfer, Chrom–Nickel, Kupfernickel, Tombak und sonstige Legierungen auf Nickelbasis[2], ferner Messing, Aluminium[3] und Leichtmetall-Legierungen plattiert.

Über die Dicke der Auflage werden jeweils besondere Vorschriften erteilt. Im allgemeinen sind Plattierungsschichten von 2,5 % der Ge-

---

[1] Machinist, London Bd. 94 (1950) Nr. 19 S. 705—710.
[2] Iron Age Bd. 184 (1949) Nr. 22 S. 90.
[3] ROSEK: Materials and Methods Bd. 27 (1948) Nr. 2 S. 70—73, Auszug in Mitt. Forsch.-Ges. Blechverarb. Nr. 16 v. 10. 4. 1950.

samtblechdicke üblich. Doch werden im Apparatebau auch erheblich stärkere Deckschichten von etwa 10% angewendet. Die Dicke des Metallüberzuges wird entweder mikroskopisch gemessen oder gewichtsanalytisch ermittelt. Beim ersteren Verfahren werden mehrere Bleche in kleinen Abschnitten miteinander verspannt und geschliffen bzw. für die mikroskopische Prüfung poliert und vorgerichtet. Die mittleren Abschnitte dieses kleinen Paketes gestatten dann die Messung der Plattierungsdicke am Schliffbild, dessen lineare Vergrößerung bekannt ist. Im allgemeinen wird die Dicke der Plattierung als unmittelbarer Wert angegeben und seltener als prozentualer Wert auf die Stahlblechdicke bezogen. Die Gewichtsanalyse ist dort möglich, wo sich die Metallauflage ohne Einwirkung auf das Stahlkernblech mittels eines Lösungsmittels leicht auflösen läßt. Als Lösungsmittel kommen bei Kupferlegierungen Zyankali, bei Aluminium und Leichtmetall-Legierungen Ätznatron in Betracht. Aus der Gewichtsdifferenz zwischen dem Gewicht der untersuchten Probe vor der Ablösung und dem Gewicht nach derselben läßt sich die Dicke der Plattierung leicht ermitteln. Bei Stahlblechen als Grundmetall lassen sich ferner die nichtmagnetischen Auflageschichten an elektrischen Schichtdickenmeßgeräten direkt ablesen[1].

Die Dichtigkeit von Metallüberzügen wird nach Entfetten der Oberfläche und Paraffinierung der Schnittkanten durch Eintauchen in ein frisch hergestelltes Gemisch von 3 Teilen 1%iger Lösung roten Blutlaugensalzes und 1 Teil 1%iger Lösung von Ammoniumpersulfat geprüft. An den Stellen, wo der Metallüberzug durch Schrammen, Risse oder Poren unterbrochen ist, so daß das innere Stahblech frei liegt, erscheint eine starke Blaufärbung.

Im allgemeinen haftet die Metallauflage auf dem Stahlblech bei Anwendung der neuzeitlichen Plattierungsverfahren einwandfrei. Die Haftfähigkeit zwischen Auflage und Grundwerkstoff läßt sich nur durch sehr schwierige Laboratoriumsversuche nachweisen, die für den praktischen Betrieb nicht in Betracht kommen. Im allgemeinen haben sich plattierte Bleche beim Stanzen und Ziehen gut bewährt. Es darf sogar gesagt werden, daß durch die Plattierung die Ziehfähigkeit des Werkstoffes verbessert wird. Selbstverständlich ist diese Verbesserung nur unerheblich gegenüber der Ziehfähigkeit des Kernwerkstoffes, da dieser letzten Endes infolge seines größeren Querschnittanteiles und auch seiner höheren Festigkeit die Verformungsbeanspruchungen auszuhalten hat. Maßgebend ist natürlich, daß das Dehnungsvermögen der plattierten Auflage keinesfalls geringer sein darf als dasjenige des Kernwerkstoffes, da sonst auf alle Fälle mit Rißbildungen zu rechnen ist. Daher sind auch plattierte Werkstoffe sowie Metallüberzüge schlechthin gegen

---

[1] Über Schichtdickenmeßgeräte siehe S. 134 bis 138 dieses Buches.

scharfwinkeliges Biegen besonders empfindlich. Im allgemeinen werden daher plattierte und metallüberzogene Stahlbleche einer Biegeprobe unterworfen. Dafür wurde in den Vereinigten Staaten, die anteilmäßig die größte Menge Weißblech herstellen, der Biegeversuch von WILLETS eingeführt, auf den unter den Biegeprüfverfahren (S. 174) noch Bezug genommen wird. Bei Ziehwerkzeugen für plattierte Bleche ist die Ziehkante möglichst hart zu verchromen und feinstens zu polieren. Um beim Ziehen plattierten Werkstoffes ein Fressen zu vermeiden, ist die einzulegende Platine unter Beachtung der Anweisung in Tab. 6 S. 57 vorher ausreichend zu schmieren.

Für Hochdruckbehälter wird die Plattierungsschicht von 2 mm dicken rostfreien Stahlbleches auf 15 mm dickem Stahlblech selbst in neuzeitlichen amerikanischen Betrieben[1] nicht aufgewalzt, sondern in engen Abständen von etwa 40 mm unter Sonderpunktschweißmaschinen miteinander verbunden. Die Platten werden bei 250 atü hydraulisch geprüft und mittels Verschraubung zu einem Behälter zusammengefügt. Die Verschraubung empfiehlt sich aus Gründen einer einfachen Montage.

Die Plattierung wird häufig als kriegsbedingter Notbehelf gewertet. Dies ist jedoch ein Irrtum. Schon unabhängig von der Bewirtschaftung der Sparmetalle wurden aus wirtschaftlichen Erwägungen Stahlbleche plattiert. Die Verwendung galvanisch veredelter und hochglanzpolierter Stahlbleche guter Tiefzieheignung brachte eine Verbilligung in verschiedenen Branchen unserer Metallindustrie, wie z. B. in der Fertigung der Spielwaren, der Mundharmonikas und kleinerer Bürogeräte. Daneben beweist die starke Aufnahme der Plattierung in den Vereinigten Staaten, wo wirklich in dieser Hinsicht nicht gespart zu werden braucht, daß es sich hier nicht nur um Ersatzmaßnahmen handelt. Aber auch außer der Wirtschaftsfrage, also der Billigkeit des Erzeugnisses, bietet die Plattierung erhebliche technologische Vorteile. Zunächst ist die durch Plattierung erzielte Metallauflage völlig porenfrei, ihr Kristallgefüge und ihre Schichtstärke sind gleichmäßig. Sie bietet einen größeren Korrosionsschutz als Bleche, die im ganzen aus dem Plattierungsmetall hergestellt werden, weil Ungleichmäßigkeit der Oberfläche, bedingt durch Walzfehler und Einschlüsse, beim Plattieren vollständig ausscheiden. Die plattierte Schicht ist also reiner, sauberer und gleichmäßiger. Daher lassen sich plattierte Bleche unter Stanz- und Ziehwerkzeugen leicht verarbeiten.

Es wird öfters eingewendet, daß aus plattierten oder galvanisch veredelten Blechen hergestellte Gegenstände unveredelte Schnittkanten besitzen. In solchen Fällen lassen sich meistens diese Schnittkanten durch Umbördeln konstruktiv verstecken, so daß sie äußerlich nicht

---

[1] A. O. Smith in Milwaukee.

wahrnehmbar sind. Daneben hat sich gezeigt, daß beim Schneiden bzw. Stanzen sich die Metallauflage in ausreichendem Maße über die Schnittkanten hinwegzieht. Jedenfalls ist es günstiger, das Loch vorher zu plattieren, als erst nach der Anfertigung der gestanzten Gegenstände dieselben galvanisch zu veredeln. Abgesehen davon, daß bei letzterem Verfahren erheblich höhere Fertigungskosten entstehen, hat es sich auch gezeigt, daß die plattierte Schicht bei der Galvanisierung der Fertigteile ungleichmäßiger ausfällt als beim Elektroplattieren der glatten Blechtafeln.

Ergänzend sei erwähnt, daß es auch sogenanntes plattiertes Holzblech oder Panzerholz gibt. Es handelt sich dabei um selten einseitig, meistens doppelseitig mit Metalldeckblechen verleimtes Sperrholz als inneren Grundstoff. Für die Metalldeckbleche wird Stahl seltener, hingegen Leichtmetalle in oft eloxiertem Zustand häufiger verwendet. Eine Verbindung von Gummi mit Phenolkunstharzen dient als Klebstoff. Derartig plattierte Holzbleche lassen sich bis zu einem gewissen Grad auch umformen[1].

1.16 Verzinnte Stahlbleche (= Weißbleche).

Neben den im letzten Abschnitt 1.15 behandelten Plattierungen verdienen die im Schmelzbad oder elektrolytisch hergestellten Metallüberzüge besondere Beachtung. Beim erstgenannten Verfahren erhält das eingetauchte Stahlblech im Bade die metallische Oberfläche der Schmelzbadflüssigkeit. Die bekanntesten Bleche dieser Art sind die verzinnten Feinbleche, die sogenannten Weißbleche[2]. Sie unterscheiden sich voneinander entsprechend ihrer Güteklassen (HK, BST, HB als Hauptgruppenbezeichnung und B, W, WW als Untergruppenbezeichnung) nur durch die Dicke des Zinnbelages. Die Tiefziehgüte entspricht etwa den Ziehblechen von St V 23 an aufwärts. Die durch die Verzinnung herabgesetzte Reibung begünstigt etwas das Gleiten über die Zieh- oder Biegekanten der Werkzeuge. Doch ist für die Tiefziehgüte in erster Linie die Verformungseigenschaft des Kernstahlbleches maßgebend. Da die Güteklassen der Weißbleche insoweit bisher noch nicht unterschieden sind, so sind dieselben, wie auf S. 36 noch näher erläutert, auf ihre Umformfähigkeit hin besonders zu untersuchen.

---

[1] MÜLLER: Holzblech, seine spanlose Formung zu Hohlkörpern. Diss. Dresden 1930.

[2] Während des Krieges war die Weißblechherstellung beschränkt, so daß für Konservendosen Ersatzwerkstoffe, meist lackierte Stahlbleche, in Betracht kamen. Hierüber berichten: a) R. HANEL,: Werkstoffe für Konservendosen. Metallwirtsch. Bd. 20 (1941) Nr. 44 S. 1069—1073. — b) H. NIESEN: Verhalten von Konservendosenlacken. Aluminium Bd. 24 (1942) Nr. 1 S. 17—20.

Bei der Weißblechherstellung[1] durchläuft das Stahlblech zwischen Walzenpaaren eine auf dem flüssigen Zinnbad schwimmende Salzschicht von Zinkchlorid, taucht anschließend in das Zinnbad ein und durchquert unter einer Scheidewand eine dahinter auf dem Zinnbad schwimmende Schicht von Palmöl. Der Zinnbelag[2] ist bei Konservenblech zumeist auf jeder Blechseite nur 0,02 mm dick. In USA verliert das Feuerverzinnen gegenüber dem elektrolytischen Verzinnen[3], das in Deutschland erfunden wurde, immer mehr an Boden. Die Bleche werden zunächst elektrolytisch entfettet und gebeizt. Das der Elektrolyse folgende Aufschmelzen erfolgt entweder so, daß ähnlich dem Stumpfschweißverfahren das Blech als Widerstand geschaltet auf die Temperatur des flüssigen Zinnes erhitzt wird, oder mittels elektrischer Induktionserhitzung. Beim elektrolytischen Verzinnen wird eine wesentlich geringere und gleichmäßigere Schichtdicke als beim Feuerverzinnen erzielt. Abschließend werden die Bleche durch Eintauchen in verdünnte Chromat-Phosphat-Lösungen passiviert. Auch hier kann dieser Vorgang durch Elektrolyse mit dem Blech als Kathode abgekürzt und die schützende Oxydschicht verbessert werden.

Die Untersuchung und Prüfung an Weißblechen ist in USA als dem Land der Konservendose schon immer von Bedeutung gewesen und auch heute noch Gegenstand der Forschung[4]. Als im Jahre 1929 eine größere Menge kalifornischer Pfirsichkonserven durch Ausbeulen verdarb, wurde nach längeren Untersuchungen ein zu hoher Siliziumgehalt im Stahlblech als Ursache gefunden und ein geringerer Gehalt an Si und P als höchstzulässig vorgeschrieben. Die Ausbeulerscheinungen waren auf eine Wasserstoffentwicklung zurückzuführen. Es wurde daher ein Prüfverfahren festgelegt, wonach eine bestimmte Menge Blech einer bestimmten Menge Salzsäure bestimmter Konzentration gelegt und nach einer Dauer von 5 Minuten die Menge des sich dabei entwickelten Wasserstoffes gemessen wurde. Hieraus hat sich die auf Seite 113 erwähnte Beizverzugprobe entwickelt. Die Forderung nach einem so geringen Gehalt an Si und P wurde seitens der Walzwerke zunächst nicht erfüllt, da hierdurch insbesondere beim Walzen in Paketen die Bleche zu stark aneinander klebten und sich schwer trennen ließen. Erst nach dem Ausbau der Kaltwalzstraßen, wie sie infolge des großen Bedarfs

---

[1] Über neuzeitliche amerikanische Herstellungsverfahren von Weißblech berichtet BRUCE, GONSER: Tin plate in the canning industry. Metal Progr. Bd. 37 (1940) Nr. 2 S. 135—141.

[2] TEINDL, J.: Einfluß verschiedener Faktoren auf die Zinnauflage bei Weißblechen. Korrosion u. Metallsch. Bd. 17 (1941) Nr. 11 S. 390—396.

[3] Entwickelung des elektrolytischen Verzinnens in den USA. Mitt. Forsch.-Ges. Blechverarb. Nr. 13 v. 10. 3. 1950, Nr. 14 v. 15. 7. 1951.

[4] Progress toward better tinplate. Am. Can-Comp. Maywood, Ill. Research-Bulletin Nr. 2 und 3. Oktober/November 1945.

der Karosseriefabriken sich ergaben, konnte auch diese Forderung erfüllt werden, wobei die Gütebezeichnung L (= low, niedriger Gehalt
an Si und P) hierfür in USA eingeführt ist. Es bestehen dort eine Reihe
weiterer chemischer und physikalischer Prüfungen für Weißblech. Im
Hinblick auf die Falzfähigkeit ist der Stiffening-Test, der auf S. 177
unter den Biegeprüfverfahren noch näher beschrieben wird, dafür von
besonderer Bedeutung.

1.17 Verzinkte Stahlbleche.

Außer Weißblechen und den nur seltenen verbleiten Blechen interessieren als im Schmelzbad überzogene Stahlbleche die verzinkten.
Gegenüber ungeschütztem Stahlblech gewährleistet der durch die Zinkschicht hervorgerufene Korrosionsschutz eine 15fache Lebensdauer bei
Blechteilen, die der Witterung ausgesetzt werden. Für das Verzinken
der Stahlbleche wird Raffinade-Hüttenrohzink verwendet. Geringe
Kupfergehalte in Zinkbädern sind unbedenklich. Es ist also zulässig,
den Verzinkungsbädern kupferhaltige Aluminium-Umschmelzlegierun-
gen zuzusetzen[1]. Für die Güte und Haltbarkeit des Überzuges ist der
Gehalt des Stahlbleches an Silizium und Phosphor von entscheidendem
Einfluß. Phosphorgehalt ist schädlich. Er sollte für diese Zwecke nicht
mehr als 0,03 % betragen. Hingegen kann Siliziumgehalt die Haft-
wirkung günstig beeinflussen. Bleche mit einem Siliziumgehalt von
0,2 % haben sich auf Grund der letzten Versuche[2] am besten bewährt.
Dort, wo gut biegefähige und verhältnismäßig dünne Überzüge erwünscht sind, ist das Trockenverzinkverfahren[3] gegenüber dem Naßverzinken im Vorteil, wozu noch eine erhebliche Einsparung an Zink
infolge Einschränkung der unerwünschten Hartzinkbildung[4] hinzu-
kommt. Der Unterschied zwischen beiden Verfahren besteht darin,
daß beim Naßverzinken das Flußmittel auf der Oberfläche des Bades
schwimmt, während es beim Trockenverzinken auf dem Blech vor dem
Tauchen aufgetrocknet ist. Dabei enthält das Zn-Bad einen Al-Zusatz
von 0,1 bis 0,3 %. Für das Verzinken größerer Tafeln und Teile ist dieses
letztere Verfahren zunächst weniger gedacht als für kleinere Ziehteile.

Die im Schmelzverfahren verzinkten Bleche lassen sich gut schneiden
und teilweise auch biegen, ohne daß die Schicht dadurch zerstört wird.

---

[1] Verwendung von Aluminium beim Feuerverzinken. Mitt. Forsch.-Ges.
Blechverarb. Nr. 14 v. 15. 7. 1951 S. 178.

[2] BABLIK, H., u. A. MERZ: Einfluß des Siliziumgehaltes im Stahl beim Feuerverzinken. Metallwirtsch. Bd. 20 (1941) Nr. 45 S. 1097—1100.

[3] BABLIK, H.: Trocken- oder Naßverzinken? Mitt. Forsch.-Ges. Blechverarb.
Nr. 36 v. 30. 11. 1950.

[4] RÄDEKER, W.: Die Legierungsbildung Eisen—Zink beim Feuerverzinken.
Stahl u. Eisen Bd. 62 (1942) Nr. 18 S. 174—176. Siehe auch Bericht in Mitt.
Forsch.-Ges. Blechverarb. Nr. 14 v. 15. 7. 1951 S. 176 über die Internationale
Verzinkertagung Kopenhagen vom 17. bis 21. 7. 1951.

Zum Tiefziehen sind die auf diesem Wege hergestellten Bleche ungeeignet. Bestenfalls flache unzylindrische Züge sind noch möglich. In zylindrischen Ziehwerkzeugen fressen die Bleche jedoch oft fest und führen zu Rißbildungen selbst bei hartverchromten Ziehkanten. Weiterhin gerät der Schichtdickenüberzug bei den feuerverzinkten nicht gleichmäßig[1]. In Längsrichtung des Bleches ist er zum unteren Ende hin beiderseitig dünner, quer gemessen ist er in der Mitte überall dicker als am Rand. Dort, wo verzinkte Bleche gezogen werden sollen und es auf eine gleichmäßige Schichtdicke ankommt, empfiehlt sich die Anwendung von Glanzzinkbädern auf alkalischer oder saurer Basis, die das Stahlblech auf galvanischem Wege ähnlich der Vernickelung mit einer feinen Zinkschicht versehen[2]. Solche Bleche sind auch für zylindrisches Tiefziehen geeignet. Die Schichtdicke beim elektrolytisch verzinkten Blech ist gleichmäßiger im Gegensatz zum feuerverzinkten.

1.2 Bleche aus Aluminium und Leichtmetallen.

1.21 Herstellung.

Die Herstellung[3] der Aluminium- und Leichtmetallbleche sowie Bänder geschieht ähnlich dem Auswalzen der Stahlbleche. Auch hier wird zunächst aus einer Gießanlage der flüssige Werkstoff in Kokillen gegossen. Der darin gefertigte Gußblock wird geglüht und zumeist unter Duo-Walzwerken zu halbharten Blechen verarbeitet. Nach einem Normalisieren zwischen 300 und 400°, wodurch ein Erweichen des Bleches erzielt wird, erfolgt das fertige Walzen oder Ausrichten zum fertigen Blech. Durch kaltes Nachwalzen kann es zu halbharter und harter Güte anschließend ausgewalzt werden. Dies ist der Gang für die Herstellung von Reinaluminiumblechen.

Die Herstellung von Blechen einiger Leichtmetall-Legierungen weicht teilweise hiervon ab. So erfolgt die Herstellung von Blöcken zuweilen bei Mg-Legierungen mittels Stranggießverfahren, auf die bei der Herstellung der Zinkbleche noch kurz eingegangen wird. Allerdings

---

[1] HUGHES: J. Iron Steel Inst. 167, 1 (1951) S. 48ff.; siehe auch Mitt. Forsch.-Ges. Blechverarb. Nr. 4 v. 15. 4. 1951 S. 75.

[2] Hierüber berichten: a) R. SPRINGER: Elektrolytische Verzinkung. Metallwarenind. Bd. 39 (1941) Nr. 1 S. 7—12, Nr. 2 S. 73/74. — b) E. RAUB u. B. WULLHORST: Beitrag zur Frage der galvanischen Glanzverzinkung. Z. Elektrochem. Bd. 48 (1942) Nr. 7 S. 342—352. — c) W. ECKHARDT: Die Verzinkung. Korrosion u. Metallsch. Bd. 17 (1941) Nr. 12 S. 401—403. — d) Iron Age Bd. 161 (1948) Nr. 26. — e) Sheet Met. Ind. Bd. 26 (1949) Nr. 263 S. 477.

[3] EMICKE, O., u. K. LUCAS: Walzen von Leichtmetallen zu Blechen und Bändern. Freiberg 1944. — Siehe auch Technik Bd. 5 (1950) S. 305—310. — WARTH, H. v. D.: Entwicklungsstand des Walzens von Leichtmetall-Blechen und -Bändern. Metall Bd. 2 (1948) S. 401—405. — BRENNER, P.: Neuere Fortschritte auf dem Gebiet der Al-Walzlegierungen. Aluminium Ausg. Sept. 1938.

ist bei den Stranggießverfahren für Magnesiumlegierungen die besondere Brandgefahr zu beachten[1].

In jüngster Zeit sind zur Herstellung von Bändern aus Aluminium und Leichtmetallen neue Verfahren bekanntgeworden. Dieselben beruhen darauf, daß aus einer Gießmaschine in eine bewegte Form Aluminium fließt, das in dieser sich bewegenden Form erstarrt und als fester Strang hinausgeschleudert wird und direkt unter die Walzen zur Bandumformung gelangt. Bei dem PROPERZI-Verfahren[2] fließt das Aluminium aus dem Gießofen durch ein Rohr einer auf der zylindrischen Außenfläche mittleren umlaufenden V-förmig eingedrehten Rille eines sich drehenden Rades zu. Diese Eingießscheibe ist ähnlich einer im Betrieb befindlichen Riemenscheibe zur größten Hälfte mit einem Stahlband umgeben und wird mittels dieses Stahlbandes und einer darüberliegenden Antriebsscheibe gedreht. Die mittlere innere Fläche dieses Stahlbandes stellt gewissermaßen die eine Seite des dreieckigen Querschnittes dar, in den das flüssige Leichtmetall hineinfließt, während die beiden anderen Dreiecksseiten von der V-förmigen Rille gebildet werden. Da die Antriebsscheibe über der Eingießscheibe liegt und das untere Drittel der Eingießscheibe in ein Wasserbad oder eine sonstige Abkühlflüssigkeit eintaucht, so erstarrt dort das in die offene dreieckige Rille eingegossene Leichtmetall zu einem zwar noch heißen und weichen Stab dreieckigen Querschnittes und wird an der Stelle, wo das Stahlband von der unteren Gießscheibe zur oberen Antriebsscheibe abläuft, abgenommen und den Walzen zugeführt. Die Geschwindigkeit kann auf 3 bis 9 m/min eingestellt werden. Die Seiten des gleichseitigen Dreieckprofils betragen etwa 20 mm. Ein anderes Verfahren ist das HAZELETT-Verfahren[3]. Auch hier wird das flüssige Metall einer beweglichen Gießform zugeleitet, die jedoch aus zwei endlosen Stahlbändern besteht, welche über Trommelscheiben laufen. Diese Bänder sind sehr glatt und nicht unterteilt, was sich auf die Güte der Oberfläche des späteren Bandes günstig auswirkt. Die „Bandgußform" wird von außen mit Wasser gekühlt. Das Verfahren wird weniger zur Herstellung von Bandmaterial als von gegossenen Barren angewandt, die später ausgewalzt werden. Die Form solcher gegossenen Barren wird seitlich durch einen von innen wassergekühlten festen Abschlußrahmen aus Messing begrenzt, während Rollen oben und unten die Dicke der laufenden Gießform bestimmen.

---

[1] MENZEN, P., u. W. PATTERSON: Magnesiumblockguß unter besonderer Berücksichtigung neuer Stranggießverfahren mit unmittelbarer Flüssigkeitskühlung. Aluminium Bd. 25 (1943) Nr. 11 S. 375—379.

[2] Entwickelt von ILARIO PROPERZI der Firma S. p. A. Continuus, Mailand, in Verbindung mit Nichols Wire & Aluminium Co., Davenport, USA.

[3] Entwickelt von Hazelett Strip Casting Process Co., Greenwich, Connecticut, USA.

Es werden Band und Barren von Querschnitten von 200×10 mm bei Geschwindigkeiten von 5 bis 10 m/min gegossen. Man ist dabei, diese Verfahren nicht nur für Aluminium und seine Legierungen, sondern auch für Magnesium, Messing und Stahl weiterzuentwickeln. Ein drittes Verfahren nach HUNTER DOUGLAS[1] ist dem vorausgegangenen in seiner Wirkungsweise sehr ähnlich, nur sind zwei solcher Bandantriebsaggregate übereinander angeordnet. Jedes dieser genau synchronisierten Aggregate besitzt eine Reihe von Gießsegmenten ähnlich den Gliedern einer Raupentraktorkette. Die Segmente der beiden Ketten passen genau aufeinander und bilden beim Zusammentreffen eine fortlaufende bewegliche Gießform. Das flüssige Aluminium wird in diese bewegliche Form geleitet, wo es sich rasch verfestigt, da die Form mittels Wasser auf 38° C abgekühlt wird. Die Gießgeschwindigkeit beträgt 1,2 m bis 4,5 m/min. Auf diesen nach diesem Verfahren arbeitenden Maschinen werden Barrenquerschnitte von etwa 200 mm Breite und 25 mm Dicke gegossen, die in Längen von 15 bis 20 m abgeschnitten und hierauf durch Warm- und Kaltwalzen in Streifen verarbeitet werden.

1.22 Bezeichnung der legierten Leichtmetallbleche.

Die Legierungen werden heute nicht mehr wie früher unter meistens geschütztem Namen (Warenzeichen) geführt, sondern nur noch nach Normenbezeichnungen laut DIN 1725 bezeichnet, wobei die Legierungsbestandteile nach den chemischen Kurzzeichen hinter dem Grundmetall angeführt werden. Hinter diesen Kurzzeichen wird die annähernde Menge des wichtigsten Zusatzes in Prozenten bezeichnet. So bedeutet die Legierung Al–Cu–Mg 3 eine Aluminium–Kupfer–Magnesium-Legierung mit 3 % Cu-Gehalt. Wird hingegen außerdem hinter einem F eine Zahl genannt, so weist diese auf die Mindestfestigkeit hin. So bedeutet beispielsweise eine Legierungsbezeichnung von Mg–Al 6–F 28 eine Magnesiumlegierung von 6 % Aluminiumgehalt und einer Mindestfestigkeit von 28 kg/mm².

1.23 Die Eigenschaften des Aluminiums und seiner Legierungen.

Die hervorstechenden Eigenschaften des Aluminiums und seiner Legierungen sind das geringe spezifische Gewicht (Reinaluminium 2,7, Al-Legierungen 2,6 bis 2,8), die Festigkeit, die bei einzelnen Legierungen die des Stahls erreicht, und die Korrosionsbeständigkeit, besonders des Reinaluminiums und der kupferfreien Al-Legierungen.

An der Luft überzieht sich das Aluminium sofort mit einer dünnen Oxydschicht, die das darunterliegende Metall vor einer weiteren Korrosion schützt. Durch eine besondere chemische oder elektrochemische Behandlung kann diese Schutzschicht verstärkt und abriebfester ge-

---

[1] Entwickelt von Hunter Douglas Corp., Riverside, Cal. USA.

Tabelle 4. *Mechanische Eigenschaften von Leichtmetallblechen und -bändern aus Aluminium und Aluminiumlegierungen.*

Werkstoff (Kurzzeichen)	Zustand	Abmessung mm		Zugfestigkeit σ_B kg/mm²	Bruchdehnung δ_{10} % Längs	quer	Brinellhärte H_B $(P=5D^2)$ kg/mm²
Al 99 F 8	weich	bis 5 mm Dicke		8—10	30—20	18	20— 30
Al 99 F 10	halbhart	„ 5 „ „		10—12	10— 5	3,5	30— 34
Al 99 F 12	halbhart	„ 5 „ „		12—14	6— 4	2,5	34— 38
Al 99 F 14	hart	„ 2 „ „		14—20	5— 3	2	38— 45
Al 99,5 F 7	weich	„ 5 „ „		7— 9	35—22	20	18— 23
Al 99,5 F 9	halbhart	„ 5 „ „		9—11	15— 7	5	26— 30
Al 99,5 F 11	halbhart	„ 5 „ „		11—13	8— 5	4	30— 35
Al 99,5 F 13	hart	„ 2 „ „		13—18	6— 4	2,5	35— 40
Al 99,99	weich	—		3,5— 6	50—40		12— 15
Al 99,99	halbhart	—		7—10	9— 5		18— 24
Al 99,99	hart	—		11—13,8	5— 4		25— 30
Al 99,99 Mg	weich	—		10—24	28—26		29— 58
Al 99,99 Mg	hart	—		19—40	4,3—3,1		48—107
		Blech	Band				
AlMn F 9	weich	bis 10	bis 3	9—11	30—20		20— 30
AlMn F 12	halbhart	„ 10	„ 3	12—14	12— 5		35— 45
AlMn F 16/15	hart	„ 6	„ 3	16—22	6— 4		40— 55
AlMgMn F 18	weich	„ 10	„ 3	18—22	20—15		45— 60
AlMgMn F 22	halbhart	„ 10	„ 3	22—23	8— 4		55— 65
AlMgMn F 24	hart	„ 10	„ 3	24—28	6— 3		65— 75
		Blech	Band				
AlMg 3 F 18	weich	bis 6	bis 3	18—21	22—15		45— 60
AlMg 3 F 22	halbhart	„ 6	„ 3	22—25	14— 8		65— 70
AlMg 5 F 22	weich	„ 6	„ 3	22—28	20—15		55— 65
AlMg 5 F 25	halbhart	„ 6	„ 3	25—31	14— 8		70— 80
AlMg 7 F 30	weich	„ 6	„ 3	30—34	22—15		70— 85
AlMg 7 F 34	halbhart	„ 6	„ 3	34—38	14— 8		90— 95
AlCuMg w	weich	„ 40	„ 3	18—24	20—15		ca. 70
AlCuMg F 38/34	Normalleg. ausgehärtet u. ggfs. nachgerichtet	„ 6	„ 3	38—44	20—15		100—125
AlCuMg F 44/39	Hochf. Leg. ausgehärtet u. ggfs. nachgerichtet	„ 6	„ 3	38—44	20—15		100—125
AlCuMg F 45/58	ausgeh. u. kalt verf.	„ 6	„ 3	45—58	10— 2		110—120
AlMgSi F 11	weich	„ 10	„ 3	11—13	25—15		30— 40
AlMgSi F 17	walzhart	„ 10	„ 3	17—25	8— 4		50— 60
AlMgSi F 20	kalt ausgeh. (abgeschr.) u. ggfs. nachgerichtet	„ 20	„ 3	20—26	20—12		50— 60
AlMgSi F 28/26	warm ausgeh. u. ggfs. nachger.	„ 20	„ 3	28—32	14—10		70— 95
AlMgSi F 29/42	warm ausgeh. u. kalt verfestigt	„ 6	„ 3	29—42	10— 2		70—100

macht werden, wodurch die Aluminiumoberfläche auch gegen mechanische Inanspruchnahme unempfindlicher wird. Eine weitere Möglichkeit der Oberflächenbehandlung — neben der anodischen Oxydation, z. B. Eloxieren — erschließt das chemische Polieren mit anschließender anodischer Oxydation des Reinstaluminiums und des Reinstaluminiums mit Mg-Zusatz, das oft an die Stelle des zeitraubenden mechanischen Polierens tritt. Die Voraussetzung hierfür bildet eine poren- und riefenfreie Oberfläche des Werkstücks.

Die Aluminiumwerkstoffe[1] gliedern sich in 3 Gruppen:

1. Reinaluminium und Reinstaluminium (1.231).
2. Naturharte Al-Legierungen (1.232).
3. Aushärtbare Al-Legierungen (1.233).

Das Reinaluminium ist ein verhältnismäßig weiches Metall mit geringer Zugfestigkeit, dessen chemische Beständigkeit mit steigendem Reinheitsgrad zunimmt. Durch Legierungszusätze, speziell Mangan, Magnesium, Kupfer und Silizium, werden die mechanischen Eigenschaften verbessert — durch Mangan, Magnesium und Silizium auch besondere chemische —, so daß die Al-Legierungen auch als Konstruktionswerkstoffe Verwendung finden. Mit diesen Elementen, außer mit Silizium, bildet das Aluminium harte Verbindungen, die, in das weichere Grundmetall eingebettet, die höheren Festigkeitswerte erzielen. Durch geeignete Wärmebehandlungen können bei den aushärtbaren Al-Legierungen (AlCuMg und AlMgSi) hohe Festigkeitswerte erreicht werden.

Im folgenden sind die charakteristischen Merkmale der Aluminiumwerkstoffe zusammengestellt.

1.2311. Reinaluminium. Hierunter versteht man Aluminium mit geringen Verunreinigungen durch andere Elemente. Seine Festigkeit ist verhältnismäßig gering. Es ist chemisch beständig und wird daher vornehmlich in der Nahrungsmittelindustrie und im chemischen Apparatebau verwendet.

1.2312. Reinstaluminium. Dies ist Aluminium von mindestens 99,99% Reinheit (Al 99,99). Seine Festigkeit ist gering, sie wird durch Zusätze von 0,7 bis 2% Mg erhöht (Al 99,99 Mg). Daher der weite Bereich für Härte und Festigkeit in Tab. 4, wo die unteren Werte für 0,7% Mg, die oberen für 2,0% Mg gelten. Beide Werkstoffe sind chemisch polierbar und dekorativ eloxierbar, d. h. ihre Oberflächen erhalten hierdurch ein besonders hohes Reflexionsvermögen. Für besondere chemische Beanspruchungen, ferner an Stelle vernickelter oder verchromter Gegenstände, z. B. für Reflektoren, ist dieser Werkstoff durchaus geeignet.

---

[1] Genauere Angaben über die Technologie und die Verarbeitung des Aluminiums und seiner Legierungen enthält das Aluminium-Taschenbuch, 10. Aufl.; ebenso erteilen über alle einschlägigen Fragen die Aluminium-Zentrale E. V., Düsseldorf, und deren Zweigstelle in Stuttgart Auskunft.

1.2321. AlMn und AlMgMn. Zum Aluminium sind Zusätze von Mn (bis 1,5 %) und Mg (1,5 bis 3 %) hinzulegiert. Die Festigkeit ist höher als die des Reinaluminiums. Diese Legierungen zeichnen sich durch gute Witterungs- und chemische Beständigkeit — AlMgMn auch Seewasser — aus. Sie sind für Werkstücke mittlerer mechanischer Beanspruchung geeignet.

1.2322. AlMg. Diese Aluminiumlegierung weist Mg-Gehalte von 2 bis 7,5 % auf. Mit steigendem Mg-Gehalt nimmt die Festigkeit zu, wie das aus der Tab. 4 hervorgeht. Sie ist von sehr hoher Witterungs- und Seewasserbeständigkeit und verhält sich gegen schwach alkalische Lösungen beständiger als Reinaluminium. Ihre Oberfläche läßt sich sehr gut polieren, AlMg 3 in Eloxalqualität wird für dekoratives Eloxieren bevorzugt. Angewendet wird diese Leichtmetall-Legierung gern für Bauteile infolge ihrer hohen Festigkeit und Korrosions- sowie Seewasserbeständigkeit, wie z. B. im Schiffbau und für Teile dekorativen Aussehens, wie z. B. Ladeneinrichtungen und sonstige architektonische Schöpfungen.

1.2331. AlCuMg[1]. Diese Aluminiumlegierung mit 2,5 bis 5% Cu, 0,2 bis 1,8 % Mg und 0,3 bis 1,5 % Mn erreicht im ausgehärteten Zustand die höchste Festigkeit und wird daher als Konstruktionswerkstoff für hochbeanspruchte Bauteile gern verwendet. Als kupferhaltige Legierung ohne Anstrich ist sie nur mit Reinaluminium plattiert[2] (AlCuMg pl) korrosionsbeständig.

1.2332. AlMgSi. Aluminium mit 0,6 bis 1,4% Mg, 0,6 bis 1,6% Si und 0,6 bis 1,0 % Mn hat im ausgehärteten Zustand ebenfalls eine hohe Festigkeit, wenn auch nicht so hoch wie bei AlCuMg. Daneben zeichnet sich diese Legierung durch gute Korrosions- und chemische Beständigkeit aus, sie ist gut polierbar und läßt sich ohne nachträgliche Wärmebehandlung in Eloxalqualität gut dekorativ eloxieren. Ihr Anwendungsgebiet umfaßt Bauteile mittlerer Beanspruchung mit Ansprüchen an chemische Beständigkeit.

Tab. 4 enthält eine Zusammenstellung über die Abmessungen und Festigkeitswerte von Leichtmetall-Legierungen, da in der späteren Tab. 6 (S. 64/65) nur eine beschränkte Anzahl von ihnen aufgeführt ist. Die Leichtmetalle lassen sich wegen ihrer großenteils hohen Dehnungswerte gut verformen. Risse bei der Kaltverformung von Blechteilen sind, wie auch bei allen anderen Werkstoffen, auf örtliche Überschreitung der Dehngrenze zurückzuführen. Bei der Verformung der Legie-

---

[1] KOSTRON, H.: Kornform und Korngrößenverteilung in Al–Cu–Mg-Blechen. Metallwirtsch. Bd. 23 (1944) Heft 14—17 S. 123—130.

[2] BRENNER, P.: Plattierte Al–Cu–Mg-Werkstoffe. Z. Metallkde. Bd. 28 (1936) Nr. 9 S. 276—280. — KOSTRON, H.: Plattierung von Al–Cu–Mg-Legierungen. Korrosion u. Metallsch. Bd. 18 (1942) Heft 10 u. Veröff. Forsch.-Inst. VLW Hannover, 2. F. 1948, S. 174—183.

rungen AlCuMg und AlMgSi sind die vom jeweiligen Lieferwerk erlassenen Aushärtevorschriften zu beachten. Sie sind im einzelnen unterschiedlich, doch sei im folgenden Abschnitt der Vorgang der Aushärtung kurz erläutert.

1.24 Aushärtung aushärtbarer Bleche.

Die Aushärtung[1] umfaßt das Lösungsglühen, das Abschrecken und das Auslagern oder Altern. Nach dem Abschrecken ist der Werkstoff noch gut umformbar und weich, verliert jedoch erheblich an Bildsamkeit während des Auslagerns und gewinnt dafür an Festigkeit und Härte. Das Lösungsglühen erfolgt je nach Blechdicke in Zeiträumen von 10 bis 150 Minuten bei Temperaturen von etwa 500° C, das unmittelbar anschließende Abschrecken in kaltem Wasser. Nur bei großer Verzugsgefahr empfindlicher Formen und dünnwandiger Teile entschließt man sich ungern zu milderen Abschreckmitteln, wie Öl, Sprühnebel oder gar Preßluft. Ebenso wie beim Stahl an Stelle der natürlichen Alterung eine künstliche Alterung unter höherer Temperatur den Alterungsvorgang abkürzt, unterscheidet man auch bei den Leichtmetallblechen zwischen einer kalten[2] und einer warmen[3] Auslagerung. Die erste dauert etwa eine Woche, die zweite wenige Stunden, bedarf aber in dieser Zeit einer Erwärmung auf 150 bis 200°. Für den Blechverarbeiter ist es wichtig, zu wissen, daß er die Bleche zeitlich möglichst unmittelbar nach dem Abschrecken verarbeitet, bevor die Aushärtung in der anschließenden Auslagerungsperiode wirksam wird. Die Aushärtung beruht darauf, daß der Aluminiumkristall bei zunehmender Erwärmung Legierungsbestandteile, wie beispielsweise Kupfer, in größerem Umfange löst. Daher der Name Lösungsglühen, wobei die Lösungstemperatur natürlich unter dem Schmelzpunkt liegen muß. Bei allmählicher Erkaltung würde der Kristall das Gelöste ausscheiden und in seinen früheren Zustand rückverwandelt. Hingegen wird bei plötzlicher Erkaltung, also Abschrecken, diese Rückwandlung unterdrückt, so daß die Ausscheidung des zuviel gelösten Zusatzes nicht oder nur im anschließenden Zeitraum der Auslagerung bzw. Alterung sehr langsam erfolgt. Die Aushärtewirkung ist nicht nur von Lösungstemperaturen, Abschreckmittel und Legierung, sondern auch vom Grad der Umformung abhängig. Stark verformte Bleche härten besser als nur wenig beanspruchte aus. Wegen der Kerbempfindlichkeit aushärtbarer Leichtmetallbleche ist das Anzeichnen nicht mit der Reißnadel, sondern mit einem Bleistift (nicht Kopierstift) vorzunehmen. Nur Bohrlöcher, aber keinesfalls Umrißlinien, bei denen

---

[1] Hier verdienen die zahlreichen Arbeiten von Brenner und von Kostron größte Beachtung, die größtenteils in den gesammelten Veröffentlichungen des Forschungsinstitutes der VLW Hannover erschienen sind.

[2] Vorwiegend für AlCuMg-Legierungen.

[3] Insbesondere für AlMgSi-Legierungen.

die Ankörnungen nicht mit Sicherheit abgearbeitet werden, dürfen angekörnt werden.

Abb. 27 zeigt eine grobkristalline Kornbildung an der Oberfläche, wie sie durch Umform-Spannungen im kritischen Bereich bei zu langsamem Abschrecken oder zu mild wirkendem Abschreckmittel zuweilen auftritt. Hingegen sind die durch Alterungssprödigkeit sich bildenden Risse in Richtung der Formänderung bei dem Reifen in Abb. 28 und dem Rumpfverschalungsteil in Abb. 29 auf thermische Fehler beim Lösungsglühen, möglicherweise auch beim Warmauslagern zurückzuführen.

Abb. 27. Grobkornbildung infolge zu langsamer Einwirkung des Abschreckmittels.

1.25 Magnesiumlegierungen.

In Ergänzung zu Tab. 4 sei noch in Tab. 5 auf die wichtigsten Bleche aus Magnesiumlegierungen hingewiesen. Als reines Metall ist Magnesium infolge seiner geringen Festigkeit und seines geringen Korrosionswiderstandes praktisch nicht verwendbar. Infolge seiner hohen elektrischen Leitfähigkeit ist es für Sammelschienen in Hochspannungsanlagen zuweilen in Gebrauch. Zu Blechen werden daher meist Magnesiumlegierungen verarbeitet, die fast

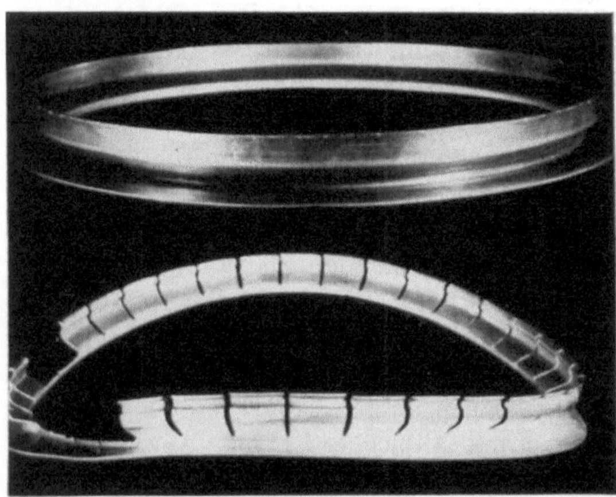

Abb. 28. Reifen vor und nach dem Aushärten mit Rissen infolge Alterungssprödigkeit.

ausnahmslos Aluminium enthalten. Bei zunehmendem Al-Gehalt und mit sinkender Temperatur nehmen Streckgrenze und Festigkeit zu, Dehnung und Umformfähigkeit ab. Liegt derselbe zwischen 7 und 10 %, so ist die Legierung aushärtbar. Die unter der Bezeichnung ,,Elektron'' bekannte Legierung AM 537 hat gegenüber den anderen Gattungen dieser Werkstoffgruppe die beste Warmfestigkeit. Es empfiehlt sich,

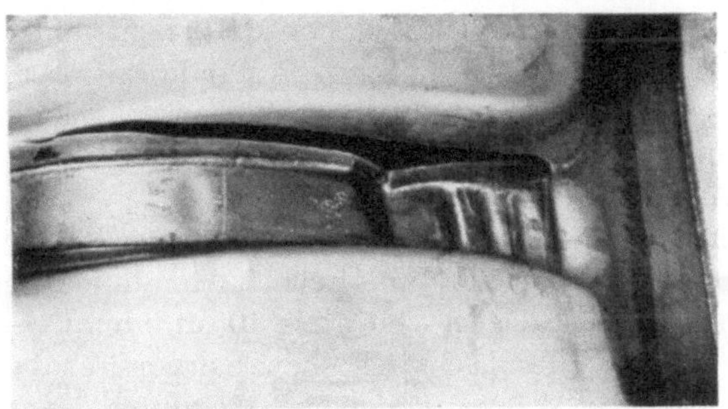

Abb. 29. Alterungsrisse an ausgehärteten Leichtmetallblechen.

bei der Verarbeitung von Mg-Legierungen nicht nur das Blech, sondern auch die Zieh-, Drück- und Biegewerkzeuge auf etwa 300° zu erwärmen. Dies ist auch bei den Umformproben zu beachten.

Tabelle 5. *Mechanische Eigenschaften von Leichtmetallblechen und -bändern aus Magnesiumlegierungen.*

Werkstoff (Kurzzeichen)	Abmessungen mm	Zug-festigkeit σ_B kg/mm²	Bruch-dehnung δ_{10} %	Brinell-härte H_B $(P = 5 D^2)$ kg/mm²
MgMn (AM 503)	bis 1,5 mm Dicke	21—23	19—7	} 37—44
	über 1,5 bis 6 mm	21—23	10—5	
MgMn (AM 537, Elektron)	bis 1,5 mm Dicke	25—27	27—20	} etwa 60
	über 1,5 bis 6 mm	23—27	23—17	
MgAl 6 (AZM)	bis 6 mm Dicke	29—32	19—14	etwa 60

1.26 Oberflächenbehandlung.

Aluminiumbleche können durch Oxydationsverfahren gefärbt werden. Das bekannteste deutsche Verfahren der anodischen Oxydation ist das Eloxalverfahren[1], dem in England das Bengough-Verfahren und in Amerika das Alumilite-Verfahren entspricht. Im allgemeinen soll die Eloxierung nach der Bearbeitung erfolgen, da die sehr feine Schicht von nur 0,02 mm Dicke durch Ziehen, Pressen, Drücken und Biegen leicht feine Risse erhält. Scharfe Schnittkanten der Bleche sollen nach Möglichkeit vor der Eloxierung abgerundet werden.

---

[1] Aluminium-Taschenbuch S. 388. Düsseldorf 1951.

Im Gegensatz hierzu wird beim MBV-Verfahren[1] die Schutzschicht schon vor der Verarbeitung erzeugt, da gerade die nach dem MBV-Verfahren behandelten Bleche angeblich eine erhebliche Ersparnis an Schmierstoff beim Tiefziehen aufweisen und außerdem sich leichter verformen lassen. Der eigentliche Zweck der MBV-Behandlung besteht jedoch in einer Erhöhung der chemischen Beständigkeit, besonders in Verbindung mit einer Nachbehandlung im Wasserglas, und die feinporöse MBV-Schicht von 0,001 bis 0,002 mm Dicke bietet einen guten Haftgrund für Anstriche und Einbrennlacke.

Das MBV-Verfahren[2] ist anwendbar auf Bleche aus Reinaluminium und sämtliche schwermetallfreien (kupferfreien!) Aluminiumlegierungen. Die Bleche werden für eine Dauer von 5 bis 10 Minuten in eine heiße Lösung von 90 bis 100° des leicht löslichen Salzgemisches von 60 g MBV-Salz/1 l kochendes Wasser gebracht. Hierdurch entsteht der typische graue Farbüberzug. Hiernach werden die Bleche gründlich gespült und getrocknet. Infolge der damit verbundenen Wasserstoffentwicklung ist für einen guten Abzug zu sorgen. Es besteht ferner Explosionsgefahr. Doch ist eine normale Außenbeheizung des Badbehälters möglich, so daß ein Zutritt der Flamme zur Badoberfläche ausgeschlossen ist. Die Absaugung der Wrasen ist auch deshalb notwendig, weil das MBV-Salz neben Soda Chromat enthält, wodurch Entzündungen der Schleimhaut bedingt sind.

Bei magnesiumreichen Aluminiumlegierungen der Gattung Aluminium–Magnesium sind Sonderanweisungen für die MBV-Behandlung zu beobachten. Hier sind dem MBV-Salz gewichtsmäßig 15 bis 20 % Ätznatron zuzusetzen. Die Temperatur des Bades ist hier geringer und liegt zwischen 60 und 70° C.

Neben dem MBV-Verfahren wird das EW-Verfahren genannt. Der Überzug ist farblos durchsichtig und wirkt leicht irisierend im Gegensatz zu dem grauen undurchsichtigen MBV-Überzug. Die Schichten beider Verfahren sind elastisch und vertragen Biege- und Schlagbeanspruchungen. Hinsichtlich der Abriebfestigkeit ist die EW-Schicht der des MBV-Verfahrens weit überlegen. Ein weiterer Vorteil des EW-Verfahrens besteht darin, daß es auch auf kupferhaltige Legierungen anwendbar ist. Hinsichtlich der chemischen Beständigkeit verhalten sich beide Schichten gleich gut, hingegen wird beim EW-Verfahren nicht der gute Haftgrund für Anstriche und Lacke wie beim MBV-Verfahren erreicht.

Es gibt neben den beiden hier genannten Verfahren eine große Anzahl weiterer ähnlicher Verfahren, die ebenso wie die beiden letzgenann-

---

[1] MBV = Modifiziertes Bauer-Vogel-Verfahren, entwickelt durch die Vereinigten Aluminiumwerke in Grevenbroich.

[2] Aluminium-Merkblatt 02.

ten eine Verbesserung des Haftgrundes bezwecken. Hierzu gehören u. a.: Alodine, Pylumin, Bonderite 170, Algrox, Protal. Ebenso sind außer dem Eloxieren viele anodische Oxydations- und Photoverfahren bekannt, wie z. B. Aluphot, Seophot, Imgal, Ematal — nicht zu reden von den zahlreichen Glänz- und Färbemethoden.

1.27 Plattierte Aluminiumbleche.

Die Plattierung der Bleche hat sich nicht nur für Stahlbleche, sondern auch für Aluminiumbleche in großem Umfang eingeführt. Die Herstellung dieser Plattierung geschieht entweder durch Umgießen des Aluminiumwalzbarrens mit dem Plattierungsmetall oder durch Umhüllung des Barrens mit einem Blech des Plattierungswerkstoffes, wobei vorher Oxydschichten des Barrens sorgfältig entfernt wurden. Nach Erhitzung auf etwa 450° erfolgt das Abwalzen.

Häufig werden Aluminiumkonstruktionslegierungen der Gruppe AlCuMg mit Reinaluminium plattiert[1]. Dies dient einerseits einer leichteren Kaltumformung und andererseits einem erhöhten Korrosionsschutz. Bekannt ist weiterhin die Auflage von Kupfer auf Aluminium für elektrotechnische Zwecke. Diese Plattierung wird als Cupal[2] bezeichnet und geliefert. Aber nicht nur in der Elektrotechnik, sondern auch im Apparatebau (z. B. Badeöfen, Kühlanlagen) ist dieser Werkstoff beliebt und verbreitet. Doppelseitiges mit Aluminiumauflage plattiertes Stahlblech ist ein wichtiger Umstellwerkstoff für Weißblech. Schließlich sind noch zahlreiche weitere Plattierungen für Sonderzwecke bekannt, wo Aluminium und seine Legierungen mit Überzügen aus Blei, Antimon, Zinn, Zink, Kadmium usw. versehen werden.

1.3 Kupferbleche.

Kupfer wird durch Raffination im Schmelzfluß oder durch Elektrolyse gewonnen. Für die handelsüblichen Kupfermarken, die für die Weiterverarbeitung unmittelbar Verwendung finden, gilt die Einteilung nach DIN 1708 unter Hüttenkupfer A bis D und Kupfer E. Für Bleche und Walzerzeugnisse sind die drei mittleren Gruppen von Hüttenkupfer B bis D von Bedeutung. Entsprechend dieser Gruppierung und in Übereinstimmung mit der bereits erwähnten Festigkeitsangabe für Leichtmetallbleche lautet hier die Kurzbezeichnung beispielsweise für ein Blech aus Hüttenkupfer C und einer Mindestfestigkeit von 25 kg/mm^2: C–CuF 25. Dieser Werkstoff wird im allgemeinen als Walzbarren geliefert. Es wird durch Warm- und Kaltwalzen weiterverarbeitet. Bleche und Bänder werden aus Walzplatten von 60 bis 400 mm Dicke und von

---

[1] Siehe Fußnote 2 auf S. 42.

[2] BRAATZ, H.: Kupferplattiertes Aluminium im Kältemaschinenbau. Z. ges. Kälteind. Bd. 49 (1942) Nr. 3 S. 34—36.

einem Gewicht von 200 bis 8000 kg hergestellt. Nach Erhitzen auf 800 bis 900° werden sie warm auf Endstärken von 6 bis 20 mm Dicke ausgewalzt. Dieses sogenannte Vormaterial wird nach dem Beizen aufgeteilt und fertiggewalzt. Dabei wird wiederholt zwischen den Stichen bei 500 bis 600° zwischengeglüht zwecks Rekristallisation. Man unterscheidet hinsichtlich der Güte zwischen drei Gruppen:

1. Schwarzweiches Kupfer mit einer von der letzten Glühung anhaftenden Zunderschicht.

2. Gebeiztes weiches Kupfer mit sauberer Oberfläche, wobei die Zunderschicht durch Beizen beseitigt wurde.

3. Weichblankes Kupfer bei letzter Glühung in luftdicht abgeschlossenen Behältern oder Blankglühöfen.

Für die Stanzereien kommen zumeist Bleche der letzten Gruppe in Betracht. Deren Härte und Dicke ist dem Lieferwerk vorgeschrieben. Die Härte wird durch anschließende Kaltwalzvorgänge der weichblanken Kupferbleche erreicht.

1.4 Messingbleche.

Die Messinglegierungen sind unter DIN 1709 angegeben. Aus allen dort angeführten Knetlegierungen werden auch Bleche hergestellt. Die Kurzbezeichnungen der Messingsorten richtet sich mit Ausnahme vom Sondermessing (SoMs) nach dem Kupfergehalt. Ein Blech der Bezeichnung Ms 60 bezeichnet einen Werkstoff von 60 % Kupfergehalt und 40 % Zinkgehalt, soweit nicht andere Beimengungen in geringem Umfang vorhanden sind. Dem Zustandsschaubild entsprechend unterscheidet man zwischen α-Messing und β-Messing. Für die Verarbeitung in Stanzereien kommt im allgemeinen ausschließlich α-Messing in Frage. Die Werkstoffe Ms 58 und Ms 60 sind nur zum Warmpressen und Schmieden, jedoch weniger zur Kaltbearbeitung geeignet. Hierfür werden allein Werkstoffe von Ms 63 an aufwärts, also α-Messing verwendet. Für die Kaltverformung eignet sich am besten der Werkstoff Ms 67. Für Bleche, die für Tiefzieh- und Drückarbeiten Verwendung finden, ist ein möglichst feinkörniges Gefüge notwendig.

Die Messingbleche werden ähnlich wie die Kupferbleche aus Gußbarren hergestellt. Dabei schneidet man an der Eingußseite die Köpfe zur Beseitigung der Lunkerstellen vorher ab und beseitigt Unsauberkeiten an der Oberfläche durch Ausfräsen oder Ausbohren. Häufig werden die Messingbarren zunächst so lange kalt gewalzt, wie sie dies ohne Rißbildung aushalten, und anschließend in Glühöfen vollständig erweicht. Ein langsames Anwärmen der zu entspannenden Teile etwa zunächst 1 Stunde auf etwa 200° vor dem eigentlichen Glühvorgang ist günstig. Abb. 30 zeigt die Temperaturbereiche für das Glühen zur Beseitigung der Kaltbearbeitungsspannungen und für das Endglühen zur Kornrückverfeinerung, wobei man sich möglichst an die unteren Bereichsgrenzen halten soll. Beim Glühprozeß ist darauf zu achten, daß die Temperatur nicht zu hoch wird und die Bleche nicht grobkristallin werden[1]. Eine solche grobkristallinische Bildung ist an den gewölbten Kanten des Ziehteiles und auch am ERICHSEN-Prüfkörper, worüber auf S. 184 noch berichtet wird, deutlich zu erkennen. Infolge des Glühens oxydiert die Oberflächenschicht der Messingbleche; sie wird durch Beizen mittels warmer Salpetersäure entfernt. Durch Zusatz organischer Stoffe werden statt dessen auch sogenannte Sparbeizen angewendet. Walz-, Glüh- und Beizvorgänge wiederholen sich so lange, bis die gewünschte Endabmessung erreicht ist. Durch die Anwendung von Blankglühöfen läßt sich das Beizen teilweise vermeiden. Die Glühtemperaturen sind vom Zinkgehalt abhängig. Die Kristallisation liegt für Ms 90 bei 265°, für Ms 85 bis 295°, für Ms 73 bei 320° und für Ms 68 bei 330°. Über die Eignung der verschiedenen Messingsorten zu Tiefziehzwecken sind die Ansichten verschieden. Es soll sich für besonders hohe Tiefziehbeanspruchungen nach den neuesten Erfahrungen[2] Ms 72 mit einem Kupfergehalt von 71,5 bis 74% und

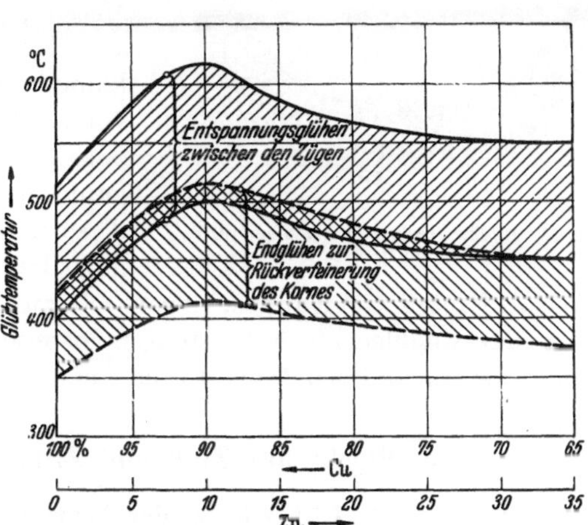

Abb. 30. Glühtemperaturbereiche für das Entspannen kaltumgeformter Bleche aus Cu–Zn-Legierungen.

sonstigen Beimengungen außer Zink bis zu 0,3% am besten eignen. Doch werden außer Ms 72 auch Ms 60 und Ms 63 zu Blechen ausgewalzt und in der Stanzerei verwendet. Ms 70 wird gern als Plattierungswerkstoff für Stahlbleche gewählt. Die aus Sondermessing hergestellten Bleche eignen sich zu Stanzzwecken wenig. Im allgemeinen wird nur SoMs 70 zu Blechen ausgewalzt, welche infolge ihrer hohen Festigkeit zu Bandfedern verwendet werden.

Eine Eigenart des Messingbleches beruht in der Auslösung von Reckspannungen bei der Kaltverformung. Ein wirksames Mittel gegen derartiges Aufplatzen ist das Abklopfen der Teile mittels Holzhammer

---

[1] Über die Herstellung von Blechen aus den Buntmetallen wird in Werkstattbuch 45 und 53 ausführlich berichtet. In Buch 45 werden auf S. 28 die Kristallisationskurven in Abhängigkeit vom Reckgrad des Walzens für die verschiedenen Messingbleche gezeigt.

[2] Siehe hierzu S. 598 oben des Jahrbuches der Metalle 1943.

oder bei Vorhandensein von Hochdruckziehpressen durch Stauchen der fertigen Teile gegen Gummidruckkissen. Ein Beispiel für ein infolge innerer Spannungen zerstörtes Messingziehteil zeigt der tiefgezogene Gehäusering eines Manometers von 150 mm Durchmesser, 45 mm Höhe und einer Blechdicke von 0,5 mm nach Abb. 31. Erst nach Einbau und mehrwöchigem Betrieb der Anlage traten diese Rißbrüche ein. Nicht nur bei tiefgezogenen Messingblechen, sondern auch bei auf der Planierbank gedrückten kommen diese Reckspannungsrisse vor[1]. Schutzüberzüge metallischer oder nichtmetallischer Art sind kaum wirksam. Sie können sogar diese nachträglichen Zerstörungen noch beschleunigen.

Abb. 31. Infolge Reckspannungen zerstörtes Messingziehteil.

Das Auftreten von Kammschlägen, wie auf S. 16 bereits beschrieben, tritt an Messingblechen und -bändern insbesondere nach dem Polieren häufiger als an anderen Werkstoffen auf.

1.5 Bleche aus Zink und Zinklegierungen.

1.51 Gießen der Walzplatten.

Die Walzplatten für Zinkbleche und Zinklegierungsbleche werden in Kokillen gegossen. Dabei werden verschiedene Wege beschritten und Kokillengießverfahren angewendet. Die Walzplatten aus unlegiertem Zink werden im allgemeinen in waagerechtem Guß hergestellt. Bei diesem liegenden offenen Guß beginnt die Erstarrung an den Kokillenwänden, wodurch der in der Mitte noch flüssige Guß nach unten eingesogen wird, weshalb flüssiges Metall während der Erstarrung nachgegossen werden muß. Aus diesen Gründen ist vorgeschlagen worden, die Kokille an der Bodenseite zu kühlen, so daß die Erstarrung nicht mehr an der Wand, sondern am Boden beginnt[2]. Platten aus Zinklegierungen werden meistens stehend gegossen. Um Gaseinschlüsse, sogenannte Lunker, im Walzbarren zu vermeiden, wird mittels Kühlwassers nach erfolgtem Guß der untere Teil der Kokille gekühlt, so daß der obere verhältnismäßig noch lange heiß bleibt. Das Gießen in die

---

[1] Siehe R. Hinzmann: Nichteisenmetalle 1. Teil, Werkstattbuch Heft 45, 2. Aufl. 1941, S. 35 Abb. 41.

[2] Erichsen: Neuartiges Gießverfahren für Walzplatten in Zink und Zinklegierungen. Metallwirtsch. Bd. 19 (1940) S. 641/42.

dafür verwendete dünnwandige Stahlblechkokille erfolgt über ein Gießtrichterrohr, das vor der Erstarrung entfernt wird.

Unabhängig von einer am Boden geschlossenen Kokille sind das Stranggußverfahren und das Wassergußverfahren[1]. Die unten offene Kokille besteht hier aus einem wassergekühlten Doppelrohr, welches beim Stranggießverfahren 1 bis 1,5 m, beim Wassergußverfahren jedoch kaum ½ m hoch ist. Der Strangguß wird derart hergestellt, daß die oben in das Kühlrohr eingegossene Schmelze allmählich erstarrt, so daß sie nach unten das Rohr als erstarrter Strang im endgültigen Barrenprofil verläßt. Zwei Transportwalzen drücken den Strang — ähnlich wie die Vorschubwalzen am Walzenvollgatter des Sägewerkes den Stamm — langsam und stetig nach unten. Von diesem Strang werden unterhalb der Transportwalzen die Barren auf Länge abgeschnitten. Die Einrichtung erfordert also eine Bauhöhe über mindestens zwei Stockwerke und ist nur bei kontinuierlichem Betrieb rentabel. Beim Wassergußverfahren wird die Wand der Kokille durch das bereits genannte kurze Kühlrohr und der Boden durch einen absenkbaren Gießtisch gebildet. Während des Eingießens senkt sich der Gießtisch und taucht in einen Kühlwasserbehälter ein. Auf diese Weise entsteht ein Block in einer solchen Länge, wie dies die Senkvorrichtung des Gießtisches gestattet.

Die auf diese Weise gegossenen Walzplatten sind etwa 60 bis 150 mm dick und im allgemeinen quadratischen oder rechteckigen Formates. Ihr Gewicht schwankt zwischen 50 und 300 kg. Allerdings können auch schwere Platten hergestellt und gewalzt werden. Bei hochwertigen Blechen werden diese Gußbarren zwecks Entfernung der Gußhaut sauber gefräst.

1.52 Walzen der Bleche und Bänder.

Die gegossenen, noch heißen Zinkplatten kühlen auf etwa 200° C ab und werden bei dieser Temperatur paarweise zu Streifen vorgewalzt. Nach dem Beschneiden werden die Streifen zu Paketen (von z. B. 12 Platten bei einer Enddicke von 0,7 mm) zusammengelegt und senkrecht zur Vorwalzrichtung fertig ausgewalzt. Diese Paketwalzung mit so hohen Plattenzahlen ist bei Nichteisenmetallblechen sonst nicht üblich und ist aus der Eisenblechwalzung übernommen worden. Bei der Paketwalzung kann die Enddicke nicht so genau wie bei der Einzelwalzung eingehalten werden. Da bei der Paketwalzung die in der Mitte liegenden Bleche mehr gestreckt werden als die an den Walzen, wird das Paket stets nach mehreren Stichen „gewechselt", so daß die längeren, d. h. dünneren Bleche nach außen und die dickeren (kürzeren) nach innen kommen. Dabei ist nur eine geringe Variation in der Endhärte der Bleche möglich. Für besondere Zwecke, z. B. Offsetbleche, werden

---

[1] Gruber u. Handelsberger: Das Gießen von Gußbarren aus Zinklegierungen für Walzdraht und Bleche. Metallwirtsch. Bd. 19 (1940) S. 637/38.

die Pakete zwischen Deckplatten gewalzt, um eine sehr saubere, einwandfreie Oberfläche zu erzielen. Während man für die Paketwalzung meist vom üblichen Walzzink ausgeht, werden für die Bandwalzung Feinzink oder Mischungen von Feinzink und Walzzink verwendet.

Die Bandwalzung unterscheidet sich von der Paketwalzung dadurch, daß man einen erheblich größeren Gußblock nach der üblichen Vorwalzung auf einem Bandgerüst auswalzt. Die Dickentoleranzen des fertigen Bandes lassen sich hierbei in sehr viel engeren Grenzen halten als bei der Paketwalzung. Sie erreichen praktisch dieselben Maße, wie sie bei anderen Metallen üblich sind. Ein wesentlicher Unterschied der Paketwalzung gegenüber der Bandwalzung besteht darin, daß bei der Paketwalzung die Walzrichtung nach dem Vorwalzen um 90° geändert wird, während bei der Bandwalzung die Auswalzung vom Block her einsinnig verläuft. Bei bandgewalztem Material sind die Unterschiede in den Eigenschaften des fertigen Bandes parallel und senkrecht zur Walzrichtung etwas größer als bei der Paketwalzung.

Walzplatten aus Zinklegierungen werden in einem mit Luftumwälzung arbeitenden Glühofen auf 4 bis 10 Stunden vorgewärmt und je nach Legierung bei einer Warmwalztemperatur zwischen 180 und 320° C vorgewalzt. Der Walzgrad bzw. die Stichabnahme ist bei Zinklegierungen klein zu wählen. Sonst tritt bei zu starker Abwalzung eine Temperatursteigerung im Werkstoff ein, die zu Warmrissen führt. Die Stichabnahme beträgt beim Warmwalzen etwa 10 %. Breitere Bleche können dabei in verschiedenen Richtungen nacheinander gewalzt werden. Bei Bändern ist dies allerdings nur bei den ersten Stichen möglich. Vor dem Kaltwalzen werden die Bleche und Bänder beschnitten. Zuweilen wird die Walzhaut nach dem Warmwalzen durch Bürsten entfernt.

Die so besäumten Bleche werden je nach Legierung bei Raumtemperatur oder bei höherer bis zu 80° C in kleinen Stichen weiter gewalzt. Die Eigenart des Werkstoffes bedingt im Gegensatz zu allen anderen merkwürdigerweise keine Verfestigung beim Kaltwalzen. Im Gegenteil nimmt während des Kaltwalzens die Festigkeit ab und die Dehnung zu. Infolgedessen sind Zwischenglühungen im allgemeinen nicht erforderlich. Besonderes Verhalten zeigen kupferhaltige Zinklegierungen, welche nach einer Wärmebehandlung zwischen 200 und 300° C keine Festigkeitsminderung, sondern eine Festigkeitserhöhung erleiden. Daher werden Bleche, von denen höhere Festigkeit verlangt wird, nach dem Kaltwalzen geglüht und dann 10 bis 30 % nachgewalzt, wodurch eine weitere Festigkeitssteigerung und bessere Tiefziehfähigkeit erreicht wird[1]. Die Bleche werden zum Schluß besäumt.

[1] BAYER, K., u. B. TRAUTMANN: Herstellung und Weiterverarbeitung von Zinkblechen und -bändern. Zinktaschenbuch S. 164 (Halle 1942) und Z. VDI Bd. 84 (1940) S. 565—573.

Die Herstellung von Bandmaterial aus Zinklegierungen erfolgt in ähnlicher Weise. Dort werden größere Stichabnahmen als beim Blechwalzen zugelassen.

1.53 Verwendung.

Zinkbleche wurden schon lange in Stanzereien verarbeitet. So wurden Elementebecher, Wecker- und andere Instrumentengehäuse in großen Mengen aus diesem Werkstoff gezogen. Im vergangenen Krieg gewannen Zink und seine Legierungen als Umstellwerkstoff an Bedeutung. Bisher galt Zinkblech als schlecht verarbeitbar, insbesondere als ungeeignet zum Ziehen und Biegen. Die Erforschung der Umformungsvorgänge, auf die im späteren Abschnitt noch hingewiesen wird, ergab jedoch, daß unter bestimmten Voraussetzungen Zinkblech, in Feinzink- oder Sondergüte sowie Bleche aus Zinklegierungen (z. B. ZnCu 1), wenn auch nicht so gut wie andere Bleche, sich scharf biegen und bei entsprechend unterteilter Zugabstufung bis auf größere Tiefen ziehen lassen. Schwierige Hohlteile lassen sich aus Zinkblech nur im warmen Zustand drücken. Für geringe Umformbeanspruchungen genügen Walzzinkbleche in Handelsgüte eines Reinheitsgrades von 98,5 bis 90,0 %. Es ist das Blech, das für Klempnerarbeiten vorzugsweise verwendet wird. Sondergüten, Mischungen aus Walzzink und Feinzink eines Reinheitsgrades von 99,0 bis 99,9 %, kommen für Zieh- und Drückarbeiten in Betracht, bei denen höhere Ansprüche an die Umformbarkeit gestellt werden. Die Feinzinkgüten liegen im Reinheitsgrad noch darüber und haben daher eine noch höhere Bildsamkeit, eignen sich auch zum Fließpressen und Vollprägen.

1.54 Verarbeitung.

Während schon die Herstellung der Zinkbleche absonderliche Vorrichtungen notwendig macht und das eigenartige Verfestigungsverhalten bei Temperaturzunahme Sondermaßnahmen erfordert, so sind auch besondere Gesichtspunkte bei der Verarbeitung dieses Werkstoffes in der Stanzerei zu beachten. Gewiß sind in letzter Zeit im Hinblick auf die Bedeutung des Zinks und seiner Legierungen als Umstellwerkstoff zahlreiche Versuche bekanntgeworden. Verhältnismäßig günstig für das Tiefziehen haben sich Feinzink in weicher Sondergüte und die Legierungen Zn–Al 1 und Zn–Cu 1 erwiesen. Bei der Verarbeitung ist sorgfältig darauf zu achten, daß sich die Werkstücke während der Verformung nicht erhitzen. Bei Feinzink sollten Temperaturen bis zu 80° und bei den Zinklegierungen Temperaturen bis 200° C dabei nicht überschritten werden. Sonst führen die Erwärmungen zu einer Grobkörnigkeit, wodurch die Dichtigkeit des Gefüges leidet und die Festigkeit herabgesetzt wird. In der Werkstatt wird die eigene Erwärmung des Werkstückes während seiner Kaltverformung leider selten beachtet. Bei entstandenen Fehlstücken ist dies oft die Ursache des Schadens.

Weiterhin darf das eigenartige Verhalten des Zinks und seiner Legierungen insoweit nicht übersehen werden, als bei diesem Werkstoff die Dehnung nur in einem sehr kleinen Bereich überhaupt auftritt. Jedoch ist dann die Längenzunahme sehr groß. Dies macht sich insbesondere beim Tiefziehen geltend. Es wurde bereits im vorhergehenden Abschnitt darauf hingewiesen, daß Zwischenglühungen, wie sie bei allen anderen Ziehblechen notwendig sind, hier im allgemeinen wegfallen. Sie sind im Hinblick auf die erwähnte Grobkornbildung sogar verhängnisvoll, soweit man mit Ausnahme der bereits erwähnten Legierungen von Zn–Al 1 und Zn–Cu 1 nicht eine Verfestigung dadurch erzielen will.

Beachtenswert ist bei der Verformung von Zink und seinen Legierungen die Verformungsgeschwindigkeit, die bei allen anderen Blechen eine nur geringfügige Rolle spielt. Zink und seine Legierungen vertragen nur eine geringe Umformungsgeschwindigkeit. Außerdem sind diese Werkstoffe sehr temperaturempfindlich während der Umformung. Werden solche Bleche bei Raumtemperatur gezogen oder gedrückt, so können bereits kleine Temperaturschwankungen sich verhängnisvoll bemerkbar machen. Feinzinkbleche werden am günstigsten auf 80° und Zinklegierungsbleche auf 120° vorgewärmt. Sehr zweckvoll ist eine Anwärmung der Werkzeuge auf mindestens die gleiche, wenn nicht etwas höhere Temperatur. Es gibt sogar Legierungen, die unter besonderen Umständen eine Temperatur bis zu 250° vertragen.

Die vorstehenden Ausführungen beweisen, daß bei der Kalt- und Warmverarbeitung von Zink und seinen Legierungen ganz neue Gesichtspunkte zu beachten sind. Wenn auch die Forschung[1] bereits die Verformungsfähigkeit des Feinzinks und seiner Legierungen untersucht und wertvolle Erkenntnisse gewonnen hat, so empfiehlt es sich trotzdem, im Betriebe jeweils besondere Versuche mit dem ausgewalzten Werkstoff vorzunehmen, bevor man an die große Serienherstellung herantritt.

1.6 Bronzebleche und Bleche aus anderen Metallen.

Die sogenannten *Walzbronzen* sind in der Stanzerei selten anzutreffen. Abgesehen davon, daß die Bearbeitungseigenschaften dieser Werkstoffe nicht allzu günstig sind, handelt es sich hierbei auch um teure und seltene Werkstoffe, die nur für Sonderzwecke verarbeitet werden. Die Zinnbronzen werden wegen der akustischen Eigenschaft daraus her-

---

[1] a) BARBIER, H., u. K. LÖHBERG: Einfluß der Verformungsgeschwindigkeit auf Festigkeit und Tiefung der Zinklegierungen. Metallwirtsch. Bd. 18 (1939) Nr. 34 S. 735—739. — b) KÄSTNER, H., u. E. FISCHER: Einfluß des Kaltwalzgrades auf die Zinklegierungen. Z. Metallkde. Bd. 32 (1940) Nr. 4 S. 93—96. — c) ERDMANN-JESNITZER, F., u. H. HANEMANN: Tiefziehen von Zink und Zinklegierungen. Z. Metallkde. Bd. 34 (1942) Nr. 3 S. 59—70.

gestellter Hohlkörper zuweilen zu Glocken für Wecker und Klingeln verarbeitet; ihre stanztechnische Bedeutung ist also gering. Sonst werden aus Zinnbronzeblechen Membranen sowie empfindliche Teile in Meß- und Signalgeräten hergestellt. Im allgemeinen wird nur SnBz 6 mit einem Zinngehalt von 5 bis 7,5% zu Blechen ausgewalzt.

In letzter Zeit sind *Aluminiumbronzen* häufiger verwendet worden. Aus der Aluminiumbronze AlBz 4 mit 3,5 bis 5% Aluminiumgehalt werden Bleche für korrosionsbeständige Behälter in chemischen Betrieben hergestellt, die in der Kali- und in der Papierindustrie benötigt werden. Für hoch beanspruchte Teile in chemischen Betrieben kommt auch die gleichfalls zu Blechen ausgewalzte Siliziumbronze zur Anwendung. Dieser Werkstoff unter der Bezeichnung SiBz 2 enthält 0,5 bis 4% Silizium und bis 1% Mangan.

Teile aus *Neusilber*, auch Argentan oder Alpacca genannt, wurden früher häufig zu Schmuckwaren, Tafelgeräten und kunstgewerblichen Gegenständen verwendet. Diese Werkstoffe sind jedoch ebenso in der chemischen Industrie und in feinmechanischen Apparaten infolge ihrer hohen Festigkeit, Korrosionsbeständigkeit und Oberflächenpolitur weitverbreitet. Die Neusilberlegierungen gehören eigentlich auch zu den Bronzen, da hier ebenso wie dort Kupfer der Grundwerkstoff ist. Sie sind allerdings nicht Zweistoff-, sondern Dreistoff- und Mehrstoff-Legierungen. Zu Blechen wird Ns 65/12 und Ns 57/12 Pb ausgewalzt. Die Festigkeitseigenschaften sind bei beiden Legierungen etwa die gleichen. Dies gilt auch hinsichtlich der Verarbeitung; jedoch wird hier die erstgenannte Legierung Ns 65/12 für Zieh- und Drückzwecke bevorzugt. Ns 65/12 besteht aus 64 bis 66% Kupfer und 11 bis 13% Nickel. Die Legierung Ns 57/12 Pb ist zusammengesetzt aus 56 bis 58% Kupfer, wieder 11 bis 13% Nickel und 1,5 bis 2% Blei. Der Rest besteht bei beiden Legierungen aus Zinn.

Die Eigenschaften von *Monelmetall*, welches vorwiegend, nämlich mit 67%, aus Nickel, 5% Mangan und Eisen und 28% Kupfer besteht, sind etwa die gleichen wie bei Neusilber. Auch dieser Werkstoff wird in der chemischen Industrie, in Beizereien, Färbereien und dem Nahrungsmittelgewerbe für korrosionsfeste Apparate sehr häufig angewandt.

An dieser Stelle soll ergänzend auch das *Nickelblech*[1] erwähnt werden, obwohl es nur selten und fast ausschließlich zu Laboratoriumsgeräten Verwendung findet. Die Tiefzieheignung des Nickelbleches ist sehr gut. Sie entspricht etwa den Werten von weichem Messingblech. Auf die Verbindung von Nickel mit Chrom und die in allerjüngster Zeit in USA sehr stark verbreiteten Nimonic-Bleche allerhöchster Hitze-

---

[1] Nickel-Handbuch, herausgegeben vom Nickel-Informationsbüro Frankfurt, das auch zu Auskünften zur Verfügung steht.

beständigkeit wurde bereits unter den Chromnickelstahlblechen zu S. 29 hingewiesen.

1.7 Bleche aus Plexiglas und anderen thermoplastischen Werkstoffen.

Der Apparatebau wird zukünftig weit mehr als bisher mit der Verarbeitung thermoplastischer Stoffe zu tun haben. Es würde zu weit führen, alle thermoplastischen Stoffe einzeln nebst ihren unterschiedlichen Eigenschaften aufzuzählen. Die Unterschiede im Verhalten der Werkstoffe dieser Gruppe sind jedoch so gering, daß im Rahmen dieser kleinen Schrift nur ein typischer Vertreter behandelt wird, nämlich das lichtdurchlässige Plexiglas[1]. Seine verzerrungsfreie Durchsicht und seine Bruchsicherheit gestatten seine Anwendung für Armaturengläser, Abdeckscheiben, Lehren, Meßinstrumente, Verschalung von Schreibmaschinen und Getrieben, die einen dauernden Einblick und gute Überwachung ermöglichen. Gegen Petroläther, Benzin, Mineralöl, Terpentinöl, Pflanzenöl, Wasser (auch Seewasser) und Kochsalzlösung ist Plexiglas beständig. Gegen starke und schwache Säuren ist es im allgemeinen ebenfalls unempfindlich, sofern die Säurekonzentrationen bis etwa 20 % betragen. Einige Säuren verursachen auch bei Konzentrationen von 40 % keine Nachteile, z. B. Schwefelsäure und Salpetersäure. Hingegen sind Alkohole, Ketone, Chlorwasserstoffe, Benzol und benzolartige Stoffe Quell- oder Lösungsmittel für Plexiglas.

Die Verarbeitung von Plexiglas unter Schnittwerkzeugen wird durch eine Erwärmung auf 50 bis 70° C erleichtert und erfolgt im allgemeinen nur bis zu Dicken von 1,5 mm, obwohl bei noch höherer Erwärmung sich wahrscheinlich auch dickere Plexiglasbleche schneiden lassen. Allerdings muß die Temperatur unter 100° C bleiben, da im Bereich von 100 bis 150° C der Werkstoff plastisch wird und sich in diesem Zustand gut biegen und zu Gehäusen, Schalen, Mulden umformen läßt. Einfache Biegungen und flaches Umformen geschieht über einen Klotz aus Holz oder Gips, der mit sehr dicht gewebtem Stoff oder Waschleder bezogen ist. Der Zuschnitt des Plexiglasbleches ist reichlich zu halten, da mit der Erwärmung eine Schrumpfung um 2 % verbunden ist und für den Spannrand des Halterahmens auch etwas bleibt. Nach dem Zuschnitt müssen das Schutzpapier entfernt und Klebstoffreste durch gründliche Reinigung der Scheiben mit warmem Wasser beseitigt werden. Erst dann darf die trockene Scheibe auf die Verformungstemperatur erhitzt werden. Die auf 180° C geheizten, im Wärmeschrank freihängenden Plexiglasbleche werden vorsichtig über die vorbereitete Form gelegt, im Halterahmen oder mittels Leisten an den Rändern eingespannt und über den Klotz gedrückt. Das Plexiglas erkaltet auf dem Formklotz

---

[1] Warenzeichen der Fa. Röhm & Haas, Darmstadt.

bis auf 40° C, wird dann abgenommen und am Rand fertig beschnitten, was von Hand oder unter Schnittwerkzeugen erfolgen kann. Bei stärkeren Umformungen muß man zum Formklotz ein Gegengesenk in gleicher Art anfertigen, also mit Patrize und Matrize arbeiten. Außer dieser Art der Herstellung, die dem Blechverarbeiter vom Streckziehen her geläufig ist, gibt es in der Plexiglasverarbeitung zwei weitere Verfahren, die vielleicht in der Zukunft bei der Umformung anderer sehr dünner und weicher Werkstoffe, evtl. auch Metallblechen, interessant werden dürften, das Vakuum- und das Preßluftverfahren. Ihre Durchführung ist allerdings bei nur geringen Umformkräften möglich. Die erstgenannte Umformmethode setzt infolge des Schrumpfens dieses Werkstoffes eine Mutterform voraus, die um 2 % größer als der Umriß der erwünschten Plexiglasform ist. Die erhitzte Scheibe wird auf den oberen Rand der Mutterform aufgelegt, dort mittels Schraubzwingen festgehalten. Das Einziehen in die Mutterform geschieht durch Vakuum. Umgekehrt arbeitet das Preßluftverfahren, wo das erhitzte Plexiglasblech in die Form hineingeblasen wird. Dies setzt voraus, daß in der Mutterform die Luft entweichen kann, und daß über der Plexiglasplatte ein abgeschlossener Hohlraum sich befindet, in den die Luft eingeblasen wird[1].

2. Die Verarbeitungsfähigkeit der verschiedenen Bleche.

Die vorausgegangenen Ausführungen enthalten einige Angaben über die Umformbarkeit der verschiedenen Bleche. Doch finden sich diese so verstreut, daß eine tabellarische Zusammenfassung der für die Stanzereiwerkstatt wichtigen Werkstoffeigenschaften und Bearbeitungsrichtlinien zur Erleichterung der Übersicht notwendig ist. Es ist gewiß schwierig, im Rahmen einer solchen Aufstellung allgemeingültige Werte zu empfehlen. Werden doch hier und dort in der Praxis gewiß Abweichungen beobachtet. Dies ist durch die Verschiedenartigkeit des Werkstoffes trotz einheitlicher Gattungs- und Gütebezeichnung leider unvermeidlich. Die in Tab. 6 (S. 64/65) enthaltenen Zahlen dienen der Werkstatt daher nur als Anhalt.

2.1 Die Verarbeitung von Blechen unter Schnittwerkzeugen.

Nach dem Aufsetzen des Schnittstempels oder des Schnittmessers erfolgt an den Schnittkanten eine mit einer fortschreitenden Gefügezertrümmerung verbundene Werkstoffverdichtung. Im allgemeinen fällt bei weichen Werkstoffen von gleichmäßiger Werkstoffgüte die innere Lochwand glatter und sauberer aus als bei solchen höherer Festigkeit. Werden hohe Ansprüche an die Oberflächenbeschaffenheit der Schneid-

---

[1] Z. Technik u. Handwerk Heft 3. Augsburg 1950.

fläche gestellt, so sind Nacharbeiten, die bei ausgestanzten Teilen unter Nachschneidepressen erfolgen, unvermeidlich. Es leuchtet ein, daß die Sauberkeit des Schnittes und der Kraftbedarf in hohem Maße von der Schärfe der Schnittkante abhängig sind. Stumpfe Werkzeuge erfordern das 1,5- bis 2fache des Kraftbedarfes wie die mit scharfen Schnittkanten.

Die Werte für die Scherfestigkeit τ_B in Tab. 6 beziehen sich auf normal scharfe Schnittwerkzeuge bei richtiger Wahl des Schneidspaltes. Dieser ist für die Erhaltung der Schneidfähigkeit eines Schnittwerkzeuges — also zur Erzielung einer hohen Standzeit — von besonderer Bedeutung. Die Spaltbreite muß an allen Stellen des Schnittes völlig gleichmäßig sein. Ihre Größe hängt in erster Linie von der Art des Werkstoffes und dessen Dicke ab. Eine genaue Einhaltung der Spaltweite ist bereits bei der Neuanfertigung des Werkzeuges schwierig. Während des Betriebes können weitere Unstimmigkeiten eintreten. Ungleiche Härte der Schnittkanten, seitliches Versetzen oder schiefes Einspannen des Stempels, Durchfederung eines zu schwachen Pressentisches, nicht im Schwerpunkt der Schnittlinien liegender Einspannzapfen und Verschleiß oder ungenaue Herstellung der Führungsplatte bedingen ungleiche Spaltbreiten und somit eine kurze Lebensdauer des Schnittwerkzeuges.

Für die Schneidspaltweite u in mm gilt die empirische Beziehung

$$u = a\, s \sqrt{\tau_B},$$

worin s die Blechdicke in mm und τ_B die Scherfestigkeit in kg/mm² bedeuten, über deren Ermittlung durch den Versuch sich auf S. 166 noch nähere Angaben finden. Nach den von den meisten Autoren, wie KURREIN[1], KRABBE[2], GÖHRE[3], HILBERT[4], RICHARD[5], werden Schneidspalte empfohlen, die etwa in obiger Gleichung einem $a = 0,01$ bis $0,015$ entsprächen. Nach den neuesten Ergebnissen im KIENZLE-Forschungsinstitut Hannover[6] kann man heute nicht von einem, sondern von zwei Optimalwerten sprechen, und zwar $a = 0,007$ für saubere Schnittflächen bei großem Kraft- und Arbeitsaufwand und $a = 0,035$ bei kleinstem Kraft- und Arbeitsaufwand, aber unsauberen Schnittflächen. Die Schnitt-

---

[1] KURREIN: Werkzeuge und Arbeitsverfahren der Pressen S. 66. Berlin 1926.

[2] KRABBE: Stanztechnik 1. Teil, Werkstattbuch Nr. 44 S. 8 Abb. 21. Berlin 1932.

[3] GÖHRE: Der Schneidspalt von Schnitten und sein Einfluß auf ihre Standzeit. Werkstattstechnik 1935 Heft 26 S. 313 Abb. 2.

[4] HILBERT: Stanzereitechnik Bd. I S. 53. München 1949.

[5] RICHARD: Berechnung und Konstruktion von Tiefzieh- und Stanzwerkzeugen, Zürich 1949, 1. Teil S. 37.

[6] FB 8 Forschungsinstitut Prof. KIENZLE, T. H. Hannover.

kraft ist nur wenig, hingegen die Schnittarbeit erheblich vom Schneidspalt u abhängig[1].

2.2 Verarbeitung von Blechen unter Biegewerkzeugen.

Biegearbeitsgänge bieten dort Schwierigkeiten, wo im Verhältnis zur Blechdicke sehr geringe innere Biegehalbmesser — also sogenannte scharfkantige Abrundungen — verlangt werden. Der zu biegende Werkstoff wird gemäß Abb. 32 bei der Umformung an den inneren Fasern gestaucht, die sich dort nach außen zu verbreitern, während die auf Dehnung beanspruchten äußeren Fasern nach einwärts gezogen werden. Diese bei scharfkantigem Biegen unvermeidlichen Verformungen stören bei dünnen Blechen kaum, sind hingegen bei dicken Blechen unerwünscht.

Dies gilt insbesondere von Scharnierrollen und solchen Biegeteilen, die nach dem Zusammenbau seitlich geführt werden und daher auch im Bereich der Biegung eine saubere, winkelrechte Randkante aufweisen müssen. Der innen an der Biegekante liegende Werkstoff wird gestaucht und gepreßt. Hier versuchen die Ge

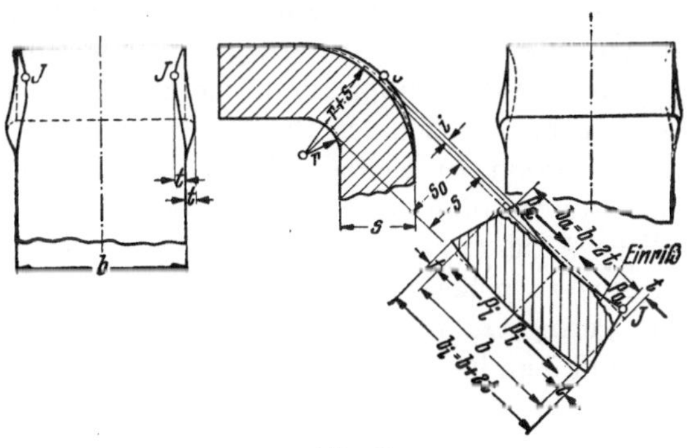

Abb. 32.
Randverformung beim scharfkantigen Biegen dicker Teile.

fügeteilchen seitlich nach dem Rande auszuweichen. Die Breite des gebogenen Bandes der Ursprungsbreite b erfährt daher an dieser Stelle eine bemerkenswerte Verbreiterung um das Maß $2\,t$ auf b_i. Im umgekehrten Sinne werden die äußeren Fasern des der Biegung unterworfenen Querschnittes gedehnt. Diese Dehnung führt nicht nur gemäß Abb. 32 zu einer meist unerheblichen, auch bei scharfkantiger Verformung unter 10 % liegenden Blechschwächung der ursprünglichen Blechdicke s auf s_0, sondern außerdem zu einer Schrumpfung der Ursprungsbreite b auf b_a, da von außen der Werkstoff nach innen nachzufließen bestrebt ist. Der Querschnitt in der Biegung entspricht also nicht einem Rechteck der Seiten s und b, sondern eher einem Trapez der Höhe s_0 und der beiden Seiten b_i und b_a. Tatsächlich aber bewirken die auswärts gerichteten Stauchkräfte P_i an der inneren

---

[1] Diese im Forschungsinstitut KIENZLE durchgeführten Ermittlungen werden gestützt durch F. KELLER: Messungen zum Einfluß des Schneidspaltes auf Kraftbedarf und Schnittarbeit beim Lochen von Stahlblech. Werkst. u. Betr. Bd. 84 (1951) Heft 2 S. 67—73. Siehe auch Fußnote 1 zu S. 167 und Abb. 123.

Biegekante in Verbindung mit den einwärts gerichteten Schrumpfungskräften P_a an der Außenseite der Biegung, wie sie in ähnlicher Form bei der Querkontraktion des Zerreißstabes zu finden ist, ein seitliches Hochwölben am Rande. Dies zeigen der Biegequerschnitt rechts unten und die Seitenansichten in Abb. 32. Der Breitenunterschied beträgt zwischen äußerer und innerer Biegefläche insgesamt $4\,t$, also an jeder Seite $2\,t$. Versuche ergaben einen annähernden Wert für

$$t = \frac{0{,}4\,s}{r}.$$

Die hochgewölbten äußeren Kanten liegen in der Mitte der Biegung an den Punkten J um ein Maß i sogar oft über dem Halbmesser $r + s$. Die Punkte J bilden daher häufig den Ausgang von Brüchen, die zumeist bereits nach dem Biegen wahrzunehmen sind, zuweilen aber sehr viel später eintreten können. Unterliegt das gebogene Teil wechselnder Zug- oder Druckbeanspruchung, dann ist mit einem Fortschreiten der Rißkerbe bis zum vollständigen Bruch des gesamten Querschnittes an dieser Stelle unbedingt zu rechnen. Die Gefahr der Rißbildung kann etwas herabgesetzt werden durch Verbrechen oder noch besser durch eine reichliche Abrundung der Kante bei J vor dem Biegen, wobei dort die Oberfläche zu polieren, zumindest sehr sauber zu schlichten ist.

Der geringstzulässige innere Biegeradius $r_{\min}$ wird aus der Blechdicke s und dem in Tab. 6 (S. 64/65) angegebenen Faktor c ermittelt:

$$r_{\min} = c\,s\,.$$

Nach MÄKELT[1] gilt bei Leichtmetallblechen für c die empirische Beziehung, die auch für andere Blechwerkstoffe angewendet werden kann:

$$c = \left((0{,}0085\,\frac{\sigma_B}{\delta_{10}} + 0{,}5\right).$$

Hingegen wird zur Berechnung des kritischen inneren Biegehalbmessers an Stelle von c ein Ausdruck $0{,}0078\,\sigma_B/\delta_{10}$ als Rechnungswert zur Blechdicke s angenommen.

Beim Biegen von Winkeln im V-Gesenk sind die zur Umformung erforderlichen Biegekräfte P_b von der Werkzeugweite w abhängig, da diese das biegende Moment bestimmt. Demgegenüber spielt die Größe des Biegehalbmessers eine untergeordnete Rolle, vorausgesetzt, daß ihm entsprechend die Gesenkweite w richtig gewählt wurde. Eine Gesenkweite w entsprechend dem 6- bis 8fachen Wert von $r_{\min}$ hat sich für das V-Gesenk gut bewährt[2]. Auf Grund einer amerikanischen Ver-

---

[1] MÄKELT: Untersuchung der Abkantfähigkeit von Aluminiumblechen. Werkstattstechn. u. Masch.-Bau Bd. 39 (1949) Heft 1 S. 17.

[2] In Übereinstimmung mit Tafel zu S. 76 des Schuler-Taschenbuches 1937 und den neuesten Feststellungen WOLTERS nach Abb. 10 auf S. 5 in Mitt. Forsch.-Ges. Blechverarb. Nr. 29 v. 30. 8. 1950.

öffentlichung[1] gilt für die Biegekraft P_b in Kg näherungsweise:

$$P_b = \frac{C\, b\, s^2\, \sigma_B}{w}.$$

Hierin bedeuten σ_B die Bruchfestigkeit in kg/mm², die den Tab. 4 bis 6 entnommen werden kann, b die Breite des Werkstückes, s die Blechdicke und w die Gesenkweite entsprechend der doppelten Gesenktiefe t. Der Rechnungsbeiwert C ist dem Schaubild zu Abb. 33 zu entnehmen und liegt etwa bei 1,2 im Mittel. Diese Gleichung enthält genügend Sicherheit für einen zusätzlichen Prägedruck am Ende des Biegevorganges. Nach neueren Untersuchungen von WOLTER[2] genügt zur Herstellung der Biegung allein ohne eine solche Nachprägung eine geringere Biegekraft mit $C = 0{,}75$. Zur Auswahl einer geeigneten Presse empfiehlt es sich, mit $C = 1{,}2$ zu rechnen. Nur dort, wo die verfügbaren Pressen hiernach nicht ausreichen, kann man mit $C = 0{,}75$ nachprüfen, inwieweit eine schwächere Presse noch genügt.

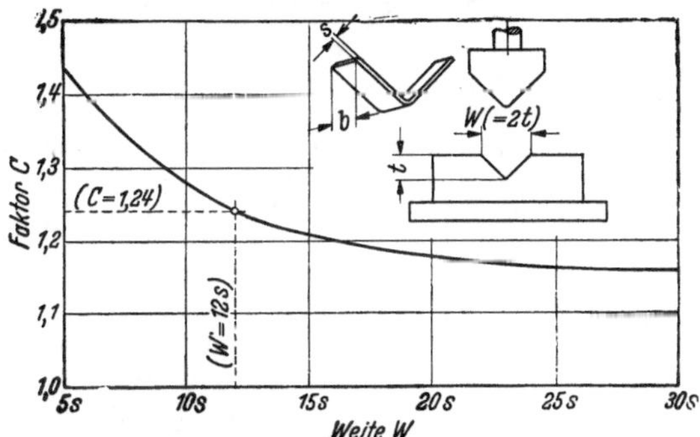

Abb. 33. Ermittlung des Faktors C für die Berechnung der Biegekraft.

Für das U-förmige Biegen gilt, wenn der senkrechte Spalt u zwischen Stempel und U-Gesenk die 1,5fache Blechdicke s nicht überschreitet, angenähert die Beziehung

$$P_b = 0{,}4\, s\, b\, \sigma_B.$$

Bei größeren Spaltweiten, wo es auf eine genaue Abrundungsform nicht ankommt, genügen erheblich geringere Kräfte. Ebenso ist die Form der Auflagestützen für den Werkstoff vor dem Biegen wichtig. Nach neuesten Forschungsergebnissen[3] erfordert die bisher allgemein übliche rechteckige Ausbildung der Auflagekanten mit einer mehr oder minder großen Abrundung einen erheblich höheren Aufwand von Unformkraft als eine Form ähnlich einem stehenden Ellipsenviertel, wie sie sich aus einer U-Gesenk-Konstruktion entsprechend einem gleich-

---

[1] Siehe CALI, C. F.: Pressures for right angle bends. Machinist, London Bd. 82 (1938) Nr. 46 S. 1017.

[2] WOLTER: Die hier angegebene Gleichung entspricht angenähert der Kurve in Bild 89 der Diss. WOLTER: Bildsames Biegen von Blechen (T.H. Hannover 1950).

[3] Diesbezügliche Untersuchungen wurden im Forschungsinstitut KIENZLE, T.H. Hannover, laut FB 9 und 10 durchgeführt.

bleibenden Biegemoment beim Einzug des Werkstoffes in die Biegeform ergibt.

Die Verdichtung und Stauchung des Werkstoffes an den inneren Biegefasern und die Dehnung an den äußeren führt zu einer meist unerwünschten Rückfederung des Werkstückes nach dem Biegen. Deshalb werden die Werkstücke um ein bestimmtes Maß über das gewollte herübergebogen, so daß sich nach der Rückfederung der endgültige und richtige Biegungswinkel von selbst einstellt. Dieses Maß der Rückfederung hängt von der Blechdicke, vom Biegewinkel, Biegehalbmesser und nicht zuletzt von den Festigkeitseigenschaften des betreffenden Werkstoffes ab. Weiche Werkstoffe federn weniger zurück als härtere. Der Rückfederungsfaktor K kennzeichnet die Rückfederungseigenschaften eines Werkstoffes[1]. Werden mit r_1 der innere Biegehalbmesser beim Biegen und derjenige und größere, wie er sich nach der Rückfederung einstellt, mit r_2 bezeichnet, so gilt:

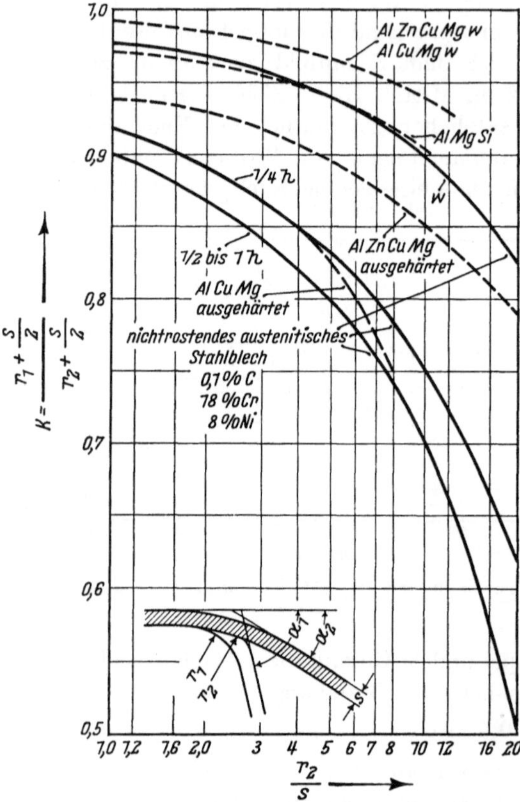

Abb. 34. Ermittelung des Rückfederungsfaktors K in Abhängigkeit vom r_2/s-Verhältnis.

$$K = \frac{r_1 + \frac{s}{2}}{r_2 + \frac{s}{2}} \quad \text{oder} \quad r_1 = K\left(r_2 + \frac{s}{2}\right) - \frac{s}{2}.$$

Wird um den Winkel α_1 vorgebogen, so ist er nach Rückfederung um den Winkel δ nur noch α_2 groß.

$$\delta = \alpha_1 - \alpha_2 = \alpha_1\left(1 - \frac{r_1}{r_2}\right).$$

[1] SACHS, G.: Principles and methods of sheet-metal fabrication S. 100. New York 1951. Einen Auszug hiervon siehe Mitt. Forsch.-Ges. Blechverarb. v. 15. 8. 1951 Nr. 16 S. 200.

Gemäß Abb. 34 ist K vom jeweiligen $\frac{r_2}{s}$-Verhältnis abhängig. In Tab. 6 (S. 64/65) sind für einige Werkstoffe die K-Werte für ein $\frac{r_2}{s} = 1$ und $= 10$ angegeben. Diese beiden Punkte geben einen Anhalt für den Verlauf der Kurve.

2.3 Verarbeitung der Bleche beim Tiefziehen.

Beim Tiefziehen ist für das Gelingen der Züge die Schmierung der Bleche von nicht zu unterschätzender Bedeutung[1]. Eine Leistungssteigerung bzw. eine Herabsetzung des Anteils an Fehlstücken wird durch die Wahl eines angeblich geeigneteren Schmiermittels nur dort erreicht, wo gleichzeitig die Ausführung des Werkzeuges, die Ziehgeschwindigkeit, die Anforderungen an das Blech und seine Zusammensetzung und Oberflächenbehandlung sowie die physikalischen und chemischen Eigenschaften des Schmierstoffes beachtet werden[2]. Den geringsten Schmiermittelverbrauch gewährleisten Ziehwerkzeuge mit hartverchromten oder mit Hartmetall versehenen Niederhalteflächen und Ziehkanten. Werden diese Flächen außerdem geschliffen und geläppt, so wird bei Werkzeugen für feinmechanische Zwecke der Verbrauch an Schmierstoff noch weiter herabgesetzt und die Leistung erhöht. Weiterhin ist die Ziehform für die Wahl des Schmiermittels wichtig. Einfache, zylindrische Hohlkörper erfordern keine so intensive Schmierung wie z. B. rechteckige oder unregelmäßige Ziehformen. Diese Gesichtspunkte sind auch für den Verdünnungsgrad des Schmierstoffextraktes maßgebend. Weiter ist eine gute Schmierfilmfestigkeit unerläßlich, die nur mit fettigen Grundstoffen, wie z. B. Rüböl, Talg oder Rizinusöl, erreicht wird. Die Schmiermittel sollen der Schonung der Werkzeuge dienen und selbst bei hohen Niederhaltedrücken eine gute Filmfestigkeit und beständige Viskosität besitzen. In der Tab. 6 (S. 64/65) werden einige geeignete Schmierstoffe empfohlen. Nach EISENKOLB[3] ist der Napfziehversuch, über den auf S. 188 näher berichtet wird, das geeignetste Verfahren zur Beurteilung der Leistung eines Tiefziehschmiermittels.

In Tab. 6 sind ferner die Werte für den Niederhalterdruck p_n angegeben, die sich stets auf den Anfangsdruck beziehen und für zylin-

---

[1] Über den Einfluß der Schmiermittel beim Tiefziehen sei noch auf folgende Aufsätze hingewiesen: a) McElgin, James: Anforderung an Ziehmittel. Steel Proc. Bd. 35 (1949) Nr. 6 S. 306—309. — b) Liddiard, P. D.: Die Anforderungen an Schmiermittel beim Tiefziehen und die Entfernung von Rückständen. Sheet Met. Ind. Bd. 25 (1948) Nr. 254 S. 1167—1173. — c) Evans, E. A., H. Silman u. Prof. H. W. Swift: Schmierung bei Zieharbeiten. Sheet Met. Ind. Bd. 25 (1948) Nr. 249 S. 95—98; Nr. 251 S. 517/18.

[2] Beuerlein, P.: Schmiervorgang und Schmierstoffe bei der Blechbearbeitung. Mitt. Forsch.-Ges. Blechverarb. Nr. 5 v. 1. 3. 1952.

[3] Eisenkolb, F.: Verfahren zur Ermittlung der Eignung von Ziehfetten. Arch. Metallkde. Bd. 3 (1949) Heft 8 S. 287/88.

drische Tiefzüge gelten. Für die Herstellung unzylindrischer, flacher und muldenförmiger Teile können um 50 % höhere Drücke gewählt werden.

Die notwendige Niederhaltekraft berechnet sich in einfachster Weise als Produkt aus dem Druck p_n in kg/cm² und der zu haltenden Fläche des Blechflansches in cm². In einer neueren Forschungsarbeit[1] über die Faltenbildung beim Tiefziehen weist Siebel auf die Bedeutung der bezogenen Blechdicke s/d hin, wobei unter s die Blechdicke und unter d der Ziehstempeldurchmesser zu verstehen sind. Außerdem ist dabei das Durchmesserverhältnis β maßgebend. Hiernach wird der Blechhalterdruck p_n in kg/cm² mit σ_B in kg/mm² gemäß Tab. 4 bis 6 wie folgt berechnet:

$$p_n = 0{,}2 \div 0{,}3 \left[(\beta - 1)^3 + 0{,}5 \frac{d}{100\,s} \right] \sigma_B.$$

Auf die verschiedenen Niederhalterkonstruktionen, die ein gutes allseitiges Halten des Bleches zwecks Ausgleichs der Dickentoleranzen gewährleisten, kann im Rahmen dieses Beitrages nicht näher eingegangen werden; es sei auf das einschlägige Schrifttum hingewiesen[2].

Nur beiläufig sei auf die von verschiedenen Fachleuten gemachte Erfahrung hingewiesen, die auch von Kaiser[3] vertreten wird, den Blechhalterdruck gleich Null zu wählen, indem man den Blechhalter nicht gegen das Blech selbst, sondern gegen Anschlagstifte aufsitzen läßt, die um ein weniges die Dicke der Blechtafel überragen. Erst während des Zuges, wo die äußeren Randbereiche der Platine dicker werden und die Umformung schon begonnen hat, wird der Niederhalterdruck wirksam.

Das Stufungsverhältnis D/d ($D =$ Zuschnittsdurchmesser, $d =$ Ziehdurchmesser) ist für die Werkstatt besonders wichtig. Das höchst erreichbare Stufungsverhältnis wird mit β bezeichnet. Seine Ermittlung geschieht auf betriebsnahem Wege mittels des auf S. 188 beschriebenen Napfzugversuches oder Stufungsprüfverfahrens. Bei eckigen Formen sind weitere Gesichtspunkte für die Abstufung zu beachten, auf die

---

[1] Siebel, E.: Über die Faltenbildung beim Tiefziehen. Mitt. Forsch.-Ges. Blechverarb. Nr. 4 v. 15. 2. 1953 S. 53—56.

[2] Linicus u. Sachs: Die Bedeutung des Faltenhalters beim Tiefziehen. Werkstatttechnik Bd. 26 (1932) Heft 12 S. 235 Abb. 7. Es wird konische Außenhaltung empfohlen. — Sachs (Grundbegriffe der mechanischen Technologie der Metalle, Leipzig 1925) geht bei der Berechnung der Ziehkraft im Gegensatz zu Sommer (VDI-Forsch.-Heft Nr. 286, Berlin 1925) von der Annahme aus, daß der Blechhalter die Platine nur am äußeren Rand und nicht über die ganze Fläche festhält. — Göhre: Werkzeuge und Pressen der Stanzerei (Berlin 1939) S. 32 Abb. 194. Es wird konische Innenhaltung empfohlen.

[3] Oehler-Kaiser: Schnitt-, Stanz- und Ziehwerkzeuge (Berlin 1949) S. 145 in Verbindung mit S. 206 Abb. 188. — Oehler, G.: Ausbildung der wirksamen Ziehring- und Blechhalterfläche. Ind. Anz. Bd. 73 (1951) Nr. 66 S. 723.

Additional material from *Das Blech und Seine Prüfung*
ISBN 978-3-642-92609-9, is available at http://extras.springer.com

hier nicht näher eingegangen werden kann[1]. Die hier in Tab. 6 (S. 64/65) angegebenen β-Werte[2] beziehen sich auf Blechdicken von 1 mm, und zwar erstens auf den ersten Zug oder Anschlag, zweitens auf den zweiten Zug oder ersten Weiterschlag ohne und drittens mit Zwischenglühen. Für dickere Bleche kann der β-Wert höher gewählt werden als für dünnere. Sehr dünne Bleche, beispielsweise mit einer Dicke von 0,3 bis 0,5 mm, lassen sich im allgemeinen schlecht ziehen und reißen leicht auf. Dies liegt anscheinend an der Struktur des Gefüges. Ein dichtes und feinkörniges Gefüge, wie z. B. das von Messingblech, ist in bezug auf die

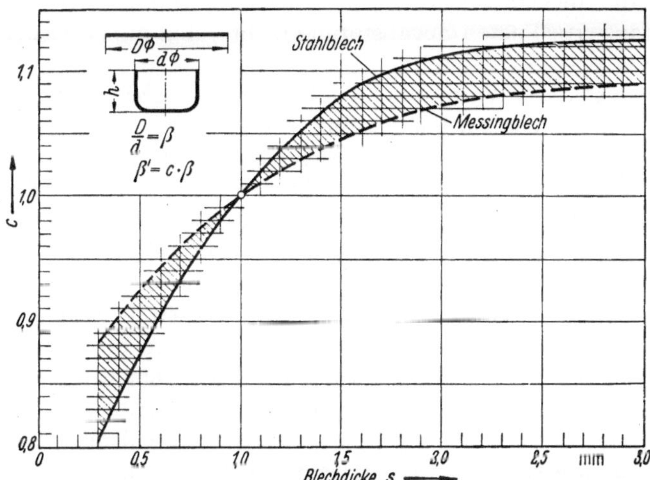

Abb. 35. Beiwert c zur Ermittelung des tatsächlichen Stufungsverhältnisses β' unter Berücksichtigung der Blechdicke.

Dünne des Werkstoffes beim Tiefziehen nicht so empfindlich wie z. B. ein kohlenstoffarmes Stahlblech mit gröberem Gefüge. Für dünnere Bleche ist ein geringerer Wert anzunehmen, für dickere kann ein größerer β-Wert gewählt werden. Als tatsächlicher Stufungswert β' wäre also zu schreiben

$$\beta' = c\,\beta,$$

wobei der Faktor c einer Exponentialfunktion der Blechdicke s in mm entspricht. Diese Verhältnisse sind in der Abb. 35 kurvenmäßig erläutert.

---

[1] Auch die Zugabstufung beim Rechteckzug ist vom verwendeten Werkstoff jeweilig abhängig. Siehe OEHLER-KAISER: Schnitt-, Stanz- und Ziehwerkzeuge (Berlin 1949) S. 164 und den in den Werkstofftafeln dort angegebenen q-Faktor S. 254—262.

[2] Die in Tab. 6 enthaltenen β-Werte weichen von anderen teils im Schrifttum vertretenen, teils in der Praxis gebräuchlichen mitunter ab, zumal die diesbezüglichen Erfahrungen sehr unterschiedliche sind. Verfasser (Anschrift: Inst. f. Werkzeugmaschinen der Techn. Hochsch. Hannover) ist den Lesern für Berichtigungshinweise dankbar, zumal sich die Werkstoffgüte infolge der gegenwärtigen Verhältnisse dauernd ändert, so daß diese Werte laufend zu berichtigen sind.

Die für Stahlblech gültige Schaulinie ist ausgezogen, die für Messingblech gültige ist gestrichelt gezeichnet. Beide Schaulinien stellen die Grenzwerte für dichten, feinkörnigen und für grobkörnigen Werkstoff dar. Die Werte für Leichtmetallbleche liegen in Nähe der gestrichelten Schaulinien. Der dazwischenliegende Bereich ist schräg schraffiert und bezieht sich auf Werkstoffe, die hinsichtlich ihrer Kornausbildung zwischen den beiden Grenzkurven liegen. Es ist anzunehmen, daß diese Werte durch weitere Versuche noch ergänzt und berichtigt werden. Jedenfalls darf aber im Gegensatz zu den Angaben des bisherigen Schrifttums die Blechdicke bei der Angabe des Stufungsverhältnisses und der hieraus errechneten Zugabstufung nicht völlig unberücksichtigt bleiben.

Aus Versuchen des Verfassers, die bis in das Jahr 1929 zurückreichen und die teilweise mittels des auf S. 242 beschriebenen Plastizometers durchgeführt wurden, ergeben sich folgende Feststellungen und Effekte, deren Auswirkungen jedoch nicht überschätzt werden dürfen.

a) Bei mehrfach abgestuften Zügen empfiehlt es sich nicht, im Anschlag auf das größtmögliche Ziehverhältnis zu gehen, da sonst in den Weiterschlägen kleinere Abstufungsdurchmesserverhältnisse gewählt werden müssen, als wenn von vornherein der Werkstoff nicht auf das Alleräußerste beansprucht wird. Dies gilt insbesondere für das Ziehen ohne Zwischenglühen, wobei offen bleibt, ob nicht auch bei Zwischenglühungen ähnliches Verhalten festgestellt werden kann.

b) Es werden verhältnismäßig hohe Abstufungsverhältnisse erreicht und an Zügen ganz wesentlich gespart, wenn das Werkstoffgefüge weitestgehend gelockert wird. Dies geschieht durch Schwingungen oder Knetwirkungen im Werkstoff, wobei eine möglichst große Fläche des Werkstückes gleichzeitig an der Umformung zu beteiligen ist. So haben bereits Rüttel- und Schwingvorrichtungen zum Erfolg geführt[1]. Inwieweit die Einwirkung von Ultraschall und anderen Strahlen erfolgreich und wirtschaftlich tragbar ist, hängt von weiteren, teils zur Zeit laufenden Untersuchungen ab.

c) Der Umformvorgang soll sich stetig vollziehen, und die einzelnen Umformstufen sollen möglichst pausenlos aufeinanderfolgen. So haben Versuche mit rostfreien austenitischen Stahlblechen unter der Mehrstufenpresse bewiesen, daß bei Erhöhung der Durchgabegeschwindigkeit des Transportgreifers ein höheres Ziehverhältnis erreichbar und der Verlust durch Bodenreißer geringer ist als bei langsamer. Die Alterungserscheinungen sind auch schon von kurzen Zeiten abhängig. Bekanntlich kann eine Kotflügelbeule sofort nach dem Entstehen leicht mit der

---

[1] Bestätigt durch Untersuchungen von Schlafmann u. Michael, Nord. Masch. Baader in Lübeck sowie durch schnell aufeinander folgende kurze Schläge des Stößels der Lasco-Presse, Langenstein & Schemann, Coburg.

Faust ausgeschlagen werden und zurückklappen, während schon nach einer Viertelstunde Pause umständliche Richtarbeiten erforderlich sind.

Gegen diese drei hier angeführten Effekte wird seitens Professor Dr.-Ing. E. Siebel — dessen überlegenes Wissen seitens des Verfassers durchaus anerkannt wird — folgendes eingewendet.

Zu a): Nach den Erfahrungen in seinem Institut, nämlich der Staatlichen Materialprüfungsanstalt an der Technischen Hochschule Stuttgart, empfiehlt es sich, beim Anschlag nahe an das größtmögliche Ziehverhältnis zu gehen, da so das größte Gesamtziehverhältnis in einer bestimmten Anzahl von Zügen erreicht wird.

Zu b): Eine zweckmäßige Lockerung des Werkstoffgefüges durch Knetwirkungen oder Schwingungen im Werkstoff wird bestritten.

Zu c): Der Nachteil von Unterbrechungen des Ziehvorganges mache sich nur bei alterungsempfindlichen Blechen bemerkbar. Bei rostfreien, austenitischen Stahlblechen wirkt sich wahrscheinlich die starke Erwärmung des Ziehgutes bei schneller Zugfolge in günstigem Sinne auf die Umformverhältnisse aus.

Die Ziehteile werden zwischen den einzelnen Ziehstufen zur Entspannung des durch den Ziehvorgang gereckten und daher in seiner Festigkeit und Dehnung geminderten Werkstoffes und zur Wiederherstellung des Formänderungsvermögens oft geglüht[1]. In Tab. 6 (S. 64/65) sind die hierfür üblichen Glühtemperaturen angegeben. Bei dünnwandigen Ziehteilen ist zur Vermeidung von Abschreckspannungen auf eine langsame und zugfreie Abkühlung Wert zu legen. Im allgemeinen genügen für Bleche aus Kupfer und Walzbronze 1 bis 1½, für solche aus Messing 1½ bis 2 und für Nickelbleche 2 bis 3 Stunden. Dünnwandige Ziehteile werden oft bei niedrigen Temperaturen entsprechend länger geglüht.

Beim Glühen oxydiert die Oberfläche, die Glühhaut bzw. der Zunder werden durch Beizen entfernt. Nach dem Beizen werden die Teile in kaltem, anschließend in heißem Wasser gespült und in Sägespänen getrocknet. Da das Beizen die Fertigung verzögert, wird oft versucht, ohne dieses auszukommen. Das Glühen der Ziehteile in Kästen mit Holzkohle bzw. Metallspänen verhindert im allgemeinen nicht die Bildung einer Glühhaut. Nur ein Glühen in neutraler oder reduzierender Atmosphäre, also unter Schutzgas in neuzeitlichen Blankglühöfen, gestattet einen Ausschluß des Beizens. In Abb. 61 zu S. 96 ist ein solcher Blankglühofen dargestellt. Öfen dieser Art dienen nicht nur zum Entspannungsglühen, sondern vor allen Dingen zum Hartlöten.

---

[1] Hofmann u. Koelzer: Verhalten von Tiefziehblechen unter Berücksichtigung der Prüfverfahren. Werkstattstechn. u. Masch.-Bau Bd. 42 (1952) Heft 3 S. 88—92.

Tabelle 7. *Schweißverfahren.*

Bezeichnung des Verfahrens	Siehe hierzu Seite	Blech-Werkstoffe						
		Stahl (bis 0,2% C)	Aluminium und Alu-Legierung	Mg-Legierungen	Kupfer	Messing	Bronze	Zink
Autogen-schweißen	76	+ (1—30)	+ (2—40)	+ (2—20)	+ (1—30)	+ (1—30)	0 (1—20)	+ (2,5—10)
Lichtbogen-schweißen	77	+ (2—40)	+ (2—20)	—	+ (2—20)	0 (2—30)	0 (2—30)	—
Schutzgas-schweißen*	78, 82, 85	+ (1—40)	+ (0,5—20)	+ (1—10)	—	—	—	0 (0,5—10)
Fesa-Weibel	82	—	+ (0,05—3)	+ (0,2—3)	+ (0,05—1,0)		—	+ (0,05—2)
Ellira	79	+ (5—40)	+ (4—30)	—	—	—	—	—
Abbrenn-schweißen	73	+ (0,2—10) (bis 50000 mm²)	0 (0,2—5) (bis 10000 mm²)	—	0 (bis 500 mm²)		—	—
Widerstands-schweißen								
Punkt-	69	+ (0,2—5)						
Buckel-	72	+ (0,5—4)	+ (0,2—2)	+ (0,2—1,5)	—	0 (0,1—1)	0 (0,1—0,5)	0 (0,1—2)
Rollen-nahtschw.	71	+ (0,1—2)						

0 schweißbar
+ gut schweißbar
— nicht oder kaum schweißbar
(...) Blechdickenbereich in mm

* Hierzu gehören u. a. folgende Verfahren:
   Arcatom
   Argonarc
   Heliarc
   Aircomatic

2.4 Schweißen[1].

Tab. 7 enthält eine Aufstellung über die bekanntesten Schweißverfahren der Blechbearbeitung. Der dabei allgemein angewendete Blechdickenbereich ist eingeklammert, wobei nicht gesagt ist, daß in besonderen Fällen dieser Bereich nicht überschritten werden könnte.

2.41 Stahlblech.

Als Schweißverfahren kommt für Stahlblech recht häufig die Preßschweißung in Frage, und zwar von den Preßschweißverfahren wiederum die elektrische Widerstandsschweißung[2], die als Punkt-, Naht-, Stumpf- und Abbrennschweißung bekannt ist. Bei der Punktschweißung werden dünne Bleche örtlich punktweise mittels Elektroden zusammengedrückt, deren Durchmesser im Verhältnis zur Blechdicke steht. Ein kurzer genau geregelter Stromstoß führt eine örtliche Erhitzung der übereinandergelegten Bleche zwischen den Elektroden herbei, so daß der teigige Bereich, bisweilen sogar der Schmelzpunkt erreicht wird. Bei austenitischen, nichtrostenden Stahlblechen[3], die vorzugsweise punktgeschweißt werden, ist der Stromstoß mittels besonderer Gittersteuerung so kurz zu bemessen, daß die Außenzonen der Bleche nicht über die Temperatur der Karbidausscheidung erwärmt werden und die Korrosionsbeständigkeit erhalten bleibt. Auch phosphatierte, also gebonderte und geparkerte Stahlbleche lassen sich vorzüglich punktschweißen[4]. Die Haltbarkeit der Schweißstellen ist dort sogar noch besser als bei den nicht gebonderten Blechen. Verzunderte und verrostete Bleche sind zum Schweißen schlechthin ungeeignet. Immerhin ergaben Versuche mit verzunderten, aber nicht gerosteten Blechen zufriedenstellende feste Punktschweißverbindungen bei Einschaltung einer Vorheizzeit in den Schweißvorgang. Rost wirkte sich nicht nur ungünstig auf die Festigkeit aus, wobei die erzielten Festigkeitswerte stark schwankten, sondern verursachte auch einen starken Elektrodenverschleiß. Abb. 36 zeigt den Unterschied der aufzuwendenden Elektrodenkräfte bei verzunderten und nichtverzunderten Stahlblechen nebst dem schraffierten Bereich für die Elektrodendurchmesser bei den verschiedenen Blechdicken. Die Schweiß-

---

[1] An dieser Stelle sei ausdrücklich auf drei Bücher der Schriftenreihe Werkstattbücher verwiesen, in denen das Schweißen ausführlicher abgehandelt ist: Heft 13: P. SCHIMPKE: Die neueren Schweißverfahren, Heft 73: W. FAHRENBACH: Widerstandsschweißen, Heft 74: R. HESSE: Praktische Regeln für Elektroschweißer. Im Werkstoffratgeber von RAUHUT (Essen 1949) finden sich weitere hier nicht genannte Quellenhinweise für Schweißverfahren.

[2] BRUNST, W.: Elektrisches Widerstandsschweißen. Berlin 1952.

[3] Von Siemens & Halske 1940 zum Patent angemeldet, 1945 englischerseits erstmalig veröffentlicht. Schweißen u. Schneiden 1949 Heft 5 S. 83. Punktschweißen von rostfreien Stahlblechen.

[4] AU, R.: Das Punktschweißen phosphatierter Bleche. Mitt. Forsch.-Ges. Blechverarb. Nr. 12 v. 15. 6. 1951 S. 155.

zeit richtet sich nach Blechdicke und Stromstärke. Je höher diese, um so kürzer die Schweißzeit.

In USA sind für den Karosseriebau Sondermaschinen mit einer großen Anzahl Punktschweißelektroden im Betrieb. Für eine einzige Karosserie dieses Wagens sind etwa 5000 Punktschweißungen erforderlich. Beispielsweise werden für die Verbindung des Daches mit dem Windschutzscheibenrahmen 84 Punktschweißungen benötigt, die durch eine Maschine in drei Stufen nacheinander erfolgen. Da es unmöglich ist, die Elektroden in dem notwendigen Abstand von 20 mm anzuordnen, so werden zunächst von den 84 notwendigen Punktschweißungen nur 28 Punktschweißungen im gegenseitigen Abstand von 60 mm ausgeführt. Danach wird das Punktschweißaggregat zweimal um je 20 mm seitlich verschoben, so daß nach dreimaligem Ansetzen der Punktschweißmaschine die 84 Schweißungen durchgeführt sind[1]. Es können auf dieser 100 Einheiten je Stunde angefertigt werden.

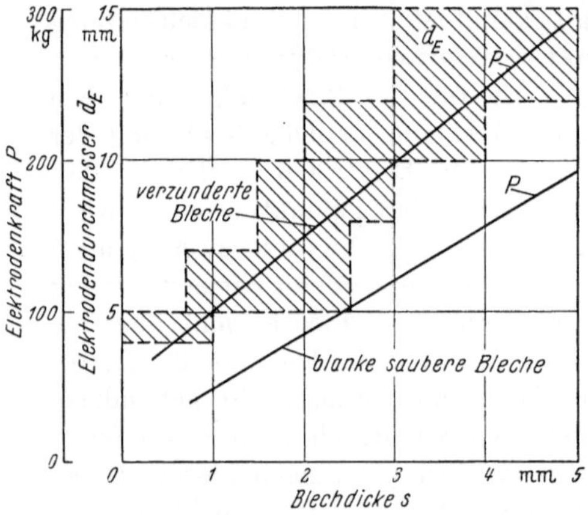

Abb. 36. Elektrodenkräfte und Elektrodendurchmesser für die Punktschweißung von Stahlblechen.

Grundsätzlich ist die Rollennahtschweißung dasselbe wie die Punktschweißung. Nur erfolgt bei der Nahtschweißung eine Reihe von Schweißpunkten in ununterbrochener Folge. Hier sind die Elektroden keine Stifte wie bei der Punktschweißung, sondern Rollen. Die Steuerung des stoßweise wirkenden Schweißstromes ist der Vorschubgeschwindigkeit der Blechnaht unter den Rollen anzupassen. In Abb. 37 oben sind verschiedene Arten der Rollennahtschweißung dargestellt, und zwar das Überlapptschweißen (I), das Überschweißen eines Mittelstreifens (II), der bei dem Schweißen in die Stoßnaht der beiden zu verbindenden Bleche hineingedrückt wird, und das Schweißen eines vorstehenden Randes (III), der gleichfalls nach innen gedrückt wird. Allerdings sind für diese letzte unter III gegebene Darstellung oft andere Schweißverfahren, insbesondere mittels Lichtbogen, vorteilhafter. In dem Schaubild zu Abb. 37 sind Rollenbreite in mm, Rollenelektrodenkraft in kg, Schweißgeschwindigkeit in m/min und die dabei

---

[1] WICK, CHARLES H.: Welding Hudson's Monobilt Body and Frame. Machinery Bd. 44 (1949), November 1948, S. 170—177.

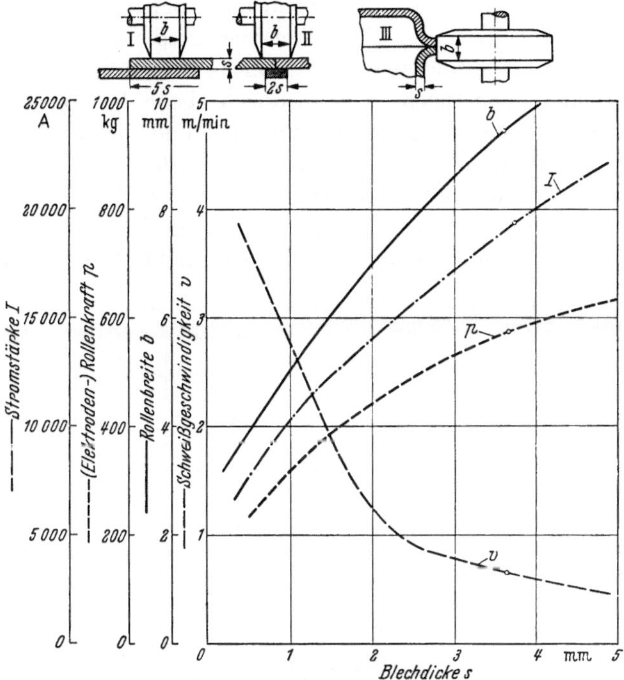

Abb. 37. Rollennahtschweißung.

erforderliche Stromstärke J in Amp. in Abhängigkeit von der Blechdicke s angegeben. Abb. 38 stellt ein einfaches Rollenschweißgerät[1] zum Verbinden von Bändern dar. Gerade in Stanzereien, wo Bandmaterial verarbeitet wird, kann zur Werkstoffersparnis und zur Vermeidung des Endenverlustes zwischen Ab

Abb. 38. Rollenschweißgerät für Bänder.

rollhaspel und Presse ein solches Gerät aufgestellt werden. Die in der Schweißstelle sich ergebenden Fehlteile müssen allerdings dann heraus-

[1] Entwickelt vom Elektro-Apparatebau Lippstadt. Das Gerät ist zum Überlappschweißen von Bändern aus Stahl, Ferran, Zink und Aluminium geeignet.

sortiert werden, was nichts bedeutet, wenn dies sogleich im Anschluß
an das beendete Schweißen und Einrücken der Presse erfolgt.

Eine Art der Punktschweißung ist die Buckelschweißung. Die miteinander zu verbindenden Bleche werden durch ebene Elektroden größeren Durchmessers zusammengedrückt. Entscheidend für die Güte und
Festigkeit der Bindung ist die Ausbildung und die Oberfläche der
hierfür vorgeprägten Schweißwarzen oder Buckel. Diese Art der Schweißung ist dort vorteilhaft, wo das Anbringen derartiger Buckel gelegentlich eines vorausgehenden Arbeitsganges mit geschieht. Das in Abb. 39

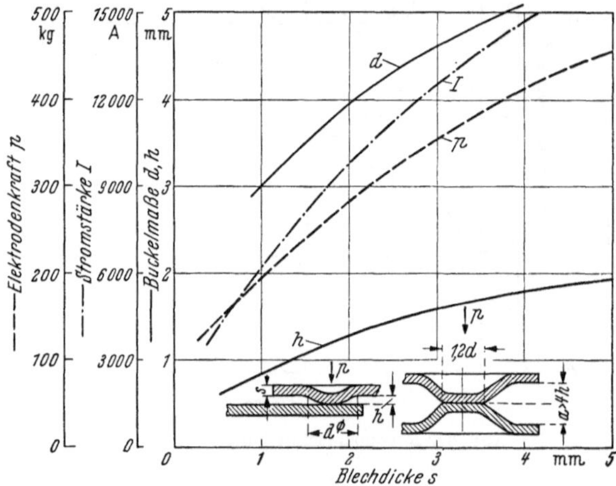

Abb. 39. Buckelschweißung.

links unten dargestellte Beispiel sieht eine beinahe dicht aufeinanderliegende Verbindung beider Bleche vor, während bei den rechten Warzen
ein Abstand bleiben soll. In Abhängigkeit von der Blechdicke s gibt
das Schaubild Hinweise für die Bemessung der Warzen, die aufzuwen-
dende Elektrodenkraft P und die dabei erforderliche Stromstärke J
in Amp.

Die Impulsschweißung[1] ist eine Art der Punktschweißung, läßt sich
sinngemäß auch bei Rollennaht- und Buckelschweißung anwenden[2]. Bei
dieser Art der Schweißung werden Ungleichmäßigkeiten dadurch vermieden, daß Schweißspannung und Schweißzeit genau eingestellt sind,
was durch Kondensatoren, die von einem selbsttätigen Ladegerät gespeist und deren Energieabgabe durch einen gittergesteuerten Gleich-
richter geregelt werden, erreicht wird. Die Schweißdauer ist dabei sehr

---

[1] FRÜNGEL, F.: Kondensator-Impulsschweißung. Ind. Anz. Bd. 73 (1951)
Nr. 98 S. 1072.

[2] FRÜNGEL, F.: Impulsschweißung in der Blechverarbeitung. Mitt. Forsch.-
Ges. Blechverarb. Nr. 20 v. 15. 10. 1951 S. 241—245.

kurz und liegt zwischen 0,02 bis 0,002 sec. Infolgedessen sind Wärme-
verluste sehr gering, und die Elektroden brauchen nicht einmal gekühlt
zu werden. Ihre Anordnung geht aus Abb. 40 hervor. Auf dem unteren
Stromzuführungsband *1* sind die hohen Elektroden *4* und auf dem
oberen Stromzuführungsband *2* die niedrigen Elektroden *5* angebracht.
Die Profilteile *6* sind miteinander
punktzuschweißen. Der hierfür erforderliche Stromschluß wird durch
Herabdrücken der Stromübergangs-
schiene *7* mittels hier nur durch
Pfeile *9* angedeutete Andrückvor-
richtungen bewirkt. Da außer Kupfer
und Aluminium fast sämtliche Metalle in beliebiger Folge aufeinander-

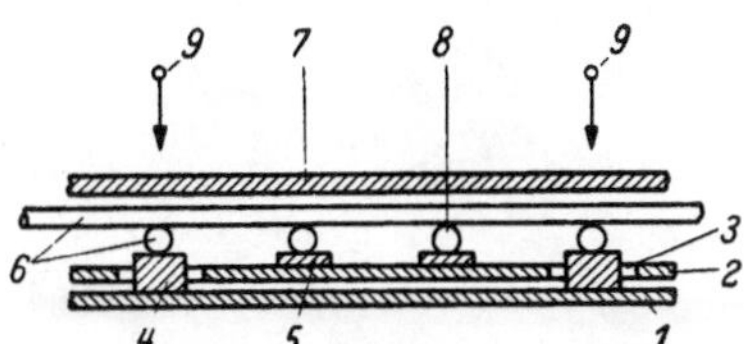

Abb. 40. Beispiel einer Anordnung der
Elektroden für eine Kondensator-Im-
puls-Schweißung.

gepunktet und derartige Impulsschweißungen selbst in Nähe hoch-
empfindlicher Teile vorgenommen werden können, hat dieses noch neue
Verfahren in der Fertigung von Feinblechteilen bestimmt eine Zukunft.

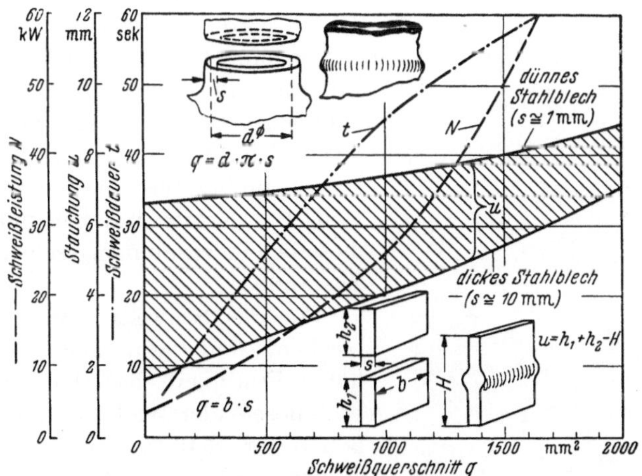

Abb. 41. Abbrennschweißung.

Äußerst wichtig ist die sogenannte Abbrennschweißung, die ins-
besondere in der Mengenfertigung von Blechteilen, wie z. B. zur Her-
stellung von Kraftwagenkarosserien, sich eingeführt hat[1]. Zu diesem
Zweck sind die Blechteile an den zu schweißenden Kanten um das
Maß $u/2$ breiter auszubilden. In Abb. 41 sind Schweißleistung in kW,
Schweißdauer in sec und das Maß u der Stauchung in Abhängigkeit

[1] Sonderschweißmaschinen für Stahlblechteile, insbesondere für Karosserien,
sind in der Werkstattstechnik Bd. 33 (1939) Heft 3 S. 82 beschrieben.

von der Blechdicke s dargestellt. Das Stauchmaß u ist außerdem von der Schweißkantenlänge abhängig und wächst mit dieser. Daher ist hier der Schweißquerschnitt in mm² und nicht die Blechdicke s in mm allein als Abszissenmaßstab gewählt. Die Stromzuführung erfolgt hier über Spannbackenpaare. Nach Anwärmen der zu verwendenden Teile auf Schweißhitze wird durch den Stauchdruck die Verschweißung herbeigeführt. Die Schweißhitze erfolgt durch eine Steigerung des Übergangswiderstandes an der Verbindungsstelle. Durch die Herbeiführung von Kurzschlüssen im Schweißstromkreis und wiederholtes kurzes Berühren der Stoßflächen wird ein fortlaufendes Ab-

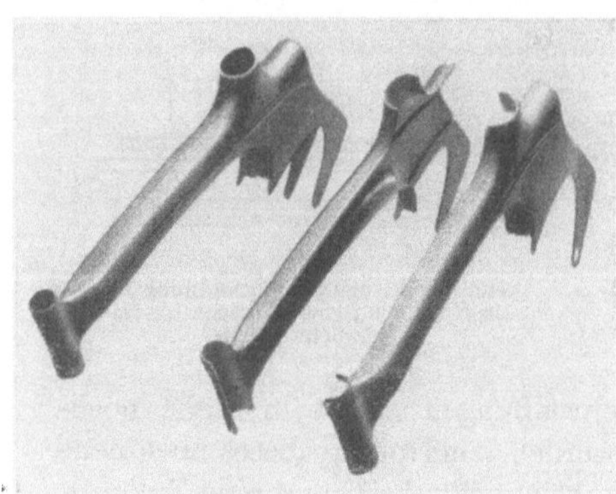

Abb. 42. Kraftradrahmen, rechts Einzelteile, links stumpfgeschweißt.

brennen an den Berührungskanten herbeigeführt. Die eigentliche Verschweißung geschieht nach der Erhitzung durch schlagartiges Zusammenpressen bzw. -stauchen. Als Beispiel dafür zeigt Abb. 42 rechts zwei gepreßte Blechhälften für den NSU-Fox-Kraftradrahmen und links dieselben im zusammengeschweißten Zustand [1].

Für das Schweißen von Stahlblechen, und zwar auch solchen hoher Festigkeit, hat sich das abbrandlose Widerstandsstumpfschweißen unter Beilage je eines 0,2 mm dicken und 3 mm breiten Deckbandes über und unter der Schweißnaht nach dem Peco-Verfahren [2] bewährt. Diese von einer Rolle

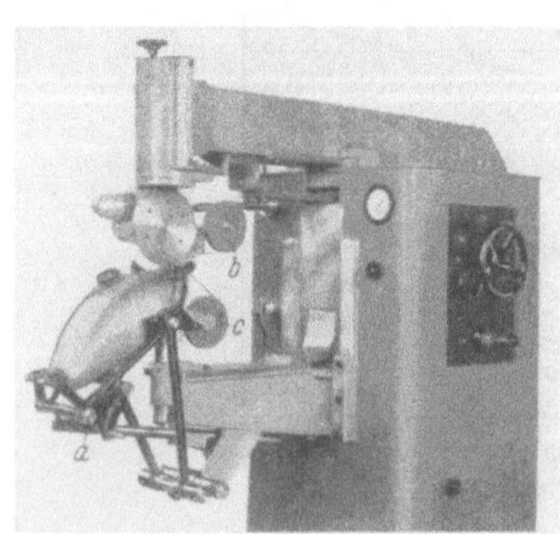

Abb. 43. Schweißen von Kraftradtanks nach dem Peco-Verfahren.

abgespulten Streifen sollen möglichst die gleiche Werkstoffzusammensetzung wie die zu verschweißenden Bleche aufweisen. Im übrigen ver-

---

[1] Entnommen aus Oehler: Gestaltung gezogener Blechteile S. 103. Berlin 1951. Dort sind noch zahlreiche weitere Beispiele angegeben.

[2] Adams, J., u. K. Becker: Schweiß- und Schneidtechnik. Z. VDI Bd. 93 (1951) Nr. 18 S. 513 Abb. 3: Stumpfnahtschweißmaschine der Fa. Peco, München-Pasing.

läuft der Schweißvorgang ebenso wie bei einer Rollenschweißmaschine. Abb. 43 zeigt das Zusammenfügen zweier Kraftradtankhälften nach diesem Verfahren bei 80 Behältern in der Stunde und einer elektrischen Leistung von 50 bis 60 kVA. Eine fest an der Maschine angebrachte Einleg- und Führungsvorrichtung a sorgt dafür, daß der Kraftstoffbehälter mit der Berührungslinie seiner noch unverschweißten Hälften vollkommen automatisch zwischen den beiden Elektrodenrollen hindurchgeführt wird. Die erzielte Stumpfschweißnaht läßt sich beliebig verformen, beispielsweise, wenn die Einfüllöffnung oder Aussparungen für den Instrumenteeinsatz in der Naht liegen und nach dem Nahtschweißen ausgestanzt und verformt werden. Von den Spulenrollen b

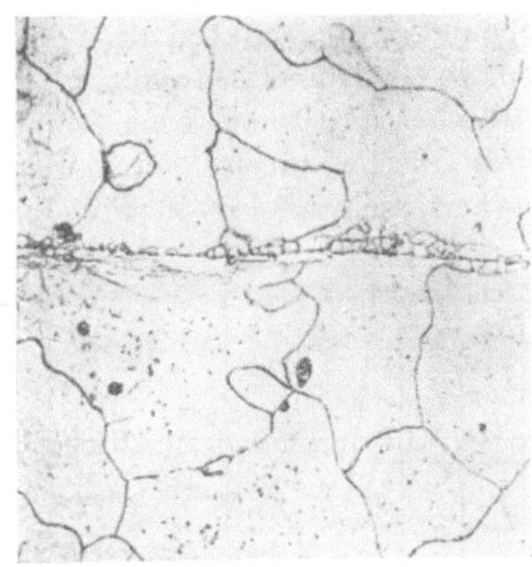

Abb. 44. Schliffbild eines bei 760° noch nicht verschweißten Flußstahlbleches (V = 500).

und c werden der innere und der äußere Schweißstreifen abgenommen.

Weniger beachtlich für die Schweißverbindungen von Blechen sind die Hammerschweißungen und die Thermitpreßschweißungen. Die Thermitpreßschweißung wird erst von Blechdicken von über 3 mm an angewendet. Für Sonderzwecke können Bleche durch Walzpreßschweißung überlappt miteinander verbunden werden. Bei derartigen Preßschweißungen wird häufig übersehen, daß die Temperatur wichtiger als die genaue Einhaltung des Preßdruckes ist. In Abb. 44 ist eine übliche Warmpreßschweißung dargestellt. Abb. 45 zeigt das Gefüge eines Armcobleches autogen preßgeschweißt[1].

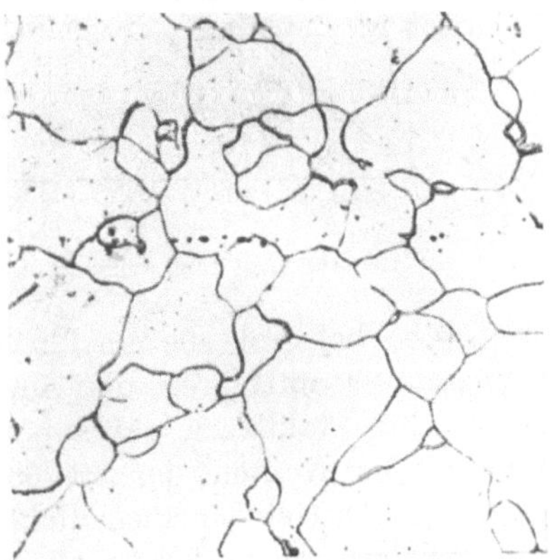

Abb. 45. Schliffbild eines bei 1030° autogen preßgeschweißten Stahlbleches (V = 500).

Während in Abb. 44 die unvollkommene Verbindung der so miteinander verschweißten Teile durch eine nicht unterbrochene Trennlinie deutlich hervortritt, lassen in Abb. 45 nur die in waagerechter Reihe verstreut liegenden Punkte ahnen, wo sich die ursprüngliche Trennfuge befand. Die Preßschweißhitze für diese

---

[1] Entnommen dem Aufsatz RENNER u. WOLFF: Autogene Preßschweißung. Schneiden u. Schweißen Bd. 2 (1950) Heft 11 Abb. 3 S. 284 und Abb. 4 S. 285.

kohlenstoffarmen Stahlbleche lag bei der Schweißung nach Abb. 44 bei 760° und bei derjenigen nach Abb. 45 bei 1030°.

Gegenüber dem elektrischen Widerstandsschweißen sind die anderen Schweißverfahren, insbesondere die Schmelzschweißung für dünne Stahlbleche in der Massenfabrikation, von geringer Bedeutung. Die allgemein bekannte Gasschmelzschweißung (Autogenschweißung) ist wirtschaftlich für Bleche von 3 mm Dicke an abwärts, wird aber heute noch für dickere Bleche angewendet. Eine bevorzugte Anwendung findet die Azetylengasschweißung in der Einzelfertigung und bei Reparaturen sowie bei Montagearbeiten. Abb. 46 zeigt den Verbrauch an Sauerstoff und Azetylen in l/Std. in Abhängigkeit von der Blechdicke, desgleichen den Sauerstoffdruck p in atü (kg/cm²) und die Schweißgeschwindigkeiten in mm/sec für Stahlblech- und Leichtmetallblechschweißen mit Einflammenbrenner und Zweiflammenbrenner.

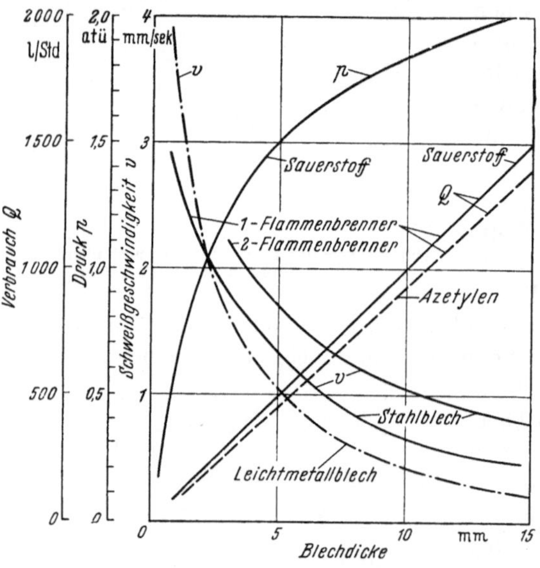

Abb. 46. Azetylenschweißung.

Zusatzschweißmittel sind nach DIN 1913 zu beachten. Legiertes Zusatzmaterial ist nur bei hohen Festigkeiten anzuwenden. Es sind Schweißstäbe bekannt, die ein Flußmittel in Form von Umhüllungen oder eingefaltet mitführen und im Betrieb abgeben. Eine andere in Schweden für Stahlblech gebräuchliche Gasschweißung ist das Aga-Verfahren. Die Kanten der steilen V-Naht werden in einem Spaltabstand vom Drittel der Blechdicke nebeneinanderliegend vorgesehen. In den Spaltzwischenraum wird in schräger Lage der Schweißstab und senkrecht daneben der Gasbrenner eingeführt. Das Verfahren hat sich für selbsttätige mechanische Autogenschweißvorrichtungen bewährt, ist hingegen in der Einzelfertigung schwierig. Neben der weitverbreiteten Azetylengasschweißung haben die anderen Gasschweißverfahren, und zwar mittels Leuchtgas und Wasserstoff, nur untergeordnete Bedeutung. Die Wassergasschweißung ist keine Gasschmelzschweißung, sondern eine Preßschweißung. Infolge der hohen Flammtemperaturen von etwa 1800 bis 2000° lassen sich die zu verschweißenden Teile sehr rasch erwärmen und sofort unter Drücken von etwa 20 kg/mm² miteinander verpressen. An Stelle des Wassergases wird auch Hochofengas oder Erdgas verwendet. Die schnelle Erwärmung vermeidet Entkohlung und Verzunderung der Oberflächen. Das Verfahren ist nun für Grobbleche bei großer Serienfertigung wirtschaftlich, da die Anlage- und Vorrichtungskosten für die Werkstückaufnahme ziemlich kostspielig sind.

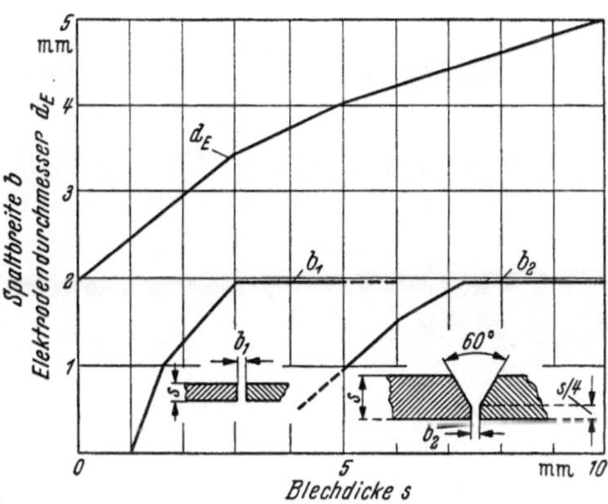

Abb. 47. Lichtbogenschweißung.

Die Lichtbogenschweißung sollte bei Blechdicken von 2 mm an aufwärts angewendet werden, obwohl bei Reparaturen und behelfsmäßiger Einzelherstellung derartige Schweißungen auch bei geringerer Blechdicke zuweilen vorkommen. Dünne im Lichtbogen oder der Flamme des Schmelzschweißbrenners hergestellte Verbindungen platzen später häufig auf[1]. Auch wird die Umgebung der Schweißstelle durch die Vorwärmung leicht überhitzt und entkohlt, so daß weniger an der Schweißung selbst eine Festigkeitsminderung eintritt als an dem benachbarten Gefüge des Grundwerkstoffes. Diese Festigkeitsminderung ist gerade bei schwachen Blechen sehr häufig zu beobachten.

Abb. 48. Aufgebrochene Lichtbogenschweißnaht mit Bindefehlern und Kaltstellen.

Abb. 47 zeigt den Elektrodendurchmesser d_E und die Spaltweite b in Abhängigkeit von der Blechdicke s beim Lichtbogenschweißen von Stahlblechen. Die Spaltweite b_1 bezieht sich auf einfache

[1] Hase, C.: Schweißverfahren und Nahtformen in Abhängigkeit von der Blechdicke. Mitt. Forsch.-Ges. Blechverarb. Nr. 6 v. 15. 3. 1951 S. 65—73. — Oehler, G.: Güte der Schweißnähte. Werkstattstechnik 1920 Heft 20 S. 549—553.

Stoßnahtschweißung für Blechdicken von 1 bis 5 mm, b_2 auf Kehlnähte für Dicken von über 5 mm.

Abb. 48 zeigt eine aufgebrochene Schweißnaht mit Bindefehlern und Kaltstellen, Abb. 49 eine fehlerfreie Schweißnaht nach dem Aufbruch, die beide mittels Lichtbogenschweißung von Stahlblechen erzeugt wurden[1].

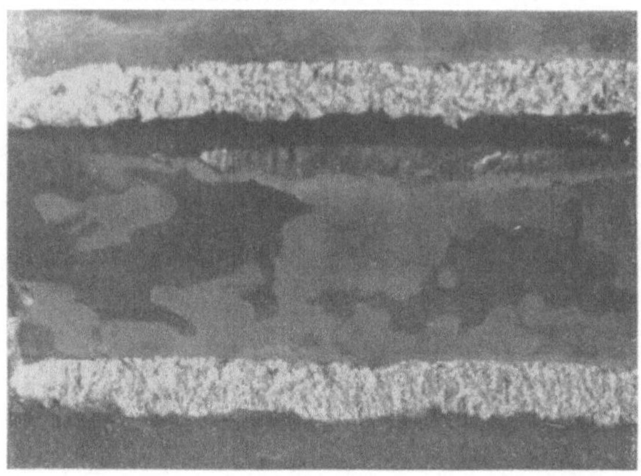

Abb. 49. Einwandfreie aufgebrochene Lichtbogenschweißnaht.

Eine Lichtbogenschweißung, die sich auch für dünne Bleche bewährt hat, ist die als Arcatomverfahren bezeichnete Schutzgasschweißung. Ein zwischen Wolframelektroden sich bildender Lichtbogen wird durch einen in die Schweißfuge blasenden Wasserstoffstrom auf die Schweißstelle gerichtet. Der den Lichtbogen umgebende Wasserstoff verhindert den Zutritt von Sauerstoff und Stickstoff. Es kann hierbei mit Schweißdraht oder ohne Zusatzmaterial gearbeitet werden. Da hierbei zwar eine hohe, aber nur auf die Schweißnaht begrenzte Wärmewirkung erreicht wird, eignet sich die Schutzgasschweißung auch für die Verbindung dünner Bleche mit dickeren. Abb. 50 erläutert die für die Arcatomschweißung

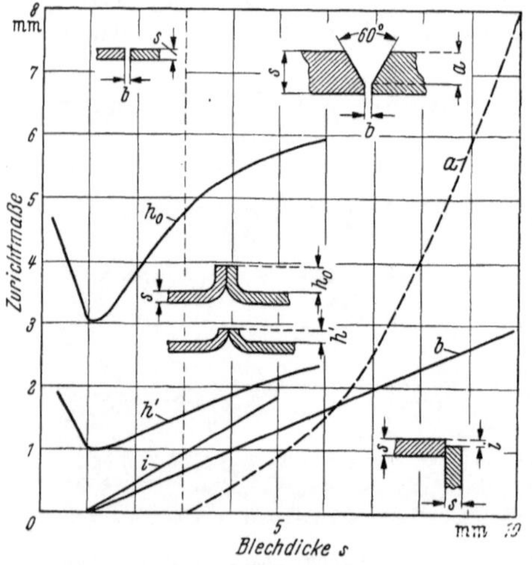

Abb. 50. Zurichtmaße für das Arcatomschweiß-
verfahren innen.

erforderlichen Zurichtmaße. Dieses Verfahren ist durchaus nicht auf Stahlblech beschränkt, sondern wird ebenso für fast alle Nichteisenmetallbleche angewendet.

---

[1] Entnommen aus H. SEIFERT: Güte der Lichtbogenschweißung. Schneiden u. Schweißen Bd. 1 (1949) Heft 10 Abb. 10 u. 11 S. 178.

Als weitere Lichtbogenschweißverfahren unter Schutzgas sind das Argonarc- und das Heliarcverfahren[1] noch wenig bekannt und erst in der Entwicklung. Sie kommen insbesondere für Leichtmetallbleche in Betracht und werden dort auf S. 85 noch beschrieben.

Ein Schmelzschweißverfahren, das im Gegensatz zu den beiden zuletzt beschriebenen ohne sichtbaren Lichtbogen betrieben wird, ist das Ellira-Schweißverfahren. Das Ellira- (Elektro-Linde-Rapid-) Verfahren hat weniger für Feinbleche, sondern nur für Grobbleche, in jüngster Zeit auch für Mittelbleche, Bedeutung[2]. Hier wird mittels eines Vorschubwerkes selbsttätig ein manganhaltiger Schweißdraht zugeführt. Der Schmelzvorgang erfolgt unter ständig nachfließendem Schweißpulver, dessen geschmolzene Schlacke den Zutritt der Außenluft verhindert. Die Anwendung dieses Verfahrens für eine Rundnahtinnenschweißung ist in Abb. 51 sichtbar[3]. Der große Blechschuß ruht auf hier nicht sichtbaren Rollen und wird langsam gedreht. Die Schweißvorrichtung ist auf zwei U-Profilträgern montiert. Der Arbeiter

Abb. 51. Rundnahtschweißung nach dem Ellira-Verfahren.

bewegt die Handkurbel der Vorrichtung so schnell, daß eine gleichmäßige Verteilung des Schweißpulvers, das aus dem rechteckigen Trichter am rechten Teil der Vorrichtung nachströmen kann, gewährleistet wird. Gleichzeitig bewirkt der Rollenvorschub links des Trichters die Schweißdrahtzuführung. In der linken Trommel ist der Schweißdraht im Bund gewickelt untergebracht. Abb. 52 gibt die der jeweiligen Blechdicke angepaßten Werte für die Schweißgeschwindigkeit v in mm/sec, den Schweißdurchmesser d_s in mm, den Schweißdrahtverbrauch q in kg/m Nahtlänge und die Stromstärke I in Amp. an.

---

[1] KREKELER: Schweißforschung in den USA. Mitt. Forsch.-Ges. Blechverarb. Nr. 30 v. 10. 9. 1950 S. 7.

[2] RÄDEKER u. KOMERS: Entwickelungslinien auf dem Gebiete der Grob- und Mittelblechschweißung. Mitt. Forsch.-Ges. Blechverarb. Nr. 11 v. 1. 6. 1951 S. 133—140.

[3] Entnommen dem Aufsatz MALISIUS: Elliraschweißen. Schneiden u. Schweißen Bd. 3 (1951) Sonderheft Abb. 2 S. 63.

Beim ELIN-HAFERGUT-Schweißverfahren wird gemäß Abb. 53 eine durch Umhüllung isolierte Elektrode des Durchmessers d_E an Stelle der späteren Schweißnaht eingelegt und mit Papierstreifen p überdeckt. Darüber liegen nun der jeweiligen Stromstärke entsprechend stark bemessene Kupferschienen Cu. Am freien Ende der Elektrode springt der Lichtbogen über, und es schmilzt die Elektrode unter der Kupferauflage ab. Das Verfahren wird in der Mengenfertigung beim Schweißen dünner Bleche und für geradlinige Nähte dort gern angewendet, wo eine Auflage und Haltevorrichtungen für die Kupferschienen sich leicht anbringen lassen.

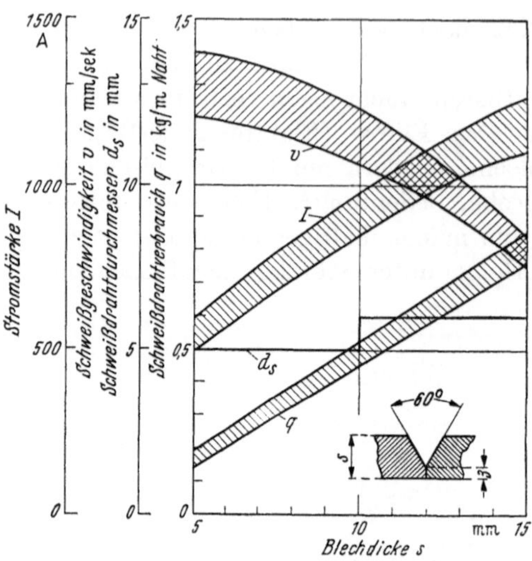

Abb. 52. Ellira-Schweißverfahren.

Ältere Verfahren zur Blechschweißung werden nach ihren Erfindern BERNARDOS, ZERENER und SLAVIANOFF benannt. In Weiterentwicklung des letztgenannten Verfahrens werden neuerdings Tiefbrandkontaktelektroden — auch Schleppelektroden genannt — für Mittel- und Grobbleche von 2 bis 15 mm Dicke verwendet. Sie bestehen aus dem Kerndraht, der von einem Stahlpulvermantel umhüllt ist, der Halbleitereigenschaften besitzt. Durch Aufsetzen der Schleppelektrode entzündet sich die Umhüllung, die mit dem Kern abschmilzt[1].

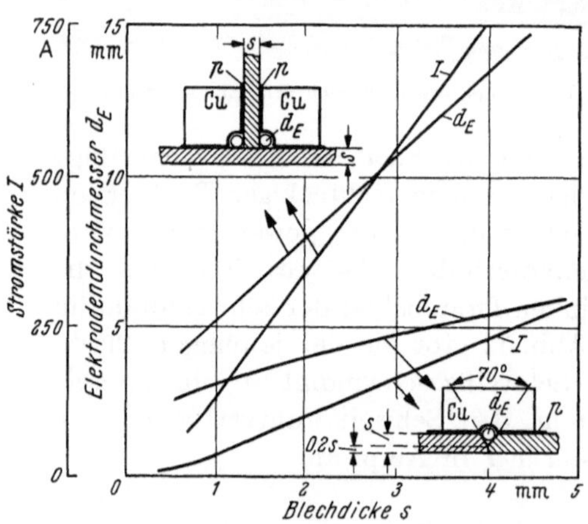

Abb. 53. Schweißverfahren nach ELIN-HAFERGUT.

Beim Schweißen plattierter Stahlbleche wird vorzugsweise das Lichtbogenschweißverfahren, neuerdings werden auch das Argonarc- sowie

---

[1] ZEYEN, K. L.: Werkstoffe und Zusatzwerkstoffe für die Schmelzschweißverfahren. Ind. Anz. Bd. 74 (1952) Nr. 41, 42, 43.

diesem entsprechende Schutzgasschweißverfahren angewendet. Zunächst wird auf der Seite des Grundwerkstoffes, also zumeist des Stahlbleches, eine V-förmige Kehlnaht vorbereitet und zugeschweißt. Danach wird an der Kehrseite in die Plattierungsnaht eine kleinere Kehlnaht ausgearbeitet, die bis in den Grund der Stahlschweißnaht reicht und sauber ausgeschliffen werden muß. Erst jetzt kann mit dem gleichen Plattierwerkstoff als Schweißdraht die Kehlnaht an der Plattierungsseite geschlossen werden. Allzu dünne Plattierungen eignen sich nicht zum Schweißen, die Plattierungsschicht sollte nicht dünner als 1 mm sein. Ferner ist an der Plattierungsseite die Hohlkehle so tief auszuschleifen, daß mindestens zwei Schweißlagen in die Kehlenwurzel gelegt werden können[1].

2.42 Aluminium- und andere Leichtmetallbleche[2].

Aluminiumbleche werden häufig autogen geschweißt[3]. Dünne Bleche bis 0,5 mm Dicke können ohne Abschrägung der Kanten miteinander verschweißt werden, wobei die Flamme geradlinig geführt wird und im Winkel von 45° genau da auftreffen muß, wo das Schweißdrahtende die Schweißnaht berührt. Häufig werden dünne Bleche durch die sogenannte Bördelschweißung verbunden. Hierbei werden die zu verschweißenden Blechränder um das Dreifache der Blechdicke rechtwinklig scharfkantig hochgestellt. Nach Bestreichen derselben mittels Schweißpulver werden die Bördelränder unter spitzem Winkel der Schweißflamme bis zur Blechtafelhöhe niedergeschmolzen. Diese Bördelschweißung eignet sich für Blechdicken von 0,1 bis 1,5 mm[4].

Außer dem Autogenschweißen können Aluminiumbleche auch mittels der elektrischen Lichtbogenschweißung[5] verbunden werden. Für Bleche

---

[1] CANZLER, H.: Plattierte Bleche. Mitt. Forsch.-Ges. Blechverarb. Nr. 4 v. 15. 2. 1953 S. 60 Abb. 4 und 5.

[2] Aluminium-Taschenbuch, 10. Aufl. S. 307—351. Düsseldorf 1951. Anleitungsblätter für das Schweißen und Löten von Leichtmetallen: AWF und VDI (in Vorbereitung).

[3] Al-Merkblatt 1 D. Al.-Zentrale: Autogenschweißen von Aluminium. — BRENNER, P.: Gefüge- und Eigenschaftsänderungen von Aluminiumlegierungen beim Schweißen. TZ. prakt. Metallbearb. 1940 Heft 15—18. — ERDMANN-JESNITZER, FR.: Beitrag zur Gasschmelzschweißung von AlMg-Blechen geringer Dicke. Z. Metallkde. Bd. 40 (1949) S. 389—397. — HOLLER, H., u. M. MAIER: Beiträge zu den Untersuchungen der Autogenverbindung von Aluminium mit anderen Metallen. Autogene Metallbearb. Bd. 28 (1935) S. 177—187.

[4] BRENNER: Gestaltung von Leichtmetall-Schweißkonstruktionen. Schweißen u. Schneiden Bd. 3 (1951) S. 130—138.

[5] WEHA: Lichtbogenschweißung von Leichtmetallen. Werkst. u. Betr. Bd. 74 (1941) S. 236—239. — AUCHTER, C.: Über die Anwendung der Lichtbogenschweißung des Aluminiums im Großbehälterbau. Aluminium Bd. 23 (1941) S. 247—253.

von 1 mm an aufwärts eignet sich das bereits auf S. 78 erwähnte und von der AEG für Leichtmetallbleche entwickelte Arcatomverfahren[1]. Hierbei brennt ein Wechselstromlichtbogen zwischen zwei Wolframelektroden unabhängig vom Werkstückabstand. Die Elektrodenhalter sind als Düsen ausgebildet, durch welche Wasserstoff in den Lichtbogen geblasen wird. Wie beim autogenen Schweißen wird ein Schweißdraht niedergeschmolzen. Schwächere Bleche bis herab auf 0,5 mm können auch ohne Zusatzdraht geschweißt werden. Die Schweißgeschwindigkeit ist beachtlich. Dieses Verfahren hat sich dort bewährt, wo dünne Bleche verwerfungsfrei und dicht geschweißt werden sollen. Ein anderes Verfahren ist das Fesa-Weibel-Schweißverfahren[2]. Das hierfür eingesetzte Schweißgerät besteht aus einem zangenförmigen Elektrodenhalter mit zwei Kohleelektroden. Mittels niedriggespannten Wechselstromes werden die durch Kurzschließen auf Rotglut erhitzten Spitzen an den zusammenzuschweißenden aufgebördelten Rändern entlanggeführt. Auf derartige Schweißarbeiten ist dieses Verfahren beschränkt. Sein Gelingen ist von der scharfen Zuspitzung der Kohleelektroden abhängig. Eine größere Aussicht als Arcatom- und Weibelverfahren haben die am Ende dieses Abschnittes auf S. 85 genannten Schutzgasschweißverfahren Argonarc, Heliarc und Aircomatic.

Die elektrische Widerstandsschweißung wird bei Aluminiumblechen meist als Punktschweißung[3] angewendet. Reinaluminium- und Leichtmetall-Legierungsbleche werden hiernach von 0,1 mm bis 5,0 mm Dicke miteinander verbunden. Es können dabei mehr als zwei Bleche gleichzeitig oder verschieden dicke Bleche miteinander verbunden werden. Maßgebend für die Haltbarkeit der Punktschweißung ist das dünnere Blech. Die Schweißzeiten[4] sind hierbei sehr kurz und werden im allgemeinen durch elektrische Zeitrelaissteuerung begrenzt. Abb. 54 bis 56 zeigen in etwa 20facher Vergrößerung Querschnitte durch Punktschweißstellen eines plattierten Leichtmetallbleches Alclad 24 S-T nach Nr. 31

---

[1] THIEMER, E.: Das Arcatom-Schweißgerät, seine Wirkungsweise, Handhabung und Anwendung. TZ. prakt. Metallbearb. Bd. 52 (1942) S. 36—39, 58—61, 83—85 u. 103/04. — MÄDER, H.: Über Festigkeitseigenschaften von Arcatomschweißungen an Leichtmetallen. Aluminium Bd. 23 (1941) S. 407—410.

[2] HELBING, F.: Das Fesa-Weibel-Schweißverfahren und seine Anwendungsmöglichkeiten in der Fertigung von Leichtmetallteilen. Metallwirtsch. Bd. 20 (1941) S. 1052—1055.

[3] HAASE, C.: Punkt- und Nahtschweißung von Leichtmetallen. Z. VDI Bd. 84 (1940) S. 89—96. — RAJAKOVICS, E. v., u. E. BLOHM: Einfluß der Oberflächenbeschaffenheit beim Punktschweißen von Leichtmetall. Z. VDI Bd. 84 (1940) S. 55—60. — HIPPERSON u. WATTSON: Widerstandsschweißung in der Massenfertigung. Schweißen u. Schneiden Bd. 1 (1949) Heft 5 S. 83. Punktschweißen von Aluminium und seinen Legierungen.

[4] ERDMANN-JESNITZER, FR.: Der Einfluß der Schweißzeit beim Punktschweißen von Al-Legierungen. Z. Metallkde. Bd. 39 (1948) S. 303—312.

der Tab. 2 auf S. 3 dieses Buches. Während Abb. 54 im Querschnitt das
Aussehen einer einwandfreien Schweißstelle wiedergibt, zeigen Abb. 55
und in noch verstärktem Maße Abb. 56 eine Verbreiterung der Schweiß-

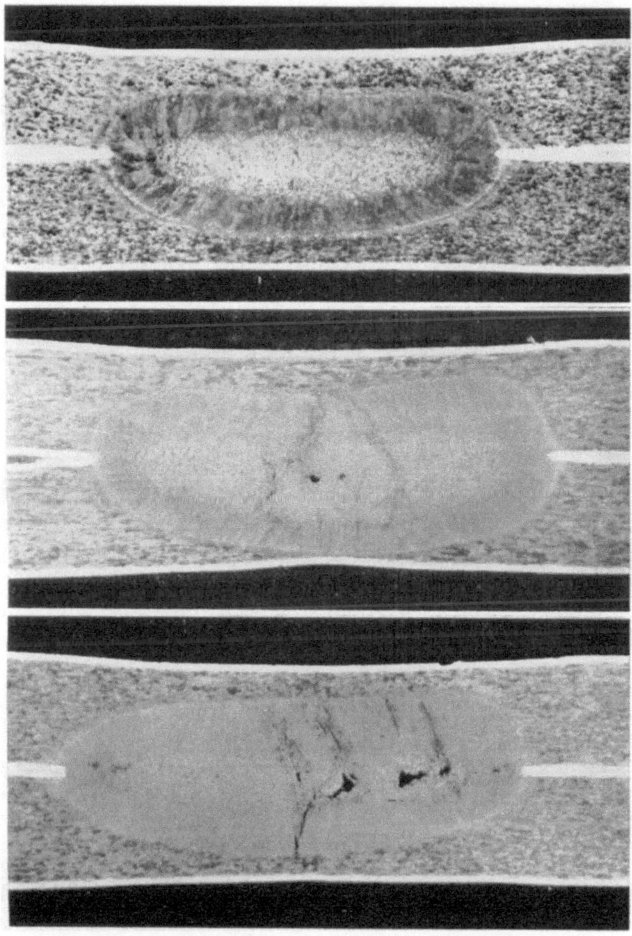

Abb. 54—56. Punktschweißung an Leichtmetallblechen.
54 gute Schweißung; 55 und 56 zu hohe Schweißtemperatur.

zone mit aufbrechenden Hohlräumen bei Zurücktreten der Kernstruktur
im Innern der Schweißzone. Derartige Punktschweißverbindungen haften schlecht und sind auf eine zu große Wärmeentwicklung beim Punkten
zurückzuführen. Dafür gibt es drei verschiedene Ursachen. Die ersten
beiden Ursachen sind eine zu große Stromstärke oder eine zu lange
Schweißzeit. Die dritte Ursache beruht auf einer zu geringen Elektroden-

anstellkraft. Dies mag widersinnig scheinen. Aber eine geringe Anstellkraft bedingt eine kleine wirkliche Berührungsfläche, also einen geringen Widerstand. Dies hat zweierlei zur Folge, einmal einen geringeren Schweißstrom und ferner eine erhöhte Wärmeentwicklung bei gleicher Stromstärke. Unter praktischen Betriebsbedingungen ist der zweite Einfluß größer als der erste. Der geringe Druck bedingt außerdem eine schlechte Verklammerung. Abb. 56 spricht dafür, daß eine zu geringe Anstellkraft vorlag, da die Hohlstellen nicht verpreßt sind. Gewiß können diese auch auf Gasblasen zurückgeführt werden. Die Höhenverminderung an der Schweißstelle in Abb. 56 im Vergleich zu Abb. 54 bietet keinen ausreichenden Anhalt für einen genügend großen Preßdruck, da es sich hierbei um den Ansatz zu einer Schmelzschweißung handelt, so daß die Höhenverminderung als die Folge einer zu großen Wärmeentwicklung anzusehen ist.

Im Gegensatz zur Punktschweißung ist die übliche Nahtschweißung mit stetiger Rollenbewegung bei Aluminium und seinen Legierungen ungeeignet. Dafür hat man Verfahren angewendet, bei denen durch Stromstöße eine Reihe in geringen Abständen befindlicher Schweißpunkte und so eine Naht entsteht.

Infolge der leichten Entflammbarkeit bei Hitz- und Flammeinwirkung lassen sich Magnesiumbleche besonders schlecht miteinander verschweißen. Als Flußmittel dafür haben sich Gemische von Lithiumchlorid mit Kaliumfluorid bewährt. Doch müssen Reste des Flußmittels nach dem Schweißen peinlichst entfernt werden. Die Schweißstäbe sind aus der gleichen Lieferung wie die Werkstücke, also aus den dabei anfallenden Blechabfällen, herauszuschneiden.

Magnesiumbleche bis 3 mm Dicke lassen sich auch punktschweißen, wodurch feste Verbindungen erzielt werden. Dabei sind besondere Stromrichtersteuerungen erforderlich. Amerikanische Flugzeugwerke haben mit Erfolg ein Verfahren entwickelt, bei dem die zu schweißenden Magnesiumblechteile während des Schweißens durch Heliumgas vor dem Verbrennen geschützt werden. Dieses Heliarcverfahren mit Helium als Schutzgas ist ebenso wie das Argonarcverfahren mit Argon als Schutzgas zwar vorläufig noch infolge der hohen Preise für diese Schutzgase teuer, aber teilweise doch wirtschaftlich, da die Beigabe von Flußmitteln und insbesondere die oft langwierige und kostspielige Entfernung derselben hierbei wegfallen. Dabei wird der eine Pol an das Werkstück, der andere an die Wolframelektrode gelegt, während der Schweißdraht seitlich zugeführt und abgeschmolzen wird. Als drittes Schutzgasschweißverfahren ist neuerdings das Aircomaticschweißverfahren bekannt, wobei der Zusatzschweißdraht gleichzeitig Elektrode ist[1].

---

[1] KOCH, H.: Schutzgasschweißung. Schweißen u. Schneiden Bd. 3 (1951) Dez.-Sonderheft.

Da das Argonarcverfahren praktisch porenfreie Schweißnähte erzeugt, die in ihrer Sauberkeit und Glanz von keinem anderen Verfahren erreicht werden, so ist seine Anwendung nicht nur bei Magnesiumblechen, sondern auch in der übrigen Blechverarbeitung aussichtsreich. Eine solche Sauberkeit setzt vorheriges Reinigen der Schweißkanten und des Zusatzdrahtes mittels Stahlwolle oder Drahtbürste unmittelbar vor dem Schweißen voraus, ferner ist eine Berührung der Wolframelektrode mit dem Werkstück oder Zusatzdraht unbedingt zu vermeiden. In Abb. 57 sind Schweißdrahtdurchmesser d_s, Elektrodendurchmesser d_E, Schweiß-

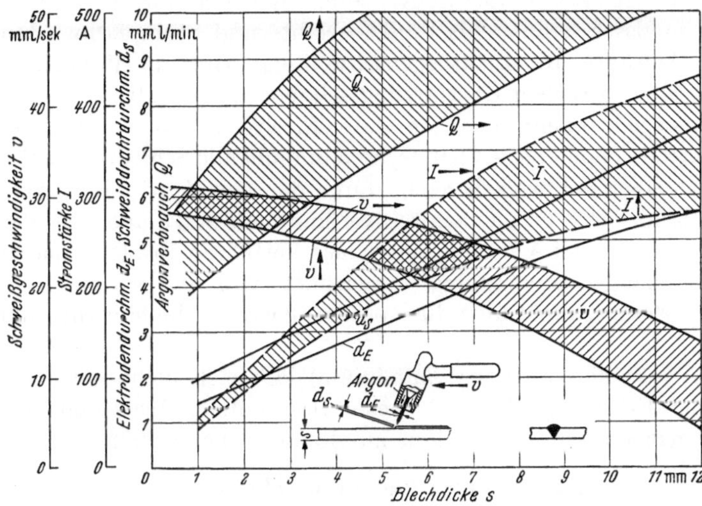

Abb. 57. Argonarc-Handschweißung.

geschwindigkeit v in mm/min, Argonverbrauch Q in l/min bei 1,4 atü und die Schweißstromstärke J als schraffierter Bereich angegeben, wobei der obere Bereich für waagerechte, der untere für senkrechte Schweißnaht gilt, über der Blechdicke s aufgetragen. Diese Abbildung zeigt, daß bei waagerecht liegender Schweißnaht ($\rightarrow$) die Geschwindigkeit ($v \rightarrow$), Stromstärke ($J \rightarrow$) größer, jedoch der Argonverbrauch ($Q \rightarrow$) kleiner, hingegen bei senkrechter Naht ($\uparrow$) der Argonverbrauch ($Q \uparrow$) größer und Stromstärke ($J \uparrow$) und Geschwindigkeit ($v \uparrow$) kleiner sind. Ursache dafür ist die Schwierigkeit der Badhaltung bei senkrechter Naht gegenüber waagerecht liegenden Schweißnähten.

2.43 Kupferbleche.

Die Schweißung von Kupferblechen[1] miteinander kann unter hohem Druck (Hammerschweißung!) bei Rotwärme nach reichlichem Bestreuen

[1] LUNDBERG, T.: Esats Svetsaven Bd. 14 (1949) Heft 3 S. 53—62. Auszug Schweißen u. Schneiden Bd. 2 (1950) Heft 7 S. 191. Kupferblechschweißen.

mit Flußmitteln erfolgen. Auch Borax, Natriumphosphat und Borax-kaliumferrozyanit kommen hierfür in Frage.

Die Gasschmelzschweißung ist am weitesten verbreitet und erfolgt in der üblichen Form. Die Schweißdrähte bestehen aus Kupferlegierungen, denen Phosphor, Silizium, Bor, Mangan, Silber und andere Elemente zulegiert sind. Die Schweißbrenner sind beim Kupferschweißen um zwei Nummern größer als beim Stahlblechschweißen zu halten. Ein nachträgliches Überhämmern der Schweißnaht in der Rotwärme hat sich in der Praxis gut bewährt und erhöht die Haltbarkeit der Schweißung[1].

Von den elektrischen Schweißverfahren hat sich für Kupferblech die Widerstandsschweißung als Punkt-, Naht- und Stumpfschweißung am besten bewährt. Die Lichtbogenschweißung wird im Hinblick auf die Gefahr einer örtlichen Überhitzung seltener angewandt, wenn auch mit Schlauchelektroden[2] zuweilen gute Erfolge erzielt wurden. Bei dieser Elektrode bildet die den Kupferkern umhüllende Schicht Schlacken und erzeugt einen Schutzgasbereich, durch den das Kupfer in dünnem Strahl stetig niederfließt. Die Schweißverbindung besitzt eine Festigkeit von 20 kg/mm². In USA scheint eine neues Verfahren Erfolg zu haben, das als „submerged arc welding" bezeichnet wird und wo ein handbetriebener Brenner dicht über die zu schweißende Stelle hinweggeführt wird[3].

Cupal (= kupferplattiertes Aluminium) läßt sich nicht schweißen, da bei einer Erhitzung über 420° beide Bestandteile eine spröde Verbindung eingehen würden, sondern nur löten (siehe S. 100).

2.44 Messing- und Bronzebleche.

Das Schweißen von Messingblechen erfolgt unter Anwendung der bisher geschilderten Verfahren in einfachster Weise derart, daß als Füllstoff ein Werkstoff gleicher Zusammensetzung gewählt wird. Es werden außerdem Schweißdrähte aus siliziumhaltigem Sondermessing und 3 Cu nach DIN E 1733 verwendet, wo auf dichte, feste und porenfreie Nähte Wert gelegt wird. Als Flußmittel werden die für Kupferschweißung genannten empfohlen. Das Schweißen geschieht zumeist als autogene Linksschweißung mit reichlichem Sauerstoffüberschuß zur Verhinderung der Zinkverdampfung in der Einzelanfertigung, dagegen elektrisch im Stumpf-, Naht- oder Punktschweißverfahren in der Massenfertigung. Für die Punktschweißung von Messingblechen unter 0,5 mm Dicke ist kürzlich von der AEG eine Sonderzange entwickelt worden. Ein nach-

---

[1] CRIX u. BOECKHAUS: Schweißung von Fahrdrähten aus Kupfer. Schweißen u. Schneiden Bd. 1 (1949) Heft 7 S. 109—114.

[2] LESSEL, W.: Die Schlauchelektrode zur Lichtbogenschweißung von Kupfer. Berlin 1936.

[3] KREKELER: Schweißforschung in den USA. Mitt. Forsch.-Ges. Blechverarb Nr. 30 v. 10. 9. 1950 S. 8.

trägliches Glühen der Schweißstelle unter leichtem Anhämmern verbessert die Festigkeit. Die Lichtbogenschweißung hat sich infolge der starken Zinkverdampfung nicht bewährt. Bronzebleche verhalten sich beim Schweißen ähnlich wie Messingbleche. Bei der Gasschweißung werden Schweißdrähte aus Sondermessing oder Phosphorbronze verwendet. Bei Cu–Zn–Sn-Bronzen wird Rotgußschweißdraht genommen. Erheblich schlechter lassen sich Aluminiumbronzebleche schweißen, und zwar um so schwieriger, je höher der Al-Gehalt ist. Für die Schweißung dieses Werkstoffes wurden besondere Flußmittel, zumeist als Umhüllungen für Elektroden, entwickelt.

2.45 Zink- und Zinklegierungsbleche[1].

Für Zinkbleche sind die elektrischen Widerstandsschweißverfahren, nämlich das Stumpfschweißen, Punktschweißen und Nahtschweißen, anwendbar. Allerdings ist die Blechdicke hierbei begrenzt. Das Punktschweißen kann bei Blechen bis zu 2 + 2 mm Gesamtdicke Anwendung finden. Für das Nahtschweißen sind im allgemeinen jedoch nur dickere Bleche möglich. Die Widerstandsschweißung setzt geringere Anpreßdrücke voraus, als wie sie bei Stahlblechen üblich sind. Doch ist es im allgemeinen möglich, Zink- und Zinklegierungsbleche auf für Stahlblech gebauten Schweißmaschinen bei geringeren Schweißzeiten zu verarbeiten. Die Stromstärke für eine zu schweißende Zinkblechdicke entspricht etwa einem Drittel derjenigen für eine entsprechende Stahlblechdicke.

Zink verbindet sich sehr leicht mit Sauerstoff. Deshalb ist das Hammerschweißen von Zink- und Zinklegierungsblechen zwar möglich, aber schwierig, und wird nur selten ausgeführt. Das gleiche gilt vom Arcatomverfahren. Unmöglich ist bei Zink ein Schweißen im Lichtbogen. Hingegen kann für dünne Bleche unter 1,5 mm Dicke das Schweißverfahren nach WEIBEL[2] bei einer verhältnismäßig hohen Schweißgeschwindigkeit ausgeführt werden, was allerdings nur bei solchen Teilen möglich ist, die eine entsprechende Einspannung des Werkstückes ihrer Form nach gestatten. Der niedrige Schmelzpunkt des Zinks und seiner Legierungen zwischen 380 und 480° bedingt jedenfalls ein sehr schnelles Arbeiten, da sonst das sich bildende Grobkorngefüge die Festigkeit der Verbindung erheblich herabsetzt.

Es können auch Zinkbleche mit der Schweißflamme autogen geschweißt werden. Der Durchmesser des Schweißdrahtes ist gleich der zu schweißenden Blechdicke zu wählen. Der Werkstoff des Schweiß-

---

[1] BURKHARDT, A.: Technologie der Zinklegierungen, 2. Aufl. Berlin: Springer 1940. — HORN, H. A.: Zinkblechschweißen. Masch.-Bau Betrieb Bd. 15 (1936) S. 381/82.

[2] GABLER, K. G.: Das Fesa-Schweißverfahren, System WEIBEL. Metallwirtsch. Bd. 18 (1939) S. 817.

88

Die Verarbeitungsfähigkeit der verschiedenen Bleche.

Tabelle 8. *Weichlote nach DIN 1730 für Bleche aus Stahl, Kupfer und Kupferlegierungen.*

Benennung	Kurz-zeichen	Legierungsbestandteile %							Schmelz-temper. °C	Verwendung (Werkstoff)
		Pb	Sn	Sb	Ag	Cu	Cd	Zn		
Bleilot	L Pb 98,5	98,5	—	—	bis 1,5			—	320	Tauchlötungen an Kühlern (auch für Zinkwerkstoffe bis 1% Al) geringe mechanische Beanspruchung
Zinklot 98	L Zn 98	—	—	—	—	2	—	98	410	grobe Arbeiten Klempnerarbeiten verzinkte Stahlbleche Flammenlötung
Zinnlot 8	L Sn 8	91,5	8	0,5	—	—	—	—	300	
Zinnlot 25	L Sn 25	73,5	25	1,5	—	—	—	—	270	
Zinnlot 30	L Sn 30	68	30	2	—	—	—	—	210	Spachtellötungen Verzinnen
Zinnlot 33	L Sn 33	65	33	2	—	—	—	—	210	
Zinnlot 35	L Sn 35	63	35	2	—	—	—	—	240	Hochbeanspruchte Lötung Konservendosen
Zinnlot 40	L Sn 40	57,5	40	2,5	—	—	—	—	220	
Zinnlot 50	L Sn 50	47	50	3	—	—	—	—	200	Milchdosen Fernmeldetechnik Hochbeanspruchte Feinlötungen
Zinnlot 55	L Sn 55	42	55	3	—	—	—	—	190	
Zinnlot 60	L Sn 60	37	60	3	—	—	—	—	190	
Zinnlot 90	L Sn 90	7	90	3	—	—	—	—	210	hygienisch bedingte Feinlötungen
Zinnlot 98	L Sn 98	1	98	1	—	—	—	—	230	
Silber-Bleilot	L Pb Ag	97	—	—	bis 3			—	310	Sonderzwecke der Elektrotechnik

drahtes ist im allgemeinen der gleiche wie derjenige des Bleches. Daher ist es möglich, an Stelle von Schweißdrähten ganz schmale Blechstreifen zu verwenden, deren Breite etwa der Dicke gleichkommt, so daß das Zusatzmaterial annähernd quadratischen Querschnittes ist. Beim Autogenschweißen ist darauf zu achten, daß der Flammkegel kurz und von einem Saum von überschüssigem Azetylen gebildet wird. Als Richtlinie gilt für die Schweißung von Zinkblechen, daß nicht mehr als 50 bis 60 l Azetylen je Stunde und je Millimeter Werkstoffdicke verbraucht werden dürfen. Für die vorliegenden Zwecke sind Kleinschweißbrenner entwickelt worden. Auch hier müssen die Schweißstellen vorher sorgfältig gereinigt werden, wozu neben Schabern und Drahtbürsten eine 40%ige Natronlauge als Flußmittel dient. Für Bleche bis 1 mm Dicke empfiehlt sich die Bördelschweißung nach Aufbiegen der Kanten, wie dies bereits bei der Aluminiumschweißung geschildert wurde. Dickere Bleche als 1 mm können überlappt geschweißt werden. Bleche über 2 mm Dicke werden zumeist stumpf geschweißt. Es empfiehlt sich hierbei, die Bleche zunächst mittels der Flamme an verschiedenen Stellen zu heften. Im allgemeinen gelten sonst die gleichen Regeln wie beim Stahlblechschweißen. Autogene Schweißarbeiten an Zinkblechen können nur von geübten Stahlblechschweißern ausgeführt werden, da hier ebenso sorgfältig wie dort, jedoch schneller gearbeitet werden muß. Nach dem Schweißen sind die Schweißnähte von Natronlaugeresten mittels Drahtbürste und heißem Wasser sorgfältig zu reinigen[1]. Die Festigkeit der Verbindung wird erhöht, wenn die Schweißnaht anschließend unter Erwärmung auf etwa 150° durch nicht zu starke Hammerschläge verdichtet wird, wodurch eine Kornverfeinerung des Gefüges an der Schweißstelle entsteht. Mit der Zunahme an Legierungsbestandteilen, namentlich Aluminium, wird das Schweißen schwieriger.

2.5 Löten[2].

2.51 Stahlblech.

Tab. 8 enthält die nach DIN 1730 bezeichneten Weichlote. Im allgemeinen werden Lote mit Schmelzpunkten bis zu 300° C als Weichlote bezeichnet. Sie enthalten hauptsächlich Zinn und Blei. Doch sind außerdem Drei- und Mehrstofflegierungen als Lote bekannt, bei denen außer Zinn und Blei noch Bestandteile von Wismut, Antimon und Kadmium zulegiert sind. Die Verknappung von Zinn hat auch hier zu Umstellwerkstoffen geführt. Doch läßt sich auf Zinn nicht ganz verzichten, und

---

[1] WINTERSHAGEN, H.: Untersuchungen über die Korrosionsbeständigkeit von Zinkblechschweißungen. Autogene Metallbearb. Bd. 30 (1937) Heft 24.

[2] Auf die Löterei-Einrichtungen kann hier nicht eingegangen werden. Es sei an dieser Stelle auf ein anderes Werkstattbuch dieser Schriftenreihe, Heft 28 von W. BURSTYN über Löten, hingewiesen.

Tabelle 9. *Hartlote nach DIN 1733 bis 1735 für Bleche aus Stahl, Kupfer und Kupferlegierungen.*

Benennung	Kurzzeichen	Legierungsbestandteile							Schmelz-temp. °C	Verwendung (Werkstoff)
		Ag	Cu	Si	P	Zn mind.	Cd	Son-stiges		
a) Schlaglote:										
Messinglot 63	L Ms 63	—	63	0,3	—	35	—	—	910	dicke Bleche, Reparaturen, mecha-nisch hochbeanspruchte Lötstellen
,, 60	L Ms 60	—	60	0,3	—	38	—	—	900	
,, 54	L Ms 54	—	54	0,3	—	44	—	—	890	feinere Lötarbeiten an Geräten und Apparaten, Tauchlöten von Stahl-blechteilen (auch für Nickel)
,, 48	L Ms 48	—	48	—	—	50	—	—	870	
,, 42	L Ms 42	—	42	—	—	56	—	—	840	
Phosphorlot 8	L Cu P 8	—	92	—	8	—	—	—	710	Ersatz für Silberlote bei geringer Dehnung. (Nur für Cu-Werkstoffe)
Silber-Messinglot	L Ms Ag	5	50	bis 0,5		40	—	—	820	dünne Bleche
b) Silberlote:										
Silberlot 8	L Ag 8	8	bis 55	—	—	37	—	—	870	Lötstellen an dicken Blechen (Cu an Stahlblech)
,, 12	L Ag 12	12	52	—	—	36	—	—	840	
,, 12 Cd	L Ag 12 Cd	12	52	—	—	31	5—9	—	800	
,, 15	L Ag 15	15	49	—	—	28	8—12	—	770	kleine Lötungen an plattierten Blechen
,, 15 P	L Ag 15 P	15	82	—	3	—	—	—	710	Naht etwas spröde; Ersatz für silber-reichere Lote
,, 20	L Ag 20	20	43	—	—	24	13—17	—	750	plattierte Bleche
,, 25	L Ag 25	25	43	—	—	31	—	—	780	dicke und warmfeste Bleche
,, 25 Cd	L Ag 25 Cd	25	42	—	—	21	12—16	—	730	mitteldicke und dünne Bleche
,, 27	L Ag 27	27	40	—	—	—	—	bis 10% Mn 6% Ni	840	Chemisch beständige Stahlbleche (Hartmetall)
,, 30 Cd 5	L Ag 30 Cd 5	30	44	—	—	23	3—7	—	770	Lötverbindungen an später umzu-formenden Stellen
,, 30 Cd 12	L Ag 30 Cd 12	30	31	—	—	29	10—14	—	700	

auch die neuen Weichlote weisen einen Zinngehalt von 2 bis 15 % auf. So wird beispielsweise neuerdings ein Weichlot mit der Zusammensetzung von 55 % Cd, 25 % Pb, 10 % Sn und 10 % Zn* verwendet. Als Ausgangspunkt für die neuzeitlichen zinnarmen Legierungen dienen eutektische Kadmium-Zink-Legierungen (82 bis 88 % Cd), die durch Zulegierung von 30 % Blei überraschenderweise verbessert wurden. Die Dünnflüssigkeit und Reaktionsfähigkeit der Lote läßt sich durch geringe Beigaben von Phosphor verbessern. Zusätze von Zinn und Wismut dienen der Senkung des Schmelzpunktes. Der Schmelzpunkt der Zinklote liegt über 300°.

Der Lötvorgang beruht offenbar nicht auf einem Legieren des Lotes mit der Oberfläche des Werkstückes. Beim Weichlöten erfolgt die Bindung zwischen Stahlblech und Lötschicht durch Mischkristalle an der Grenzschicht. Daher sind nur Lote mit zur Mischkristallbildung geeigneten Metallen zu verwenden, so daß reines Blei oder Wismut ausscheiden. Allerdings ist noch nicht einwandfrei nachgewiesen, ob es bei den verhältnismäßig tiefen Weichlöttemperaturen von Stahlblech zu einer tatsächlichen Mischkristallbildung kommt. Stahlblech läßt sich verhältnismäßig schlechter löten als die Buntmetalle. Im allgemeinen empfiehlt es sich, vor dem Löten das Stahlblech mittels Lötkolben oder durch Eintauchen in flüssiges Zinn oberflächlich zu verzinnen. Die Lötstelle ist infolge ihrer geringen Festigkeit[1] von 6 bis 8 kg/mm² so groß als möglich zu halten und zu überlappen.

Die Voraussetzung für eine haltbare Weichlötung ist eine sorgfältige Reinigung der zu verbindenden Flächen. Es kommt hierbei vor allen Dingen auf eine Beseitigung der durch das Erhitzen entstandenen Oxydationsteile an, die sich an der Blechoberfläche bilden. Hierzu dienen sogenannte Flußmittel. Bekannt ist für Weichlötungen das sogenannte Lötwasser, eine wäßrige Lösung von Zinkchlorid und Salmiak unter Beifügung von Salzsäure. Die Salzsäuredämpfe bedingen allerdings oft eine spätere Rostbildung, der nur durch eine gründliche Säuberung der Lötstelle mittels Soda, Schlämmkreide oder anderer alkalischer Mittel vorgebeugt wird. Im übrigen werden im Handel Lötfette und Lötpasten empfohlen, die ein Nachrosten gleichfalls verhindern.

Neben den Weichloten sind *Hartlote* bekannt, die eine größere Festigkeit gewährleisten und daher für Stahlblechverbindungen bevorzugt werden. Die dafür erforderliche höhere Schmelztemperatur liegt im allgemeinen über 700° C. In Tab. 9 sind die bekanntesten Hartlote, wie solche zur Verbindung von Blechteilen aus Stahl, Kupfer und Kupferlegierungen mit Teilen aus den gleichen Werkstoffen in Betracht kommen, zusammengestellt. Am bekanntesten sind Messinglote, die auch

---

* Jahrbuch der Metalle (Berlin 1943) S. 220.
[1] FISCHER, O.: Vorgänge und Festigkeiten beim Hartlöten. Berlin 1939.

als Schlaglote bezeichnet werden, da sie Schlag- und Biegebeanspruchungen aushalten. Sie sind im ersten Teil der Tab. 9 aufgeführt. Die Messinglote sind äußerlich durch ihre gelbe Metallfarbe von den übrigen Hartloten deutlich zu unterscheiden. Seltener sind die sogenannten Weißlote in Gebrauch, worunter zinn- oder nickelhaltige Hartlote verstanden werden. Auch mangan- und silberhaltige Hartlote werden teilweise verwendet. Die Messinghartlötung mit L Ms 48 und L Ms 54 ist für die Stahlblechverarbeitung von Bedeutung. In der Mengenfertigung werden die vorgearbeiteten und vorgewärmten Stanzteile in Lötbäder getaucht (*Tauchlöten*), die hauptsächlich aus geschmolzenen Messingblechabfällen bestehen. Die Wannen für die 1000 bis 1100° C heiße Schmelze sind bei Gas- und Ölfeuerung aus Graphit, bei elektrischer Induktionsheizung (siehe S. 94) aus Siliziumkarbid hergestellt. Die Gesamttauchdauer beträgt ½ bis 1 Minute. Die Messingschmelze ist mit Borax oder Borsäure bedeckt, die als Flußmittel zum Hartlöten dienen. Es wird also während des Eintauchens zunächst die Verbindungsstelle durch das Flußmittel gereinigt, und anschließend fließt das Lot in die Zwischenräume zur gegenseitigen Verbindung. Außer Borax oder Borsäure sind noch andere Flußmittel zum Hartlöten bekannt, wie z. B. phosphorsaure Salze, Gemische von Quarzsand mit Soda, Kryolith mit Ammoniumphosphat. Es gibt auch Verfahren, bei denen das Lot meist in Form von umschlungenem Draht über die Lötstelle gelegt und das zu lötende Stahlblechteil mit Lot in ein heißes Salzbad getaucht werden, wodurch an Lot gespart wird. Besonders in der Fahrradrahmenfertigung ist diese Art des Hartlötens bekannt[1].

Für die Blechverarbeitung kommt außer dem Tauchlöten seltener noch das Flammenlöten in Frage. Hier dienen als Lote Messing oder Kupferdrähte und als Flußmittel pulverförmige Stoffe, die sich aus den obenerwähnten Flußmitteln zum Hartlöten zusammensetzen. Der angewärmte Draht wird zunächst in das Flußmittel getaucht, so daß beim Abschmelzen des Drahtes an der Lötstelle diese gleichzeitig mit dem Flußmittel versorgt wird. Das Hartlöten auf diese Weise erfordert größeres Geschick als das Tauchlöten. Zur Vermeidung von Spannungen ist eine allseitige, gleichmäßige Erhitzung notwendig.

Als drittes Verfahren ist außer dem Flammen- und Tauchlöten das Drucklötverfahren für Blechhohlteile zu erwähnen. Hierbei wird das Schlaglot in gemahlenem Zustand und mit Flußmittel gemischt auf die Lötstelle gebracht. Die Erhitzung erfolgt mittels Schweißbrenner. Bei der Fahrrad- und Motorradrahmenfertigung werden im Innern der Rohre an den Lötstellen mit Lot und Flußmitteln gefüllte Kapseln angebracht, die die Lötnähte beim Erhitzen mit Lot und Flußmittel

---

[1] Ziebe, W.: Löten und Schweißen in Zusammenbau der feinmechanischen Massenfertigung. Masch.-Bau Betrieb Bd. 22 (1943) Nr. 2 S. 53—56.

versorgen. Die Außenseite der Rohre bleibt von Lot frei, und die beim Erhitzen entstehenden Gase drücken das Lot in die Lötnähte hinein. Dieses sind jedoch Sonderverfahren, die als allgemeine Werkstattlötungen nicht in Betracht kommen. Beim Hartlöten ist zu beachten, daß durch die Überhitzung der Werkstoff nicht rotbrüchig wird. Auf die Gefahr der Spannungsbildung, die beim Hartlöten größer als beim Schweißen ist, wurde bereits hingewiesen.

Für das Hartlöten in der Mengenfertigung hat sich die induktive Erwärmung bewährt[1]. Sie beruht darauf, ohne Zuführung des Stromes über Kontakte im Werkstück Wirbelströme solcher Dichte zu erzeugen, daß eine Erwärmung auf jede gewünschte Temperatur und Tiefe eintritt. Beim Löten geschieht das durch Induktoren, die das Werkstück in Form einer Schleife überdecken. Sie sind an einen Generator, der die gewünschte Leistung bei der entsprechenden Frequenz liefert, meist über einen Zwischentransformator angeschlossen.

Bei der Induktion tritt im Werkstück eine Verdrängung des Stroms aus der Mitte zum Rand hin auf, ein Vorgang, der als Skin- oder Hauteffekt bezeichnet wird. Die Stromdichte fällt von einem Größtwert in der äußersten Randschicht exponentiell zur Mitte des Werkstückes ab nach der Funktion

$$I_x = I_0 \, e^{-x/\delta},$$

wobei

I_x = Stromdichte an der Stelle x,
I_0 = Stromdichte in der Außenschicht,
δ = Eindringtiefe,
x = Ort der Stromstärke I_x

bedeuten.

Die Eindringtiefe δ läßt sich nach der Funktion

$$\delta = 503 \sqrt{\frac{\varrho}{\mu f}}$$

berechnen. ϱ ist der spezifische Widerstand des Werkstoffes im Bereich der Eindringtiefe (temperaturabhängig), μ die magnetische Permeabilität (abhängig von der magnetischen Feldstärke und Temperatur) und f die Frequenz. Abb. 58 zeigt die Abhängigkeit der Eindringtiefe von der Frequenz für die Werkstoffe Eisen und Kupfer. Für Eisen ist einmal die Kurve 1 bei Raumtemperatur aufgetragen, wobei eine Permeabilität mit $\mu = 80$ angenommen ist. Dieser Wert entspricht etwa den in der Praxis meist vorliegenden Feldstärken. Bei Erreichen des magnetischen Umwandlungspunktes fällt μ auf den Wert 1, während ϱ entsprechend

[1] SEULEN, G. W.: Grundlagen, Anwendungsgebiete und Wirtschaftlichkeit der Induktionserwärmung. Werkstattstechn. u. Masch.-Bau Bd. 41 (1951) Heft 1 S. 8—13. Hieraus sind die Abb. 58 und 59 (S. 94 und 95) entnommen.

der Werkstücktemperatur ansteigt. Kurve *3* zeigt die Eindringtiefe für Eisen bei einer Temperatur von 1000° C. Aus dem Schaubild läßt sich der Einfluß der Frequenz sowie der Permeabilität und des spezifischen Widerstandes auf die Eindringtiefe erkennen. Die Induktoren sind der Gestalt der Lötstelle anzupassen. Spezialinduktoren werden insbesondere für umgeformte Blechteile entwickelt. So zeigt Abb. 59 einen Lötkopf für Lenkerführung von Fahrradrahmen. Die Lenker-

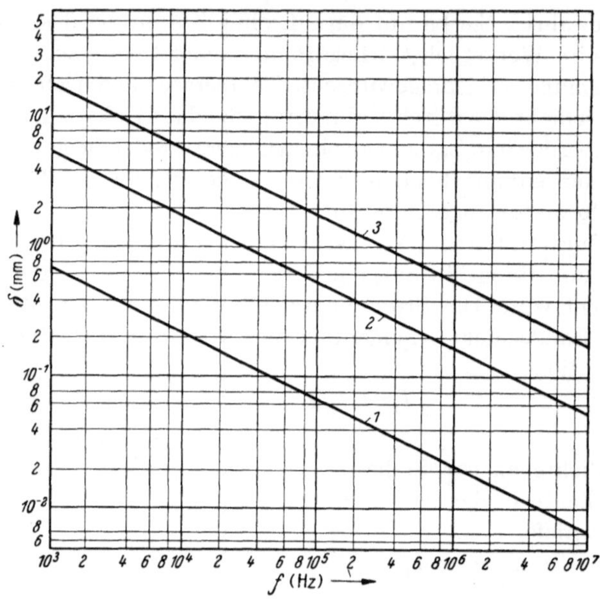

Abb. 58. Abhängigkeit der Eindringtiefe von der Frequenz.
1 Eisen bei Raumtemperatur Stahlblech, *2* Kupferblech bei 1000°, *3* Stahlblech bei 1000°.

führung wird in den aufgeklappten, über einen Zwischentransformator von einem 30-kW-Generator gespeisten Lötkopf eingelegt. Dann wird das Lötgerät mittels Exzenterhebel geschlossen und die Lötung vollzogen. Einstellbare Zeitrelais sorgen für stets gleichmäßigen Ablauf der Lötung. Der richtigen Einbringung des Lotes vor der Lötung ist beim Induktionsverfahren größere Beachtung als bei anderen Lötverfahren zu schenken[1]. Löttablette oder Lötband oder Lötplättchen sind gleichmäßig zu erwärmen.

Eine ganz besondere Bedeutung, insbesondere für die Verbindung von Stahlblechziehteilen miteinander oder mit anderen Stahlteilen ver-

---

[1] CURTIS: Weichlöten mittels induktiver Erwärmung. Machinist, London Bd. 93 (1949) Heft 24 S. 849—853; siehe auch G. W. SEULEN: Induktionslötverfahren. Z. VDI Bd. 92 (1950) Heft 14 S. 337—340.

schieden dicken Querschnittes, hat das Kupferhartlöten[1] gewonnen. Bei diesem seit 15 Jahren bekannten Verfahren werden die miteinander zu verbindenden Teile zunächst zusammengesetzt. Wird also das in Abb. 60 A links gezeigte Gußgehäuse aus einem Rohr und zwei Blechziehteilen nach der Ausführung B zusammengesetzt, so bedarf es nur an den durch Pfeil hervorgehobenen Stellen der Umlage eines Ringes aus verhältnismäßig dünnem Kupferdraht. In diesem Zustand gelangt das zusammengesetzte Ventilgehäuse[2] in einen Reduktionsofen, wo es unter Einwirkung von Schutzgasen[3] auf 1050° er-

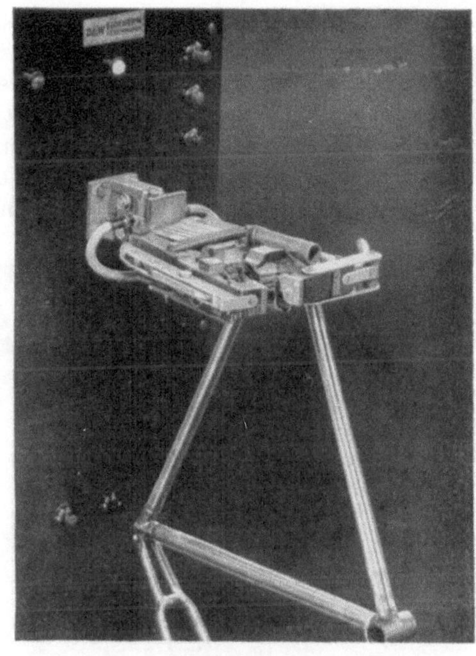

Abb. 59. Induktive Lötvorrichtung für Gabelführung in Fahrradrahmen.

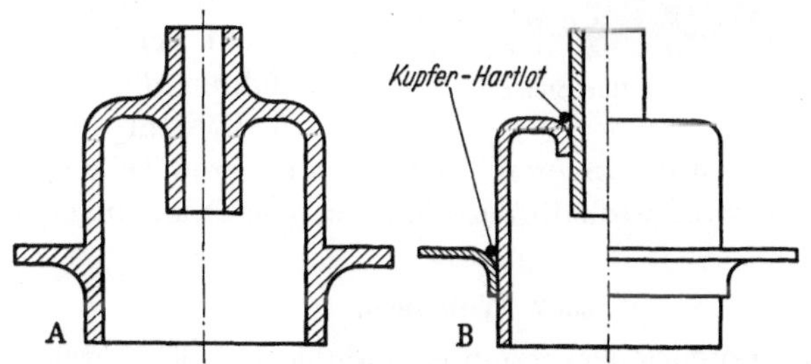

Abb. 60. Ventilgehäuse in gegossener (A) und in aus 2 Blechteilen und 1 Rohr zusammengesetzter (B) Ausführung.

---

[1] MEZGER: Zusammenbau von Stahlteilen zum Hartlöten im Schutzgasofen. Werkstattstechn. u. Masch.-Bau Bd. 40 (1950) Heft 9 S. 309—312; Heft 10 S. 347 bis 349.

[2] Entnommen aus OEHLER: Gestaltung gezogener Blechteile. Berlin 1951. Dort sind auf S. 99/100 noch weitere Beispiele für derartige Kupferhartlötverbindungen an Blechteilen angegeben.

[3] LOHAUSEN: Herstellung von Schutzgasen. Z. VDI Bd. 85 (1941) Heft 47 S. 917. — TAMELE, K.: Neue Entwicklung von Elektroglühöfen mit Schutzgas. Werkstattstechn. u. Masch.-Bau Bd. 42 (1952) Heft 5 S. 186ff. — BAUKLOH, W.: Schutzgasglühen an Metallen. Metalloberfläche 1949 S. 166.

hitzt wird. Abb. 61 zeigt einen elektrisch beheizten Durchziehofen zum Hartlöten unter Schutzgas[1]. Die rechts eingeführten miteinander zu verbindenden Tankhälften werden in besondere Vorrichtungen eingespannt und kehren nach beendetem Hartlöten auf dem linken Fließband zur Einfahrstelle zurück. Ganz hinten links ist die Erzeugungsanlage für das Schutzgas sichtbar. Infolge der Kapillarwirkung gelangt im Ofen das Kupfer in die noch so kleinen Zwischenräume, so daß eine innige Verschmelzung der Berührungsflächen stattfindet. Hierdurch werden beide Teile zu einem gemeinsamen Kristallverband verkittet. Es bedarf dabei nicht immer eines Kupferdrahtringes. Zuweilen genügt auch ein Überstreichen der miteinander zu verbindenden Flächen von mit Wasser vermischtem Kupferpulver oder eine Verkupferung in Kupfersulfatlösung. Gewiß besteht bei letzteren Verfahren die Gefahr, daß bei dem Zusammen-

Abb. 61. Schutzgas-Hartlötofen.

setzen und Einpressen der inneren Teile in die äußeren Teile ein solcher Überzug entfernt wird, weshalb das Umlegen von Drahtringen sicherer erscheint.

<h3 align="center">2.52 Weißblech.</h3>

Während das Löten feuerverzinnter Stahlbleche, gleich welcher Herstellungsart, keine Schwierigkeiten bereitet, gilt dies von den elektrolytisch verzinnten Weißblechen nicht uneingeschränkt. Das Lot fließt dabei schlecht, und die Festigkeit der Lotstelle ist oft mangelhaft. Die Ursache dafür liegt wahrscheinlich in einer Oxydation des Überzuges, die durch das größere Reaktionsvermögen der matten, elektrolytisch aufgebrachten Oberfläche verstärkt wird. Durch eine sorgfältige Reinigung der Lötnähte unmittelbar vor dem Löten durch gründliches Spülen und anschließende Bearbeitung mittels Bürsten aus Neusilber oder rostfreiem Stahl 18-8 wurden gute Erfolge erzielt, vorausgesetzt, daß

---

[1] Industrieofenbau J. F. Mahler, Eßlingen.

der Zinnüberzug mindestens 0,002 mm beträgt. Als Lote haben sich dabei Silberbleilote (siehe Tab. 8!) am besten bewährt.

In Deutschland bestehen hinsichtlich der Zusammensetzung des Lötzinnes für die Konservendosenlötung für Nahrungsmittel bestimmte Vorschriften des Höchstbleigehaltes, hingegen in USA nicht. Dort beziehen sich die Vorschriften auf das Verhältnis des Lötmittelgewichtes zum Gewicht des Doseninhaltes. Es können dort Legierungen eines sehr viel höheren Bleigehaltes und somit geringeren Zinngehaltes verwendet werden. So sind nach Angaben des Laboratoriums der Canco Chicago Zinngehalte von nur 3,5% im allgemeinen üblich, wenn auch in Sonderfällen mit höherem Zinngehalt, äußerstenfalls bis zu 30%, gearbeitet wird.

2.53 Bleche aus Aluminium und anderen Leichtmetallen.

Auch Aluminiumbleche können, entgegen einer häufig vertretenen Ansicht, hart- und weichgelötet werden[1]. Die Arbeitsweise beim Hartlöten entspricht dem Hartlöten von Messing und Kupfer. Hierzu werden Lötlegierungen verwendet, die in der Hauptsache aus Aluminium selbst bestehen und nur zum Zwecke der Schmelzpunktherabsetzung auf 550 bis 600° C Zusätze anderer Metalle enthalten. Die Flußmittel sind beim Hartlöten dieselben wie bei der Autogenschweißung, jedoch auf die niedrige Arbeitstemperatur des Hartlötens eingestellt. Es sind daher nicht alle zum Schweißen geeigneten Flußmittel für Hartlötarbeiten gleich gut verwendbar[2]. Das Flußmittel ist möglichst als Pulver am erwärmten Lötstab haftend zuzuführen. Andernfalls wird das Flußmittel mit kalkarmem Wasser (Regenwasser oder destilliertes Wasser) angerührt, und damit werden Lötstelle und Lötstab bestrichen. Mittels Drahtbürste, Schmirgel oder Schaber sind Lötstab und Lötstelle sorgfältig zu reinigen. Die richtige Hartlöttemperatur wird durch plötzliches Ausbreiten des Flußmittels und schwaches Glühen des Bleches bei mindestens halbdunklen Räumen erkannt. Die Erwärmung muß jedoch so weit vorgeschritten sein, daß das Lot sich ausbreitet und nicht in Form geballter Tropfen auf der Oberfläche erscheint. Bei Hartlotverbindungen ungleich dicker Bleche ist auf gleiche Temperatur zu achten, d. h. es ist dem dickeren Blech mehr Wärme als dem dünneren zuzuführen. Eine gleichmäßige Erwärmung ist dadurch zu überprüfen, indem auf beide Bleche in Nähe der Lötstellen mittels des Lötstabes Flußmittelperlen aufgetragen werden, die sich bei gleichmäßig zugeführter Temperatur gleichzeitig ausbreiten.

---

[1] Anleitungsblätter für das Schweißen und Löten von Leichtmetallen: AWF u. VDI (Neuausgabe in Vorbereitung).

[2] Schulz, H.: Praktische Anwendung der Hartlötung von Aluminium und Aluminiumlegierungen. Autogene Metallbearb. Bd. 34 (1941) S. 10—12.

Beim Kornhartlotverfahren wird das auch als Aluminiumschlaglot bezeichnete Kornlot mit dem Flußmittel und Wasser zu einem dicken Brei verrührt, der auf die Lötstelle gestrichen wird. Doch ist auch eine trockene Verwendung dieses Gemisches durch Aufstreuung möglich. Selbstverständlich setzt auch dieses Verfahren eine peinliche Säuberung der Lötstelle voraus. Durch vorsichtiges Erhitzen wird zunächst das Flußmittel, und durch eine plötzlich ansteigende Erhitzung mittels schärferer Einstellung der Flamme des Brenners wird auch das Lot zum Schmelzen gebracht. Am besten gelingt die Kornlötung in Öfen mit Temperaturregelung und ist dort für die Massenfertigung sehr geeignet.

Ein weiteres Hartlotverfahren ist die Plattierlötung, wo die zu verbindenden Bleche das Lot bereits auf der Oberfläche in Form einer 0,02 bis 0,04 mm dicken Schicht tragen, die entweder aufgewalzt oder aufgespritzt wurde. Die Lötstellen werden mit Flußmittelbrei bestrichen. Die Erwärmung geschieht im Ofen oder mittels Flamme. Dieses nicht billige Verfahren ist dort anwendbar, wo die Lötstellen schwer zugänglich und die Bleche ungleich dick sind.

Ebenso wie bei der Schweißung sind nach dem Hartlöten alle Stellen von Flußmittel sorgfältig zu reinigen. Dies geschieht am besten mittels 10- bis 15%iger Salpetersäure und anschließender Heißwasserspülung. Trocknung und Einfettens. Es gibt im Handel besondere Lösungen zur Beseitigung des Flußmittels, die Reste desselben durch Verfärbung anzeigen und sie schließlich ganz unschädlich machen.

Die Weichlote für Aluminium bestehen aus Zink, Zinn und Kadmium und enthalten Aluminium, teilweise bis zu 50%. Die Schmelztemperaturen sind geringer als beim Hartlöten und schwanken zwischen 260° (= L Sn 60 Zn DIN 1732) und 320° (= L Zn Sn DIN 1732). Die Kadmiumlote höheren Schmelzpunktes (z. B. L Zn Cd und L Zn Al 15) sind allerdings weniger für Bleche bestimmt, sondern in der Hauptsache für das Ausbessern von Gußstücken geeignet[1]. Für viele Leichtmetall-Legierungen, insbesondere magnesiumlegierte Bleche, ist eine allseits zufriedenstellende Lötung noch nicht bekannt. Verfehlt ist eine Wahl von Loten mit Schmelztemperaturen unter 250°, da sich das Aluminium erst von dieser Temperatur ab in der für Lötarbeiten erwünschten Zeit mit dem flüssigen Lot verbindet. Besonders ungeeignet sind niedrigschmelzende Weichlote für ausgehärtete Legierungen, da bei den dafür erforderlichen geringen Arbeitstemperaturen die Festigkeit herabgesetzt wird. Die Kolbenlötung kommt nur für sehr dünne Bleche unter 0,25 mm Dicke in Betracht, sonst bedient man sich des Schweißbrenners oder einer mit einem Gas-Luft-Gemisch versorgten Lötpistole. Es gibt ver-

---

[1] ROSTOSKY, L., u. E. LÜDER: Löten des Aluminiums und seiner Legierungen. Autogenschweißer Bd. 14 (1941) S. 5—7.

schiedene Arten des Weichlötens von Aluminium- und Leichtmetallblechen, das Reiblöten, das Reaktionslöten und das Löten mit Ultraschall.

Beim Reiblöten wird das Blech so weit angewärmt, bis der Lötstab
auf der Oberfläche des Bleches an den Lötstellen schmilzt. Mittels
Drahtbürste ist bei weiterer Erwärmung das Lot kräftig aufzubürsten,
wobei die Oxydhaut zerstört wird und sich ein blanker Spiegel bildet.
Je sorgfältiger dieses Einreiben geschieht, um so fester ist die Lötung.

Im Gegensatz zum Hart-
löten fließt das Weichlot
nicht selbsttätig in die
Fugen. Es sind daher beide
Teile zunächst getrennt für
sich mit Lot zu überziehen,
dann zusammenzusetzen
und erst jetzt miteinander
zu verschmelzen unter er-
neuter Erwärmung.

Als Reaktionslöten wird
ein Verfahren bezeichnet,
bei dem ein Zinkchlorid
enthaltendes Salzgemisch
über den Lötstellen aufgetragen wird, unter Er-
hitzung auf 260 bis 300° die
Oxydhaut unter Rauchent-
wicklung durchdringt und
aufreißt, wobei sich aus-
scheidendes Zink mit der

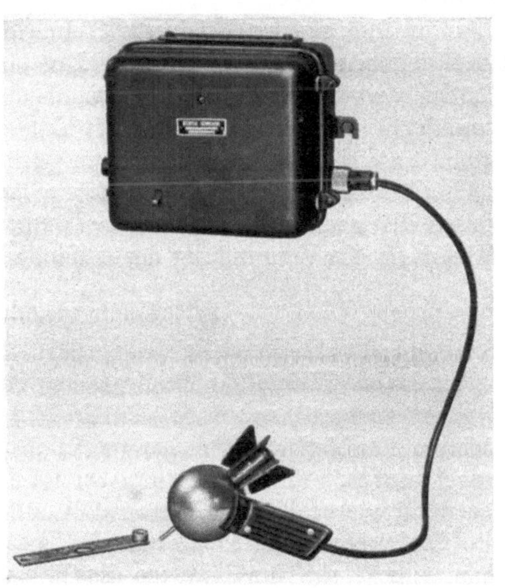

Abb. 62. Ultraschall-Lötgerät mit Griffel.

desoxydierten Aluminiumoberfläche verbindet. Die Salzreste sind nach
der Lötung sauber abzuwaschen. Das Verfahren eignet sich nur für
gering beanspruchte Lötnähte, doch kann die Festigkeit durch Zugabe
von Aluminiumweichlot erhöht werden.

Durch Ultraschalleinwirkung wird die Oxydhaut des Aluminiums
zerstört. Die Lötverbindung ist besser und einfacher als beim Reiblöten.
An Stelle des Bürstens wird die Lötstelle unter Zusatz von Lot mit einem
Ultraschallgeber überstrichen. Geräte dieser Art[1] bestehen aus einem
Hochfrequenzgenerator (in Abb. 62 oben) und einem Lötkopf (in Abb. 62
unten). In diesem befindet sich ein Griffel, der durch den Generator
in schnelle, kleine Schwingungen versetzt wird. Durch Berührung dieses
Griffels mit der Lötfläche des auf 250° vorerwärmten Bleches wird die

---

[1] STRELOW, H.: Ultraschall-Lötgerät. Werkstattstechn. u. Masch.-Bau Bd. 42
(1952) Heft 5 S. 207.

Oxydschicht auf mechanischem Wege zerstört, während sonst zumeist chemisch einwirkende und hinterher oft unvollkommen entfernbare und dann schädlich wirkende Flußmittel verwendet wurden. Da sich sehr schnell wieder eine neue Oxydschicht bilden kann, ist es erforderlich, daß das Verzinnen bzw. Löten, was bei Aluminiumblechen häufig durch reines Zinn geschieht, unmittelbar anschließend erfolgt. Auch in ein übliches Zinntauchbad getauchte Teile lassen sich anschließend mit dieser Löt-vorrichtung löten bzw. verzinnen, um mit anderen Metallen verlötet zu werden.

Eine Lötung von Leichtmetallblechen mittels Ultraschall-Lötkolben hat sich neuerdings eingeführt. Der auf einem Nickeldorn befestigte Lötkolben wird wie üblich durch eine Widerstandsspule elektrisch geheizt und durch ein elektrisches Feld mit Ultraschallfrequenz in Schwingungen gehalten. Infolge dieser Schwingungen wird die Oxydschicht auf den Lötstellen des Leichtmetalls durchbrochen. Die Feldänderungen werden durch Elektronenröhrensteuerung ausgeglichen. Es soll nach diesem Verfahren die Verwendung der einfachen Sn–Zn-Lote möglich sein.

2.54 Kupferblech.

Kupferbleche lassen sich sowohl hart als auch weich gut löten, wobei für das Weichlöten Zinnlegierungen und für das Hartlöten Messing-legierungen entsprechend Tab. 9 in Frage kommen. Beim Weichlöten müssen die Lötflächen vorher gereinigt oder gebeizt, meist jedoch erst noch verzinnt werden. Das Löten erfolgt in bekannter Weise unter Verwendung von Flußmitteln mittels Lötkolben. Beim Hartlöten werden die Lötflächen nach Bestreuen mit Lot und Borax in einer Schmelz-flamme erhitzt. Nur dort, wo die Bleche weiterer Verformung unter-liegen, werden Silberlote verwendet. Phosphorlot L Cu P 8 nach DIN E 1733 mit 8% P und 92% Cu ersetzt Silberlote bei geringerer Dehnungs-beanspruchung. Kupfer selbst ist Lötwerkstoff beim Hartlöten gemäß S. 95.

Beim Löten von Cupal (= kupferplattiertes Aluminium) ist darauf zu achten, daß an Stelle von Zinkchlorid nur säurefreie Lötmittel und 420° nicht überschritten werden[1].

2.55 Messing- und Bronzebleche.

Die bereits mehrfach erwähnten Zinnlote (DIN 1707) binden Messing-bleche besonders gut aneinander. Messingbleche lassen sich unter Be-achtung der letzten Spalte von Tab. 8 verhältnismäßig sehr leicht löten. Allerdings weicht der weiße Farbton des Weichlotes von der gelben Messingfarbe ab, so daß dieses Verfahren aus Schönheitsgründen nicht

---

[1] BLOHM, E.: Die Plattierlötung von Aluminium und Aluminiumlegierungen. Schweißen u. Schneiden 1950.

immer angewendet werden kann. Hingegen bestehen die Hart- oder
Schlaglote (DIN 1711) meist selbst aus Messing, dem nur zur Senkung
des Schmelzpunktes geringe Zusätze anderer Metalle, wie z. B. Zinn und
Antimon, beizufügen sind. Allerdings ist darauf zu achten, daß das
Lot beim Hartlöten einen niedrigeren Schmelzpunkt besitzen muß als
das Messingblech. Hier muß daher sehr vorsichtig verfahren werden,
damit nicht außer dem Lot auch das Grundblech geschmolzen wird.
Bei zu langer Erhitzung tritt ein Entzinken auf. Sowohl bei der Weich-
als auch bei der Hartlötung ist eine vorherige Reinigung der Haft-
flächen notwendig. Als Flußmittel hierzu dienen Salmiak, Terpentin,
Kolophonium, Borax, Wasserglas und sogenannte Lötfette, die die hier
genannten Flußmittel vermischt enthalten, wobei sie mittels Zugabe
von Talg in einen plastischen Zustand gebracht werden. Die hartgelöteten Nähte sind den weichgelöteten außerdem an Festigkeit weit
überlegen. Die geringe Festigkeit der Weichlötung von Messing ist nicht
zuletzt dadurch bedingt, daß Messing und Lotnaht sich bei Korrosions-
einflüssen elektrolytisch zersetzen.

Bronzebleche werden nur hart gelötet, insbesondere mit Messingblechen.

2.56 Zink- und Zinklegierungsbleche.

Bleche aus Zink- und Zinklegierungen lassen sich leicht miteinander
verlöten[1]. Für Feinzink und diejenigen Legierungen eines Aluminium-
gehaltes bis zu 1% (z. B. Zn–Al 1, Zn–Cu 1) sind die ersten 4 Weichlote
nach Tabelle 8, S. 88, in Gebrauch. Hier werden die gleichen Flußmittel wie auf dieser Seite oben angegeben verwendet. Zinklegierungen mit einem höheren Gehalt als 1% Aluminium können nur mit
kadmiumhaltigen oder Berzelit-Loten[2] verbunden werden, wobei als
Flußmittel 30- bis 40%ige Natronlauge dient. Die Lötung erfolgt dort
mittels großer Kolben bei einer Temperatur von 450° C. Die kadmiumhaltigen Lote gewährleisten eine höhere Festigkeit als die zinnhaltigen.
Besonders fest sind die Berzelit-Lote. Will man Zinklegierungen mit
mehr als 1% Aluminiumgehalt trotzdem mit Zinnloten verbinden, so
müssen dann wenigstens die Lötstellen unter Anwendung von 30- bis
40%iger Natronlauge als Flußmittel vorher mit einem kadmiumhaltigen
Lot überzogen oder in ein solches getaucht werden. Dort, wo an eine
spätere Abfallverwertung gedacht ist, sollte möglichst nicht gelötet
werden, da zinn- und bleihaltige Teile stören.

---

[1] SCHNEIDER, H.: Verbindungsarbeiten an Zinklegierungen. Metallwirtsch.
Bd. 18 (1939) S. 553/54. — ROSTOSKY, L.: Zinnersparnis durch Herabsetzung des
Sn-Gehaltes beim Weichlöten und durch Umstellung auf das Schweißen und Hart-
löten. Metallwirtsch. Bd. 19 (1940) S. 387—391. — WASSERMANN, G.: Lote für
Zinklegierungen. Metallwirtsch. Bd. 18 (1939) S. 1018.
[2] Berzelius-Metallhütten GmbH, Mannheim.

2.6 Anstriche und ihre Prüfung.

Es kann im Rahmen dieses kleinen Buches nicht auf sämtliche in Frage kommenden Lacke sowie Anstrich- und Spachtelstoffe, Emaillier- und sonstigen Überzugs- und Oberflächenveredelungsverfahren eingegangen werden[1]. Es sei hier nur einiges über die Vorbehandlung der Blechteile gesagt. Selbstverständlich werden die Blechteile vor dem Lackieren bzw. Farbspritzen oder Anstreichen erst sorgfältig gereinigt und entfettet[2]. Die beste Vorbehandlung ist das Abstrahlen der Teile mittels Sandstrahlgebläse oder Abbrennen oder Abschmirgeln. Dies bedingt allerdings einen so hohen Zeitaufwand, daß man sich in den meisten Betrieben zu anderen Verfahren entschlossen hat, wie z. B. zum Abbeizen oder Eintauchen in Reinigungsbäder. Das Beizen mittels der verschiedenen Säuren ist stets gefährlich, da die Beizen eine nachhaltige Korrosionswirkung ausüben. Zumindest müssen die Teile nach dem Beizen in Laugen gründlich durchgespült werden. Hierdurch werden die noch anhaftenden Säurebestandteile neutralisiert. Nach dem Ablaugen sind die Teile in heißem Wasser zu spülen und zu trocknen. Schnelltrockenverfahren in heißem Luftstrom setzen die Gefahr einer erneuten Korrosion während des Trockenvorganges herab.

Über die Wahl der Beize nach dem Glühen sind in Tab. 6 Hinweise gegeben, die auch hierfür teilweise gelten. Für bloßes Entfetten bewähren sich Sonderwaschverfahren, wie z. B. Eintauchen der Blechteile in Trichloräthylen.

Saubere blanke Metallflächen, wie sie beispielsweise Karosseriebleche, Messingbleche u. dgl. aufweisen, können unmittelbar ohne besondere Vorbehandlung mit Spiritus-, Zapon- und Öllacken behandelt werden. Selbstverständlich wird auch hier vorausgesetzt, daß die Flächen vorher gereinigt sind.

Die Trockenzeiten der Anstrichstoffe richten sich nach ihrer Zusammensetzung und dem Untergrund sowie dem Feuchtigkeitsgrad und der Temperatur des Trockenraumes. Je dünner der Anstrich ist, um so weniger unterliegt er der Gefahr des Aufreißens und Abspringens. Daher sind vor allen Dingen Spachtelstoffe möglichst dünn und dafür in

---

[1] In Heft 49 der Schriftenreihe Werkstattbücher (Berlin 1942) berichtet R. KLOSE über Farbspritzen. Weiterhin finden sich grundsätzliche Ausführungen in den Schriften des AWF über Metallschutz Bd. I und II. In letzterem sind auch die Farbüberzüge für Leichtmetallbleche abgehandelt. Ferner berichten über Schutzanstriche für Metalle: R. KRAUSE im Jahrbuch der Metalle 1943 S. 270—277. Dort findet sich eine erschöpfende Zusammenstellung des neueren einschlägigen Schrifttums, in dem auch die Behandlung der Bleche, beispielsweise Anstrichstoffe für Konservendosen, Blechfässer, Behälter jeder Art, besonders berücksichtigt ist.

[2] AU, R.: Elektrolytisches Entfetten. Werkstattstechn. u. Masch.-Bau Bd. 42 (1952) Heft 5 S. 202ff.

mehreren Schichten aufzutragen. In den Zwischenzeiten soll die Vorspachtelung ziemlich, jedoch nicht völlig austrocknen.

Die meisten Anstriche und Lacke waren bisher auf der Ölzelluloseoder Chlorkautschukbasis hergestellt. Inzwischen sind jedoch sehr viel Lacke und Anstriche auf Kunstharzbasis bekanntgeworden, die sich auch bewährt haben. Besonders als Korrosionsschutzanstriche werden diese neuen Stoffe bevorzugt[1].

Auf das elektrostatische Farbspritzen[2] sei hier kurz wegen seiner Zukunft in Großbetrieben hingewiesen. Es beruht darauf, daß der Farbnebel zwischen die anodisch angeschlossenen und aufgehängten Werkstücke, insbesondere Blechteile, und ein kathodisch angeschlossenes Gitter, also in ein elektrisches Feld hoher Gleichspannung gesprüht wird, wobei die Farbteilchen an die ersteren geschleudert werden[3].

Es darf aber nicht übersehen werden, wie unterschiedlich die Haftfähigkeit der Lacke und Anstriche auf den verschiedenen Blechen ist. Durch leichtes Biegen oder Anritzen mittels Reißnadel oder einem anderen harten spitzen Werkzeug kann die Haftfähigkeit gut beobachtet werden, indem man entweder X-Kreuze oder einige gerade Linien parallel und die nächsten Parallelen senkrecht hierzu durchkreuzen läßt. An den Kreuzungspunkten der Ritzlinien macht sich dann der Grad der Abblätterung bemerkbar. Es gibt Lacke, die sich ausgezeichnet zum Aufspritzen auf Eisenblech, dagegen gar nicht auf Aluminium bewähren. Umgekehrt sind viele Aluminiumlacke für Stahlblech ungeeignet. Während Eisenblech von außen über seiner ganzen Oberfläche zu rosten beginnt und sich dieser Rost allmählich immer tiefer frißt, bis er schließlich äußerlich eine braunrote Farbe zeigt, wächst bei Aluminium innerhalb weniger Tage die oxydische Haut auf nur 0,00001 mm und nicht weiter, bildet also eine äußerlich nicht einmal erkennbare Schutzhaut. Wird diese Haut jedoch gestört, so kann sich nach innen ein Lochfraß bilden. Die normale Oxydhaut ist glasglatt, porenfrei, im Gegensatz zu Eisenblech und anderen Metallen chemisch ziemlich inaktiv, so daß sie Fremdstoffe weder in sich aufnehmen noch an sich zu binden vermag. Deshalb haften nur Beläge, die eigenklebrig sind. Es gibt gewisse Verfahren zur Behandlung des Aluminiums, die eine Lackbindung erhöhen. Hierzu gehören das deutsche MBV-Verfahren, das amerikanische Alodine-Verfahren und andere Phosphatverfahren. Das gilt aber nicht für alle Lacke. Nitrolacke beispielsweise halten besser auf unbehandelten Alu-

---

[1] SCHMID, W.: Werksanstriche auf Grob- und Mittelbleche. Mitt. Forsch.-Ges. Blechverarb. Nr. 12 v. 15. 6. 1951 S. 145—153.

[2] BOLLENRATH, F.: Elektrostatisch aufgebrachte Überzüge. Werkstattstechn. u. Masch.-Bau Bd. 42 (1952) Heft 5 S. 200ff.

[3] BOLLENRATH, F., u. H. FÜLLENBACH: Elektrostatisches Spritzlackieren. Mitt. Forsch.-Ges. Blechverarb. Nr. 3 v. 1. 2. 1951 S. 25—33 und Nr. 11 vom 1. 6. 1951 S. 141.

miniumblechen. Nach SCHENK[1] hat sich das Alproxverfahren am besten bewährt. Es dient zwar weniger dem Korrosionsschutz, jedoch der Lackierung zu dekorativen Zwecken. Zur Aluminiumlackierung werden folgende Lacktypen verwendet:

Spachtelfarben: Alkydharzlacke, Ölharzlacke, Nitrospeziallacke.

Decklacke für lufttrocknende Emaillen: Öllacke, Chlorkautschuklacke, Vinylmischpolymerisate, Nitrozellulose- und Azetyl–Butyl–Zelluloselacke, trocknende Alkydharzlacke.

Decklacke für ofentrocknende Einbrenn-Emaillen: Phenolharzlacke, Alkydharzlacke, Alkydharz–Carbamid-Kombinationslacke, Melaminharzlacke.

Sonderschutzlacke: Phenolharzlacke, Chlorkautschuklacke, Vinylmischpolymerisatlacke, Melaminharzlacke, Goldlacke.

Klarlacke und Leichtmetallzapone: Nitrozellulose und gemischt veresterte Azetyl–Butal-Zelluloselacke, Nitrokombinationslacke, Polyacryl- und Methacryllacke.

Effektlacke: Meist auf Öllack- und Zelluloseesterbasis.

Blechdruckfarben: Harzöllacke, Nitrozelluloselacke.

Auf S. 180 wird der 1913 von ERICHSEN erfundene Einbeulversuch als der heute noch verbreitetste Blechprüfapparat ausführlich beschrieben. Gewiß wird dieser Einbeulversuch auch für die Beurteilung der Lackierung oder des Anstriches eingesetzt. So zeigt beispielsweise Abb. 63 die gute Bruchdehnung und Haftfestigkeit der Lackierung. Im Gegensatz hierzu ist in Abb. 64 als eine Ansicht von oben eine geringe Bruchdehnung und eine geringe Haftfestigkeit der Lackierung zu erkennen. Die Firmen Erichsen und Amsler haben sich in weitestgehendem Maß darum bemüht, Lackprüfmaschinen auf Grund des Einbeulversuches zu entwickeln. Eines der Erichsen-Einbeulgeräte ist mit senkrechter Schraubspindel und unten befindlichem Handrad ausgerüstet, wobei der Prüfer von oben durch ein Mikroskop die Oberfläche der Lackierung am auszubeulenden Blech erkennt und bei Beginn der Rißbildung im Lack die erreichte Tiefung abliest. Ähnlich arbeitet der Amsler-Prüfapparat für Lack- und Farbanstriche. Derselbe gleicht äußerlich einem Mikroskop, in dessen Sockel das Tiefziehgerät eingebaut ist. Die Carver-Laboratory-Press-Corp. in Summit, New Jersey, stellt ein weiteres Einbeulgerät mit hydraulischem Antrieb her. Dasselbe wird insbesondere zur Prüfung hochwertiger Emaillierungen und Lacken gern verwendet. Die lackierten oder emaillierten Proben quadratischen Zuschnittes einer Seitenlänge von 100 mm werden bei einem Lochdurchmesser von 50 mm mit einem Halbkugelstempel eines Durchmessers von 12,5 mm ge-

---

[1] SCHENK, M.: Lacküberzüge auf Aluminium. Metall Bd. 6 (1952) Heft 5/6 S. 136—138.

tieft bis zu etwa 7 mm Tiefe, wonach das Schichtverhalten beobachtet und beurteilt wird.

Eine andere Tiefziehprobe, die vorzugsweise zur Prüfung des Lackes für Konservendosen dient, wird im Central-Laboratorium der Can-Co in Chicago angewandt. Dort werden zur Prüfung des Lackes die lackierten Bleche zu rechteckigen Näpfen einer Länge von 100 mm, einer Breite von 70 mm, einer Höhe von 20 mm, eines Eckenhalbmessers von 15 mm und eines Bodenrundungshalbmessers von 10 mm bei einem stehen bleibenden Randflansch von etwa 2 mm gezogen. An den Breitseiten der Zarge und im mittleren Bodenbereich dürfen sich dann keine Risse oder durch die Spannung bedingte fließfigurenähnliche parallele Linien mit schräger Verästelung ergeben. Es gibt nach Abb. 65 auch ein anderes Verfahren nach ERICHSEN, was dem MPI-Verfahren nach Abb. 75 zur Messung der Wasserstoffdurchlässigkeit ähnlich ist. Das mit Lack- oder Farbanstrich versehene Blech wird in den Einbeulapparat so eingespannt, daß die Blechseite dem runden Einbeulstempel e zugekehrt ist, während sich die lackierte Seite zur mit einem Dichtungsring d versehenen, angepreßten Isolier-

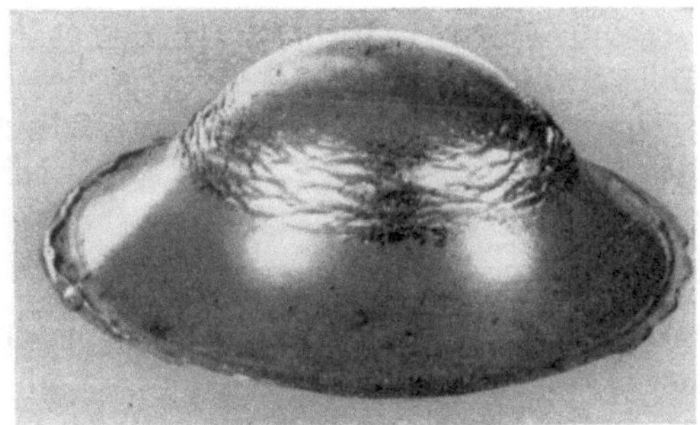

Abb. 63. Einbeulprobe an einem lackierten Blech.

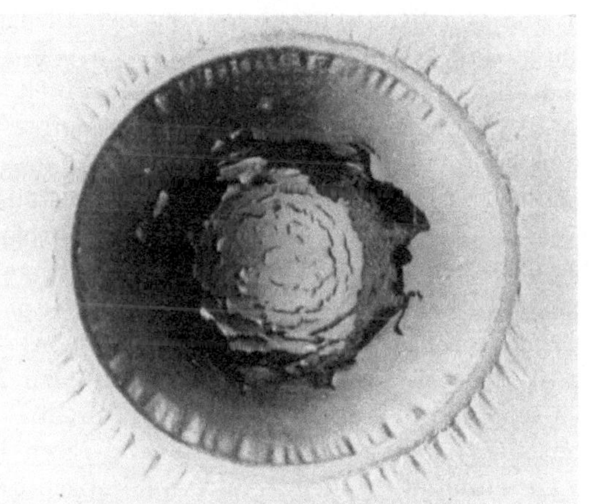

Abb. 64. Getieftes lackiertes Blech geringer Heftfestigkeit, Ansicht von oben.

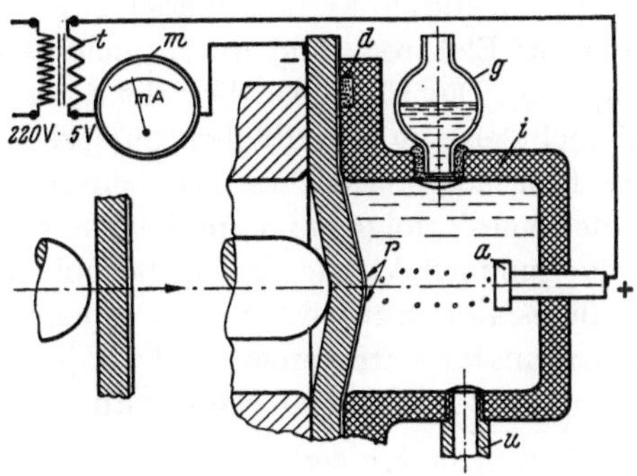

Abb. 65. ERICHSEN-Lackprüfverfahren.

haube i wendet, die die Anode a in der Mitte trägt. Die Elektrolyt-
flüssigkeit, beispielsweise eine 2 %ige Schwefelsäurelösung, kann durch
das untere Rohr u ein- und nach dem Versuch abgefüllt werden.
Darüber befindet sich ein Glasgefäß g, damit man am oberen Wasser-
spiegel die Füllung erkennen kann. Während des Einbeulens steigt dort
die Flüssigkeit. Sobald sich in der Lackoberfläche Risse r bilden, beginnt der Stromübergang zwischen Anode a und dem als Kathode
wirkenden Blech. Die Stromstärke ist am Milliamperemesser m abzulesen. Es kann dabei ein Transformator t oder eine Batterie von
4 bis 6 V eingeschaltet werden. Über der Tiefung wird bei den verschiedenen Lackierungen die Ampereanzeige graphisch aufgetragen.
Die Kurven beweisen die Eignung der verschiedenen Lackarten und
Lacksorten. Freilich ist der hierbei gewonnene Gütewert durchaus nicht
allein von der Art des Lackes, sondern auch von der Sauberkeit, Rauhigkeit und sonstigen Vorbehandlung des Bleches abhängig. Doch ist es
wichtig, daß bei flachen Umformungen, wie sie nun einmal bei Blech-
gegenständen und Karosserien unvermeidlich sind, die Lackierung über
dem Blech nicht reißt, sondern haftenbleibt. Deshalb sollte dieses Verfahren mehr als bisher angewendet werden.

Zum Auffinden von Poren und Fehlstellen in Lack- und Email-
schichten, die mit bloßem Auge nicht sichtbar, für die Haltbarkeit der
Überzüge jedoch von Bedeutung sind, dienen Porensuchgeräte. Das
Prinzip des von DUFFEK entwickelten Porenprüfgerätes[1] beruht darauf,
daß sich bei Stromdurchgang aus wäßrigen — Metall nicht angreifenden — Lösungen organischer Verbindungen Farbkörper in fester und
plastischer Form fast augenblicklich in den Poren bzw. Fehlstellen von
Schutzüberzügen auf Leichtmetallen, Eisen und Zink, also dort, wo
das Grundmetall freiliegt, elektrophoretisch abscheiden lassen. Je nach
der Art der Grundmetalle und der aufgebrachten Schutzüberzüge wurden für die Porenbestimmung verschiedene Prüfindikatoren entwickelt.
Ein anderes Gerät[2] nach STEINGROEVER gemäß Abb. 66 links zeigt die
Fehlstellen durch Funkenübergang beim Bestreichen der Schadstellen
mit einer Elektrode und durch gleichzeitiges Aufleuchten einer Signal-
lampe an. Die Elektrode besteht aus elektrisch leitendem Gummi, der
bei nicht ebenen Oberflächen entsprechend geformt werden kann und
eine Beschädigung der Lackschichten ausschließt. Die Rückleitung des
Prüfstromes erfolgt auf kapazitivem Wege durch eine weitere schmiegsame Gummielektrode, die an beliebiger Stelle auf die Lackschicht des
Prüflings aufgelegt wird. Die Meßspannung wird einem Hochspannungs-
transformator entnommen und ist je nach der zu prüfenden Schichtdicke von 200 bis 3000 V einstellbar. Dafür ist die Stromstärke so ge-

---

[1] Hergestellt von der Phywe-AG, Göttingen.
[2] Hergestellt von Elektro-Physik, Köln.

ring, daß ein Berühren der spannungsführenden Elektroden ungefähr-
lich ist.

Das Hunter-Multi-Purpose-Reflectometer, ein optisches Instrument
der Firma Henry Gardener Inc. in Washington ist ein Prüfgerät, das in

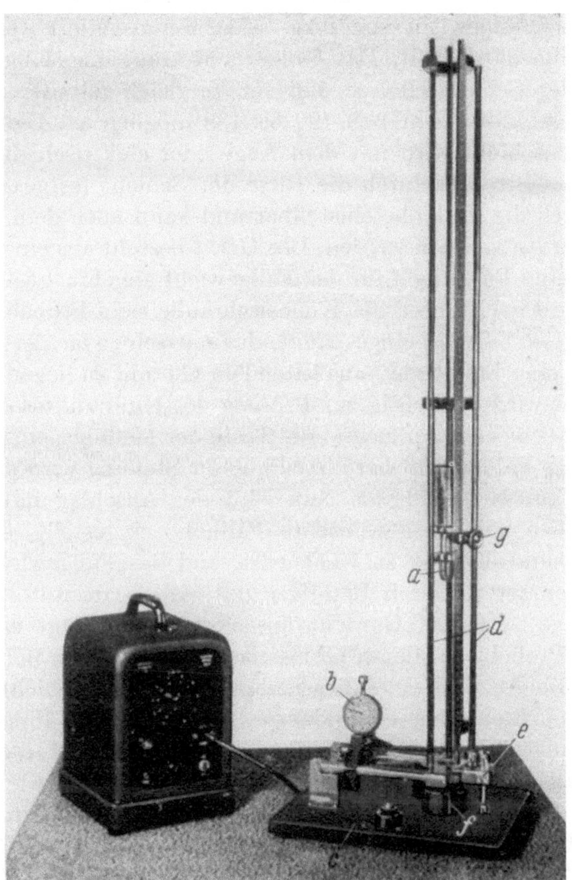

Abb. 66. Porensuchgerät (links) und Schlagprüfgerät (rechts) für
Lackschichten.

USA gern zur Beurteilung von Oberflächen von Blechen, die zumeist
emailliert oder lackiert sind, herangezogen wird. Dabei wird in diesen
Reflektometer ein Vergleichsstück eingesetzt, so daß die Oberflächen-
bilder des zu untersuchenden Teiles und des Vergleichkörpers im gleichen Blickfeld nebeneinander erscheinen.

Die Haftfestigkeit von Lackschichten auf Blechen bei einer schlag-
artigen Beanspruchung ist wichtig für die Lebensdauer und Schutz-

wirkung des Überzuges. Dies gilt besonders für Schichten auf der Innenseite von Behältern, die eine Beschädigung von außen durch Fall oder Stoß erfahren können, wie beispielsweise Konservendosen, Kanister, Tanks. Zur Prüfung der Haftfestigkeit dienen Schlagprüfgeräte. Ein derartiger Apparat, mit dem lackierte Blechproben bis etwa 1 mm Dicke durch ein Fallgewicht von 1 kg bis zu 6 mm getieft werden, ist in Abb. 66 rechts dargestellt. Das Fallgewicht trägt eine Kugel a von 20 mm $\varnothing$ an der Schlagstelle, so daß ein Vergleich mit der Einbeulprüfung nach ERICHSEN gemäß S. 180 bis 188 möglich ist. Die Beschädigung der Lackschicht wird mit dem Auge oder elektrisch durch den Durchgang eines Stromes durch die Risse der Schicht festgestellt. Die Tiefung ist durch die Fallhöhe einstellbar und kann nach dem Versuch an einer Meßuhr b abgelesen werden. Das Gerät besteht aus einer Unterlage c, auf der eine Führung d für das Fallgewicht angebracht ist. Unter der Führung wird nach Lösen der Knebelschraube e ein Probeblech von etwa 50 bis 100 mm Breite eingespannt, das mit seiner lackierten Seite nach unten auf eine Elektrode f aus leitendem Gummi zu liegen kommt. Das Fallgewicht wird vorsichtig zur Prüfung des Nullpunktes der Meßuhr auf das Probeblech gesenkt und die Taste der Meßuhr gedrückt, bis der Anschlag das Fallgewicht berührt. In dieser Stellung wird die Skala der Meßuhr b auf Null gedreht. Nun wird der Anschlag mittels der Klemmschraube g auf die gewünschte Fallhöhe eingestellt, die nach der Blechdicke und Tiefung zu wählen ist, und das Fallgewicht angehoben, bis es einrastet. Durch Betätigen des Hebels am unteren Ende der Außenstange wird das Gewicht ausgelöst und schlägt eine Vertiefung in das Probeblech, deren Größe nach Drücken der Meßuhr angezeigt wird. Die Anzeige einer Beschädigung der Lackschicht erfolgt durch das Aufleuchten einer Glimmlampe des in Abb. 66 links dargestellten und zuletzt beschriebenen Porensuchgerätes. Bei diesem ist eine solche Spannung einzustellen, daß vor dem Fall des Gewichtes nur ein schwaches Aufleuchten der Glimmlampe stattfindet, das durch den kapazitiven Übergang des Stromes durch die Lackschicht auch im unbeschädigten Zustand verursacht wird. Die Spannung ist je nach der Lackdicke zu wählen und beträgt bei einer Schicht von 0,1 mm etwa 800 V. Über die Entwicklung dieser und anderer Schlagprüfgeräte wird auf das Schrifttum verwiesen[1]. Für isolierende Lacke, mit denen beispielsweise Siliziumstahlbleche durch Walzenauftrag versehen werden, wird die sogenannte Durchschlagprobe angewendet, wobei die

---

[1] NIESEN, H.: Zur Prüfung von Konservendosenlacken. Farben-Ztg. Bd. 46 (1941) S. 478—480 u. S. 496—498. — NIESEN, H., u. W. RÖHRS: Ein neues Verfahren zur Prüfung von Anstrichen mit der ERICHSEN-Maschine. Farben-Ztg. Bd. 45 (1940) S. 551/52 u. S. 569—579. — NIESEN, H.: Ein neues Schlagprüfgerät. Farben, Lacke, Anstrichstoffe 1949 Heft 1 S. 10.

Höhe der Spannung beim Durchschlag gemessen wird[1]. Über die Dickenmessung der Lacküberzüge wird unter Abschnitt 3.4172 zu S. 136 eingehend berichtet.

2.7 Emailüberzüge und ihre Prüfung.

Email ist ein Glasfluß. Die Grundstoffe, bestehend aus Gemischen feuerfester Stoffe, Flußmittel, Vortrübungsmittel und anderer Hilfsstoffe[2], werden zuerst eingefrittet, die Fritte gemahlen, und diese werden im Spritz- oder Tauchverfahren aufgetragen und eingebrannt. Es werden hierbei je nach Mischung und Zusammensetzung durchsichtige oder getrübte, farbige oder farblose Überzüge erzielt. Meist werden zwei aufeinanderliegende Glasuren hergestellt, und zwar zuerst die Grundemail und anschließend darüber die Deckemail. Beim Einbrennen des Deckemails verbindet sich dieses mit dem Grundemail. Dabei darf das Deckemail freilich nicht so schwer schmelzbar sein, daß es sich abkratzen oder abstoßen läßt. Grund- und Deckemail sind zwecks Haltbarkeit in möglichst dünner Schicht aufzutragen. Die Dehnzahlen des zu emaillierenden Stahlbleches, des Grundemails und des Deckemails sollen etwa miteinander übereinstimmen, sie liegen bei 370. Der Wärmeausdehnungskoeffizient des Emails ist nur wenig kleiner als derjenige des Stahlbleches zu wählen, damit nach dem Abkühlen der Emailüberzug unter Druck steht. Die Emails werden meist fertig bezogen. Nur Großverbraucher stellen ihre Emailmischungen selbst her.

Abb. 67. Abgesprungene Emailschicht an einer auf Druck beanspruchten Biegekante.

In Abb. 67, 68 und 69 sind drei typische Absplittererscheinungen dargestellt, wie sie an emaillierten Teilen häufig anzutreffen sind, soweit diese unzulässig hohen Beanspruchungen unterworfen werden. So springt nach Abb. 67 die Emailschicht schalenförmig in kleinen Batzen aus, wenn sie auf Druck beansprucht wird. Dies geschieht beispielsweise an der Außenhaut eines gebogenen Teiles, wenn durch plötzlichen

---

[1] Entwickelt von der AEG, Mülheim-Ruhr.

[2] Über die Zusammensetzung und Zubereitung der Emailsorten siehe auch P. Eyer: Emaillieren. Betriebshütte S. 122. Berlin 1951.

Druck die Biegung sich streckt oder wenn umgekehrt an der Innenseite der Biegeform dieselbe noch schärfer gekrümmt wird. Umgekehrt gibt Abb. 68 Bündel paralleler Rißlinien senkrecht zur Zugspannungsrichtung an, wo die Emailschicht nicht wie in Abb. 67 gestaucht, sondern gedehnt wird und daher auseinanderklafft. Die Voraussetzungen dafür sind an der Außenschicht gebogener Teile zu treffen, wenn dort die Biegebeanspruchung noch weiter getrieben wird. Aber auch an der Innenseite gebogener Teile ist diese Erscheinung zuweilen zu beobachten, zumal bei härteren Blechen infolge Rückfederungswirkung. Gewiß sind dies keine so plötzlichen stoßartigen Beanspruchungen, wie sie in Abb. 69 als Folge zu sehen sind. Es können aber kleine einzelne Risse auftreten. Solche wirken infolge ihres dunklen Hervortretens beispielsweise an weißlackierten Kühlschränken oder Herden häßlich, wenn sie in der scharfkantigen Anschlußkante von Verzierungs- oder Versteifungssicken erscheinen. Falls nicht dünner gespritzt werden kann, hilft hier nur eine Konstruktionsänderung derart, daß die bisher scharfwinklige Anschlußkante etwas mehr

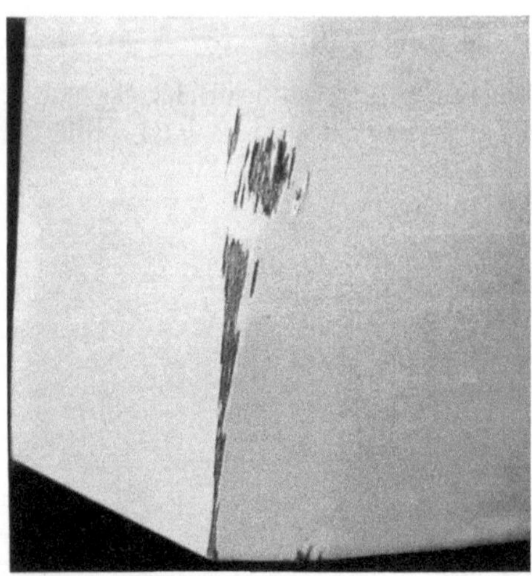

Abb. 68. Abgesprungene Emailschicht an einer auf Zug beanspruchten Biegekante.

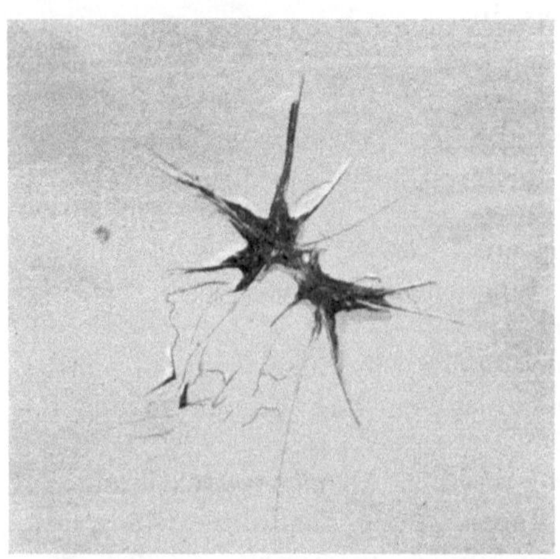

Abb. 69. Typische Absplittererscheinung infolge Druckwirkung gegen die abgekehrte Seite des Bleches.

abgerundet wird. Abb. 69 zeigt schließlich eine Emailabsplitterung infolge eines Stoßes gegen die abgekehrte Seite. Zu einer solchen Splitterung genügen bereits leichte Stöße, die allein keine Blechumformung herbeiführen und keine Druckspuren an der Anstoßstelle zurücklassen.

Zum Emaillieren eignen sich alle Stahlbleche ab Gütegruppe St III 23. Dieses Blech wird auch oft als Emaillierblech bezeichnet. Soweit es der sehr viel höhere Preis gestattet, können auch hochwertigere Stahlbleche der Gruppe St V bis St X 23 zum Emaillieren verwendet werden. Es kommt hierbei darauf an, ob das Blech hohen Umformbeanspruchungen unterworfen wird und man daher auf Bleche einer entsprechend hohen Tiefziehfähigkeit unbedingt angewiesen ist. Ohne besondere Not sollte man jedoch nicht auf solche hochwertigen Bleche zurückgreifen. Denn von St VI 23 ab werden ihre Oberflächen glatter. Eine glatte Oberfläche ist aber gerade für das Emaillieren unerwünscht. Vom emailtechnischen Standpunkt aus sind an ein emaillierfähiges Blech folgende Forderungen zu stellen[1]:

1. Gleichmäßigkeit des Gefüges. Betonte Zeilenstruktur, Einschlüsse, Doppelungen, Blasen und stellenweise Anreicherung von Perlit und Zementit in der Blechoberfläche sind unerwünscht.

2. Die zulässigen Höchstgehalte von $C = 0,1$, $Mn = 0,5$, $P = 0,08$, $S = 0,04$, $Si = 0,08$, $Cu = 0,5$, $Ni = 0,2$, $Cr = 0,2$ und $Mo = 0,1$ (Gewichts-) % sind möglichst nicht zu überschreiten.

3. Beim Glühen soll das Blech gut und gleichmäßig verzundern und sich ebenso gleichmäßig und bequem beizen und reinigen lassen.

4. An den stark umgeformten Stellen soll sich das Stahlblech ebenso gut emaillieren lassen wie an den weniger umgeformten. Der Konstrukteur der zu emaillierenden Blechteile sollte jedoch von sich aus bereits scharfkantige Formeinschnürungen sowie eine erhebliche Formänderungen bedingende Gestaltung vermeiden.

5. Das Blech muß rißfrei schweißbar sein.

6. Das Stahlblech soll möglichst wenig Wasserstoff gelöst enthalten.

7. Die Blechdickentoleranz soll möglichst eng vorgeschrieben werden. Die Dickenabweichungen dürfen keinesfalls über den nach Norm zulässigen liegen. (Siehe Tab. 1, rechte Spalte, S. 2.)

8. Unter Voraussetzung einer richtigen Konstruktion dürfen die zu emaillierenden Blechteile sich in der Wärme weder verziehen noch werfen, noch abnormal schwinden. Der räumliche Wärmeausdehnungskoeffizient (3α) muß innerhalb eines bestimmten Bereiches liegen.

Hinsichtlich der chemischen Analyse von Blechen sei auf Abschnitt 5.1 S. 219 verwiesen. Ergänzend zu obigen unter 2 genannten Gehalten ist darauf hinzuweisen, daß außerdem geringe Beimengungen von Wasserstoff und Stickstoff für den Emaillierer recht maßgebend sein können. Der Stickstoffgehalt fördert die Alterung, womit nicht nur eine Änderung der physikalischen Eigenschaften, sondern auch der Wasserstoff-

---

[1] Nach A. Dietzel u. W. Stegmaier: Vorschläge für emailtechnische Prüfverfahren. Ber. DKG u. VDEfa Bd. 29 (1952) Heft 2 S. 57.

diffusionsfähigkeit beim Altern verbunden ist. Nach DIETZEL scheint der Wasserstoffgehalt des Rohstahlbleches selbst nach dem Beizen nicht so wichtig für den Emaillierprozeß zu sein als die Menge Wasserstoff, die während des Emaillierens aus der Reaktion zwischen Eisen und Wasserdampf in das Blech gelangt. Über ein hierzu notwendiges Prüfverfahren wird am Ende dieses Abschnittes zu Abb. 75 berichtet.

Neben der chemischen Analyse, wobei Baumannproben (S. 222) und Funkenproben (S. 221) als Kurzprüfungen eine gewisse Rolle spielen, sind Alterungsprüfungen (S. 217), die Untersuchung auf genügend große Oberflächenrauhigkeit (S. 277) und die Metallographie (S. 227) zur Beurteilung der Eignung des Bleches für Emaillierzwecke von Bedeutung. Aus dem metallographischen Gefügebild lassen sich Rückschlüsse auf die Emaillierfähigkeit mit ziehen. Günstig sind über den ganzen Querschnitt gleichmäßig verteiltes Ferritgefüge mit geringem Perlit- und Zementitanteil. Ungünstig sind nichtmetallische Einschlüsse, Hohlräume, Seigerungen, Doppelungen (S. 21), sporadisch angehäufter körniger Perlit an der Blechoberfläche, Grobkornbildung an der Oberfläche. Aus dem Flächenverhältnis der Kristallkörnerbildungen Ferrit: Perlit: Zementit läßt sich der C-Gehalt näherungsweise berechnen.

Das Grundemail haftet auf Stahlblech um so besser, je gleichmäßiger und durchgreifender die Verzunderung der Blechoberfläche gelingt. Die Prüfung des Verzunderungsgrades geschieht gewichtsmäßig derart, daß ein kleines Blechtäfelchen mit sauber geschliffenen Schnittkanten an einer Waage mittels eines Platindrahtes aufgehängt wird. Ein entsprechend kleiner auf 800° C vorgeheizter Röhrenofen wird von unten übergeschoben. In Abständen von je 1 Minute wird die Gewichtszunahme infolge Verzunderung ermittelt und am bequemsten bei Verwendung einer Torsionswaage mit Zeiger abgelesen. Der Versuch kann nach 15 Minuten abgebrochen werden. Kriterium ist die Gewichtszunahme in mg/cm² nach 10 Minuten Verzunderung. Für Probeblättchen der Größe 8×23 mm werden dabei Gewichtszunahmen von 4 bis 6 mg/cm² festgestellt. Bei Legierungszusätzen ist die Verzunderung geringer. Zur Berechnung der Oberfläche in cm² darf die Blechdicke nicht vergessen werden. So beträgt sie für ein 1,5 mm dickes Blech bei diesen Zuschnittsmaßen: $2 \cdot 8 \cdot 1{,}5 + 2 \cdot 23 (8 + 1{,}5) = 461$ mm² $= 4{,}61$ cm². Liegt der errechnete und gewogene Wert unter 2 mg/cm², so ist mit Haftfehlern zu rechnen[1]. Seitdem die Bleche wieder chromfrei sind, hat diese Prüfung heute kaum noch Bedeutung.

Wichtiger ist die Prüfung auf Beizblasenanfälligkeit. Beim Beizen werden selbst bei Verwendung von Sparbeizen Wasserstoffmengen atomar aufgenommen und in nur mikroskopisch wahrnehmbaren Rissen

---

[1] DIETZEL, A., u. K. MEURER: Über die Ursache des Haftens von haftoxydfreiem Grundemail an Eisenblech. Sprechsaal Bd. 66 (1933) Nr. 38 S. 647—652.

als Gas gespeichert. Bereits bei Zimmertemperatur entstehen hierdurch die erwähnten Beizblasen. (S. 12 Abb. 5.) Diese Beizblasenbildung tritt selbst bei viel geringerer Wasserstoffspeicherung erst recht beim Emailbrand auf und verderben das Teil. Daher wird vom MPI ein Verfahren empfohlen, Blechzuschnitte von etwa 10×10 cm nach sorgfältigem Entfetten, Stahlbürsten und Spülen 4 Stunden in 20 %ige Salzsäure bei Zimmertemperatur einzulegen. Zeigen sich keine Beizblasen an der Oberfläche, ist das Blech einwandfrei. Abb. 70 zeigt eine Beizblasen anfällige Blechprobe nach der Prüfung. Die Häufung besonders großer Blasen (in der Mitte zu Abb. 70) weist auf Einschlüsse und Doppelungen hin und ist zumeist beiderseits zu beobachten.

Im Central-Laboratorium der Fa. Canco in Chicago ist dafür ein besonderes Gerät entwickelt worden. Hierbei wird die Blechprobe in einen verschließbaren Glaszylinder eingeführt. Nach Zuführung von dazu geeigneten Säuren bildet sich Wasserstoff enthaltendes Gas, das über eine Rohrleitung unter

Abb. 70. Anfälligkeit gegenüber Beizblasen.

einen mittels Federdruck in Ruhestellung gehaltenen Kolben tritt. Die Kolbenführungsstange ist mit einem gelenkig aufgehängten Schreibhebel so verbunden, daß dieser auf einen mit bestimmter Geschwindigkeit ablaufenden Papierstreifen ein Diagramm entsprechend der Zunahme des Gasvolumens über der Zeit aufzeichnet. Der parabelähnlich ansteigende Verlauf geht schließlich in eine schräge Gerade über, deren Neigung und Abstandsentfernung ihres Schnittpunktes mit der Abszisse ein Kriterium für den Grad der Wasserstoffaufnahme bildet.

Einen besonderen Raum in der Prüfung von zu emaillierenden Blechen nehmen die Untersuchungen auf Verzug ein. Die später auf S. 254 beschriebene zerstörungsfreie Spannungsmessung mittels Röntgenstrahlen ist zur Zeit noch schwierig, mag aber eine Zukunft haben. So bewies DIETZEL[1] an einem 2 mm dicken zylindrischen Ziehteil, daß auch nach Erhitzen des Topfes auf 700° die Radial- und Tangentialspannungen in der Zarge zwar zeitweise, aber nicht ganz verschwunden waren.

---

[1] DIETZEL, A., u. W. STEGMAIER: Vorschläge für emailtechnische Prüfverfahren. Ber. DKG u. VDEfa Bd. 29 (1952) Heft 4 S. 133.

Einfacher ist ein vom MPI vorgeschlagenes Verfahren nach Abb. 71 und 72. Die Apparatur besteht in der Hauptsache aus einem kleinen über Rollen an Gegengewichten hochziehbaren, auf 900° C heizbaren Röhrenofen, in den ähnlich dem Verzunderungsversuch eine Blechprobe eingehängt wird. Nur wird dabei der 3 cm breite und 25 cm lange Blechstreifen an seinem oberen Ende an der oberen Traverse des Gestelles eingespannt, während das untere unter dem Ofen herausragende Ende mit dem Hebel eines Zeigerausschlaginstrumentes mit vergrößerter Übersetzung verbunden wird oder gegen diesen sich anlehnt. Dadurch

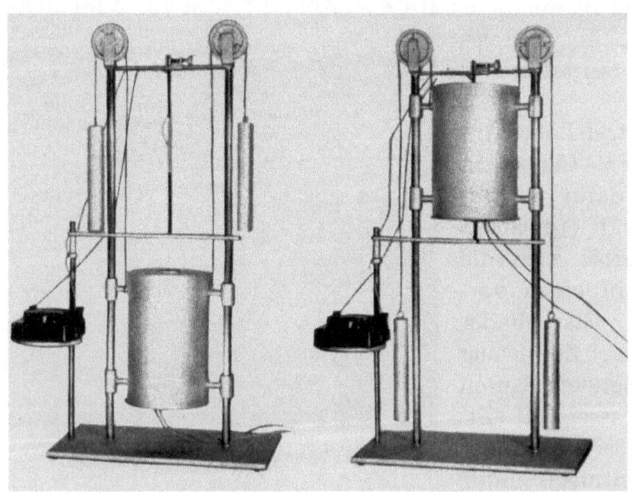

Abb. 71 und 72. MPI-Prüfgerät zur Feststellung des Verzuges durch Walzspannungen des Rohbleches.

werden bereits kleine Ausschläge dieses Hebels an dem in Abb. 71 und 72 links sichtbaren Instrument mit Skala deutlich abgelesen. Abb. 71 zeigt die Apparatur mit heruntergelassenem Ofen, Abb. 72 mit Ofen in Aufheizstellung. Ein spannungsfreies Blech darf sich während des Aufheizens auf 900° C nicht nennenswert bewegen. Es sind nach diesem Verfahren praktisch nur die Walzspannungen des Rohbleches zu ermitteln. Bei Feststellung von durch Umformung hineingetragenen Spannungen wird man diese entweder nach dem bereits genannten Röntgenverfahren oder durch Feststellung der Formänderungen[1] mittels eingeritzter oder aufgedruckter Kreise und Ausrechnung der sich hieraus ergebenden Spannungen an Hand der Formänderungsfestigkeitsdiagramme durchführen.

Eine andere Prüfung ist die Messung der Durchbiegung eines Blechstreifens durch die eigene Last im Ofen bei 870° C, einer Auflagenent-

---

[1] OEHLER, G.: Gestaltung von Ziehteilen (1951) S. 14—19. Siehe auch Werkstattstechn. u. Masch.-Bau Bd. 40 (1950) Heft 6 S. 225—229.

fernung von 25 cm und einer Heizdauer von 10 Minuten. Diese 5 cm breiten und 30 cm langen Probestreifen müssen auf ebener Unterlage etwa 5 Minuten bei 800° entspannt und gegebenenfalls planiert werden. Der waagerecht im Ofen aufliegende Probestreifen ist gegen den Zutritt von Ofengasen zu schützen, evtl. ist die ganze Auflagevorrichtung in einem Metallkasten aus einer zunderfreien Legierung unterzubringen oder es ist mit Schutzgas zu arbeiten[1].

In Zusammenhang mit diesem Verfahren ist auf ein von DIETZEL und MEURER entwickeltes ähnliches Verfahren hinzuweisen für stärkere Bleche, wo das Eigengewicht keine nennenswerte Durchbiegung bringt und mit einer zusätzlichen zwischen den Auflagepunkten angreifenden Druckkraft nachgeholfen werden muß.

Die Standfestigkeit von Blechen kann auch mittels Torsionsapparaten mit den Probestreifen umgebenden Röhrenheizofen beurteilt werden, wie sie auch für andere, insbesondere keramische Stoffe eingesetzt werden[2].

Die Ermittelung des Ausdehnungskoeffizienten geschieht auf Dilatometern, wie beispielsweise demjenigen der

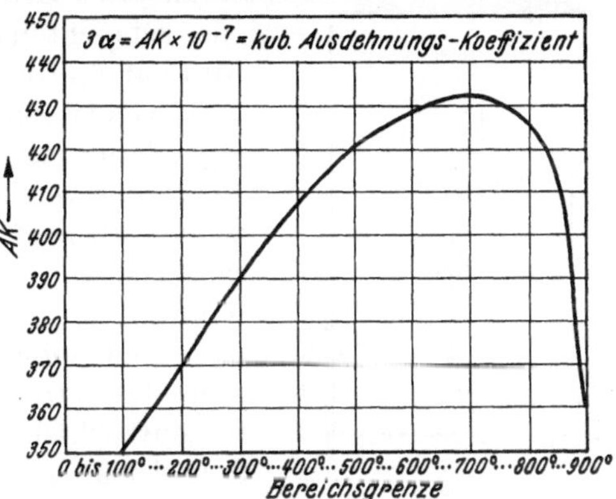

Abb. 73. AK-Richtwert für Emaillierblech über dem Temperaturbereich.

Bauart Bollenrath-Leitz[3]. Bei Angaben des kubischen Ausdehnungskoeffizienten oder des AK-Wertes sollte nie die Nennung des zugehörigen Temperaturbereiches vergessen werden. Den wahren Verhältnissen und Spannungen bei der Emaillierung kommt man am nächsten, wenn man den AK des Bleches zwischen 0° bis Erweichungstemperatur des Emails bestimmt und mit dem AK des aufgebrannten Emails von 0° bis zur Erweichungstemperatur vergleicht. Abb. 73 zeigt eine Kurve für die AK-Richtwerte von Emaillierstahlblech.

Eine Prüfung der Emaillierfähigkeit von Blechen setzt einheitliche Prüfbedingungen voraus, und diese wiederum sind nur nach Schaffung

---

[1] HIGGINS, W.: Tests concerning the metal and the praparation of metalsurfaces for porcelain enameling. Bull. Amer. ceram. Soc. Bd. 23 (1944) Heft 12 S. 473—475.

[2] ENDELL, K.: Torsionsapparatur für feuerfeste Stoffe. Ber. DKG u. VDEfa Bd. 13 (1932) S. 97—124.

[3] METZ, A.: Neue optische Meßgeräte für Werkstück- und Werkstoffprüfungen. Z. VDI. Bd. 92 (1950) Heft 13 S. 323—331.

dafür bestimmter Standardemails durchführbar. Der Fachausschuß
,,Prüfung und Untersuchung'' des VDEfa ist zur Zeit mit dieser Aufgabe beschäftigt[1]. So sind beispielsweise fischschuppenempfindliche und
-unempfindliche Standardemails vorgesehen. Für solche Standardemails
kommt es nicht nur auf die chemische Zusammensetzung, sondern außerdem auf Schmelzweise, auf Schmelzgrad, Art der Mahlung, Feinheit des
Mahlkornes, Art des Auftrages und Einbrandes in Elektroöfen an, um
Einflüsse der Gasflamme auszuschalten.

Bei der Aufkochprüfung nach DERINGER[2] wird nach sorgfältigem
Bürsten und Reinigen oder Sandstrahlen der Blechprobestreifen mit
(Standard-) Grundemail beidseitig gespritzt
oder getaucht und getrocknet. Dieser Streifen
wird auf ein Ringstativ gelegt und von unten
durch Gebläsebrenner (kein wasserstoffreiches
Gas dafür verwenden!) erhitzt, bis eine
Emailzone von etwa 25 mm Breite geschmolzen ist. Zu beiden Seiten dieser Schmelzzone
sind alle Übergangsstufen von der Brenn-
reife bis zum getrockneten Zustand erkennbar. Sind keine Aufkochblasen entstanden,
so ist das betreffende Blech mit diesem Email
für Aufkochfehler nicht anfällig. Ähnlich ist
der gleichfalls von DERINGER empfohlene
Wiederaufkochversuch. Nur wird hierfür eine
bereits im Elektroofen gebrannte Emailprobe
gleichfalls unter schräg angestellten Bren-

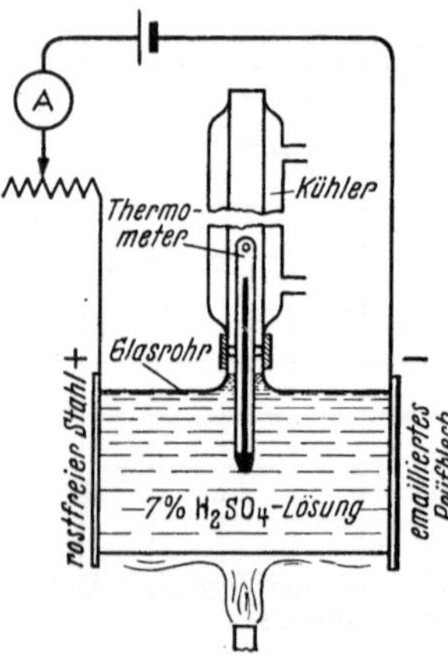

Abb. 74. Prüfgerät zur Ermittlung
der Fischschuppenanfälligkeit.

nern bis in den unteren Bereich der Erweichungstemperatur erhitzt. Die
Erscheinung des Wiederaufkochens zeigt sich durch ein unruhiges Bro-
deln der erweichten Emailoberfläche, wobei sogar die Kochblasen aufplatzen können.

DERINGER hat auch zwei Verfahren zum Nachweis der Fischschuppenanfälligkeit entwickelt. Das eine beruht auf ein einfaches Brennen
der Proben im Laboratoriumsofen. Nach Abkühlung auf Zimmertemperatur und 24stündigem Lagern wird die Zahl der Fischschuppen je
Flächeneinheit und ihre Größe ermittelt. Dabei ist ein blasenfreies,
durchgeschmolzenes und haftoxydhaltiges Grundemail zu verwenden.

Die andere elektrolytische Prüfung geschieht nach Abb. 74 derart,
daß an der einen Seite eines Pyrexglaszylinders eine Scheibe aus rost-

---

[1] DIETZEL, A., u. W. STEGMAIER: Vorschläge für emailtechnische Prüfverfahren. Ber. DKG u. VDEfa Bd. 29 (1952) Heft 4 S. 136. Dort werden einige
Standardemails empfohlen.

[2] DERINGER, W.: Porcelain enameling characteristics of some common metals.
J. Amer. ceram. Soc. Bd. 29 (1946) Heft 11 S. 332– 340.

freiem Stahl, an der anderen die einseitig emaillierte Probescheibe mit
der Emailschicht nach außen gekehrt unter Abdichtung der Flüssigkeit
im Zylinder geheftet wird. Der Zylinder ist mit 7%iger Schwefelsäure
unter Beigabe von 0,25 g Merkurochlorid und 0,5 g Arsenpentoxyd je
Liter gefüllt. Die Lösung wird auf etwa 80° C erwärmt. Über eine 6-Volt-
Stromquelle wird ein Stromkreis hergestellt. Über einen Schiebewider-
stand wird die Stromstärke konstant auf 3 bis 3,5 Amp. gehalten. Auf
gleichmäßige Blechdicke, Emailschichtdicke und der Flüssigkeit zugekehrten blanken Oberfläche ist zu achten. Kriterium des Versuchs ist
die Versuchsdauer bis zum Eintritt der Fischschuppenbildung an der
Außenseite der Probe.

Es wurde bereits eingangs dieses Abschnittes erwähnt, wie wichtig
die Menge Wasserstoff ist, die während des Emaillierens aus der Reaktion zwischen Eisen und Wasser-
dampf in das Blech gelangt. Zur Messung der Wasserstoffdurchlässigkeit
wurde vom MPI ein Verfahren vorgeschlagen, dessen Aufbau sich aus
Abb. 75 ergibt. Die Teile dieses Ge-
fäßes werden mittels Unterplatte,
Oberplatte und außenliegenden
Schraubenbolzen miteinander verspannt. Auf der Unterplatte liegt
zwischen den unteren Gummidich-
tungsringen die als Boden dienende

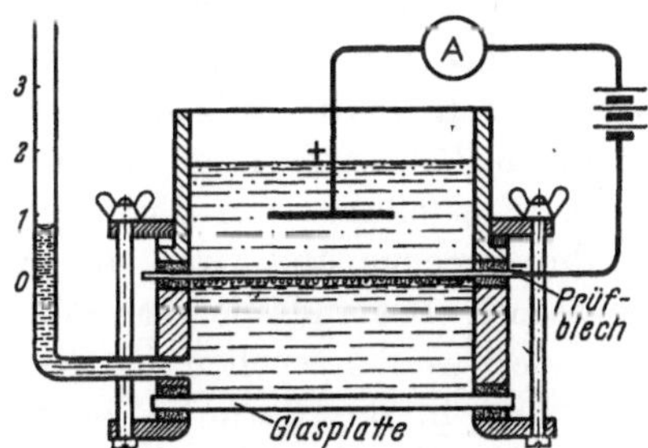

Abb. 75. MPI-Prüfgerät zur Feststellung der
Wasserstoffdurchlässigkeit.

Glasplatte, damit von unten der Durchtritt der Wasserstoffblasen durch
das Blech erkannt wird. Darüber befinden sich der untere Porzellanzylinder mit seitlich abzweigendem Steigrohr, zwischen den darüberliegenden Dichtungsringen die zu untersuchende Blechscheibe und
noch darüber der Flansch des oberen Porzellanzylinders. Dieser obere
Porzellanzylinder ist nach oben offen und mit 2%iger Schwefelsäurelösung als Elektrolyt gefüllt. Das zu prüfende Blech ist an eine 6-Volt-
Batterie als Kathode angeschlossen, während von oben in die Lösung
unter Zwischenschaltung eines Stromstärkemessers eine Graphit- oder
Platinanode taucht. Der Raum unter dem Prüfblech ist mit Wasser
gefüllt. Nach Einschalten des Stromes entwickelt sich am Prüfblech
auf der Schwefelsäureseite naszierender Wasserstoff, welcher je nach
der Blechbeschaffenheit mehr oder weniger schnell nach unten hindurch diffundiert, sich gasförmig im unteren Teil des Prüfgefäßes
sammelt und entsprechend seinem Volumen das Wasser im Steigrohr
nach oben drückt.

An fertigemaillierten Blechen lassen sich ebenso wie bei angestriche-
nen nachträglich bei verschiedenen Temperaturen Haftuntersuchun-

gen[1] durchführen, indem beispielsweise die emaillierten Bleche flachen
Einbeul-, Biege- oder gar Kugelfalluntersuchungen unterworfen werden.
Auch Porensuchgeräte werden eingesetzt. Diese Prüfungen zeigen jedoch
gegenüber den im vorhergehenden Abschnitt zu S. 106 bis 108 beschrie-
benen kaum bemerkenswerte Unterschiede. Zumeist können dieselben
Aggregate wie bei der Lacküberzugsprüfung hier eingesetzt werden.

Ein neues, unter dem Namen Statiflux[2] bekanntes Untersuchungsverfahren zur Ermittlung von Rissen auch in elektrisch nichtleitfähigen
Werkstoffen, wie beispielsweise in Emailüberzügen, wurde von der
Magnaflux-Corporation in Chicago entwickelt. Der zu prüfende Gegenstand wird zuerst in eine warme (140° F = 60° C), basische durch-
dringende Lösung getaucht oder mit ihr besprüht und anschließend
durch Abwischen oder im Luftstrom getrocknet. Mittels einer, einer
Spritzpistole ähnlichen Vorrichtung wird ein feines Pulver mit tritoelek-
trischen Eigenschaften, beispielsweise Calcium-Carbonat, das dabei
elektrostatisch positiv aufgeladen wird, auf das zu untersuchende Teil
gemäß Abb. 174 Seite 211 geblasen. Dieses Gerät gestattet eine weitest-
gehende Einstellung von Luftmischungsverhältnis, Blasgeschwindig-
keit, Pulvermenge und Grad der Aufladung. Sobald nun die positiv
aufgeladenen Bestandteile des Pulvers gegen die emaillierte Schicht
geschleudert werden, suchen sich die negativen Elektronen in der Emailschicht und in der darunter befindlichen Stahlschicht, ihnen zuzu-
wenden. Die Emailschicht als elektrisch nichtleitender Werkstoff gestattet dies nicht im Gegensatz zur darunterliegenden Metallschicht.
Bei Vorhandensein von Rissen in der Emailschicht, die durchaus nicht
bis auf den Grund, also bis zur Metallfläche hinabreichen müssen,
werden sich die elektrostatisch aufgeladenen Staubteilchen dort sam-
meln. Durch das vorherige Aufbringen einer in die Risse eindringenden
basischen Flüssigkeit wird diese Wirkung verstärkt, indem die negativen Elektronen jener in den Rissen nach oberflächlicher Trocknung
des Teiles noch befindlichen Flüssigkeit nach auswärts den ankommen-
den positiv aufgeladenen feinen Pulverkörnern entgegenstreben, während die positiven Elektronen den negativen Elektronen an der Außenseite des Bleches zugekehrt sind, selbst wenn dazwischen noch Email-

---

[1] DIETZEL, A.: Zur Frage der Emaillierfähigkeit von Stahlblechen. Sprechsaal
Bd. 82 (1949) Nr. 24 S. 105. — DIETZEL, A., u. W. STEGMAIER: Vorschläge für
emailtechnische Prüfverfahren. Ber. DKG u. VDEfa Bd. 29 (1952) Heft 4 S. 137.
[2] Entwickelt von der Magnaflux-Corp. Chicago 31, Illinois, gemeinsam mit
dem Battelle-Memorial-Inst. Siehe hierzu auch: USA-Patent 2499466. Ferner:
STAATS, H.: Observations on the nature of cracks in porcelain enamel. Amer.
Ceramic-Soc. Bull. 31 (1952) Nr. 2, S. 33—38.
PETERSEN, A., JONES, R., ALLEN, A.: A new method for Studying fractures
of porcelain enameled specimens. J. Amer. ceram. Soc. Bd. 31 (1948) Heft 7,
S. 186—193.

werkstoff isolierend wirkt. Je stärker die Isolierung, um so schwächer der Pulverniederschlag und je schwächer die Färbung um so dünner die

sich auf der Emailschicht abbildende Linie, die die Lage des Risses charakterisiert. Einzelne Linien zeigen sich dabei seltener als ein fein verästeltes zentrales Netzwerk, ähnlich dem Netz einer Spinne. Eine Netzlinienbildung konnte gemäß Abb. 76 an dem Boden einer Emailschüssel durch Statiflux nachgewiesen werden. Diese Erscheinung zeigt sich insbesondere bei Druckausbeulbeanspruchungen an jener Stelle, die durchaus noch nicht zu meßbaren Umformungen führen. Bei durch Biegebeanspruchungen oder -spannungen sich ergebenden Rissen zeigen dieselben Scharen paralleler Linien. Abb. 77 zeigt zwei sich kreuzende Scharen von nach diesem Verfahren sichtbar gemachten Linien, die senkrecht zur Biegeebene stehen. Es

Abb. 76. Boden einer emaillierten Schüssel mit durch Statiflux sichtbar gemachten Rissen.

Abb. 77. Durch Biegebeanspruchung in 2 Richtungen herbeigeführte und mittels Statiflux sichtbar gemachte Risse.

wurde in zwei verschiedenen Richtungen gebogen. Die bei der zweiten Biegung entstandenen Linien zeigen, im Gegensatz zu den anderen, Unterbrechungen und werden von den durchgehenden Linien der ersten Biegung begrenzt. Zwecks deutlicher Abzeichnung derartiger Rißbilder wird auf dunklem Email ein helles Pulver und auf hellfarbigem und weißem Email ein dunkelgraues Pulver verwendet.

Man hat schon früher versucht, derartige Rißbilder durch Aufbringen stark angereicherter Salzlösungen auf der Emailschicht zu erzeugen. Dies gelingt jedoch erst bei so großen Rissen, daß man diese bereits mit dem bloßen Auge unter schräg einfallenden Lichtstrahlen gegen die Oberfläche erkennen kann. Der große Vorteil des obenbeschriebenen Statiflux-Verfahrens beruht eben auf seiner großen Empfindlichkeit, so daß selbst Risse entdeckt werden, die nicht einmal mikroskopisch nachgewiesen werden können.

Von der Magnaflux-Corp. Chicago wurden weitere Prüfverfahren bekannt und sind teilweise noch in der Entwicklung. Hierzu gehören das Partek-Verfahren, das ähnlich der hier beschriebenen Statiflux-Prüfung zur Untersuchung keramischer und nichtleitender Stoffe geeignet ist.

Wenn auch die Untersuchungsmethoden für die Haltbarkeit des Emailüberzuges am fertigen Erzeugnis wichtig sind, so geben sie nicht immer Aufschluß über die eigentlichen Ursachen hierfür. Daher ersetzen sie nicht jene voraus hier beschriebenen Prüfverfahren, welche den Nachweis für die jeweilige Ursache bringen, wie beispielsweise Beizblasenanfälligkeit, Wasserstoffdurchtritt, Verzunderung, Verziehen und Verwerfen, Aufkochen, Wiederaufkochen, Stippenbildung und Fischschuppen. Über die Dickenmessung der Emailüberzüge wird unter Abschnitt 3.4172 zu S. 136 eingehend berichtet.

Am Schluß dieses Kapitels sei auf die Prüfung der Säurewiderstandsfähigkeit von Emailüberzügen kurz hingewiesen. Zumeist werden dafür aus dem fraglichen Blech Halbkugeln von 100 mm Durchmesser gezogen und innen emailliert. In diese Prüfkörper werden 100 ccm 20%iger Salzsäure eingefüllt und in Verbindung mit einer Rückflußkühleinrichtung 8 Stunden lang gekocht. Die zurückbleibende Säure wird eingedampft, der Rückstand wird getrocknet und gewogen. Nach den Firmennormen gilt zur Zeit bei einer so gewogenen Rückstandsmenge bis zu 3 mg/cm² bezogen auf die von der Säure benetzte Oberfläche der Emailüberzug als hochsäurefest.

3. Die Blechdicke.

3.1 Blechdickentoleranzen.

In der rechten Spalte der Tab. 1 sind die DIN-Blattziffern für die Abmessungen und Dickentoleranzen der Bleche angegeben. Sie sind dort von großer Bedeutung, wo beim Tiefziehen das Blech außen zwischen Blechhalterunterfläche und Ziehringoberfläche gedrückt und während des Tiefziehens über die Ziehkante hinweggezogen wird. Man kann wohl sagen, daß diese Voraussetzung bei mehr als ¾ aller Ziehteile erfüllt wird. Nur bei einigen Verfahren, wie z. B. beim Streckziehen, beim Gummiziehen, beim Ziehen unter Fallhammer- oder Nachschlagpressen und bei einem Teil der Ausbauchverfahren, ist der Einfluß der Blechdickentoleranz auf die Umformung unerheblich.

In bezug auf die Blechdickentoleranz ist folgendes wohl zu unterscheiden: Die nach DIN festgelegten Toleranzen gelten für die Dicke und sind nach den allgemeinen Toleranzregeln so zu verstehen, daß die Dicke eines Bleches im ganzen zwischen dem oberen und unteren Abmaß schwanken kann (Abb. 78a und 78b), daß aber auch die Dicke innerhalb eines Bleches hier das obere, dort das untere Abmaß erreichen darf (Abb. 78c). Unter Umständen muß eine noch größere Stärkenschwankung in Kauf genommen werden. Denn da im Gegensatz zu den sonstigen Toleranzbedingungen nur verlangt wird, daß der Durchschnitt aus mehreren Messungen innerhalb der Toleranz T liege, können einzelne Werte

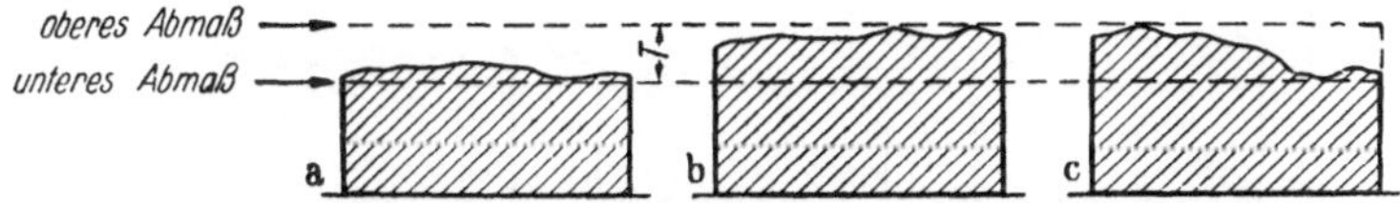

Abb. 78a—c. Mögliche Grenzfälle innerhalb der Blechdickentoleranz T.

sogar erheblich darunter- oder darüberliegen[1], dessen sind sich die meisten nicht bewußt.

Es ist dabei zu beachten, daß bei den verschiedenen Normblättern nach DIN sowohl die Anzahl der Messungen, aus denen der Durchschnitt der Blechdicke berechnet wird, als auch die Abstände vom Rand und den Ecken der Blechtafeln, innerhalb derer nur Messungen gültig sind, ganz verschieden angegeben sind. So ist beispielsweise für gewöhnliches Ziehstahlblech nach DIN 1541 Bl. 1 angegeben, daß jeder Meßpunkt mindestens 40 mm von der Tafelkante entfernt liegen muß und als Blechdicke der Durchschnitt von vier Messungen an einem Blech gilt. Für Tiefziehstahlblech nach DIN 1541 Bl. 2 gilt als Blechdicke der Durchschnitt aus acht Messungen, von denen je drei auf die beiden Enden und die Mitte jeder Längsseite und die eine auf die Mitte jeder Querseite zu verteilen sind, wobei alle Meßpunkte 40 mm von den Kanten entfernt liegen. Bei Bandstahl nach DIN 1544 sind mindestens 3 m von den Ringenden abzumessen. Bei Bandstahl unter 40 mm Breite sollen die Meßpunkte in der Mittellinie liegen, bei Bandstahl über 40 mm Breite sollen sie mindestens 20 mm von der Kante entfernt sein; das Mittel von je drei Messungen an etwa 150 mm aufeinanderfolgenden

---

[1] Die gleichartige Behandlung bei runden Stücken und die Einführung von Formtoleranzen s. KIENZLE: Eingegrenzte Werkstückabmessungen. Z. VDI 1936 Nr. 9 S. 225.

Stellen muß innerhalb der zulässigen Abweichungen liegen. Für Bleche aus Aluminium nach DIN 1753, aus Kupfer nach DIN 1752, aus Messing nach DIN 1751, aus Sondermessing nach DIN 1777, aus Aluminium- und Magnesiumlegierungen nach DIN 1783 und 9101 sowie aus den Streifen und Bändern aus jenen Werkstoffen nach DIN 1784, 1791 1792 und 1793 werden die Randbereiche, innerhalb derer nicht gemessen werden darf, unter Erläuterung einer Skizze für das Randmaß a und das Eckenabstandsmaß 2,5a in Abhängigkeit von der Breite ganz verschieden vorgeschrieben.

Es soll an dieser Stelle nicht untersucht werden, inwieweit für diese Meßausschlußbereiche für die einzelnen Normblätter eine Vereinheitlichung möglich ist oder nicht; wünschenswert wäre sie ganz gewiß.

Die Stärkenschwankung innerhalb eines Bleches ist also eine solche der Form, nämlich der Parallelität der beiden Blechflächen, und diese Schwankung spielt die Hauptrolle, Die Dickentoleranz von Stück zu

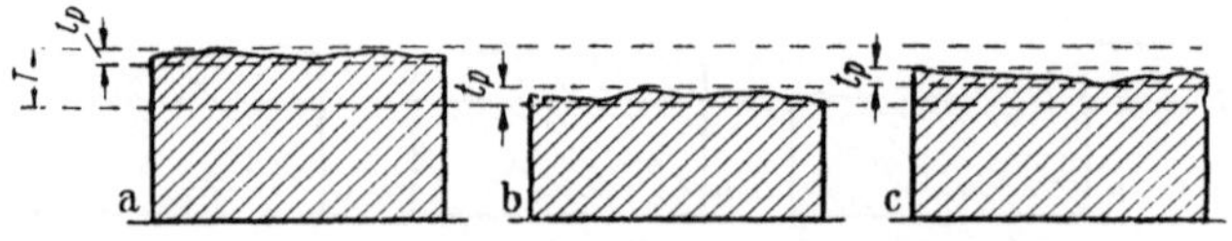

Abb. 79a—c. Mögliche Fälle innerhalb einer Parallelitätstoleranz t_p.

Stück spielt eine geringere Rolle. Es wird nun gezeigt werden, daß die Parallelitätstoleranz klein sein muß. Man wird also dazu kommen, innerhalb der genormten Dickentoleranz T eine geringere Parallelitätstoleranz t_p innerhalb des einzelnen Bleches vorzuschreiben, wie dies auch sonst beim Verhältnis von Formtoleranzen zu Maßtoleranzen der Fall zu sein pflegt. Abb. 79a—c zeigen, wie sich eine „Parallelitätstoleranz" t_p, die beliebig innerhalb der Gesamtstärkentoleranz T liegt, auswirkt.

3.2 Einfluß der Parallelitätstoleranz auf das Ziehergebnis.

Beim zylindrischen Zug, also beim Tiefziehen eines Topfes mit senkrechter Zarge und ebener Bodenfläche, trifft der Stempel bei der erstmaligen Berührung mit seiner vollen Unterfläche auf das Blech. Die außerhalb dieser Fläche liegenden Teile werden, abgesehen von einer schmalen, durch den Ziehspalt und der Abrundung des Ziehringes bedingten Zwischenringfläche zwischen Ziehringoberfläche und Blechhalterunterfläche, festgehalten. Der Blechhalterdruck p_n (im Durchschnitt etwa 20 kg/cm²) liegt jedoch nun durchaus nicht gleichmäßig auf allen Teilen des äußeren Blechflansches. Es findet nur ein Druck gegen die dicken Stellen eines äußeren Blechflansches statt. Wenn man also die Blechhalterkraft aus dem Produkt von spezifischem Blechhalterdruck p_n mal Ringfläche $\frac{\pi}{4}(D^2 - (d + 2r)^2)$ berechnet, wobei D als

Zuschnittsdurchmesser, d als Ziehdurchmesser und r als Ziehkantenhalbmesser bezeichnet werden, so darf man sich keiner Täuschung hingeben, daß nun wirklich dieser spezifische Blechhalterdruck überall gleich ist. Er wird an den dicken Stellen des Bleches sehr viel höher und an den dünnen etwa $= 0$ sein. Der druckelastische Bereich ist bei Blechen sehr gering, und ebensowenig reicht der Blechhalterdruck aus, um durch eine Umformung einen Dickenausgleich zu erreichen. Gewiß wurden Blechhalter mit kugelflächiger Anlage oder lockerer Federaufhängung und Luftkissen entwickelt, die zumindest eine Dreipunktauflage auf dem Blech gewährleisten. Sogar eine schmiegsame, mit elastischen Streifen gestützte Blechhalterfläche als Ausrüstung der Ziehwerkzeuge wurde zum Zweck des Ausgleiches der Parallelitätstoleranz ausprobiert, hat sich aber aus Gründen des Verschleißes nicht bewährt[1]. Man wird also davon ausgehen müssen, daß das Blech an zwei bis drei, aber nicht viel mehr Stellen des Zuschnittes vom Blechhalter gehalten wird. Diese Stellen liegen im Anfang beliebig, später ziemlich weit außen, da der Blechflansch während des Ziehens dort dicker wird. Dieses ist durch die Verkürzung des Außendurchmessers und der sich hieraus ergebenden Tangentialstauchung bedingt. Dadurch legen sich bei runden Zügen mehr und mehr Teile an die Niederhalteflächen an, während bei viereckigen Zügen an den flachen Partien der Seitenmitten die Stauchung entfällt. Daher ist besonders bei diesen diese Festhaltung im allgemeinen ungenügend. Das Blech ist bemüht, an den Stellen des Ziehringes leichter über die Ziehkante zu gleiten, wo es nicht festgehalten wird als dort, wo der Niederhalter es festhält.

Abb. 80 zeigt den Anteil der ungeführten, nicht unter Reibungsdruck stehenden Fläche bei vier verschiedenen Tiefziehformen I—IV. Unter I wird der zylindrische Zug verstanden. Dabei ist die Ringfläche der Breite f, welche im Augenblick des Auftreffens des Stempels auf das Blech nicht von Werkzeugteilen berührt wird, verhältnismäßig klein. Sie ist in dem Schaubild mit 30% der Kreisfläche des Ziehdurchmessers d angenommen. Begrenzt wird diese ungeführte freie Ringfläche auf der einen Seite durch den Beginn der Abrundung auf der Ziehringfläche und den Beginn der Abrundung auf der Stempelunterfläche. Kurz nach erstmaliger Berührung des Stempels mit dem Blech wird bei fortschreitender Ziehtiefe die Ringbreite des von keiner Werkzeugfläche berührten Blechringes sehr schnell kleiner. Der Ziehstempel beginnt den Rand des flachen Bodens des Ziehteiles zu formen, und sobald das Blech sich an den Stempelboden angeschmiegt hat, bildet sich auch schon die Zarge.

Bei der Halbkugelform nach II ist die ungeführte Ringfläche f im Anfang sehr viel breiter und nimmt nur allmählich mit fortschreitender

---

[1] OEHLER, G.: Ausbildung wirksamer Ziehring- und Blechhalterflächen. Ind.-Anz. Bd. 73 (1951) Nr. 66 S. 723/24.

Ziehtiefe zu. Eine sehr viel größere Ringfläche bleibt jedoch bei den Ausführungen nach Form III (Kegelstumpf) und nach IV (Kegel), wo erst kurz vor Vollendung der Form sich das Blech an den Ziehstempel anschmiegt. Deshalb ist bei diesen Formen III und IV die Bildung von Falten viel eher möglich als bei Form I und II. Die Form I ist daher am

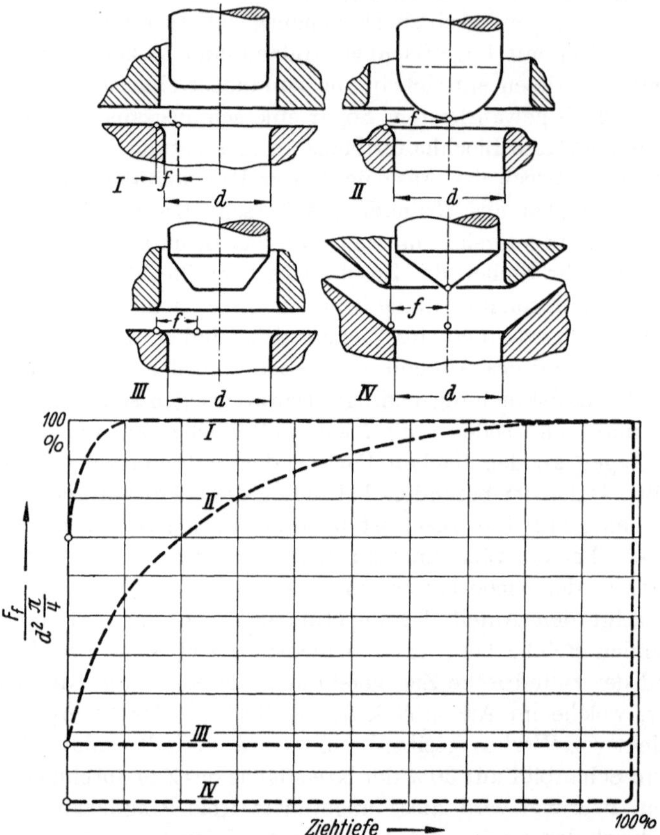

Abb. 80. Anteil der ungeführten, nicht unter Reibungsdruck stehenden Fläche bei verschiedenen Tiefziehformen I—IV.

leichtesten, die Form IV am schwersten zu ziehen. Über die Möglichkeit der Faltenverhinderung soll hier nicht gesprochen werden. Sie sei aber doch im Zusammenhang mit dem Einfluß der Blechdickenabweichung ausdrücklich erwähnt. Wenn bei Form I Blechdickenabweichungen vorliegen, so machen sich diese nicht so verhängnisvoll geltend wie bei den anderen Formen II bis IV, da kurz nach Auftreffen des Ziehstempels das Blech zur Zarge umgeformt wird. In Form II wird nicht gleich beim Auftreffen des Stempels das Blech zur Zarge umgeformt und allseitig während der weiteren Umformung zwischen Ziehstempel und Ziehring geführt. Bei den Formen III und IV verbleibt eine sehr viel breitere ungeführte Ringfläche, und bei einem ungleichmäßigen Festhalten des Blechflansches an zwei gegenüberliegenden Stellen kann der Werkstoff über die Ziehkante an den anderen Stellen sehr viel leichter ungleichmäßig einfließen als beim zylindrischen Tiefzug. Daher müßten für derartige Formen besonders enge Blechdickentoleranzen vorgeschrieben werden. Ein Beispiel dafür ist das in Abb. 81 dargestellte, kegelstumpfförmige Ziehteil. Der Zuschnittsdurchmesser beträgt 415 mm, der sich nach dem Ziehen auf einen Blechflanschdurchmesser von 405 mm verkürzt, der Ziehkantendurchmesser beträgt

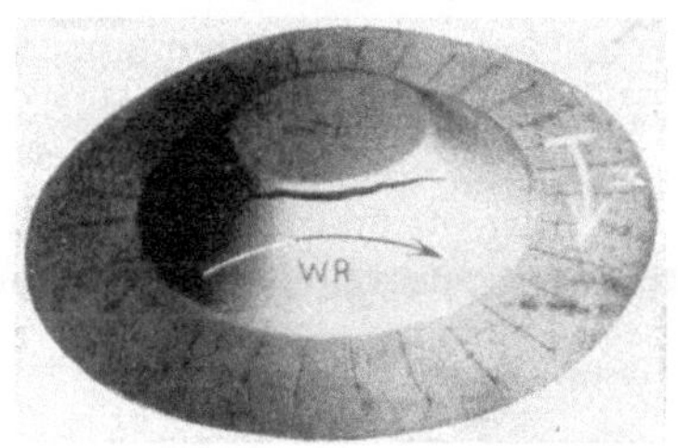

Abb. 81. Kegelstumpfförmiges, in Walzrichtung (WR) gerissenes Ziehteil.

260 mm, der Bodendurchmesser 130 mm und die Ziehtiefe 60 mm. Die Nenndicke des verwendeten, sonst hochwertigen, doppelt dekapierten Tiefziehstahlbleches beträgt 0,5 mm. Die Walzrichtung des Bleches

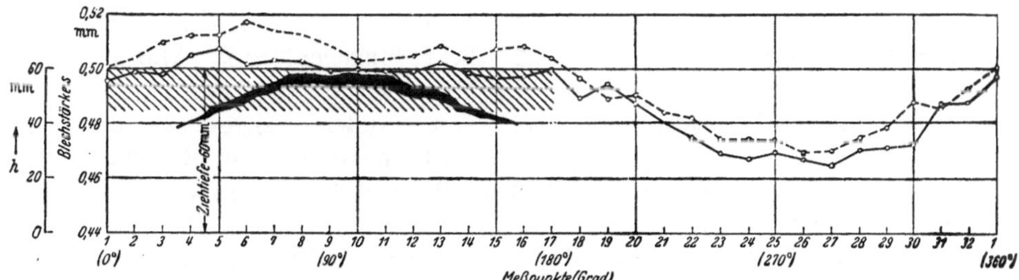

Abb. 82. Ergebnis einer Blechdickenmessung am Flansch des Ziehteiles zu Abb. 81.

ist durch einen Pfeil mit den Buchstaben WR gekennzeichnet. Ein zweiter Pfeil auf dem Blechflansch zeigt die Reihenfolge der Messungen an, wobei der hintere Abschlußstrich des Pfeiles die Meßstelle I bezeichnet. Die Messungen ergeben in 15 mm Abstand von der Ziehkante entsprechend der ausgezogenen Kurve und in 30 mm Abstand von der Ziehkante gemäß der gestrichelten Kurve des Schaubildes der Abb. 82, die Blechdicke an 64 verschiedenen Stellen des Blechflansches. Bei solchen Untersuchungen, die an mehreren gerissenen Ziehteilen vorgenommen werden, ist die Walzrichtung mit zu beachten. Liegen die Risse in allen oder den meisten Fällen parallel zur Walzrichtung gemäß Abb. 81, so spricht dieser Umstand zunächst gegen eine allgemeine Tiefzieheignung. Wird hingegen an mehreren gerissenen Ziehteilen ein Einfluß der Walzrichtung auf die Lage des Risses nicht beobachtet und befinden sich die Risse in radialer Zuordnung unter den dicksten Stellen des Blechflansches, wie dies Abb. 82 veranschaulicht, so ist die Ursache für den Fehler in einer ungleichen Blechdicke zu suchen[1].

Werden die Bleche nicht tiefgezogen, sondern auf Automaten, wie beispielsweise auf den bekannten Bodymakern in der Konservendosenfertigung nach Abb. 83 oben, gefalzt, so ist dort die Empfindlichkeit gegen Dickenabweichungen noch größer[2]. Bei zu dicken Blechen tritt in der Falzgrube ein zu hoher Prägedruck ein, und die Bleche brechen in den Kanten des Falzes nach Abb. 83 unten auf. Diese Brüche treten bei Alterung oft erst später an der schon gefüllten Dose auf. Weiterhin führen diese zusätzlichen Spannungen während der Erstarrung des Lötzinns zu geringen Verschiebungen zwischen den zu verlötenden Teilen und setzen die Festigkeit der Lötnaht, vor allem an den überlappten Enden, herab. Offene Lappen, d. h. teilweise aufgeplatzte Lötnähte und dementsprechend Undichtigkeiten von Dosen, sind die Folge. Der Falz aus zu schwachem Blech liegt hingegen nach Abb. 83, Mitte, locker. Das Lötzinn, das von außen angeschwemmt wird und infolge der Kapillarwirkung durch den Falz hindurchfließen soll, hat durch die großen Hohlräume hierzu keine Möglichkeit.

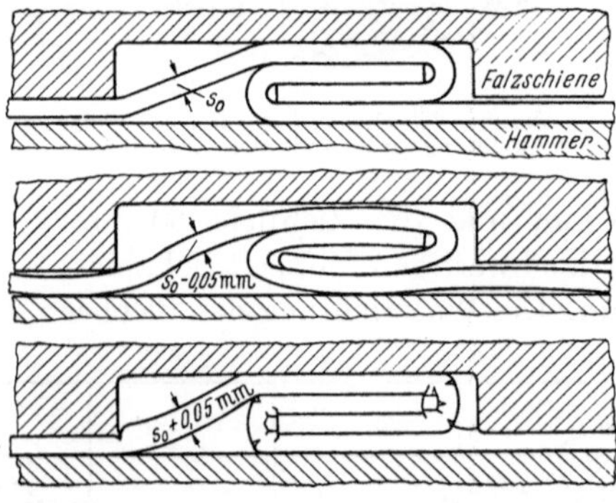

Abb. 83. Falzlage in der Bodymaker-Maschine.

Es verbleiben ungelötete Stellen (Inseln), die Anlaß zu Undichtigkeiten geben. Die schädliche Auswirkung zu großer Blechdickentoleranzen, zu niedriger oder zu starker Andruck der Falzrollen und deren falsche Einstellung werden durch Falzquerschnitte nachgewiesen, was am besten mit einer Kunstharzschleifscheibe geschieht, aber auch durch Aufsägen von Hand erfolgen kann. Aus den Längsfalznähten der Dosenzargen wurde dies bereits in Abb. 83 im Hinblick auf die Blechdickenabweichungen erläutert. Querschnitte durch Deckelfalze zeigen Abb. 84, 85 und 86. Die erste Abb. 84 stellt eine vorschriftsmäßige Falzung dar. Der nach unten weisende Zargenrand ist durch die Druckrollen etwas geschwächt. Alle Falzflächen liegen gleichmäßig aufeinander und bewirken eine gute Dichtung.

---

[1] Siehe auch den Aufsatz des Verfassers über Ziehfehler als Folge von Stärkeabweichungen der Tiefziehbleche. Werkstattstechnik 1938 Heft 3 S. 50ff.

[2] TANGERMANN: Bedeutung der Güteunterschiede an Feinblechen für die Herstellung von Konservendosen. Werkstattstechn. u. Masch.-Bau Bd. 41 (1951) Heft 6 S. 239—293.

Bei zusätzlicher Lötung wird wenig Lötmittel verbraucht. Im Gegensatz hierzu sind die Hohlräume innerhalb des Falzes nach Abb. 85 erheblich größer. Hier stimmt die Einstellung des Falzrollenabstandes

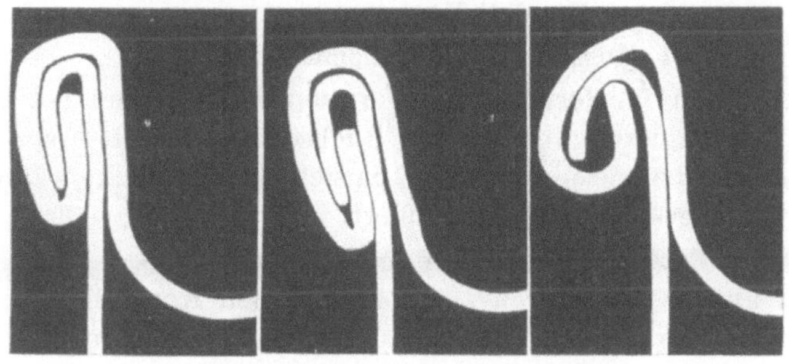

Abb. 84—86. Deckelfalzquerschnitte.
84 einwandfreier Falz; 85 zu weit überstehender Deckeldurchmesser; 86 zu lockere Anstellung der Schließrollen.

nicht. Dieser Mangel tritt jedoch hinter der viel zu lockeren Falzung nach Abb. 86 zurück, die unbrauchbar ist und auf einen zu geringen Anstelldruck der Falzrollen zurückzuführen ist.

3.3 Präzisionstoleranzen.

Die Bemessung der Dickentoleranz ist selbstverständlich von wirtschaftlicher Bedeutung. Es ist durchaus technisch möglich, Bleche mit erheblich geringeren Dickenabweichungen herzustellen. So wird beispielsweise kürzlich berichtet[1], daß ein Wiener Blechwalzwerk Aluminiumbleche von 0,8 mm Dicke bei einer Dickentoleranz von $\pm$ 0,003 mm herstellt, was etwa dem Gütegrad IT 4 entspricht, während für das gleiche Blech nach DIN 1753 eine Dickentoleranz von $\pm$ 0,04 mm gemäß IT 9 vorgeschrieben wird. Es besteht also kein Zweifel darüber, daß eine erhebliche Unterschreitung der Dickenabweichungen nach den DIN-Normen ohne weiteres möglich ist. Auf der anderen Seite darf nicht übersehen werden, daß die Herstellung derart fein tolerierter Bleche kostspieliger wird als solcher mit größeren Dickenabweichungen. Es besteht daher Veranlassung zu prüfen, inwieweit eine Herabsetzung der Blechdickentoleranz ohne bemerkenswerte Verteuerung der Bleche möglich ist und wo mit Rücksicht auf die Einsparung von Fehlstücken eine Preiserhöhung gut vertragen werden kann. Die Anzahl derjenigen Ziehteile, die in der Werkstatt infolge zu großer Blechdickenabweichungen reißen oder sonstige Schäden aufweisen, ist nicht zu unterschätzen. Sicher aber dürfte sein, daß man nicht durchweg feinere Toleranzen braucht, sondern wahrscheinlich zwei bis drei Genauigkeitsgrade für die

---

[1] Aluminium News-Letter Bd. 2 (1949) Heft 10 S. 2.

verschiedenen Zwecke, wie dies bei den meisten Halbzeugen der Fall ist. So enthält bereits der Neuentwurf Bandstahl zu DIN 59200 für die gleichen Dickenbereiche neben den Regeltoleranzen auf die Präzisionstoleranzen.

3.4 Blechdickenmessung.

3.41 Messungen am ruhenden Teil.

Dickenmessungen[1] an fertigen umgeformten Teilen haben nur dort Wert, wo die Formänderung interessiert. Rückschlüsse auf die ursprüngliche Blechdicke sind zumeist unzulässig, da sich die Blechdicke während des Umformvorganges oft erheblich ändert.

3.411 Mikrometermessung.

Allgemein übliches Verfahren zur gelegentlichen Kontrolle. Zu beachten ist bei weichen Blechen, daß bei zu großem Meßdruck eine Werkstoffverdichtung erfolgt, so daß fälschlicherweise zu dünne Werte angezeigt werden. Durch Mikrometer mit Reibhülse als Griff und genügend großen abgeplatteten Meßflächen wird dieser Fehler ausgeschlossen. Genauigkeit bis $\pm 0{,}05$ mm.

3.412 Meßtaster.

Blechdicken können auch mittels Fühlhebeln und Fühluhren nachgewiesen werden. Besonders dort, wo die Blechtafeln beiderseits mit den Händen gefaßt werden, kann durch Fußhebel das an einem Schwenkarm befestigte Meßinstrument aufgesetzt werden. Genauigkeit der Messung hängt, abgesehen vom Instrument, wesentlich von der Steifigkeit der Vorrichtung ab. Höhere Ablesegenauigkeiten als $\pm 0{,}02$ mm werden kaum erzielt.

Sehr viel genauer sind Tastmeßvorrichtungen vermittels elektrischer Kontakte, wie dies beispielsweise bei den Tastgeräten Elektrokompar oder Elbus geschieht. Dort wird die Meßbewegung des Taststiftes auf einen Hebel übertragen, der sich mit seinem anderen Ende zwischen zwei Kontaktstellen bewegt. Meßunsicherheiten können durch Lichtbogen und überspringende Funken hervorgerufen werden. Nach Erkenntnissen TSCHIRFS[2], die allerdings an Kugeln und rechteckigen Prüfkörpern aus Stahl, also nicht an Blechen gewonnen wurden, wurde als günstigste Stromart Wechselstrom von 3,5 bis 6 V und 0,002 A ermittelt. Bei gut gereinigten Kontaktflächen an den Meßpolen und an den feingeschliffenen Stücken, die vor der Messung mit Äther oder Azeton sorgfältig gereinigt waren, ergeben sich Meßgenauigkeiten von $\pm 0{,}0005$ mm. Derartig geringe Spannungen und Ströme setzen eine sehr saubere Oberfläche voraus und sind bei Blechen nie, bei Bändern selten anzu

---

[1] Eine ausführliche Zusammenstellung des Schrifttums findet sich bei A. HEISS: Längenmeßtechnik. Z. VDI Bd. 93 (1951) Nr. 18 S. 554—564.

[2] TSCHIRF, L.: Elektrische Kontakte in der Längenmeßtechnik. Werkst. u. Betr. 1944 S. 219—222.

treffen. Bei einer geringeren Oberflächengüte wird mit größeren Spannungen gearbeitet und damit der Fehlerbereich vergrößert. Daher ist eine Dickenmessung mittels elektrischer Kontakte, die unmittelbar das zu messende Blech berühren sollen, praktisch ausgeschlossen, da hierbei die Messungen ungenauer als mit einfacheren Rollentastuhren ausfallen.

Beim Elektro-Compar[1] ist nach Abb. 87 eine unmittelbare Einstellung der Toleranzgrenzen an den Gegenkontakten ($a_2\,b_2$) mittels zweier Mikrometerschrauben möglich, wobei der Taststift über ein Hebelwerk zwei elektrische Kontakte (a_1, b_1) schaltet. Ähnliche Geräte sind Elmillimeß[2] und Elbus. Beim Kontaktgeber Geatest[3] wirkt gemäß Abb. 88 der Taststift auf eine als Knickstütze ausgebildete Blattfeder, die in der Mitte ein Kontaktstück (a_1, b_1) trägt. In der Ausgangsstellung wird durch Eigengewicht des Taststiftes oder eine hier im Schema nicht gezeigte Druckfeder die Blattfeder gestreckt und der rechte Kontakt (b_1—b_2) geschlossen. (Untermaß rotes Licht!) Bei $\pm 0{,}001$ mm Genauigkeit wird der Kontakt (b_1—b_2) unter Druck des Taststiftes geöffnet. An Stelle der im Schema dargestellten Mikrometerzustellung sind noch feinere Einstellarten des Kontaktgrenzbereiches

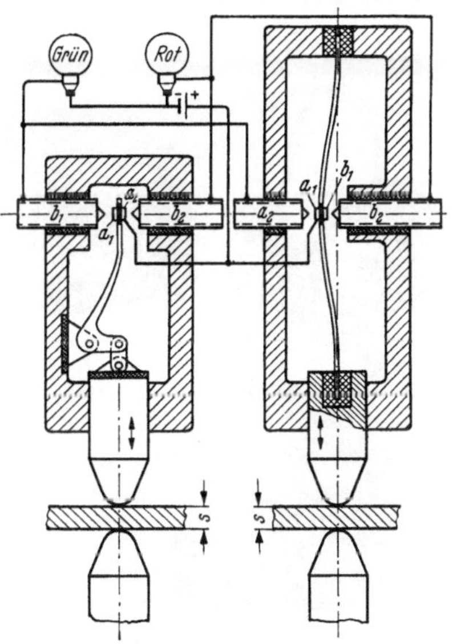

Abb. 87 u. 88. Schematische Darstellung von Abtastgeräten mit elektrischen Kontakten.

bekannt, wobei bei weiterem Kontakthub die Gegenkontakte ausweichen können und mittels Endmaßen auf die Toleranzgrenzen justiert werden.

Zuweilen werden auch direkt an Meßuhren Bereiche mittels vom Uhrzeiger bestrichener Kontakte abgegrenzt, die mit einer optischen oder akustischen Signalanlage in Verbindung stehen, welche im Augenblick der Überschreitung dieses Bereiches ansprechen. Ein Gerät dieser Art ist der Feintaster Elmillimeß[4] nach Abb. 89. Die beiden äußeren Zeiger gestatten die Einstellung des zulässigen Bereiches durch die beiden auf der Außenseite des Instrumentes befindlichen Stellschrauben. Über ein

---

[1] Hersteller des Gerätes: Keilpart, Suhl.

[2] Hersteller des Gerätes: Mahr, Eßlingen.

[3] Hersteller des Gerätes: AEG, siehe ferner F. BRUCHMANN: Der AEG-Kontaktfühler. Radio-Mentor 1948 S. 488—490.

[4] Entwickelt von der Fa. Carl Mahr, Eßlingen.

Kabel ist das Gerät mit einem Lampenkasten verbunden. Je nach Lage des Meßzeigers leuchtet eine der drei Signallampen auf, und zwar eine Lampe im richtigen Bereich, eine zweite Lampe im zu niedrigen Bereich und eine dritte, wenn die obere zulässige Grenze überschritten ist.

Nach dem Tastprinzip arbeiten auch die induktiven Feintaster[1]. Der Taststift überträgt seine Hubbewegung auf einen zwischen zwei Meßspulen schwingenden Ankerhebel. Steht der Anker genau in der Mitte zwischen beiden Spulen, so sind die Luftspalte und somit auch die Induktivitäten beider Spulen gleich groß. Nähert sich der Ankerhebel einer der beiden Spulen, so nimmt deren Scheinwiderstand zu, während derjenige der anderen abnimmt. Über eine Brückenschaltung läßt sich die Dickenänderung des vom Taster getroffenen Teiles an einem Spannungsmesser ablesen. Für Blechdickenmessungen haben die induktiven Geräte geringe Bedeutung.

Für sehr dünne Bleche und Folien unter 0,2 mm Dicke ist ein neues als Projektometer bezeichnetes Gerät[2] bekannt geworden, das eine Meßgenauigkeit von $\pm\,0,1\,\mu$ gestattet.

Abb. 89. Dickenmessung eines Bandes mittels Elmillimeß.

Es handelt sich hierbei um ein optisch-mechanisches Abtastgerät, dessen Meßdruck bis auf 50 g herab ermäßigt werden kann und das in seinem grundlegenden Aufbau den bekannten Meßprojektoren entspricht. Soll hingegen die Meßfläche rein optisch abgetastet werden, so sei an dieser Stelle auf die im letzten Kapitel dieses Buches beschriebenen Flächenabtastgeräte zur Rauhigkeitsmessung verwiesen.

3.413 Auswiegen.

Sind die zu vergleichenden Blechtafeln oder Rondenzuschnitte von genau gleicher Umfangsgröße, also genau gleicher Länge, Breite bzw. Durchmessers, so geben Gewichtsmessungen einen Anhalt für die mitt-

---

[1] Hierzu gehört die Eltast-Lehre der Fa. Kordt in Eschweiler.

[2] Hersteller Fa. Ernst Leitz in Wetzlar. Das Gerät ist zu Bild 10 beschrieben im Ind. Anz. 75 (1953) Nr. 20 S. 251.

lere Blechdicke. Dieses Sortierverfahren bei Blechtafeln zur Bestimmung der Dicke hat sich in der Konservendosenindustrie allgemein eingeführt. Nach diesem integrierenden Dickenmeßverfahren können selbst große Dickenabweichungen überhaupt nicht erfaßt und ebensowenig dafür ein Ablesegenauigkeitsbereich in Millimeter angegeben werden. In manchen Walzwerken werden die Tafeln nicht einmal gewogen, sondern von Hand sortiert durch bloßes Wenden der Tafeln. Dabei sollen gefühlsmäßig Unterschiede von 0,02 g erkannt werden.

3.414 Bestimmung der Leitfähigkeit.

Die Dicke von Metallblechen bekannter Leitfähigkeit wird nach Abb. 90 durch Zuführung des Stromes über zwei Kontakte bekannter Entfernung und Messung des Spannungsabfalls über zwei weitere Kontakte, die symmetrisch zwischen den Stromkontakten liegen, bestimmt[1]. Dies Verfahren wird jedoch durch die Temperatur des Prüflings und Einflüsse des Plattenrandes, die mit abnehmender Dicke wachsen, erheblich beeinflußt, so daß eine Verwendung für Bleche unter 1 mm Dicke nicht in Frage kommt. Bei unbekannter Leitfähigkeit des Prüflings läßt sich die Plattendicke nach einem Verfahren gemäß Abb. 91 bestimmen, das auf der Änderung des Spannungsabfalles zwischen zwei fest angeordneten Elektroden mit dem Verhältnis Elektrodenabstand: Plattendicke beruht, wenn der Platte ein konstanter Strom zugeführt wird[2]. Angewendet wird dies Verfahren bisher bei Prüfung von Schiffs- und Kesselwänden. Seine Genauigkeit beträgt etwa 3 %.

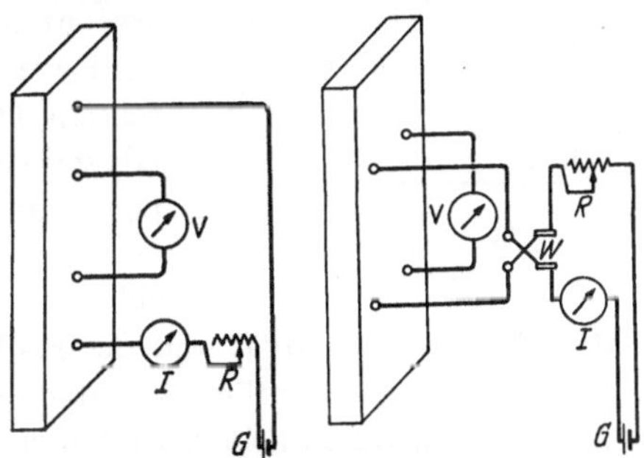
Abb. 90 und 91. Blechdickenmessung durch Bestimmung der Leitfähigkeit.

Das KWI für Metallforschung in Stuttgart entwickelte ein Gerät für Dickenmessung mit Wirbelstrom, das dadurch weitgehend unabhängig von der Leitfähigkeit des Prüflings ist und bei einer Dicke von 1 mm auf ± 1 % genau anzeigt.

3.415 Magnetische Prüfverfahren.

Für magnetische Werkstoffe ist ein Verfahren nach Abb. 92 entwickelt[3]. Das Weicheisenjoch liegt mit je drei unmagnetischen Spitzen

---

[1] THORNTON: Measurement of the thickness of metal walls from one surface only. Engineering Bd. 146 (1938) S. 715—720 Ref. ETZ 1939 S. 1403.

[2] WARREN, A. G.: Measurement of the thickness of metal plates from one side. J. Inst. electr. Engrs. Bd. 84 (1939) S. 91—95.

[3] PFLIER, PAUL M.: Elektrische Messung mechanischer Größen (1948) S. 101.

am zu prüfenden Blech und am Vergleichsblech mit Normaldicke; es wird im mittleren Kern erregt und trägt am oberen Joch die Prüfspulen. Durch Umpolen der Erregung mit Wechselschalter werden bei ungleich dicken Blechen in beiden Prüfspulen verschieden große, entgegengesetzte Spannungen induziert und am Anzeigeinstrument abgelesen.

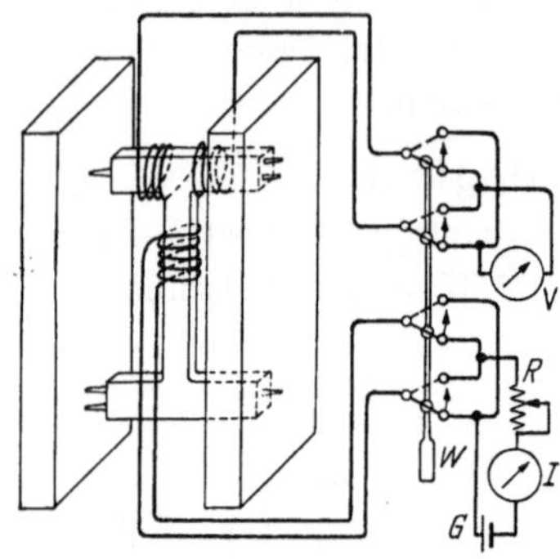

Abb. 92. Dickenmessung am Weicheisenjoch.

Das bisherige Anwendungsgebiet umfaßt Bleche von 2,5 bis 15 mm Dicke bei einer Meßgenauigkeit von $\pm$ 0,8 mm.

DE FOREST[1] entwickelte ein magnetisches Meßverfahren, bei dem durch Wirbelströme und Magnetisierungsarbeit in einem ferromagnetischen Blech Wärme erzeugt und diese gemessen wird. Dabei wird zwischen den Schenkeln des Magneten ein Thermoelement, das durch einen Glyzerintropfen in inniger Berührung mit dem Blech gebracht wird, angeordnet. Die entstehende Wärme ist umgekehrt proportional der Blechdicke.

Der Meßfehler beträgt 5 %, und die Prüfzeit ist infolge der langsamen Erwärmung recht beträchtlich, so daß dieses Verfahren kaum interessiert und nur der Vollständigkeit halber hier erwähnt wird.

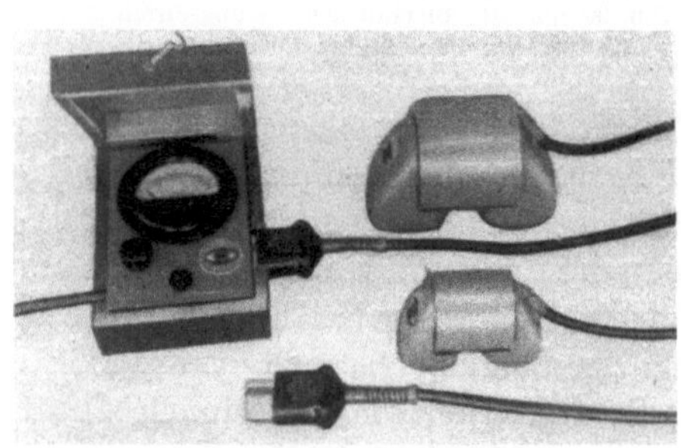

Abb. 93. Magnetdickenmeßgerät mit zwei Tastern für verschiedene Dickenbereiche.

Ein von BERTHOLD entwickeltes magnetisches Prüfgerät ist in Abb. 93 dargestellt. Es beruht darauf, daß bei Zunahme sehr kleiner Luftspalte die Restfeldenergie rascher abnimmt als die Gesamtenergie. Die aus der frei werdenden Gesamtenergie und der Restfeldenergie sich ergebende Differenz entspricht der angezeigten Stromzunahme. Bei größeren Luftspalten hingegen überwiegt die Abnahme der gesamten Feldenergie. Im zwischenliegenden Übergangsgebiet gleichen sich beide Einflüsse aus. Durch Vorgabe eines daraufhin abgestimmten Luftspaltes machen weitere Zunahmen in bestimmten Bereichen nichts aus. Für jeden Bereich ist ein besonderer Magnet erforderlich, weshalb gemäß Abb. 93 dem Gerät anschließbare Magnete verschiedener Größen beigefügt sind.

---

[1] DE FOREST, A. V.: Magnetisch-thermische Dickenmeßverfahren. Iron Age Bd. 144 (1939) S. 82—85 Ref. Z. VDI 1940 S. 585.

3.416 Graphische Dickenmessung über die Tafellänge.

Zur Feststellung der Blechdickenänderung über die ganze Länge einer Blechtafel dient ein von Prof. KIENZLE entwickeltes Gerät[1], das in Form einer großen Rachenlehre mit etwa 500 mm Ausladung über die senkrecht gestellte Tafel beiderseits gehängt wird und mittels einer Laufrolle auf der Blechkante gefahren werden kann. Die Laufrolle treibt dabei die Schreibtrommel eines Graphotestgerätes an, so daß die Dickenabweichungen an den verschiedenen Stellen der Tafel gemessen und graphisch aufgezeichnet werden können, zumal der Höhenabstand der Taststifte von der Rolle bzw. der Blechkantenlaufschiene verstellbar ist.

In Abb. 94 ist dieses Gerät im Einsatz dargestellt. Die zu messende Blechtafel b ist senkrecht hängend unter einer Laufschiene a aufgehängt. Mit ihren Schenkeln m und n zwischen der Laufschiene wird diese Blechdickenlehre nach unten geschoben derart, daß die beiden Transportrollen c und d auf der Schiene a aufsitzen und durch Anfassen am Handgriff e die Blechdickenlehre hin- und herschieben lassen. Die Rolle d dient gleichzeitig zum Antrieb des Papiertransportes für das Graphotestgerät g, wobei eine Freilaufkupplung f dafür sorgt, daß der

Abb. 94. Blechdickenlehre.

Transport des Papierstreifens p nur beim Schieben in einer bestimmten Richtung erfolgt[2]. Der Knopf k dient zum Festklemmen des Graphotestgerätes an die Blechdickenlehre. Die Ränderiermutter i bewirkt die Längenverstellung des Tastbolzens für den Graphotest, um das Gerät auf verschiedene Blechdicken einzustellen. Im Graphotestgerät befinden sich Austauschschneckenräder, um das Übersetzungsverhältnis der Vorschubgeschwindigkeiten für die Blechdickenlehre auf der Laufschiene zu derjenigen für den Papiertransport zu verändern. Der in Abb. 94 links sichtbare Schenkel m der Blechdickenlehre ist an der der Blechtafel zugekehrten Seite mit einer Gleitschiene versehen, wo der feste Taststift l verschoben werden kann, um die Blechdicke der Tafel in verschiedenen Höhenabständen von der Schiene a zu messen. In dem

---

[1] Hierüber wird in Kürze in den Mitt. Forsch.-Ges. Blechverarb. (Düsseldorf) berichtet.

[2] Entwickelt von der Firma Schoppe & Faeser, Minden (Westf.).

anderen durch die Blechtafel verdeckten Schenkel n befindet sich gegenüber dem festen l ein beweglicher Taststift, der über einen innerhalb
des Schenkels befindlichen Hebel unter Federdruck gegen die Blechtafel angedrückt wird. Auch dieser hier nicht sichtbare Taststift des
beweglichen Schenkels ist bei den verschiedenen Abstandshöhen von
der Laufschiene verschieblich angeordnet. Ebenso jedoch muß der Drehpunkt des Hebels in der gleichen Richtung wie der gegen das Blech
anliegende Taststift verschoben werden, damit die Abstände der Hebel-
arme zwischen Hebeldrehpunkt und beweglichem Taststift einerseits
und Drehpunkt und Anschlag gegen den Taststift des Graphotestgerätes andererseits sich wie 1:1 verhalten. Zwecks genauer Einstellung rastet das Lager des verschieblich gelagerten Hebeldrehpunktes
sowie der beweglichen Anschlagstifte in dafür vorbereitete Kerben ein.
Selbstverständlich muß auch zur Erhaltung des Hebelverhältnisses 1:1
die gegen den Graphotest wirkende Schneide auf dem schwenkenden
Hebel verschieblich angebracht und entgegen der Verschieberichtung
von Hebeldrehpunkt und beweglichen Taststift verschoben werden.
Da der Hebel als solcher durch die Drehpunktverschiebung, insbesondere bei kleinen Meßabständen, von der Laufschiene nach oben verschoben werden muß, dient hierzu die aufgesetzte Verschalung o. Das
Gerät wird insbesondere dort angewandt, wo aus einer Blechtafel zu
genauen Versuchen Proben entnommen werden sollen. Bisher geschah
es im allgemeinen so, daß man die Proben ausschnitt und erst dann
ihren Blechdicken nach sortierte. Es ergab sich dann häufig, daß man
umsonst wertvolle Tafeln zerschnitten hatte und durch die Arbeit der
Vorbereitung für das Zuschneiden von Zerreißzugstäben oder Keilzug-
stäben oder anderer Probestücken vergebliche Zeit aufwandte. Werden
hingegen schon vor dem Zerschneiden auf diese Weise genaue Dickenmessungen an den einzelnen Stellen der Blechtafel vorgenommen, so
können bereits von vornherein die Bezirke der Tafel auf Grund des
Graphoteststreifens angezeichnet werden, die infolge ihrer Dickenabweichung nicht zur Entnahme von Probeteilen in Frage kommen. An Stelle
von Taststiften oder Tastrollen ist eine Verbindung dieses Meßgerätes
mit einer Solexapparatur, wie auf S. 143 näher beschrieben, möglich.

3.417 Schichtdickenmesser,

Zur zerstörungsfreien Messung von Schichtdicken, Überzügen, Plattierungen wurden sogenannte Schichtdickenmesser[1] entwickelt. Bei
diesen Geräten ist in drei Klassen zu unterscheiden wie folgt:

**3.4171 Ferromagnetische Schicht auf ferromagnetischem Grund-
stoff.** Seltener Fall, beispielsweise Nickelüberzug auf Stahlblech. Messun-

---

[1] Siehe R. BERTHOLD: Messung von Schichtdicken und Wandstärken. Mitt.
Forsch.-Ges. Blechverarb. 1951 Nr. 23/24 S. 283.

gen durch Haftkraftmessung eines Permanentmagneten oder durch magnetinduktive Messung sind zur Not möglich. Die Haftkraftmessung nach Abb. 95 beruht darauf, daß ein an einem Stift b befestigter kugelförmiger Magnetkopf a auf die plattierte Schicht aufgesetzt wird. Dieser Stift ist an seinem oberen Teil mittels Tellerfedern f abgefedert und in der Hülse h geführt. Diese Hülse h ist ebenso wie der Fühluhrtragbolzen t in eine als Handgriff dienende Scheibe c eingepreßt. Auf dem Stiftkopf zu b ruht das untere Ende u des Taststifts einer Fühluhr e mit Schleppzeigern unter Vorspannung. Nach Abheben des aufgesetzten Gerätes werden die Tellerfedern f zusammengedrückt um das von der Fühluhr angezeigte Maß. Es gibt auch andere Bauarten[1], bei denen der Stift b gezahnt ist und an einer Feder hängt, deren anderes Ende in einer als Handgriff dienenden und über dem Stift verschieblichen Hülse befestigt ist. Außerhalb der Hülse ist ein mittels Fingerdruck auslösbarer Sperrhebel drehbar angebracht, der unter Federdruck in die Stiftverzahnung einrastet. Noch einfacher als die beiden beschriebenen Geräte ist eine gewöhnliche Fühluhr mit Schleppzeiger nach Abb. 95, wo der Magnetkopf a auf dem oberen Ende o des Fühluhrtaststiftes angebracht ist und mit der Fühluhr direkt abgerissen wird.

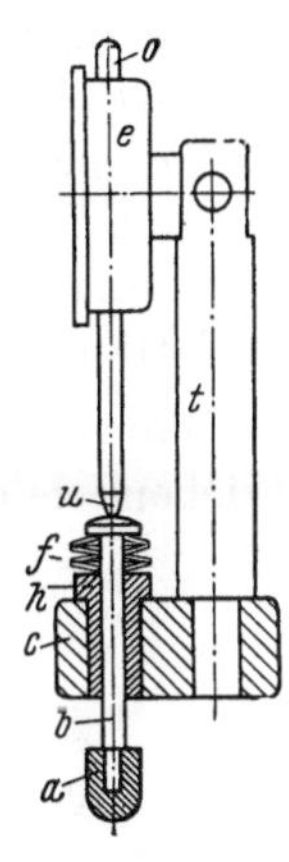

Abb. 95.
Haftkraftmesser.

Diese Abreißprüfung ist leider hierfür sehr ungenau und eignet sich wesentlich besser zur Dickenbestimmung unmagnetischer Schichten. Günstiger ist eine magnetinduktive Schichtdickenmessung[2] nach Abb. 96 unter Wirkung eines Kompensations- K, und eines Meßmagneten M. Der Strom wird über einen Potentiometer P und einen Eisenurdoswiderstand U der hintereinandergeschalteten Erregerspulen zugeführt. Es fließt erst dann Strom im Meßkreis, wenn der Meßmagnet sich einem ferromagnetischen Körper nähert. Denn dadurch wird die Induktivität im Meßkopf verändert. Die Stärke des Stromes hängt vom magnetischen Rückschluß im Meßkopf und somit von der Schichtdicke ab.

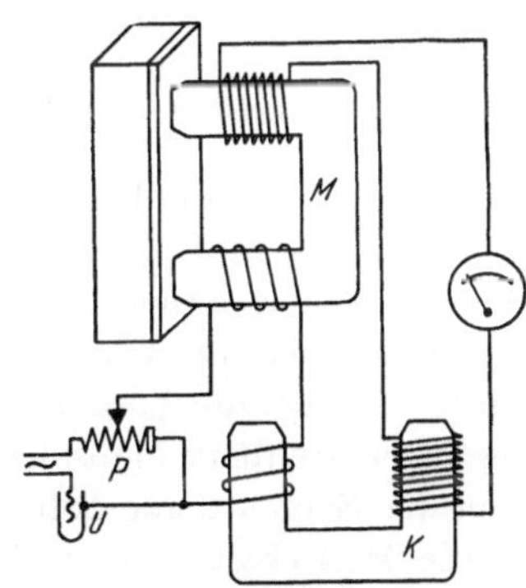

Abb. 96. Magnetinduktive Schichtdickenmessung.

[1] Brenner: J. Res. Nat. Bur. Stand. Bd. 20 (1938) S. 358. — Trillat u. Gervais: Peintures-Pigments-Vernis 1947 S. 365.

[2] Berthold, R.: Messung von Schichtdicken und Wandstärken. Mitt. Forsch.-Ges. Blechverarb. 1951 Nr. 23/24 S. 285.

3.4172 Nichtferromagnetische Schichten auf ferromagnetischem Grundstoff. Diese Fälle liegen sehr viel häufiger vor als unter 3.4171. So werden folgende unmagnetischen Überzüge auf Stahlblechen gemessen.

a) Überzüge mittels Verzinkens, Verzinnens und Verbleiens,
b) Emailüberzüge,
c) Galvanisch aufgebrachte Schichten,
d) durch Metallspritzverfahren aufgespritzte Metalle,
e) Bitumen-, Lack- und Kunststoffüberzüge,
f) Plattierung mit Ne-Metallen.

Die dafür eingestzten Geräte sind die gleichen wie unter 3.4171 beschrieben, sie eignen sich hierfür noch wesentlich besser. Ein anderes Abreißgerät für die Messung der Dicke von unmagnetischen Schichten auf Eisenunterlagen, z. B. von Lackierungen, galvanischen Überzügen ist der Mikrotest[1]. Dieses kleine in Abb. 97 dargestellte Handgerät benutzt die Haftkraft eines Dauermagneten durch die zu messende Schicht hindurch, die bei geringer Dicke der Schicht größer ist als bei großer

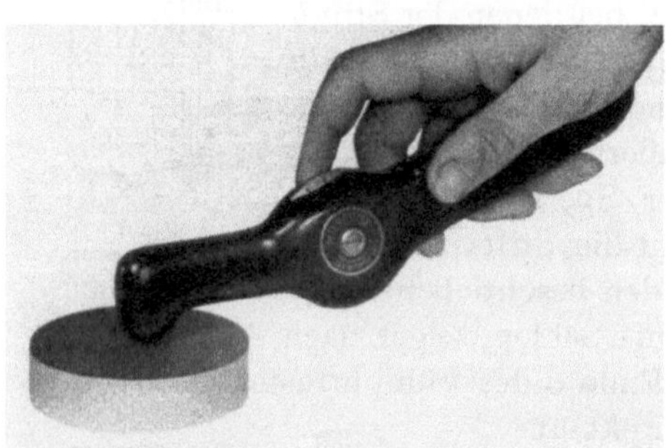

Abb. 97. Mikrotest-Schichtdickenmesser.

Dicke und benötigt keine elektrische Stromquelle. Seine Wirkungsweise beruht darauf, daß in einem hammerförmigen Gehäuse ein stabförmiger Dauermagnet aus einer Al–Ni-Legierung an dem Ende eines ausbalancierten Dreharmes so angeordnet ist, daß sein halbkugelig polierter Pol gerade herausschaut. Mit dem Dreharm ist eine mit dem Zeigefinger drehbare Meßscheibe über eine Feder gekuppelt, die in Einheiten der Schichtdicke geteilt ist. Zur Messung wird das Gerät, nachdem die Meßscheibe auf größte Dicke eingestellt worden ist, mit dem Pol auf den zu prüfenden Gegenstand gehalten, wobei der Magnet von der ferromagnetischen Unterlage angezogen wird und auf der unmagnetischen Schicht aufliegt. Durch Drehen an der Meßscheibe wird die Feder gespannt, bis der Magnet abreißt und in das Gehäuse zurückfedert. Hierdurch erfolgt sowohl die Messung als auch die Einstellung der Schichtdicke in Genauigkeitsbereichen von $10\,\mu$ (Mikrotest F) oder $1\,\mu$ (Mikrotest G) bei der Fertigungsüberwachung. Die Genauigkeit der Schichtdickenmessung beträgt etwa 10 %. Da das Drehsystem ausbalan-

---

[1] Entwickelt von der Firma Elektro-Physik H. Nix & Dr.-Ing. Steingroever, Köln-Nippes.

ciert ist, können Schichten in allen Lagen geprüft werden, so auch lotrechte Wände von Behältern. Die Nullstellung der Meßscheibe kann gegenüber dem Dreharm um einen gewissen Betrag verstellt werden, um den Einfluß verschiedener Dicken oder Werkstoffe der Unterlagen auszugleichen.

Ein weiteres Gerät zur zerstörungsfreien Messung der Dicke unmagnetischer Schichten auf Stahl als Unterlage ohne Abreißwirkung und für größere Meßgenauigkeit ist das von BECKER entwickelte Leptoskop[1]. Das Werkstück mit der zu messenden Schichtdicke s bildet mit der Sonde, die aus einem U-förmiggebogenen, mit einer Spule versehenen Eisenkern besteht, einen geschlossenen magnetischen Kreis. Die auf dem Werkstück befindliche unmagnetische Schicht s setzt den magnetischen Widerstand des Eisenkreises herauf und verkleinert damit den Scheinwiderstand der auf dem U-Kern U befindlichen Spule. Es bildet somit der Scheinwiderstand der Sonde ein Maß für die Dicke der unmagnetischen Schicht. Die Messung des Scheinwiderstandes erfolgt gemäß Abb. 98 in einer Kompensationsschaltung. Die aus dem Netz entnommene

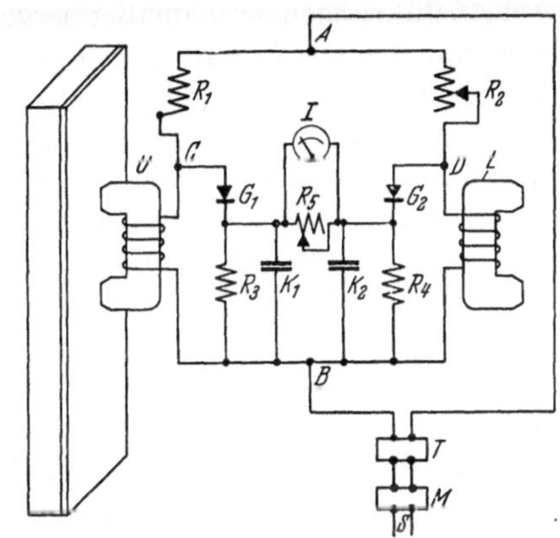

Abb. 98. Schaltschema des Leptoskops.

Wechselspannung wird in einem magnetischen Spannungskonstanthalter M stabilisiert. Die hierbei in starkem Maße entstehenden Oberwellen werden anschließend in einer Filterkette, einem sogenannten Tiefpaß T, ausgesiebt. Die eigentliche Schaltung wird also mit einer sinusförmigen Wechselspannung von Netzfrequenz (50 Hz) gespeist. Durch diese Maßnahmen ist es möglich, die Ausschläge des Instrumentes direkt in Millimeter zu eichen, ohne daß vom Netz her eine Beeinflussung der Anzeige erfolgen kann. Die Spannung wird an den Punkten A und B zugeführt. Es fließt von A ein Wechselstrom über den Widerstand R_1, die Sonde U nach B. Zwischen Punkt C und B stellt sich eine Spannung ein, welche vom Scheinwiderstand der Sonde U abhängig ist. Diese Spannung des ersten Kreises (Meßkreises) wird gleichgerichtet in G_1 und lädt den Kondensator K_1 auf. Der andere Zweig der Schaltung ($R_2 - L$) dient dazu, in gleicher Weise, wie oben beschrieben, den Kondensator K_2 aufzuladen. Diese Spannung im zweiten Kreis dient als Kompensationsspannung und läßt sich mittels Wider-

---

[1] Hersteller Karl Deutsch, K.G., Wuppertal.

stand R_2 genau einstellen. Bei einer Änderung des Scheinwiderstandes der Sonde U fließt über den Zwischenwiderstand R_5 und dem parallel dazu liegenden Amperemeter Z ein Ausgleichsstrom.

Beim Arbeiten mit dem Gerät ist es erforderlich, daß zwei Punkte der Skala auf dem Werkstoff, der als Unterlage für die zu messende Schicht dient, einjustiert werden. Dadurch ist es möglich, eine Genauigkeit von 5 % der abgelesenen Werte zu garantieren. Ausgenommen hiervon ist lediglich der Bereich unter 0,01 mm. Die Angabe dieses Meßfehlers erfolgt allerdings mit der Einschränkung, daß keine Bleche einer höheren Festigkeit als 55 kg/mm² untersucht werden. Das Gerät wird in zwei Ausführungen serienmäßig hergestellt, und zwar mit einem Meßbereich von 0 bis 0,25 mm und 0 bis 4 mm. Für Sonderfälle wurden Geräte bis zu 20 mm Meßdickenbereich angefertigt.

Die Schichtdickenmesser, wie sie in USA verbreitet sind, entsprechen den bekannten deutschen Bauarten. So wird beispielsweise ein Anzeigegerät mit durch Kabel verbundenem Taster von der General-Electric vertrieben. Bei Schichtdickenmessungen werden im Laboratorium der Canco in Chicago Diagramme derart aufgenommen, daß die zu messenden Tafeln mit bestimmter Geschwindigkeit an den Meßköpfen vorbeigeführt werden. Das eigentliche Anzeigegerät ist mit einem Schreibhebel gekoppelt, der auf einem mit einer bestimmten Geschwindigkeit ablaufenden Diagrammpapierstreifen die Ausschläge aufzeichnet. Derartige Diagramme ergeben einen guten Überblick über den Ungleichmäßigkeitsgrad der Schichtdicke innerhalb eines bestimmten Bereiches.

3.4173 Schichten auf nichtferromagnetischen Grundstoffen. Hier sind Schichtdickenmessungen außerordentlich schwierig. Während man bei ferromagnetischen Schichten auf nichtferromagnetischen Grundstoffen mit den im vorhergehenden Abschnitt 3.415 genannten magnetischen Verfahren noch auskommt, liegen die Verhältnisse bei plattierten Blechen, wo beide Werkstoffe unmagnetisch sind, sehr viel schwieriger. Die gewiß durchführbaren und von BERTHOLD empfohlenen Prüfverfahren mit Betastrahler und Zählrohr sowie Röntgeninterferenzmessungen werden möglicherweise noch eine Zukunft haben, sind aber zur Zeit für laufende Betriebsuntersuchungen von Schichtdicken noch nicht wirtschaftlich.

3.42 Messungen am bewegten Blech oder Band.

Diese Messungen beanspruchen hier ein größeres Interesse, da insbesondere bei Bändern zwischen Haspel und Schnittwerkzeug — am besten unmittelbar hinter dem Richtapparat — sich ein solches Dickenmeßgerät zur ständigen Dickenkontrolle einbauen läßt. Aber nicht nur beim Verbraucher, sondern vor allen Dingen beim Erzeuger, also im

Walzwerk selbst, sollten derartige Dickenmeßgeräte häufiger eingesetzt werden[1].

3.421 Tastrollen.

Die im vorausgehenden Abschnitt 3.412 beschriebenen Abtastvorrichtungen lassen sich mit Rollen versehen, die unter Zwischenlage des zu messenden bewegten Bandes gegen eine Gegenrolle drücken. Infolge des Rollenlagerspieles befriedigen derartige Vorrichtungen wenig. Eher dafür geeignet sind die von AEG und Siemens & Halske zur Messung kleiner Längen entwickelten induktiven Fühlhebel, bei denen die Meßgröße einen Eisenkern im Luftspalt zwischen zwei Drosselspulen verstellt. Die von der AEG[2] entwickelte und in Abb. 99 im Schema dargestellte Eltas-Lehre für Blechdickenmessung hält das Band zwischen zwei Tastrollen, von denen die untere 1 fest gelagert ist und die obere 2 in einem zwischen zwei Blattfedern 11 und 12 beweglich gelagerten Rollenträger 3 sitzt. An diesem ist eine Eltas-Lehre 4 befestigt, deren Taststift 5 nach oben in den Kopf der Meßvorrichtung hineinragt und der Meßfläche einer eingebauten Mikrometerschraube 6 gegenübersitzt. Die Lage der Meßfläche kann über einen Schneckentrieb 7 und 8 eingestellt und der Abstand an einem Zählwerk 9 abgelesen werden. Eine

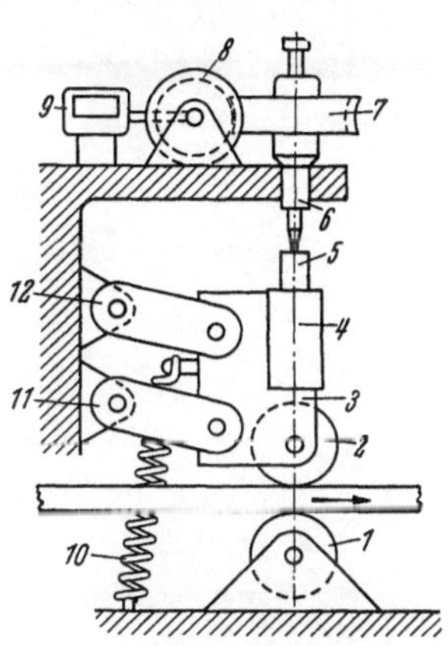

Abb. 99. Banddickenmeßgerät mit eingebauter Eltas-Lehre.

Überlastung der Mikrometerschraube beim Stärkerwerden des Bleches oder bei falscher Einstellung ist durch eine Vorrichtung, welche die Mikrometerbelastung auf 1 kg begrenzt, vermieden. Die Sollmaßeinstellung ist zwischen 0 und 4 mm möglich. Hinter dem beweglichen

---

[1] THOMSON, A. G.: Selbsttätige Dickenmessung beim Bandwalzen. Iron Coal Tr. Rev. Bd. 165 (1952) Nr. 4-414 S. 1077ff. Siehe ferner: Selbsttätig arbeitende Banddickenüberwachung nach Versuchen des BISRA-Institutes. Brit. Steelmaker Bd. 18 (1952) Nr. 2 S. 80/81.

[2] HERMANN, P. K.: Elektrische Feinmeßlehre. Z. VDI 1938 S. 1493; Anwendung der elektrischen Meßlehre zum Messen und Steuern. AEG-Mitt. 1937 Heft 11. — HERMANN, P. K.: Selbsttätige Sortiermaschine als Mittel zur Leistungssteigerung in der Fertigung. Z. VDI 1942 S. 769. — HERMANN, P. K.: Selbsttätige Steuerung zur Ersparung von Meßarbeit in der Massenfertigung. Werkstatttechnik 1940 S. 202—206. — TROTT, K.: Die neue Eltas-Feinmeßlehre. Meßtechn. 1943 S. 210/11. — FROBÖSE, E.: Elektrische Meßlehre. AEG-Mitt. 1937 S. 405—411. — FROBÖSE, E.: u. SCHÖNBACHER: Elektrische Messungen kleiner Längenunterschiede. Arch. Elektrotechn. 1939 S. 341—346. — KIENZLE, O.: Leistungssteigerung in der Fertigung. Z. VDI 1942 S. 641. — REDEPENNING: Toleranzmessung und Steuerung mit elektrischen Lehren nach dem Eltas-Verfahren. Arch. Elektrotechn. 1939 Nr. 13.

Rollenträger befinden sich zwei Spiralfedern *10*, die zum Einstellen des Tastrollendrucks mit Hilfe eines Handrades vorgespannt werden.

Das Gerät von Siemens & Halske[1] arbeitet mit einer anderen Schaltung, erzielt die gleiche Genauigkeit und wird auch zur Dickenmessung von Blechbändern eingesetzt.

Die zur Messung von Schichtdicken, Überzügen, Plattierungen unter Abschnitt 3.4172 beschriebenen Schichtdickenmesser lassen sich notfalls als Tastrollengeräte einsetzen, wobei freilich das Rollenlagerspiel weitestgehend herabgesetzt werden muß. Werden beide Pole als Rollen ausgebildet, zwischen denen das Blech hindurchgeführt wird, so lassen sich die Dicken nichtferromagnetischer Werkstoffe, wie beispielsweise Messingbleche, ohne weiteres messen. Sollen hingegen Stahlblechdikken damit gemessen werden, so werden die Pole nicht an die Rollen gelegt, sondern außerhalb der Tastrollen werden auf den verlängerten Wellen Kontaktschuhe angebracht, deren Abstand der Blechdickenänderung entspre-

Abb. 100. Rollentastgerät am Walzgerüst.

chend größer oder kleiner wird und am Anzeigeinstrument erkennbar ist. Der Anschluß eines solchen Gerätes an die Steuerung für einen Toleranzbereich wie bei den Tastern in Abb. 87 und 88 ist hierbei leicht möglich.

Ein weiteres Rollentastgerät ist der Banddickenmesser System KARAJAN[2], Abb. 100 zeigt dieses Gerät am Walzgerüst. Vermittels des Handgriffes kann es nach oben ausgeschwenkt und außer Wirkung gesetzt werden. Von den hier nicht sichtbaren Rollen ist die untere Stützrolle fest, die obere Meßrolle senkrecht verschieblich in einem Gleit-

---

[1] PFLIER, PAUL M.: Elektrische Messung mechanischer Größen (1948) S. 85.

[2] V. KARAJAN: Banddickenmesser. Radio-Amateur, Wien Bd. 15 (1938) Folge 11 S. 652 und Bd. 16 (1939) Folge 6.

stück angeordnet. Auf dem gekröpften Oberteil ist eine Mikrometerschraube erkennbar, die mit ihrem unteren Ende gegen den Fühlstift einer im Oberteil des Meßbügels eingebauten elektromagnetischen Meßdose drückt.

Zu den Rollentastgeräten gehören weiterhin der Banddickenmesser mit Rückstrahlspiegel[1] nach Abb. 101 und der Tolerameter nach KRONENBERG nach Abb. 102. Bei dem Meßgerät nach Abb. 101 läuft das Blech zwischen einer unten festgelagerten Rolle u und einer oberen schwenkbaren Rolle o. Der um den Zapfen z drehbare Schwenkarm a trägt rückseitig den Spiegel b, der von einer

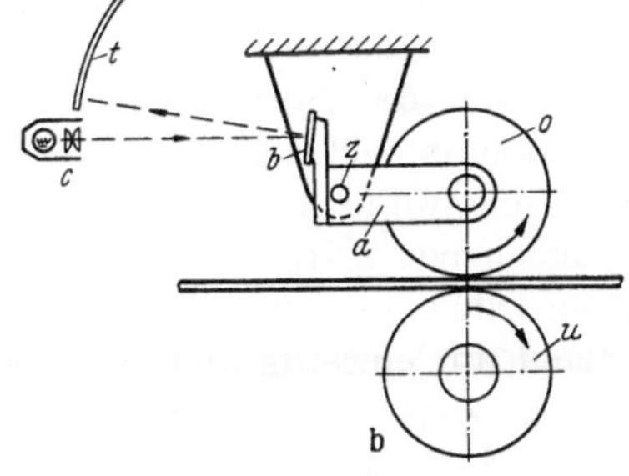

Abb. 101. Banddickenmesser mit Rückstrahlspiegel.

Lichtquelle c angestrahlt wird. Der Strahl wird auf eine gekrümmte Tafel t reflektiert, auf der die Blechdickenbereiche angegeben sind.

Das Gerät läßt sich durchaus mit Warnanlagen und Ausschaltung verbinden, indem der zurückgeworfene Lichtstrahl nicht wie hier angegeben gegen einen Bildschirm fällt, sondern in ein Rohr und dort eine lichtempfindliche Zelle anspricht. Trifft der Strahl diese Zelle nicht, so kann damit eine Abschaltung des Motorantriebes oder ein Warnsignal ausgelöst werden. Die Messung mit durch Spiegel zurückgeworfenen Lichtstrahlen ist schon seit Jahrzehnten durch MARTENS bekannt. Ob es für diese Zwecke genau genug ist, sei dahingestellt. Schon die Beobachtung auf einen Bildschirm erfordert entsprechend dunkle Räume und durch die nun unvermeidlichen Erschütterungen im Betrieb wird selbst bei ausreichender Lagerung des

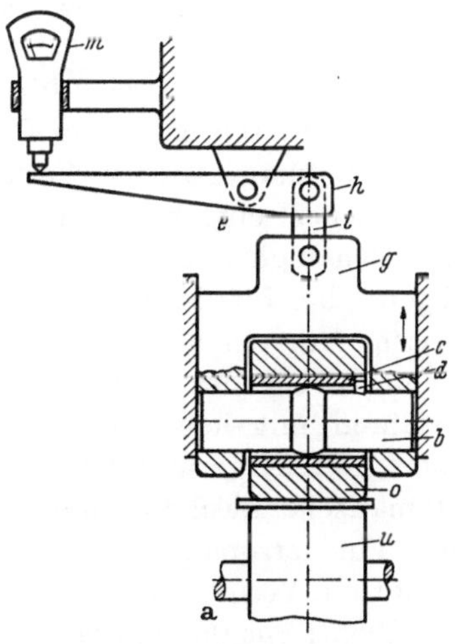

Abb. 102. Tolerameter nach KRONENBERG.

Zapfens z das Bild unscharf. Der schon seit über fünfzehn Jahren bekannte Rückstrahlmesser hat sich daher nur wenig eingeführt.

Ein weiteres interessantes Gerät ist der Tolerameter nach KRONENBERG gemäß Abb. 102. In Übereinstimmung mit dem vorher beschriebe-

---

[1] Diese beiden Vorrichtungen sind beschrieben in PUPPE: Handbuch des Eisenhüttenwesens, Bd. 3: Walzwerkswesen. Abschnitt von A. POMP: Kaltwalzen S. 599. Düsseldorf u. Berlin 1939.

nen Gerät ist auch hier die untere Rolle u festgelagert, während die obere Rolle o beweglich ist. Nur ist sie hier nicht schwenkbar, sondern prismatisch im Gestell mittels der Gabel g geführt. Diese obere Rolle o kann sich nun in dieser Gabelführung g entsprechend vorhandener Blechdickenungleichheiten ein wenig schräg stellen. Dies wird dadurch erreicht, daß der Bolzen b seiner Form nach einem mittleren Kugelabschnitt entsprechend ausgebildet ist. Diese äußere Kugelfläche liegt an der Innenwand der Büchse c an, welche durch den in den Bolzen b eingeschlagenen Stift d mitgenommen wird. Es wird hierdurch also das mittlere Dickenmaß des Bandes gemessen, unbeschadet des Falles, daß das Band nur einseitig dick ist. Die prismatisch geführte Gabel g steht über dem Zwischenhebel i mit dem Schwenkhebel h in Verbindung, dessen anderes Ende gegen den Taststift eines Millimeßgerätes oder Millimeters oder eines anderen Tastmeßgerätes m anliegt. Bei der betrieblichen Ausführung liegt die Gabel mit der Meßrolle zwischen den Ständern, also direkt in der Mitte der Walzenbahn, das Schwenklager e für den Hebel h in einem der seitlichen Maschinenständer und das Tastmeßgerät außerhalb der Ständer.

3.422 Magnetische Verfahren.

Die Verfahren nach dem Prinzip der Leitfähigkeit sind wie die erstgenannten magnetischen Verfahren ganz für Einzelprüfungen dicker, meist ortsfest eingebauter Bleche entwickelt und entsprechen bezüglich ihrer Genauigkeit und zeitraubender Meßmethodik nicht den Anforderungen, die für Massenprüfungen von Feinblechen gestellt werden müssen. Nur ein neues magnetisches Verfahren (Stromstoß durch zusammenbrechendes Magnetfeld) zeigt, daß sich gerade magnetische Verfahren mit hoher Empfindlichkeit für dünne Bleche verwenden lassen. Es darf vermutet werden, daß in dieser Richtung auch für eine automatische Blechdickenmessung Entwicklungsmöglichkeiten gegeben sind. Für ferromagnetische Werkstücke geringerer Dicke als 14 mm besteht ein Verfahren[1], das als Maß der Wanddicke die beim Abschalten eines Elektromagneten frei werdende Energie eines magnetischen Feldes benutzt. Der Elektromagnet wird satt auf den Prüfling gesetzt und eingeschaltet. Das dabei aufgebaute Magnetfeld hängt u. a. vom magnetischen Rückschluß im Prüfling und damit von seiner Dicke ab. Beim Abschalten bricht das Magnetfeld bis auf das Restmagnetfeld zusammen und erzeugt in einer am Polschuh des Magneten angebrachten Meßspule einen Stromstoß.

---

[1] BERTHOLD, R.: Ein neuer Wanddickenmesser für ferromagnetische Werkstücke. Stahl u. Eisen 1950 S. 233. — Messung von Schichtdicken und Wandstärken. Mitt. Forsch.-Ges. Blechverarb. 1951 Nr. 23/24 S. 283—287.

3.423 Pneumatische Verfahren.

Bei dem pneumatisch wirkenden Solexverfahren[1] wird ein Druckluftstrom aus zwei festen oder durch zwischenliegender Lehre miteinander gekoppelten Düsen auf das zu messende Blech geblasen[2]. Es werden nur sehr saubere Bänder hoher Oberflächengüte direkt angeblasen. Andernfalls dienen vorgeschaltete Düsen oder Spezialdüsen mit seitlichen Reinigungsblaslöchern zur Vorsäuberung vor dem eigentlichen Messen im Luftstrom[3]. Der Solexdüsen-Meßbügel a nach Abb. 103

Abb. 103. Solex-Banddickenmeßgerät im Einsatz mit Düsenbügel links und Ablesegerät rechts.

links dient zur genauen Bestimmung der Dicke von laufendem Gut, wie beispielsweise Bandmaterial, Feinblechen, Folien in Dicken bis zu 10 mm. Dieser Bügel greift nach Art einer Rachenlehre über das Walzgut und gestattet beim Ein- und Ausfahren auf einem einfachen Schlitten das Messen bis zu einer größten Entfernung vom Rande von 105 mm entsprechend seiner Ausladung. An den vorderen Bügelenden werden zwei gegenüberliegende Düsen b eingebaut, durch die — angeschlossen an eine Luftleitung c — mit Hilfe des Anzeigegerätes d Luft gleichbleibenden Druckes gegen das zu messende Gut geblasen wird.

---

[1] NIEBERDING: Pneumatische Feinmeßgeräte. Werkstattstechn. u. Masch.-Bau Bd. 42 (1952) Heft 4 S. 140—145.

[2] RAUM, M.: Das pneumatische Prüfverfahren, ein vielseitiges Hilfsmittel für die Feinmeßtechnik. Z. techn. Phys. 1943 S. 46.

[3] NIEBERDING, O.: Feinmeßgeräte mit pneumatischer Übersetzung. Feinwerktechnik Bd. 55 (1951) Heft 4 S. 3 Abb. 5 zeigt einen Meßbügel zum Prüfen von Walzgut.

Da beide Düsen in selbsttätigem Ausgleich stehen, kann das zu messende Gut im Raume des zwischen den Düsen verbleibenden Spaltes seine Lage beliebig verändern.

Um die für die Meßgenauigkeit maßgebenden Stirnflächen der Düsen vor Anlauf und Abnutzung zu schützen, stehen diese gegenüber Führungsringen aus Hartmetall etwas zurück. Das Maß wird mit Hilfe eines genau vermessenen Einstellstückes — z. B. einem genauen Blech — voreingestellt. Abweichungen von diesem Maß können an der je nach Wahl in 0,01 oder 0,001 mm geteilten Skala e des Gerätes innerhalb des gewünschten Meßbereiches beim Durchlauf stetig abgelesen werden. Sofern plötzlich unvorhergesehene Verdickungen auftreten (oder beim Reißen des Bandes) kann die Meßeinrichtung nicht beschädigt werden, da die Führung der oberen Düse federnd gegen einen Anschlag gelagert ist und ausweicht. Außerdem ist hierfür eine Abhebevorrichtung f vorgesehen, damit das Einfahren erleichtert wird. Die obere Düsenführung ist zudem mit einer Feinstellschraube g mit Skalenscheibe versehen, um eine grobe Voreinstellung durchführen zu können. Es muß aber beachtet werden, daß selbst die beste Mikrometerschraube mit ihrer Genauigkeit weit hinter der Meßgenauigkeit der pneumatischen Übersetzung zurückbleibt und daß daher bei genauen Messungen immer eine Voreinstellung mit einem Eichstreifen erfolgen sollte. Rechts in der Abbildung ist das Ablesegerät d zu sehen, das mittels eines Prüfluftschlauches c mit dem Meßbügel bei b verbunden ist. Die Wirkung des Ablesegerätes beruht darauf, daß Luft mit gleichbleibendem Überdruck einer Druckkammer durch eine Eintrittsdüse h zugeleitet wird. Der Druck, der sich in dieser Kammer einstellt, entspricht der Größe der Austrittsöffnung. Eine kleine Austrittsöffnung ergibt geringeren Druckabfall, also höhere Drücke h in der Kammer, und umgekehrt. Wird an die Druckkammer ein feinempfindlicher Druckmesser angeschlossen, so könnte an dessen z. B. nach μ geeichter Skala jede Maßveränderung der Austrittsdüse erkannt werden. Im vorstehenden Fall bilden die beiden, einander gegenüberliegenden Düsenöffnungen im Meßbügel die Austrittsöffnung. Jede Dickenveränderung des Bandes verkleinert bzw. vergrößert den Austrittspalt. Die hierdurch bewirkten Staudruckveränderungen werden am Druckmesser in Abhängigkeit vom Abstand abgelesen. Den gleichmäßigen Druck für die einzublasende Prüfluft liefert eine Regeleinrichtung, bestehend aus einem in der Abb. 103 rechts erkennbaren Behälter i, in den ein Tauchrohr auf Genautiefe (500 mm normal) in Wasser eingetaucht wird. Diesem Tauchrohr wird z. B. aus einer normalen Preßluftleitung mit Düsenvorregelung h Druckluft zugeführt. Der Solldruck, entsprechend der Eintauchtiefe, stellt sich selbsttätig dadurch ein, daß überschüssige Luft ins Freie entweicht. Beim Betrieb dieser Geräte ist daher stets ein Kochen im Behälter zu hören. Diese gleichmäßig geregelte Luft wird dann der

Staudruckkammer zugeleitet. Weiterhin ist mit diesem Druckregler das Staudruckmanometer als Standrohr verbunden, das die Druckschwankungen als Millimeter-Wassersäule anzeigt und dessen Skala e der Meßeinheit entsprechend meistens in μ geteilt ist. Ein Zusatz von geeignetem Farbstoff zur Wasserfüllung erleichtert die Ablesung. In Abb. 103 ist dieses Manometer links am Behälter d erkennbar. Die drei Pfeile k zeigen die zulässige Höchstdicke, die zulässige Mindestdicke und dazwischen das Sollmaß an.

Ein anderer Apparat ist das Etamicgerät nach Abb. 104. Dasselbe beruht auf einer pneumatischen Differentialvorrichtung. Es hat die Form eines Kästchens, dessen Vorderseite zwei Einstellknöpfe a und b aufweist. Diese Knöpfe sind mit einer Mikronteilung versehen. Auf der Rückseite des Kästchens befindet sich der Anschlußstutzen für die Druckluftzufuhr aus dem Fabriknetz sowie der elektrische Anschluß. Auf der vorderen Stirnseite des Gehäuses ist der mit den zwei Meßöffnungen (Taster genannt) verbundene Luftanschluß angeordnet. Je einer dieser „Taster“ ist in einer oberen o und in einer unteren u Backe untergebracht. Die untere Backe u kann mittels eines hier nicht sichtbaren Einstellknopfes je nach der Lage des Bandes höher oder tiefer gestellt

Abb. 104. Banddickenmessung nach dem Etamic-Verfahren.

werden, während die ebenfalls in der Höhe verstellbare obere Backe o mittels eines Regulierknopfes c auf die Banddicke eingestellt wird. Dieser zuletzt erwähnte Regulierknopf ist mit einem in $^1/_{100}$ mm unterteilten Meßkranz versehen. Beide Backen sind mit auf Nadellagern montierten Zentrierrollen d für das durchlaufende Band ausgerüstet. Zwischen den Rollen befinden sich an der unteren und an der oberen Backe dem zu messenden Band zugekehrt je eine, also insgesamt zwei, einander gegenüberliegende Bohrungen. Diese beiden Öffnungen liegen am Ende der Ausströmseite einer Meßleitung, deren Einströmseite mit einer kalibrierten Öffnung versehen ist. Zwei zu dieser Meßleitung parallelgeschaltete Einstell- oder Regulierleitungen sind an ihren Einströmseiten mit je einer kalibrierten Öffnung und an ihren Ausströmseiten mit je einer Ventilnadelöffnung versehen. Im Nebenschluß zu den Einstelleitungen einerseits und der Meßleitung andererseits sind zwei manometrische Kapseln geschaltet, von denen jede eine deformierbare Membran aufweist. Zufolge der Ausbiegung dieser Membranen nach der einen oder anderen Seite der Normallage schließt oder öffnet jede Membran einen elektrischen Kontakt, wodurch eine rote und eine grüne Glühbirne bei f zum Leuchten oder Erlöschen gebracht wird.

In der Normalausführung des Gerätes sind das Kästchen und die Backen auf einem in einer Führung verschiebbaren Schlitten befestigt. Für gewisse Verwendungszwecke können aber das Kästchen und die Backen getrennt voneinander geliefert und mit einem biegsamen Schlauch miteinander verbunden werden. Die Normalausführung des Gerätes erlaubt die Kalibrierung von Banddicken von 0 bis 10 mm und einer Meßtiefe bis 40 mm vom Rand. Die Dickentoleranz ist zwischen $\pm 10\,\mu$ und ± 1 mm einstellbar.

Neben diesen beiden Verfahren wurde jüngst vom US-National Physical Laboratory ein neuartiges Gerät entwickelt, das insbesondere zur Blechdickenprüfung geeignet ist[1]. Das Gerät beruht nur nicht auf dem Blasen der überschüssigen gedrosselten Luft gegen eine Wassersäule, sondern gegen einen unter Federdruck stehenden Kolben, der unter Zwischenschaltung einer Feder ein Zeigergerät, d. h. einen sehr empfindlichen Druckmesser, betätigt.

3.424 Röntgenstrahlen.

Da Röntgen- und Gammastrahlen von Metallen stark, dagegen von Luft nur gering absorbiert werden, können sie in Verbindung mit einem Zählrohr zur Dickenmessung[2] benutzt werden. Das Zählrohr nach MÜLLER-GEIGER ermöglicht durch seine hohe Empfindlichkeit die Messung geringer Intensität in kurzer Zeit ($^1/_{10}$ sec). Dies Verfahren wird seit etwa 1937 in Deutschland zur Prüfung von Stahlflaschen angewandt. Mit einer Röntgenröhre 100 kV ist Stahlblech bis zu 7 mm Dicke meßbar. Die Genauigkeit liegt bei $\pm 1\%$ der maximalen Anzeige bei einer Ansprechzeit von $^1/_{10}$ sec. In USA arbeiten Dickenmeßvorrichtungen an Breitbandstraßen nach dem gleichen Verfahren[3].

In Abb. 105 ist eine Röntgen-Dickenmeßeinrichtung mit zwei Röntgenröhren dargestellt, wie sie von der Westinghouse Electric Corp.

[1] GRANEEK, M., u. J. EVANS: Pneumatic comparator of high sensitivity.

[2] TROST, A.: Betriebsmäßige Wanddickenmessung mit Röntgendurchstrahlung und Zählrohr. Stahl u. Eisen 1938 S. 668—670.

Ein ganz kurzer Auszug ist in der Z. VDI Bd. 79 Heft 44 vom 2. 11. 1935 auf S. 1346 angegeben.

[3] CLAPP, C. W., u. R. V POHL: Röntgen-Dickenmeßlehre für Warmband-Walzwerke. Electr. Engng. Bd. 67 (1948) S. 441—444. — LUNDAHL, W. N.: Röntgen-Dickenmeßlehre für kaltgewalzten Bandstahl. Electr. Engng. Bd. 67 (1948) S. 349— 353.

entwickelt wurde[1]. Beide Röhren gleicher Strahlungsintensität senden abwechselnd rasch aufeinanderfolgend Strahlen aus, wobei die Meßröhre das zu messende Blech oder Band, die Vergleichsröhre eine Vergleichsprobe bestrahlen. Die Strahlen treffen nach der Durchdringung Leuchtschirme, deren Lichtintensität wiederum eine Photozelle erregen. Über einen Verstärker und eine Differenzschaltung ist die Blechdickenabweichung nach der Minus- und nach der Plusseite zu an einem Zeigerinstrument ablesbar. Bei Vergleichsblechen einer Dicke von 0,1 bis 3,0 mm entspricht der Vollausschlag des Meßgerätes einer Dickenabweichung von 0,025 mm. Die erreichbare Meßgenauigkeit soll bei 1 %

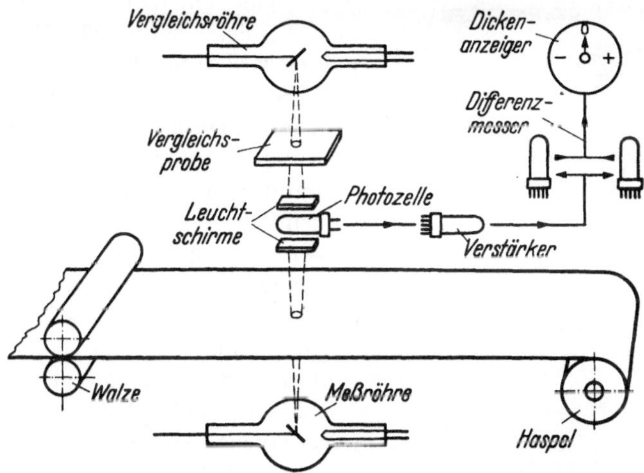

Abb. 105. Blechdickenmessung mittels zweier Röntgenröhren und Photozelle.

liegen. Diese Meßvorrichtung gestattet vermöge ihrer beweglichen Anordnung ein Abstrahlen über die gesamte Bandbreite und kann einen Servomotor zur Regelung des Walzenabstandes in Walzgerüsten selbsttätig ein- und ausschalten.

Eine andere Einrichtung beruht auf den Einsatz von zwei Zählrohren, deren Zählungsunterschied gemessen wird. Die Röntgenröhre sendet in verschiedene Richtungen Strahlen, die teils das zu messende Blech mit einem dahinter angeordneten Zählrohr, zum anderen Teil eine Vergleichsprobe mit einem zweiten dahinter angeordneten Zählrohr durchdringen. Eine solche Anordnung ist einfacher und billiger als die zu Abb. 105 beschriebene, arbeitet allerdings mit einer etwas geringeren Genauigkeit von etwa $\pm$ 2 %, die für die Blechdickenkontrolle in den allermeisten Fällen genügt.

<hr>

[1] JELLINGHAUS, W., u. H. MÖLLER: Anwendung zerstörungsfreier Prüfverfahren im Walzwerk. Stahl u. Eisen Bd. 71 (1951) Nr. 19 S. 995.

Abb. 106. Fahrbares Röntgendickenmeßgerät Exatest.

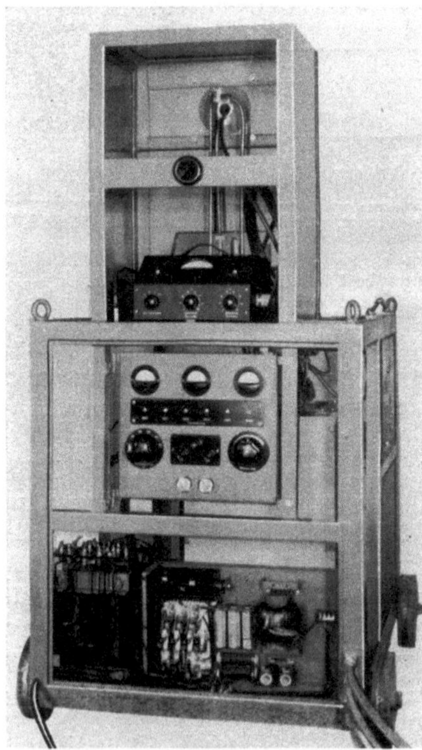

Abb. 107. Rückseite des Gerätes zu Abb. 106.

Abb. 106 und 107 zeigen das Exatest-Gerät[1] von vorn und von hinten. Das zu messende Blech oder Band läuft zwischen Oberkante Blechverkleidung und kranartigem Ausleger nach Abb. 106 hindurch. Die Zu- und Abführung für Strom und Wasser sowie die Preßluftzuführung befinden sich in einem gemeinsamen Metallschutzschlauch. Das Wasser für die in der Anlage befindliche Wasserpumpe wird durch den in der Mitte des Seitenbleches eingelassenen Stutzen eingefüllt und kann durch das rechts unten an der Seitenwand neben dem Laufrad erkennbare und mit einem Schraubstopfen verschlossene Ablaufrohr abgelassen werden. Die Rückkühlung des Wassers im Pumpenbehälter geschieht durch die im Metallschutzschlauch befindlichen Wasserschläuche. Die Preßluft unterstützt die Kühlung und hält die Strahlengänge der Röntgenröhre von Staub und sonstigen Verschmutzungen frei. Bei dem sonst gleichartigen Gerät nach Abb. 107 sind Wasser- und Preßluftschläuche sowie das Stromzuführkabel nicht in einem gemeinsamen Metallschlauch untergebracht. Im oberen Teil befindet sich das Zählrohrgerät, im mittleren Teil die Schalt-

---

[1] Exatest-Gesellschaft f. Meßtechnik, Leverkusen. Röntgenanlagen hierzu werden von Siemens-Reiniger-Werk, Erlangen, und Zählrohre von Prof. Dr. BERTHOLD, Wildbad, geliefert.

und Überwachungsgeräte für die Röntgenanlage und unten sind die Bauelemente der Primärseite der Röntgenanlage zu sehen. Mit dieser fahrbaren Apparatur ist die berührungsfreie Dickenmessung von Blechen und Bändern sowohl im kalten als auch glühenden Zustand möglich, ohne daß dabei das Blech oder Band angehalten werden braucht. Im Unterteil der Apparatur nach Abb. 106 und 107 ist die Röntgenanlage eingebaut, die in zwei Richtungen Strahlen sendet.

Der erste Strahl führt durch das zu messende Blech hindurch senkrecht nach oben. Die vom Blech hindurchgelassene Strahlung trifft auf ein Zählrohr, das von einem Wasserkühlmantel umgeben und in den kranartigen Ausleger eingebaut ist. Ein zweiter Strahl durchdringt einen austauschbaren Vergleichskörper möglichst des gleichen Bleches, jedoch von der absolut vorgeschriebenen Solldicke. Dieser zweite Strahl trifft nach Durchdringung dieses Vergleichsbleches auf ein zweites Zählrohr. Beide Zählrohre sind auf ein gemeinsames Meßanzeigeinstrument so geschaltet, daß bei Übereinstimmung der Blechdicke des zu messenden Bleches mit derjenigen des Vergleichbleches kein Ausschlag erfolgt, daß aber Abweichungen in 0,1 mm sofort angezeigt werden. Es besteht auch hier durchaus die Möglichkeit, die Unter- und Überschreitung von zulässigen Bereichsgrenzen mit zusätzlichen optischen oder akustischen Warnanlagen anzuschließen.

Außer Dickenmeßverfahren unter Gammastrahlen sind auch solche mittels Betastrahlen bekannt, und zwar sowohl ein von Hand bedienbares Gerät für den Industriebetrieb als auch eine größere Einheit für Laboratorium und Forschung[1].

3.425 Ultraschall und andere Verfahren.

Mit Ultraschall und den schalloptischen Sichtverfahren lassen sich zwar die Dicke von Blechen bestimmen, doch ist der eigentliche Verwendungszweck die Fehlerstellenbestimmung im Material durch vergrößerte bildliche Wiedergabe des inneren Aufbaues (siehe S. 259). Resonanzschwingungen treten bei Blechen auf, wenn sie in ihrer Eigenfrequenz durch Ultraschall erregt werden. Dabei wird in den meisten Fällen der Schallgeber durch Wasser oder einen Ölfilm an das Werkstück gekoppelt, die Frequenz moduliert und die Resonanz bei der Eigenfrequenz an einem Leuchtschirm abgelesen. Das Sonizongerät der Magnaflux Corp., Chicago, eignet sich für Dickenmessungen von 0,38 bis 12 mm und erzielt eine Genauigkeit von 2% der Dicke. Ein neuartiger deutscher Ultraschall-Meßdickenapparat ist das Kricogerät[2]. Hier muß das Eichstück die genau gleiche Werkstoffbeschaffenheit wie das zu prüfende Blech oder Band aufweisen.

---

[1] Entwickelt von Baldwin-Instruments Co., Brooklands Works, Dartford-Kent. Machinery, Lond. Bd. 79 v. 19. 7. 1951 S. 123.
[2] Hersteller Kritz & Co., Lüdenscheid.

3.426 Kapazitive Mikrometer.

Rein theoretisch lassen sich noch die folgenden beschriebenen Verfahren für die Dickenmessung gut anwenden, scheiden aber aus Gründen der Wirtschaftlichkeit zunächst aus. Hierhin gehören die kapazitiven Mikrometer[1], die vorwiegend zur berührungsfreien Messung an laufenden Stoff- und Gummibahnen angewendet werden. Ihre Empfindlichkeit ist sehr hoch und liegt im allgemeinen bei $\pm$ 0,00001 mm, beim Einschalten eines Dreiplattenkondensators[2] als kapazitiven Spannungsteilers und Röhrenspannungsmessers sogar bei $\pm$ 0,000 0001 mm. Eine solche Empfindlichkeit wird für die Blechdickenmessung nur in seltenen Fällen gebraucht.

Zu den kapazitiven Band- und Blechdickenmessern gehören die mit Tastrollen versehenen Apparate Stop-Cote und Movolinit. Die Arbeitsweise der Stop-Cote-Apparate der französischen Firma E. A. M. (Lic: Gendron Frères) in Clamart (Seine) beruht darauf, daß das zu messende Band zwischen zwei Meßrollen hindurchgeführt wird, wobei wie üblich die untere fest, die obere höhenverschieblich angeordnet ist und einen Schiebekondensator betätigt. Ähnlich arbeitet das Movolinit-Gerät der Schweizer Firma Movomatic AG. Bei beiden Geräten wird die Meßgröße auf einen Differentialkondensator gegeben, dessen Kapazität in einer Brückenschaltung gemessen wird. Die Meßbereiche betragen $\pm$ 5μ und $\pm$ 50μ, innerhalb derer das Vormeß- und das Abstellrelais eingestellt werden können.

3.427 Bolometer.

Zur Steuerung von Sortier- und Arbeitsmaschinen nach Werkstückmaßen sind vielfach bolometrische Lehren[3] eingesetzt worden, die auf $\pm$ 0,001 mm genau arbeiten. Dabei beeinflußt die mechanische Meßgröße die Kühlung geheizter Widerstandsdrähte, deren Widerstandsänderung in Brückenschaltung gemessen werden. Der in Blattfedern reibungsfrei aufgehängte Taststift betätigt über eine Meßfeder eine Drehspule, die zwischen den Magnetpolen des Kompensationssystems angeordnet ist und über dem Bolometergehäuse die Bolometerfahne schwenkt[4]. Diese Anordnung zeichnet sich durch weitgehende Unabhängigkeit gegen Temperatur- und Spannungsschwankungen aus und

---

[1] HEUSSLER, A.: Elektrische Längenmeßgeräte. Werkstattstechn. u. Masch.-Bau 1949 S. 347—352.

[2] HAYNES, I. R.: Measuring displacements of microphone contacts. Bell. Labor. Rec. Bd. 13 (1935) S. 337—342.

[3] MERZ-NIEPEL: Messung kleiner Ströme und Spannungen und kleiner Längenänderungen mit dem bolometrischen Kompensator. Wiss. Veröff. Siemens-Werk 1939 S. 151—158.

[4] HEUSSLER, A.: Elektrische Längenmeßgeräte. Werkstattstechn. u. Masch.-Bau Bd. 39 (1949) Heft 11/12. Auf S. 351 Abb. 13: Schaltbild des bolometrischen Feintasters.

ist mechanisch sowie elektrisch auf den Anzeigebereich einstellbar. Eine Leistung von etwa 100 mW reicht aus, um Feinrelais oder Schaltröhren ohne Zwischenschaltung von Röhrenverstärkern zu steuern.

Abb. 108 zeigt einen bolometrischen Feintaster der Fa. Siemens & Halske nebst Schaltkasten.

3.428 Strahlungsmeßgerät.

Zu den jüngst entwickelten Blechdickenmessern gehört das Strahlungsmeßgerät, das allerdings weniger für Bleche und Bänder, sondern mehr für Folien und Schichtdickenermittelungen bestimmt ist. Damit können Stahl-, Kupfer- und Messingbleche bis zu Dicken von 0,2 mm, Aluminiumbleche bis zu 0,6 mm Dicke gemessen werden. Hierbei wird die Absorption der

Abb. 108. Bolometrischer Feintaster.

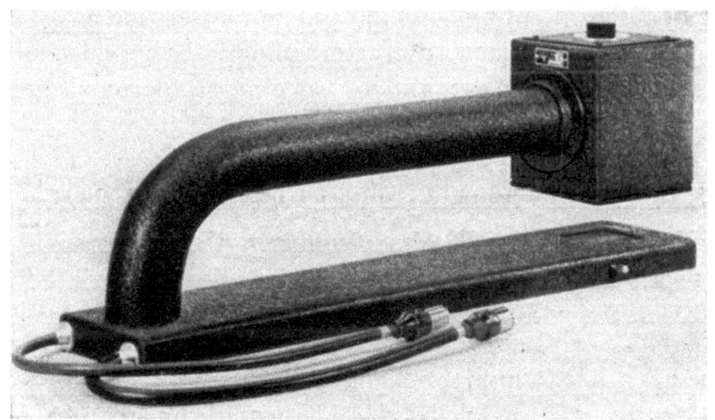

Abb. 109. Sonde eines Strahlungsmeßgerätes.

Strahlung eines radioaktiven Stoffes ermittelt, welche durch das zu prüfende Material hervorgerufen wird. Die Messung geschieht kontinuierlich, ohne Berührung des Materials. Es läuft zwischen einem Behälter für den radioaktiven Stoff und einer Ionisationskammer hindurch. Abb. 109 zeigt den Sondenbügel[1], durch dessen Ausladung das zu messende Blech oder Band hindurchläuft. Am unteren äußeren

---

[1] Bauart Frieseke & Höpfner, Erlangen-Bruck. Während der Drucklegung Apparatur für Walzwerksbedarf, auch zu Schichtdickenmessungen geeignet, neu entwickelt.

Ende ist der Strahler, darüber am oberen Bügelende die rechteckige Ionisationsmeßkammer angebracht. Die Sonde steht über einem Kabelstrang mit dem Verstärkergerät in Verbindung, das mit einem Anzeige- und einem Schreibgerät für die festgestellten Dickenabweichungen ausgerüstet ist. Die Dickenabweichung wird laufend von einem Meßinstrument angezeigt, das in Prozentabweichung vom Sollwert geeicht ist. Abweichungen von $\pm$ 2 % vom Sollwert werden noch sicher ermittelt; das heißt, bei einer Folie von 0,1 mm Dicke werden Abweichungen von 0,002 mm angezeigt. Das Gerät ist unabhängig von Netzspannungsschwankungen[1]. Ein ähnliches Gerät beruht auf der Ionisation durch Emanation radioaktiver Isotopen[2].

3.43 Blechdickenmessung an umgeformten Blechteilen.

Hierfür scheiden die Geräte mit Gegenstützpunkten meistens aus, zumal die Dicken, die zur Ermittelung der Formänderungen interessieren, oft an den unzugänglichsten Stellen gemessen werden. In Betracht kommen hingegen folgende Verfahren:

Bestimmung der Leitfähigkeit . 3.414
Magnetisches Verfahren . . . . 3.415 und 3.422
Röntgenstrahlen 3.424
Strahlungsmeßgerät. 3.428

In besonderen Fällen könnten Schichtdickenmesser nach 3.417 eingesetzt werden, wenn die Bleche nicht ferromagnetisch sind, wobei der eine Pol an eine Meßsonde, der andere an eine stählerne Gegensonde gelegt würde.

3.44 Umfangsmessung an umgeformten Blechteilen.

In der Erforschung der Blechumformung gibt es sehr viele Aufgaben, die eine genaue Ermittelung des Umfanges erfordern, wie beispielsweise bei der Feststellung des günstigsten Ziehspaltes oder der Formänderungen in tangentialer Richtung oder beim Nachweis von Rückfederungserscheinungen an Ziehteilen. Aber auch die zunehmende Verwendung von Ziehteilen in hartgelöteten Konstruktionsteilen oder als Innenkörper von Preßpassungen setzt eine peinliche Nachprüfung des Umfangsmaßes im Betrieb voraus. Für dickwandige runde Ziehteile ist dies kein Problem, hingegen für dünnwandige und unrunde schwierig, da

---

[1] Entwickelt von Frieseke & Höpfner, Erlangen. Siehe auch BERTHOLD. Messung von Schichtdicken und Wandstärken. Mitt. Forsch.-Ges. Blechverarb. 1951 Nr. 23/24 S. 283—287. — BOSCH, J.: Berührungslose Flächengewichts- oder Dickenmessung mit Hilfe der Strahlung radioaktiver Stoffe. Werkstattstechn. u. Masch.-Bau Bd. 43 (1953) Heft 2 S. 66—69.

[2] Entwickelt von E. K. Cole, EKCO-Works Southend-on-Sea. Machinery, Lond. Bd. 76 v. April 1950 S. 616—627 und Bd. 79 v. Juli 1951 S. 123.

dünne Hohlteile unter dem Druck von an zwei gegenüberliegenden Punkten angesetzten Meßwerkzeugen nachgeben. Aber selbst hochempfindliche Meßinstrumente und optische Meßverfahren, die eine Berührung des Teiles ausschließen, führen zu falschen Ergebnissen, wenn das rohrförmige dünnwandige Werkstück kaum merklich oval verdrückt ist. Noch viel schwieriger ist die Umfangsvermessung bei unrunden Teilen, da es dort nicht genügt, den gemessenen Durchmesser mit π zu multiplizieren. Das von Prof. KIENZLE entwickelte Umfangsmeßgerät, dessen Wirkungsweise in Abb. 110 auf einem ABBÉ-Längenmesser montiert dargestellt ist, gestattet eine genaue Ermittelung des Umfangsmaßes trotz genannter Schwierigkeiten.

Hierbei wird ein sehr dünnes Federstahlband f zwischen dem feststehenden a und dem beweglichen b Einspannkopf einer Längenmeßmaschine waagerecht aufgehängt. Die eine Hälfte dieses Bandes an der in Abb. 110 linken Einspannstelle ist etwa 2,5 mal so breit wie die rechte und mit einem Schlitz versehen. Der schmale rechte Teil des Bandes ist durch diesen Schlitz hindurchgesteckt und bildet somit eine Schlinge, die das Werkstück w umgibt. Bei Verstellung der Höhe des Werkstückaufnahmetisches c mittels Handrad h kann in

Abb. 110. Umfangs-Meßvorrichtung nach KIENZLE auf ABBÉ-Längenmesser.

mehreren aufeinanderfolgenden Messungen der Umfang in verschiedenen Abständen vom Boden ermittelt werden. Es muß darauf geachtet werden, daß die Bandenden genau in der Verbindungsgeraden zwischen den Endbefestigungspunkten liegen. Die Bandspannung an diesem ABBÉ-Längenmesser geschieht über den Schnurzug d und Rolle e mittels eines Gewichtes von 160 g. Der Schnurzug greift am Hebel g des verschieblichen Zylinders mit der Einspannstelle b an. In diesem Zylinder ist ein Glasmaßstab eingelassen. Durch das Meßmikroskop m kann die Umfangsänderung auf 1 μ Genauigkeit abgelesen werden. Zur absoluten Messung ist die Umschlingung eines genau feingeschliffenen und polierten Teiles bekannten Durchmessers zwecks Eichung erforderlich.

4. Prüfung der Festigkeit von Blechen.

4.1 Härteprüfung.

4.11 Kugeldruckprobe.

Härteproben haben nur dort Wert, wo die tatsächliche Blechhärte interessiert. Irgendwelche Rückschlüsse auf Verformungseigenschaften aus dem Härteversuch sind sinnlos und führen stets zu Irrtümern. Die Härteprüfungen haben den Vorzug, einen Anhalt über den Zustand des prüfenden Werkstückes schnell und ohne Aufwand von Werkstoff zu ermöglichen. Alle Härteprüfungen ermitteln nur den Oberflächenzustand des betreffenden Werkstückes, was bei dickeren wie auch kalt nachgewalzten Blechen je nach Verwendungszweck von Bedeutung sein kann.

Aumann[1] hat umfangreiche Untersuchungen darüber angestellt, ob es richtig ist, an Stelle der Einbeul- die Kugeldruckprobe vorzunehmen und ob überhaupt aus der Härte Rückschlüsse auf die Tiefziehfähigkeit gezogen werden können. Die Versuche zeitigten ein negatives Ergebnis, insbesondere haben sie bewiesen, daß eine objektive Prüfung des Werkstoffes nicht möglich ist und die Anwendung der Kugeldruckprobe bei Feinblechen einmal durch den Einfluß einer nicht einwandfreien Unterlage bei verschiedenen Blechdicken und zum anderen durch das je nach der Abwalzung verschieden große Korn des Gefüges erschwert wird. Bei dem Kugeldruckversuch nach Brinell wird eine Kugel aus gehärtetem Stahl in die Oberfläche des Prüfstückes unter Druck eingedrückt. Die Brinellhärte H in kg/mm² läßt sich aus folgender Gleichung berechnen, wobei die Prüflast P in kg, der Kugeldurchmesser mit d_1 und der Durchmesser am Außenrand der Eindrückgrube mit d_2 ($=$ Kalottedurchmesser) in mm bezeichnet werden.

$$H = \frac{2\,P}{\pi\,d_1\,(d_1 - \sqrt{d_1^2 - d_2^2})}$$

Zumeist sind den Härteprüfapparaten Tabellen beigefügt, die eine Ausrechnung der Härte nach obiger Gleichung erübrigen. Näherungsweise kann die Festigkeit von Stahl durch Multiplikation des Brinellhärtewertes mit 0,36 ermittelt werden. DIN 1605 enthält die Durchführungshinweise für die Kugeldruckprobe. Als Belastungsstufen kommen Prüfkräfte von 15,6, 31,2, 62,5 und 187,5 kg sowie als Kugeln solche von 2,5, 5,0 und 10,0 mm Durchmesser in Betracht, wobei für Feinbleche zumeist nur die erstere gebraucht wird. Bei Blechen muß der Kugeldurchmesser kleiner als die Blechdicke sein; nach dem Versuch darf auf der Unterseite der Probe keine Druckstelle der Kugel sichtbar werden.

---

[1] Siehe den Aufsatz von Willy Aumann über Prüfung und Eigenschaften von Feinblechen für Stanzzwecke. Masch Bau Betrieb 1928 Heft 14.

Bei der Prüfung von Feinblechen bis 3 mm Dicke werden mehrere Proben des gleichen Bleches bis zur ausreichenden Dicke aufeinandergelegt. In diesem Falle werden nur dann richtige Werte erreicht, wenn die Proben völlig eben aufeinanderliegen. Dies geschieht am besten

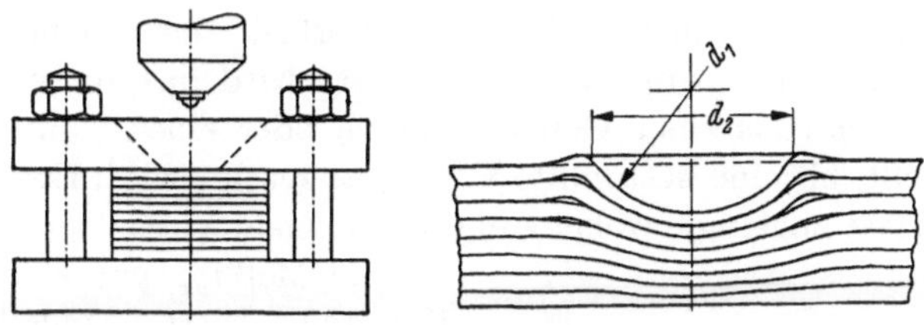

Abb. 111 und 112. Kugeldruckprobe an Blechen in Paketen.

mittels einfacher Spannvorrichtungen entsprechend Abb. 111. Aber auch dabei läßt sich ein Emporwölben der Ränder um den Kugeleindruck nach Abb. 112 nicht verhindern, so daß fälschlich häufig zu große Durchmesser und zu geringe Härten gemessen werden.

4.12 Vickershärteprobe.

Der Vickershärteversuch wird mit einer vierseitigen Diamantpyramidenspitze von 136° Flächenwinkel durchgeführt. Die Eindringtiefe ist dem Kraftaufwand verhältnisgleich. Zur Bestimmung der Härte wird die Länge der beiden Diagonalen des quadratischen Eindruckes ausgemessen und hieraus die Oberfläche der eingedrückten Pyramide bestimmt.

4.13 Doppel-Vickersprobe.

Um den Einfluß der Unterlagenhärte bei Härtemessungen an dünnen Blechen auszuschalten, können gemäß Abb. 113 zwei Vickerspyramiden so gegeneinandergedrückt werden, daß das zwischenliegende Blech von beiden Seiten an ein und derselben Stelle Vickerseindrücke empfängt. Zur Vermeidung einer zu starken Verfestigung des zu prüfenden Werkstoffes an der Spitze können dünne Bleche nur unter geringer Last geprüft werden. Dieses Verfahren ist noch nicht anerkannt, dürfte sich aber für Härteuntersuchungen an dünnen Blechen noch einführen.

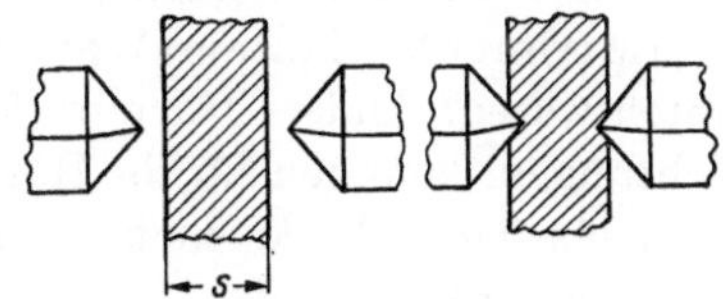

Abb. 113. Doppel-Vickersprobe.

4.14 Rockwellprüfung.

Die vor allen Dingen in USA weitverbreitete Rockwellprüfung ist nichts anderes als eine Härteeindruckmessung wie die vorher beschriebenen, wobei die Rockwell-B-Härte mit RB (B = Ball = Kugel) und die Rockwell-C-Härte mit RC (C = cone = Kegel) bezeichnet werden. Für weiche Werkstoffe wird eine Stahlkugel und für härtere eine kegelförmige Diamantspitze von 120° Spitzenwinkel und einer Spitzenrundung von $r = 0,2$ mm verwendet. Das Verfahren ist unter DIN 50103 unter der Bezeichnung „Härteprüfung mit Vorlast" beschrieben. Bei den meisten Vorlasthärteprüfgeräten dieser Art wird das zu prüfende Blech von unten mittels einer Gewindespindel oder eines Kolbens an die Kugel gepreßt, bis eine bestimmte Vorlast angezeigt wird. Erst dann wird die Zusatzlast zugefügt, wobei zumeist zwischen Vorlast und Prüflast die Meßuhr auf einen bestimmten Wert eingerichtet wird zwecks besserer Ablesung und Auswertung im Differenzverfahren.

In letzter Zeit wurden eine große Anzahl neuer[1], insbesondere Mikrohärteprüfer angeboten, und die diesbezügliche Entwickelung, die die blechverarbeitende Industrie durchaus interessiert, ist noch nicht abgeschlossen. Im allgemeinen erfordern die Mikrohärteprüfer peinlich geschliffene und polierte Oberflächen. Die bei erheblich geringerer Last erzielten Eindrücke sind von der jeweiligen Lage der Eindruckstelle zum Gefüge sehr stark abhängig, so daß hier die Versuchswerte stärker streuen. Immerhin gestatten diese Verfahren in der Folien- und Feinstblechverarbeitung sowie in der feinmechanischen Industrie (Uhrenfabrikation) Werkstoffkontrollen, die bisher nicht durchzuführen waren. Andere Härteprüfer, insbesondere Rückprallhärteprüfeinrichtungen, kommen für die Härtebestimmung von Fein- und Mittelblechen bis 5 mm Dicke nicht in Frage, da dort die Härte der Unterlage mit gemessen würde.

Ein sehr handliches Gerät für die Werkstatt ist die in Abb. 114 dargestellte Meßuhr[2], die eine direkte Ablesung des Brinellwertes gestattet, allerdings nur für Randmessungen in Betracht kommt. Andere Meß-

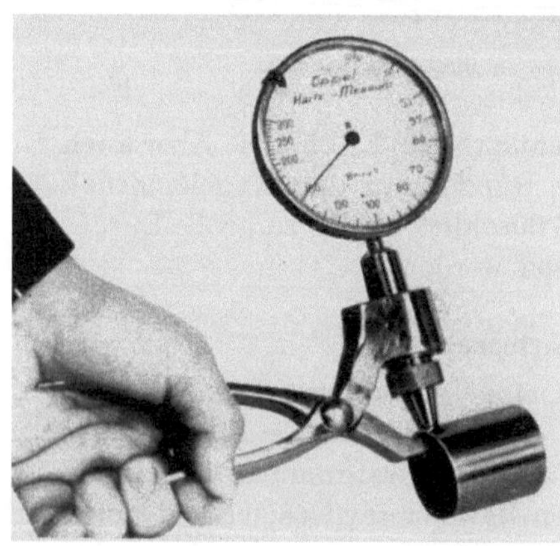

Abb. 114. Härtemeßuhr.

---

[1] Ein handlicher, insbesondere für Bleche geeigneter Kugeleindruckprüfer für geringe Vorlast ist der Oppel-Prüfer, beschrieben in Mitt. Forsch.-Ges. Blechverarb. 1950 Nr. 326 S. 9.

[2] Über Härtemeßuhren für Bleche wird in Nr. 5 der Mitt. Forsch.-Ges. Blechverarb. v. 1. 3. 1952 S. 51 ff. berichtet.

instrumente dieser Art sind beiderseits mit zwei Handgriffen ausgerüstet, so daß sie auch im mittleren Bereich einer Tafel aufgesetzt
werden können. Allzu große Ansprüche an die Härtemeßgenauigkeit
dürfen bei Geräten dieser Art nicht gestellt werden.

4.2 Ermittlung von Dehnung, Bruch- und Streckgrenze.

4.21 Zerreißversuch.

Gemäß DIN 1605 in Verbindung mit DIN 50114, DIN 50125 und
DVM — A 114 werden für die Blechprüfung besondere Zerreißstäbe
hergestellt, die eine Bruch-
dehnung auf eine Meß-
länge $L_0 = 11{,}3\sqrt{F_0}$ mit F_0
für δ_{10} als ursprünglichen
Querschnitt abzulesen ge-
statten[1]. Der in der Zerreißmaschine eingespann-
te Stab wird bis zum
Bruch beansprucht. So-
wohl die hierbei auftre-
tende Höchstlast als auch
die Verlängerung einer
über die ganze Prüflänge
stattfindenden gleichför-
migen Dehnung ergeben
die Werte σ_B in kg/mm²
und δ_{10} in %. Tatsächlich
tritt allerdings die Deh-
nung nicht an allen Stellen

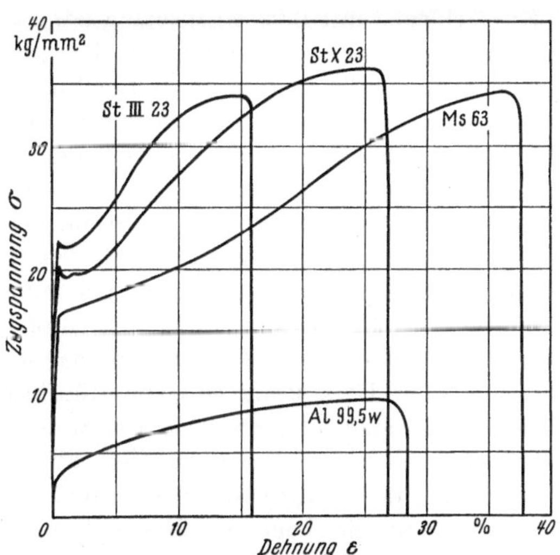

Abb. 115. Spannungsdehnungsdiagramme für vier verschiedene Bleche.

der Prüflänge gleichförmig auf. Sie ist in Nähe der späteren Bruchstelle
erheblich größer, zumal dort auch die Einschnürung sich deutlich an der
äußeren Form abzeichnet. Als Maß für die Formänderungsarbeit beim Zerreißversuch gilt die von der Spannungsdehnungs-Schaulinie und von der
Achse der Formänderung begrenzte Fläche. Für die Formänderung
interessiert das Verhältnis des Einschnürungsquerschnittes zum ursprünglichen, worüber noch später auf S. 194 berichtet wird. Abb. 115 zeigt vier
derartige Spannungsdehnungs-Diagramme verschiedener Werkstoffe, und
zwar für zwei Stahlbleche, ein Messingblech und ein Aluminiumblech.

Über die Bedeutung des Zerreißversuches zwecks Beurteilung der
Kaltverformungseigenschaften, insbesondere der Tiefzieheignung eines
Werkstoffes, bestehen widersprechende Ansichten. Für die Brauchbar-
keit dieser Prüfung sprechen DRAEGER, ACKERMANN, die Niederschriften

---

[1] Für δ_5 ist $L_0 = 5{,}65\sqrt{F_0}$.

der Werkstoffgruppe 4 des VDMA. Hingegen äußern sich ungünstig Schmidt-Kapfenberg, Rudolf Fischer, Siebel und Pomp, Esser und Arend. Die beiden letzteren empfehlen zur Beurteilung der Tiefzieheignung die Ermittelung der Zerreißfestigkeit σ_B aus der Tiefungskraft P des noch später auf S. 180 beschriebenen Einbeulversuches in kg (siehe S. 181) und der Blechdicke s in mm nach folgender Gleichung:

$$\sigma_B = \frac{c\,P}{s},$$

worin c für Eisen- mit 0,034, für Aluminium- mit 0,037 und für Messing- und Kupferbleche mit 0,05 einzusetzen ist.

Die weiteren Schwierigkeiten in der praktischen Durchführung liegen bei dünnen Blechen in der Herstellung der Probekörper, die bekanntlich nicht gestanzt werden dürfen, um feinste Einrisse und Gratbildung auszuschließen, welche durch den Abschervorgang erzeugt werden können. Probenahmen dürfen nicht auf 2 bis 5 Stäbe beschränkt werden, es sind vielmehr bis zu 50 Stück bei größeren Posten anzufertigen. Die Herstellungskosten der Proben fallen für einen Betrieb, in dem sehr häufig Blechprüfungen vorgenommen werden, dann immerhin ins Gewicht. Es ist dort deshalb zu empfehlen, die Probestäbe auf einer Sondervorrichtung in Paketen zu spannen und mittels Satzfräser zu fräsen. Nach Eisenkolb wird die Einflußzone des Schnittes mit 0,75-Blechdicke angenommen, bzw. wären ausgestanzte Probestäbe um dieses Maß im mittleren Teil abzufeilen, abzuschaben oder abzufräsen. Bei Bemessung der Proben ist zu beachten, daß dünne Blechstäbe sich rollen und somit die Lage des Risses beeinflussen. Daher sollte das Seitenverhältnis des Querschnittes möglichst nicht größer als 1 : 5 sein. Dies steht bei dünnen Blechen allerdings in Widerspruch zu DIN 50114, wonach die Stabbreiten mit 15 oder 20 mm gewählt werden sollen. Bei einer anderen Breite b_0 muß die Meßlänge L_0 jeweils ausgerechnet werden. Bei dem Zerreißstab einer Form nach Abb. 116 gilt $h = 2\,b_0 +$ $+ 10$ mm; $L_v = L_0 + 10$ mm; $B = 1,5\,b_0$. Um von vornherein die Stelle des späteren Einschnürquerschnittes in der Stabmitte zu bestimmen, kann in der Mitte der Stab um 0,1 mm enger entsprechend dem nach DIN 1605 Bl. 2 zulässigen Meßfehler gehalten werden. Durch einen solchen Parallelitätsfehler der Stabkanten würde lediglich die Dehnung etwas herabgesetzt, was zum Nachteil des Blechherstellers, jedoch nicht des Blechverbrauchers gereichen würde, so daß von seiner Seite keine Bedenken hiergegen einzuwenden sind. Bei manchen Werkstoffen besteht bei völlig parallelen Kanten des mittleren Stabteiles die Neigung zur gleichzeitigen Einschnürung an verschiedenen Stellen. Dies ergibt dann fälschlich zu hohe Dehnungswerte. Kurze Probestäbe ergeben gegenüber dem Normalstab bei sehr dehnbaren Werkstoffen höhere, bei weniger dehnbaren geringere Werte. Die Laststeigerung soll möglichst langsam erfolgen und im allgemeinen 1 kg/mm²/sec nicht übersteigen. Bei schwachen Blechen empfiehlt sich sogar eine noch langsamere Belastung. Glatte Bleche werden aus der üblichen Beißkeilbefestigung gemäß Abb. 168 unten zuweilen herausgezogen. Es empfiehlt sich dort entweder eine zusätzliche Beißkeilspannung durch seitlich gegen dieselben drückende Spannbolzen oder durch Beilage von Schmirgelpapier. Da die Anferti-

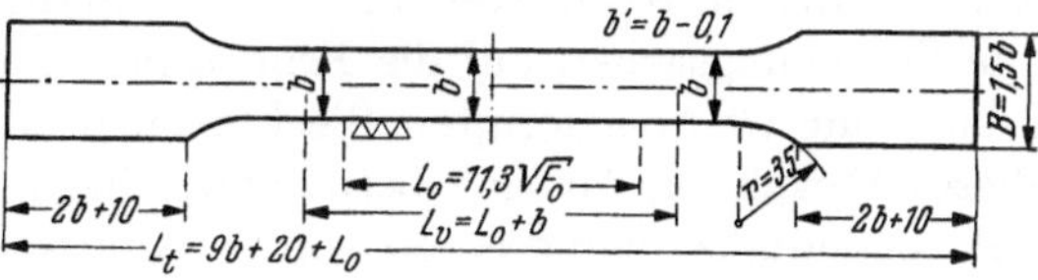

Abb. 116. Abmaße eines Zerreißstabes aus Blech möglichst mit $b = 15$ oder 20 mm.

gung von Zerreißstäben nach Abb. 116 kostspielig ist, wurde mit Erfolg versucht, an Stelle solcher Stäbe einfache Bänder gleichbleibender Breite zu verwenden. Allerdings liegt die Einschnürstelle dann nicht immer in der Probenmitte. Insoweit ist mit einer geringen Breitenverminderung, wie oben angegeben, durch Schaben oder Feilen in der Mitte die erwünschte Lage der Einschnürung vorauszubestimmen.

Die meisten Zerreißmaschinen sind gemäß Abb. 168 im Ober- und Unterteil mit Schnellspannvorrichtungen für Beißkeile bei Blechzerreißproben versehen. Hierbei laufen die Beißkeile b in zur Keilneigung parallelen, also steilschrägen Führungen f und stehen paarweise über einen waagerechten Bolzen c in Verbindung. Durch Drehen eines Sterngriffes bei außen

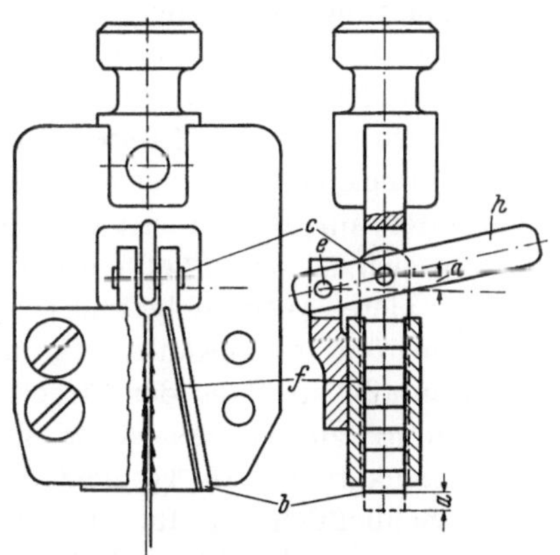

Abb. 117. Einspannfutter für Blechzerreißproben.

verzahnten Beißkeilen oder Umlegen eines bei e angelenkten Hebels h nach Abb. 117 werden die Beißkeile paarweise gleichzeitig geöffnet oder geschlossen bzw. um das Maß a gehoben oder gesenkt und bewirken somit eine bequeme, schnelle und beiderseits gleichmäßig tragende Einspannung der Blechproben.

Im Case-Institut in Cleveland beschäftigt sich Professor BALDWIN mit der Erforschung des Einflusses der Temperatur auf die Festigkeit der Bleche. Verschiedene Zerreißmaschinen sind dort mit entsprechenden zusätzlichen Vorrichtungen versehen, in denen die Proben auf die gewünschte Temperatur gebracht werden. Neben dem Spannungs-Dehnungs-Diagramm wird die Temperatur graphisch aufgezeichnet.

Beachtung verdienen zur Zeit im Institut von Professor Dr.-Ing. G. Sachs an der Technischen Universität in Syracuse laufende Untersuchungen, wobei an verschiedenen Stellen des Zerreißstabes Dehnmeßstreifen angebracht werden, um die Spannungsverhältnisse an Zerreißstäben verschiedenen Querschnittes und Breiten-Dicken-Verhältnisses zu ermitteln. Nach Abschluß dieser grundlegenden Feststellungen soll die Forschungsarbeit auf die Ermittlung mehrdimensionaler Spannungszustände an umgeformten Blechteilen weiter ausgedehnt werden. Ob dieses Verfahren, für sich betrachtet, eine Zukunft hat, sei dahingestellt. Jedenfalls bietet es eine gute Kontrolle und dient zur Beurteilung der Zuverlässigkeit betrieblich einfacherer Verfahren zur Ermittelung von Spannungszuständen, wie beispielsweise die Veränderung der Abstände in aufgerissenen oder aufkopierten Liniennetzen vor und nach der Umformung.

Während im Betrieb die Einbeul- und Napfziehprobe den Zerreißversuch ziemlich verdrängt haben, behält er in der Erforschung der Blechverarbeitung immer noch seine Bedeutung. Einmal dient er zur Ermittelung der Fließlinie an Zerreißproben verschiedenen Abwalzgrades, soweit hierzu nicht das Wolter-Gerät für querkraftfreies Biegen nach Abb. 126 ausreicht. Zweitens gestattet das aufgenommene Spannungs-Dehnungsdiagramm verschiedene Rückschlüsse, insbesondere auf das Verhalten im Bereich der Streckgrenze. Stark fließgrenzbetonte Werkstoffe neigen zur Fließfigurenbildung (Abb. 16, S. 18) sehr viel mehr als andere. Werden beispielsweise Bleche für flach zu ziehende Kraftwagentüren ausgewählt, deren plastische Umformung beanspruchungsmäßig in Nähe der Streckgrenze ($\sigma_{0,2}$) fällt und mit Fließfigurenbildung[1] zu rechnen ist, so sind Bleche mit Spannungsspitzen an der Streckgrenze zu vermeiden. Derartiges zeigt kein anderer Versuch. Schließlich ist für die Beurteilung der Umformfähigkeit insbesondere von Leichtmetallblechen das Verhältnis $\sigma_B/\sigma_{0,2}$ maßgebend.

Die Mikrozerreißuntersuchungen sind insofern für die Blechbeurteilung interessant, als sich sehr kleine Probestäbe auch aus dünnen Blechen bei nicht gar zu großem b/s-Verhältnis (Breite : Dicke) herstellen und prüfen lassen. Neben der Mikrozerreißmaschine von Amsler verdient die als Plastizometer bezeichnete Zerreißvorrichtung des Verfassers und diejenige von Pöschl Beachtung. Die beiden letzterwähnten Verfahren dienen der Gefügebeobachtung während des Umformvorganges und werden im Anschluß an die metallographischen Verfahren auf S. 240 bis 245 behandelt.

---

[1] Vgl. Bericht über die VDMA-Sitzung v. 19. Oktober 1928.

4.22 Keilzugversuch ohne Ziehdüse.

Unter „Keilzugversuch" wird im allgemeinen das im nächsten Abschnitt beschriebene von SACHS entwickelte Verfahren verstanden. Es bestand jedoch schon vorher ein von HEYER vorgeschlagener Zerreißversuch, bei dem das Blech nicht in Stäben einer Form nach Abb. 116 vorbereitet, sondern in 200 mm lange trapezförmige Streifen zugeschnitten wird, deren eines Ende 15 und deren anderes 30 mm breit ist. Auch 300 mm lange Streifen mit 20 und 30 mm Endbreite werden zuweilen verwendet. Der Riß tritt selbstverständlich immer an der Einspannstelle des schmalen Endes ein. Es kommt dabei keinesfalls auf eine Bestimmung von Bruchlast und Einschnürquerschnitt an, da diese Ergebnisse zu ungenau ausfallen, sondern auf die verhältnismäßig großflächigen Dehnbereiche entsprechend den unterschiedlichen Querschnittsabnahmen. Wird nun das abgerissene längere Streifenteil im Rekristallisationsgebiet geglüht, dann läßt sich in Abhängigkeit von Glühtemperatur und Verformungsgrad an bestimmten Stellen grobes Korn durch Ätzen nachweisen[1]. Das Verfahren wird seltener bei Stahlblechen, jedoch häufiger bei AlCuMg-Legierungen angewandt, wo es wichtig ist, daß die Neigung zur Grobkornbildung nach kritischer Verformung und anschließender Glühbehandlung gering bleibt.

4.23 Keilzugversuch mit Ziehdüse.

Der Zerreißstab dieses von SACHS[2] entwickelten Verfahrens weicht von der üblichen Form insofern ab, als er nach Abb. 118a an der oberen Einspannseite sich beiderseits keilartig erweitert. Dieser Teil des Probestabes wird gemäß Abb. 118b lose in eine entsprechend keilartig ausgearbeitete Vorrichtung, die sog. Ziehdüse, eingehängt, während das untere Stabende in bekannter Weise in Beißkeilen festgehalten wird. Beim Ver-

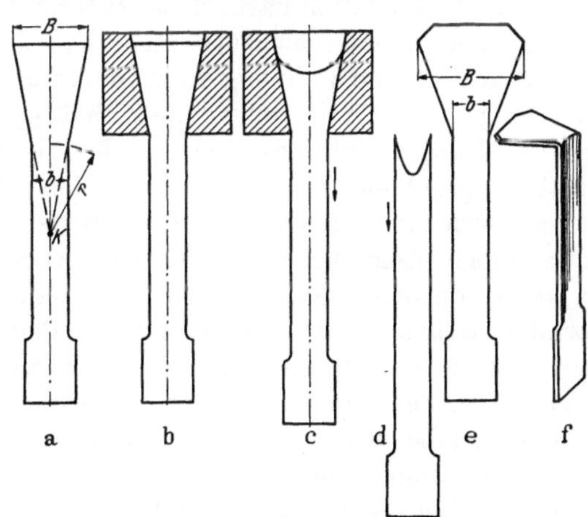

Abb. 118. Probestäbe des Keilzugversuches.

---

[1] Derartige Keilzugproben an Stahlblechen sind in Abb. 83 und 85 auf S. 137 und 138 des Buches von EISENKOLB: Das Tiefziehblech (Leipzig 1951) beschrieben.

[2] SACHS: Ein neues Prüfgerät für Tiefziehbleche. Metallwirtsch. Bd. 9 (1930) Heft 10 S. 213—218; siehe auch Z. VDI 1935 Heft 44 S. 1346; Techn. Zbl. Metallbearb. Bd. 49 (1939) Heft 1/2 S. 37—41; Arch. Eisenhüttenw. Bd. 13 (1940) Nr. 3 S. 49—52; Aluminium Bd. 20 (1938) Nr. 2 S. 109.

such nach Abb. 118c wird der obere Teil des Probestabes in der Ziehdüse quer zur Zugrichtung gestaucht und parallel zu ihr gedehnt. Die Tiefziehgüte des Werkstoffes wird durch das Verhältnis B/b der oberen größten B zur unteren kleinsten b Keilbreite bestimmt. Die Probestäbe werden so lange an ihrem oberen Ende durch Abschneiden schmaler Streifen quer zur Zugrichtung gekürzt, bis es gelingt, die Keilstäbe ohne Rißbildung nach Abb. 118d durch die Ziehdüse hindurchzuziehen. Zur Bestimmung eines Gütewertes sind mehrere Versuchsstäbe notwendig.

KAYSELER[1] schlägt für den Keilzugversuch erheblich größere Stababmessungen vor, um somit eine größere Keilfläche nach Abb. 118e zu gewinnen. Nach der Verformung des oberen Stabendes in der Ziehdüse werden dort ERICHSEN-Prüfungen gemäß des späteren Abschnittes vorgenommen. KAYSELER geht in Übereinstimmung mit EISENKOLB[2] davon aus, daß zur Beurteilung der Tiefziehgüte eines Werkstoffes für Mehrfachzüge das Güteverhältnis von Ursprungsblech zum verformten Blech maßgebend ist. Mit anderen Worten: Je stärker bei bestimmten Formänderungen die Tiefung gegen die Ursprungstiefung des nichtverformten Bleches abgesunken ist, um so eher wird sich der betreffende Werkstoff bei Mehrfachzügen verfestigen und daher versagen. Diese Überlegungen stützen sich darauf, daß der bereits durch den Ziehvorgang verformte Werkstoff der Zarge die Hauptbeanspruchung für den nächsten Zug auszuhalten hat. Das trifft für zylindrische Züge mit Ausnahme gewisser Fertigschlagzüge nicht zu. Vielmehr tritt die größte Blechschwächung und Dehnung am Bodenrand auf. Dort reißen sowohl im Anschlag wie im Weiterschlag die Ziehkörper. Da mit jedem Weiterschlag der Durchmesser des Bodenrandes abnimmt, kommen für die Höchstbeanspruchung beim anschließenden Weiterschlag nicht die Zarge, sondern die äußeren Stellen des Bodens in Betracht. Dieselben wurden jedoch bisher keiner Stauchbeanspruchung unterworfen. Hiernach kann von dem Werkstoff der Zarge eines Ziehkörpers bzw. des verformten Keilstabendes zur besonderen Beurteilung der Werkstoffeignung für Weiterschläge nicht ausgegangen werden. Der Keilzugversuch ist in der Herstellung der Probestäbe und in seiner Durchführung gegenüber dem normalen Zerreißversuch kaum teurer, wenn er auch zur Bestimmung des größtmöglichen $B : b$-Verhältnisses mehrerer Prüfstäbe bedarf. Sein erheblicher Vorzug gegenüber dem Zerreißver-

---

[1] KAYSELER: Über die Eigenschaften von verschieden behandeltem Bandstahl mit besonderer Berücksichtigung der Tiefzieheignung und deren Prüfung. Mitt. Forsch.-Inst. Ver. Stahlwerke, Dortmund Bd. 4 (1934) Lfg. 2 S. 39 ff. Ein ganz kurzer Auszug ist in der Z. VDI Bd. 79 Heft 44 vom 2. 11. 1935 auf S. 1346 angegeben.

[2] EISENKOLB: Untersuchungen über die Prüfung der Tiefziehfähigkeit von Siemens-Martin-Feinblechen. Stahl u. Eisen Bd. 52 (1932) S. 357.

such beruht darin, daß der Werkstoff nicht einer reinen Dehnungs-
beanspruchung, sondern einer Ziehstauchbeanspruchung unterworfen
wird. Nach Auftragen einer Maßeinteilung auf die Mittellinie des Probestabes vom breiten oberen Keilstabende ab läßt sich die Dehnung bequem ermitteln, wie überhaupt durch Einritzen eines quadratischen
Netzfeldes mittels Reißnadel die Formänderungen in der Blechebene
gut sichtbar werden. Dabei werden größere Dehnungswerte als die
Bruchdehnung des üblichen Zerreiß-
stabes nach Abb. 116 ermittelt.

Bei den Keilziehgeräten nach
KAYSELER, LASSEK, PÜNGEL, SCHULZ
und REICHERTER wird die Ziehdüse
senkrecht und parallel zur Zugrichtung angeordnet. Der Probestab
bleibt unverändert in seiner Flächen-
ebene auch nach und während der
Umformung. Betriebnäher ist der
Keilzugversuch nach OEHLER. Hier
wird der Probestab gemäß Abb. 118f
nach Einlage in die Düse um 90°
gebogen, wobei der Düsenrand kreisförmig ausgearbeitet ist, mit r als
Halbmesser entsprechend dem Abstand des Keilschnittpunktes K
vom Beginn der Keilfläche gemäß
Abb. 118a. Abb. 119 zeigt ein vom
Verfasser entwickeltes Kraftweg-
Registriergerät für Blechuntersuchungen mit eingespanntem Keil-
zugstab und liegend angeordneter
Düse, die in der gleichen Apparatur

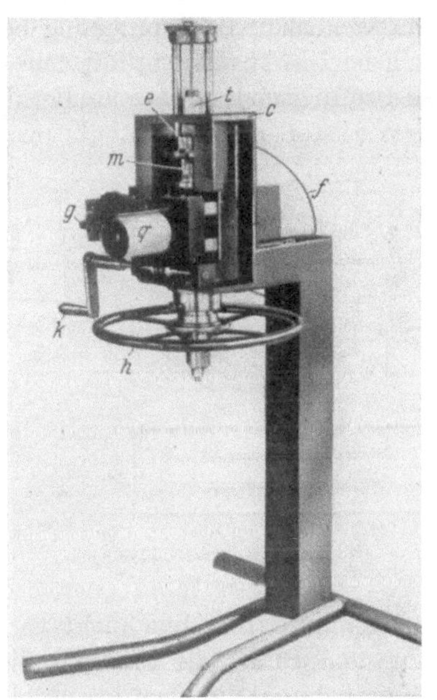

Abb. 119. Kraft-Weg-Registriergerät
für Blechuntersuchungen mit eingesetzter
abgewinkelter Keilzugprobe.

auch stehend, also in senkrechter Lage, eingesetzt werden kann. Das
Gerät ist später auf S. 166 noch eingehend beschrieben.

4.24 Der Tiefungszerreißversuch.

Ein Prüfverfahren, das in seiner Wirkungsweise zwischen dem Zerreißversuch und dem später beschriebenen Einbeul-Tiefungsverfahren
steht, ist der Tiefungszerreißversuch von SIEBEL[1]. Die rechteckig zu-
geschnittenen Blechproben werden gemäß Abb. 120 unten in der Mitte
durch zwei parallele Sägeschnitte eingeschnitten, deren Enden zur
Vermeidung eines Ausreißens verbohrt sind. Auf einem Drückwerk-

---

[1] Siehe Masch.-Bau Betrieb 1930 Heft 2 S. 61 und Mitt. K.-Wilh.-Inst. Eisenforschg. 1929 S. 139.

zeug b mit Spannplatte c, das in seiner Wirkung dem später zu S. 180ff.
beschriebenen Einbeulverfahren ähnlich ist, wird gemäß Abb. 120 mittels einer schmalen Rolle oder eines halbrunden Stempels a der durch
die Sägeschnitte umgrenzte mittlere Streifen in der Mitte nach unten
durchgedrückt, bis ein Reißen des Streifens eintritt. Auf diese Weise
erhält man ein Tiefungsmaß t und kann die eingetretene Längsdehnung
durch nachträgliches Strecken des gerissenen Streifens leicht messen.
Dieses Verfahren kommt infolge der zusätzlichen Biegebeanspruchung
der tatsächlichen Beanspruchung beim Ziehen zwar näher als der gewöhnliche Zerreißversuch, mit dem eigentlichen Ziehverfahren aber hat
diese Prüfungsmethode wenig Berührungspunkte. Zunächst erfährt der
freie Werkstoff nur reine Zugbeanspruchung. Die Stauchkräfte, wie sie
in der zu ziehenden Platine
unter dem Blechhalter auftreten, treten gar nicht in Erscheinung. Ebensowenig wird
der Werkstoff über eine Ziehkante um 90° abgebogen. Nur
ein sehr kleiner Teil, schätzungsweise 3% der beanspruchten Streifenlänge, wird
auf Biegung beansprucht, wie
es einem Herüberziehen über
eine Ziehkante entspricht. Das
Verfahren ist trotzdem interessant genug, daß es hier nicht vernachlässigt werden darf, wenn auch
Siebel und Pomp, die Erfinder dieses Verfahrens, in einer späteren
Veröffentlichung[1] die oben beschriebenen Nachteile nicht verschweigen.
Als weiteren Mangel ihres Verfahrens vermissen sie den beim Erichsen-
Verfahren vorliegenden Vorteil, die Gefügeform nach dem Oberflächenaussehen beurteilen zu können. Dieses fällt beim Zugversuch und auch
beim Tiefungszerreißversuch fort infolge der einachsigen Beanspruchung
und der geringen Ausdehnung der Einschnürzone. Bei dem später
von Siebel und Pomp entwickelten Lochausweitungsversuch lassen
sich die infolge der zweiachsigen Umformung sichtbar gewordenen
Narben bzw. Körnung jedoch noch viel besser als an den Prüflingen
des Einbeulversuches erkennen, wofür Abb. 164 S. 204 ein gutes Beispiel zeigt. Der Tiefungszerreißversuch ist ein reines Dehnungs- oder
Zerreißverfahren, da eine Einschnürung im freien Teile des Bleches
möglich ist.

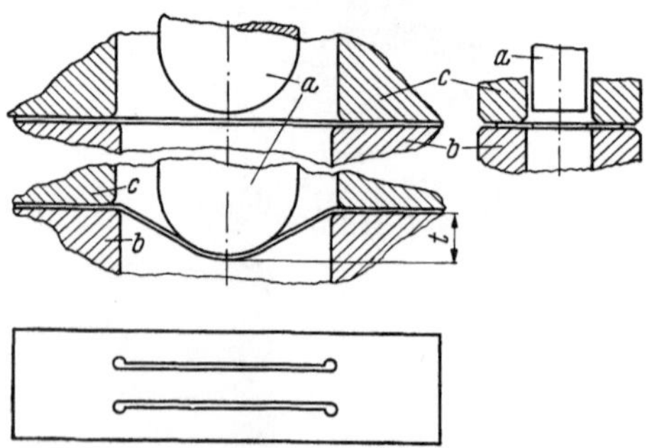

Abb. 120. Tiefungszerreißversuch.

---

[1] Siehe Mitt. K.-Wilh.-Inst. Eisenforschg. 1929 S. 287.

4.3 Scherfestigkeit.

4.31 Scherkraftmesser.

Der Scherfestigkeitsfaktor, im älteren Schrifttum mit k_s, im neueren mit τ_B bezeichnet, wird am einfachsten unter einer Festigkeitsprüfmaschine ermittelt, in die ein Lochschnitt gespannt wird. Den Stempeldurchmesser wählt man zweckmäßig zu 31,8 mm, da dann die Schnittlänge 100 mm beträgt. Die an der Prüfmaschine in Kilogramm abzulesende Kraft P geteilt durch die 100fache Blechdicke in Millimeter ergibt die Scherbeanspruchung τ_B in kg/mm².

Betriebe, die über keine Festigkeitsprüfmaschine verfügen, können sich das einfache, in Abb. 121 dargestellte Prüfgerät selbst herstellen. Das Werkzeug läßt sich unter jeder Presse bequem einspannen. Der Durchmesser des Stempels a beträgt auch hier 31,8 mm. Der aus Werkzeugstahl hergestellte Schnittring b ist im Kolbenring c eingepreßt und von der darüber auf c aufgeschraubten Streifenführungsleiste d gegen selbsttätiges Herausziehen gesichert. Der Kolbenring wird senkrecht genau und ohne Spiel durch drei Sechskantschrauben e geführt, die mit

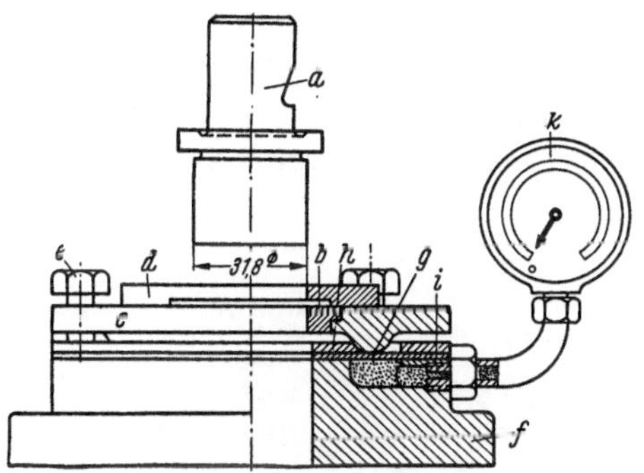

Abb. 121. Scherkraftmesser.

dem Unterteil verschraubt sind, so daß sich der Schnittring nicht gegen den Stempel auch bei senkrechter Verschiebung des Kolbenringes seitlich versetzen kann, wodurch die Schnittkanten beschädigt würden. Das auf dem Pressentisch zu befestigende Unterteil besteht aus der Grundplatte f, einer aus einer zähen 4 mm dicken Gummiplatte g angefertigten Membran und den beiden darauf montierten Ringflanschen h und i. Zwischen beiden Ringflanschen ist die Grundplatte tief eingedreht zur Aufnahme der Druckflüssigkeit, wofür sich Glyzerin am besten eignet. Die Senkkopfschrauben zur Befestigung der Flanschringe sind zur Gewährleistung der Dichte möglichst eng anzuordnen und kräftig zu bemessen. Nach Einführen des Blechprobestreifens unter die Streifenführungsleiste d kann der Schnitt erfolgen, wobei infolge des Stempeldruckes die Schnittplatte mit dem Kolbenring nach unten nachgibt und die Gummiplatte g nach unten durchgewölbt wird. Die in dem ringförmigen Hohlraum zwischen Gummiplatte und Grundplatte befindliche Druckflüssigkeit wird zusammengepreßt, der dabei auftretende Druck ist an einem seitlich angeschlossenen Manometer k

ablesbar. Der Zwischenraum muß vollständig entlüftet sein; es empfiehlt sich, in das Manometerrohr über dem Glyzerin einen Tropfen Zylinderöl zuzugeben. Die tatsächlich wirkende Stempelkraft in Abhängigkeit von der jeweiligen Zeigerstellung des Manometers ist entweder durch Auflegen schwerer Gewichte zu ermitteln, oder die Prüfvorrichtung wird in der Festigkeitsprüfmaschine geeicht. In Tab. 6 sind Durchschnittswerte für die Scherfestigkeit τ_B für verschiedene Werkstoffe angegeben. In der Regel dürfte die versuchstechnische Ermittlung der Scherfestigkeit nur in Sonderfällen für die weitere Verarbeitbarkeit wichtig sein. Der Scherkraftmesser zeigt auch den Einfluß des Schneidspaltes und der Kantenstumpfung und ist für die Untersuchung von Schnittvorgängen jeglicher Art, also auch Schabeschnitt und Kantenglättezug, geeignet.

4.32 Kraftwegschreiber für Blechuntersuchungen.

Bei der Aufnahme von Kraft-Weg-Schaubildern für die Schnittarbeitsermittelung wurde das Kraft-Weg-Schreibgerät des Verfassers eingesetzt. Abb. 119 zeigt dieses Gerät[1] in senkrechter Stellung der Arbeitsspindel, Abb. 122 und 139 in waagerechter. Der Ständer ist aus Rohren und kastenförmig miteinander verschweißten U-Profilen zusammengesetzt. Das Gerät ist um den Bolzen a schwenkbar. Dabei hält der Bolzen b das Gerät in jeder gewünschten Winkellage. An der Frontplatte c des Gerätes können Werkzeuge, Traversen t für Zerreißversuche u. dgl. angebracht werden. Der Stößel e der Maschine ist längsgeführt und drückt gegen eine hydraulische Meßdose m. Eine Öldruckleitung f führt von m zur Manometerfeder g, die ein Anzeige- und Schreibgerät q betätigt. Der Wellenbolzen, der unter Federdruck stehenden Schreibtrommel, trägt unterhalb der Apparateplatte p ein kleines Stirnrad. Dasselbe steht im Eingriff mit einem auswechselbaren Doppelstirnrad. Nach Abschrauben einer Rändelmutter läßt sich dieses Stirnradpaar umgekehrt einsetzen oder vertauschen. Sein Aufnahmezapfen ist verschieblich angeordnet. Durch

Abb. 122. Draufsicht auf Kraftwegschreiber für Blechuntersuchungen bei Schnittversuchen.

---

[1] Beschrieben in Mitt. Forsch.-Ges. Blechverarb. v. 30. 10. 1950 Nr. 34 S. 2—5.

dieses Wechselrad wird das Übersetzungsverhältnis zwischen Schreibtrommel und dem Schnurzugrad r, dessen Zahnradkranz mit dem verschieblichen Doppelstirnrad im Eingriff steht, verändert. Auf diese Art und Weise ist es möglich, einen kurzen Schnurzug von 5 mm auf die volle Schreibtrommelumdrehung zu übersetzen, ebenso wie es möglich ist, durch Austausch der Wechselräder den insgesamt verfügbaren Hub von 70 mm auf die Trommel aufzuzeichnen. Die Schnur s wird über eine Rolle geführt und ist mittels einer Schraube an der Meßdose m befestigt. Der Vorschub der Meßdose und des Stößels erfolgt entweder direkt durch das große Handrad h oder mittels Handkurbel k über

eine Schneckenradübersetzung. Die Einkupplung dieses Schneckenradvorgeleges geschieht durch Verschieben des großen Handrades h und Einrasten eines Kupplungsbolzens.

So zeigt Abb. 123 sechs Kraftwegbilder übereinander beim Schneiden eines 2,8 mm dicken Tiefziehstahlbleches StVII 23 mittels eines Schnittstempels von 10 mm Durchmesser unter Veränderung des Schneid-

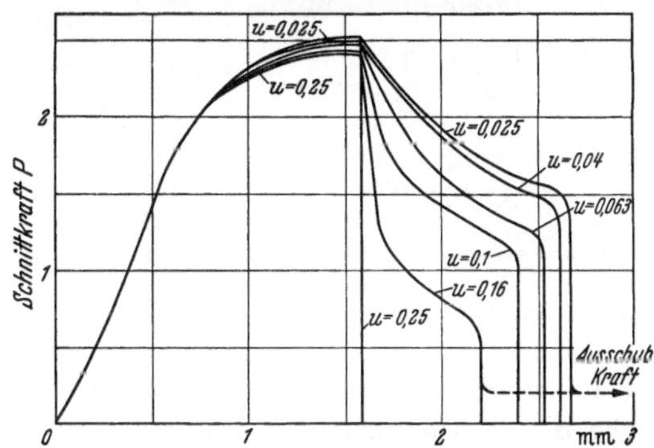

Abb. 123. Schnittarbeit beim Lochen von 2,8 mm dicken StVIII 23 mit verschieden großem Schneidspalt.

spaltes u[1]. Bei Aufnahme dieser Schaubilder befand sich das Gerät in horizontaler Lage entsprechend Abb. 122. Außerdem läßt sich das Gerät für sämtliche Blechprüfungen, wie sie hier unter Ziffer 4.2 bis 4.5 beschrieben sind, anwenden und gestattet daneben das Studium fast aller vorkommenden Umformvorgänge an Blechen.

4.4 Biegefähigkeit.

4.41 Hin- und Herbiegeprobe.

Über die eingebürgerten Biegeproben geben die Normblätter zu DVM 110 und DVM 1211 sowie DIN 1605/III, DIN 1781 und DIN 51211 Aufschluß. In der Regel macht man die Biegeprobe derart, daß nach Abb. 124 ein Probestreifen w von meist 30 mm Breite zwischen Backen b_1 und b_2 eingespannt und um 90° in jeder Richtung, also insgesamt um 180°, hin- und hergebogen wird. Die erste Biegung um 90° zählt als halbe Biegung, zu der jede weitere um 180° bis zum Bruch des Bleches

---

[1] Aus einer im Forschungsinstitut Prof. KIENZLE, T. H. Hannover, 1951 von W. TIMMERBEIL durchgeführten Arbeit.

hinzugezählt wird. Die Biegekanten an den Klemmbacken b_1 und b_2, die bei manchen Biegegeräten durch einen runden Dorn ersetzt werden, sind abgerundet. Der Rundungshalbmesser der Biegebacken ist verschieden und richtet sich nach der Blechdicke. Er beträgt 1 mm bei einer Blechdicke bis zu 0,4 mm, 1,5 mm bei einer Blechdicke von 0,4 bis 0,8 mm, 2,5 mm bei einer Blechdicke von 0,8 bis 1,2 mm und 4,0 mm bei einer Blechdicke über 1,2 mm. Bestimmt wird dabei die Biegezahl als Anzahl der Biegungen bis zum Beginn des Bruches und das Biegezahlenverhältnis in %. Hierbei wird die längs zur Walzrichtung erzielte Biegezahl durch die quer zur Walzrichtung erreichte Biegezahl dividiert und dies mit 100 multipliziert. Biegezahlen und Biegeverhältnis sind in weitem Umfang von der Blechdicke abhängig. Bei dünnen Blechen sind die Biegezahlen höher

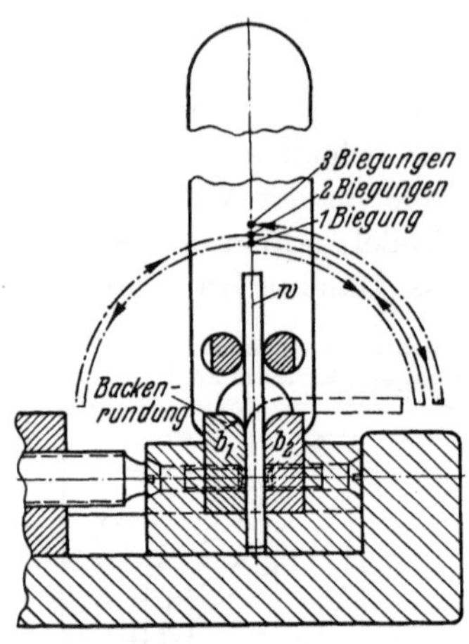

Abb. 124. Hin- und Herbiegegerät.

als bei dicken. Bei dem Gerät von Lohmann-Tarnogrocki, Essen, geschieht das Einspannen der Probe in die Klemmbacken mittels Excenterhebel, am Gerät von Amsler, Schaffhausen, mittels einer durch Handrad bedienten Spindel mit Rechts- und Linksgewinde.

4.42 Wangen-Biegeprüfgerät nach Arhelger.

Da bei vielen Blechen der innere Mindestbiegehalbmesser vorgeschrieben ist, wurde von Arhelger das in Abb. 125 dargestellte Biegeprüfgerät entwickelt[1]. Im Vordergrund links

Abb. 125. Wangenprüfgerät nach Arhelger.

sind austauschbare Biegeformklötze für verschiedene Biegerundungen aufgestellt. Davor liegen einige Biegeproben. In der Nullstellung der kreisförmigen Winkelskala, also bei weit rechts herumgelegten Druckbügel, wird der Probestreifen stehend vor dem eingesetzten Formklotz mittels der rückseitig angebrachten Schraubspindel festgespannt. Durch

---

[1] Hergestellt von der Fa. Mohr & Federhaff, Mannheim.

Drehen der Handkurbel nach rechts wird über ein Zahnradvorgelege der Druckbügel nach links geschwenkt. Das Biegen der Probe erfolgt um den austauschbaren Formklotz mittels einer Biegedruckwange, die im beweglichen Druckbügel prismatisch radial zum Schwenkpunkt längsgeführt und deren Abstand vom Formklotz mittels einer mit Sterngriff versehenen Spindel einzuregulieren ist. Hierbei wird an der mitdrehenden Winkelskalenscheibe über dem feststehenden Zeiger diejenige Winkelstellung abgelesen, bei welcher das Blech reißt, bzw. bis zu welchem Winkelgrad die Biegung durchgeführt ist. Die Formklötze weisen übereinstimmend die gleiche Höhe des Mittelpunktes für den Biegerundungshalbmesser und den gleichen Seitenabstand vom Einlageanschlag auf. Der Mittelpunkt der Rundungshalbmesser liegt also in der Gelenkachse des Druckbügels, der zu beiden Seiten des Formklotzes gelagert ist, so daß die wirksame Druckfläche der Biegewange immer im gleichen Radialabstand von der Rundung des Biegeformklotzes geschwenkt wird.

4.43 Querkraftfreie Biegeprobe nach WOLTER.

Ein weiteres Wangenprüfgerät wurde von WOLTER entwickelt. Es beruht auf einem querkraftfreien Biegen mit reinem Moment und gestattet die Feststellung des geringstmöglichen Biegehalbmessers für verschieden dicke Blechstreifen. Es ist eine weitgehende Verbesserung des Naumann-Schopper-Biegeprüfgerätes[1], wie es schon seit vielen Jahren für die Papierprüfung angewandt wird, jedoch, mit Ausnahme von Folien und nur sehr dünnen und nicht zu harten Blechen, für die eigentliche Blechprüfung nicht in Frage kommt. Das Schopper-Gerät ist nicht querkraftfrei.

Abb. 126 zeigt eine Draufsicht auf das Wolter-Gerät[2]. Der Handhebel a zieht über eine Eichfeder f einen unter dem Handhebel a liegenden Schwenkarm b nach sich. Auf dem Handhebel ist ein Schreibstift a_1 und auf dem Schwenkarm eine Schreibtafel b_1 angebracht. Handhebel a und Schwenkarm b liegen um denselben Drehpunkt O schwenkbar übereinander. Das eine Ende der Eichfeder f ist bei b_2 an einem ausladenden Konsol des Schwenkarmes, das andere bei a_2 am Handhebel aufgehängt. Die Schreibtafel b_1 ist auf dem Schwenkarm b längsverschieblich angeordnet und wird über einen Schnurzug beim Schwenken des Armes b in Richtung auf den Drehpunkt O zu bewegt. Die beim Schwenken des Armes auftretenden Kräfte werden mittels Schreibstift a_1 auf Tafel b_1 über den Winkelweg aufgetragen. Die Probe w

---

[1] Untersuchungen mit diesem Gerät werden beschrieben von H. MÄKELT: Biegeprüfung von Feinblechen mit fester Einspannung der Probenenden. Werkstattstechn. u. Masch.-Bau Bd. 39 (1949) Heft 7 S. 197—202.

[2] Das Gerät ist in den Mitt. Forsch.-Ges. Blechverarb. in Nr. 8 v. 10. 1. 1950 und in Nr. 6 v. 15. 3. 1952 (KIENZLE: Untersuchungen über das Biegen) beschrieben.

wird anfangs in die beiden einander gegenüberstehenden Spannbackenpaare m und n eingespannt. Der Abstand der Einspannkanten M und N vom Schwenkpunkt O ist veränderlich und verstellbar. Während das Spannbackenpaar mit dem Schwenkarm b geschwenkt wird, also an der Schwenkung teilnimmt, ist das andere Spannbackenpaar n flächenbeweglich derart, daß es sich sowohl parallel zur Einspannrichtung als auch senkrecht hierzu während des Biegevorganges bewegen, jedoch keine schräge Winkellage einnehmen kann. Dies wird durch ein Getriebe bewirkt, das den beweglichen Tisch t für das Spannbackenpaar n mittels

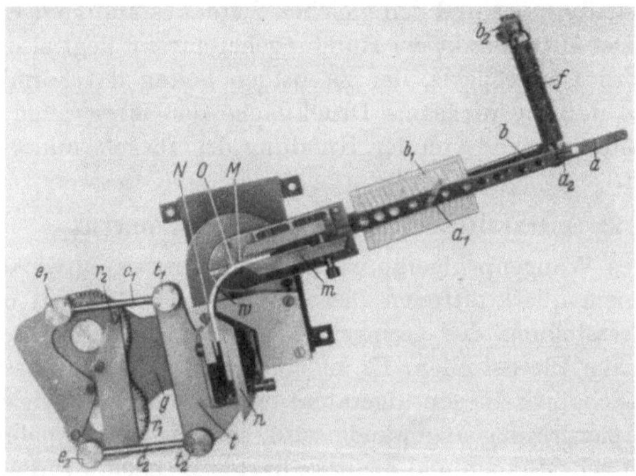

Abb. 126. Wangenprüfgerät nach WOLTER mit Aufsatz für querkraftfreies Biegen.

zweier Schubstangen c_1 und c_2 steuert. Diese Schubstangen sind einerseits am beweglichen Tisch t mit t_1 und t_2, andererseits an den Enden der Hebel bei e_1 und e_2 gelenkig aufgehängt. Diese Hebel sind auf den Stirnrädern r_1 und r_2 festgeschraubt. Die Zapfen dieser Räder drehen sich in Lagern des Maschinengestelles g. Wichtig ist eine geringe Reibung des beweglichen Tisches t über der Gestellplatte g, was durch zwischenliegende Kugelführungen erreicht wird. Außer der mindestmöglichen Biegekrümmung lassen sich bei diesem Biegeverfahren auch gut Abweichungen von der bei einwandfreiem Material kreisrund ausfallenden Krümmung beobachten. Dies besonders bei Blechen mit betonter Walzstruktur, wo die Walzrichtung der Proben nicht in Richtung der beiden Einspannbacken, sondern quer dazu, also parallel zu den Einspannkanten verläuft. Weiterhin lassen sich mit diesem Gerät die Fließkurven des Werkstoffes und die Biegelinien beim freien Biegen bestimmen, da das Schreibgerät a_1/b_1 die Biegemomentenlinie über dem Verhältnis r/s_0 aufzeichnet.

4.44 Abkantversuch nach DIN 9003.

Die vorausgegangenen Beschreibungen von Biegegeräten entsprechen dem Biegen auf Abkantmaschinen mit schwenkbaren Biegewangen mehr als dem Abkanten im Gesenk. Bei einem Biegen unter der Abkantpresse ist der sogenannte Abkantversuch nach dem Entwurf zu DIN 9003 betriebsnahe, der insbesondere für dickere Bleche und solche größerer Festigkeit besser geeignet ist als die voraus beschriebenen Verfahren. Als Druckstempel wird ein liegendes dreieckiges Prisma verwandt, dessen Schenkel einen Winkel von 60° einschließen. Das entsprechende V-förmige Gesenk und der Stempel werden in eine Materialprüfmaschine oder eine Presse eingesetzt, wobei der Stempel gegen andere ausgewechselt werden kann, so daß mehrere Proben mit verschiedenem Biegekanthalbmesser bei Auswechseln der Stempel hergestellt werden können. Die Halbmesser an der Biegekante des Stempels sind von 0,4 mm bis auf 10 mm ansteigend gestuft. Der kleinste Halbmesser, bei dem noch keine Rißbildung an der Biegestelle erkennbar ist, ist der Gütemaßstab. Dabei läßt sich allerdings nicht feststellen, ob bei bis zur nächst geringeren Stufe zwischenliegenden Rundungshalbmessern der Werkstoff sich noch rißfrei umformen läßt. Als Proben werden Streifen von 100 mm Länge und 40 mm Breite vorgeschlagen, die quer zur Walzrichtung zu entnehmen sind, so daß die Biegekante in der Walzrichtung liegt. Die Längskanten sind abzurunden und mit Schleifpapier zu säubern, um eine Randwirkung zu vermeiden. In Ergänzung zu diesem Abkantversuch können die gebogenen Teile unter einem anderen Werkzeug wieder planiert werden. Dieses Ausrichten gestattet angeblich eine gute Beurteilung der Alterungsanfälligkeit des Werkstoffes. Die Abkantproben werden zwei Stunden lang auf 250° C erwärmt und dadurch künstlich gealtert. Nach dem Erkalten werden sie schlagartig unter einer Reibradpresse ausgerichtet. Proben, die dabei nicht auseinanderbrechen, werden als alterungsfrei angesehen[1].

4.45 Abkantversuch nach Güth.

Güth[2] hat ein ähnliches Abkantprüfgerät gemäß Abb. 127 entwickelt, bei welchem, im Gegensatz zum vorher beschriebenen, die Biegekante über ihre gesamte Länge nicht zylindrisch, also unter der gleichen Rundung verläuft, sondern in Form eines Kegelsektors. Der Rundungshalbmesser nimmt von vorn, wo er sehr gering und beinahe gleich Null ist, nach hinten stetig zu. Die mit diesem Werkzeug gebogenen Blechstreifen rechteckigen Zuschnittes von mindestens 20 mm Breite zeigen

---

[1] Eisenkolb, F.: Neuere Prüfverfahren in der Feinblechfertigung. Technik Bd. 3 (1948) Heft 2 S. 62—66.

[2] Güth, H.: Ein neues Biegeprüfverfahren. Metallwirtsch. Bd. 18 (1939) Heft 9 S. 188—190.

gemäß Abb. 128 an der einen Seite eine scharfkantige, an der anderen eine sehr weit abgerundete Biegung. Im scharfkantigen Bereich bildet sich außen ein Riß, der bei dem Prüfstück bis zur Stelle $r = 3{,}1$ mm reicht. Biegungen mit einem geringeren r, wie z. B. $r = 1{,}5$ mm, führen ohne weiteres zum Bruch, während bei größerem r, wie z. B. $r = 6$ mm, haltbare und rißfreie Winkel herzustellen sind. Beim Einrichten des Gerätes ist zu beachten, daß gemäß Abb. 127 der Stempel, dessen Schenkel einen Winkel von 90° und nicht von 60°, wie unter 4.44 beschrieben, einschließen, zum Biegegesenk in der Längsrichtung veränderlich einstellbar anzuordnen ist, um Bleche verschiedener Dicke zu untersuchen. Stempel und Biegegesenk genau übereinandergesetzt, entsprächen einer Einstellung des Gerätes für eine Blechdicke $s = 0$ mm. Im Gebrauch wird der Stempel so weit gegen die Matrize in der Kegelachse verschoben, bis das zu prüfende Blech den Raum zwischen beiden Kegelmänteln eben ausfüllt. Aus der Steigung des Kegels läßt sich der erforderliche Betrag der Versetzung leicht errechnen.

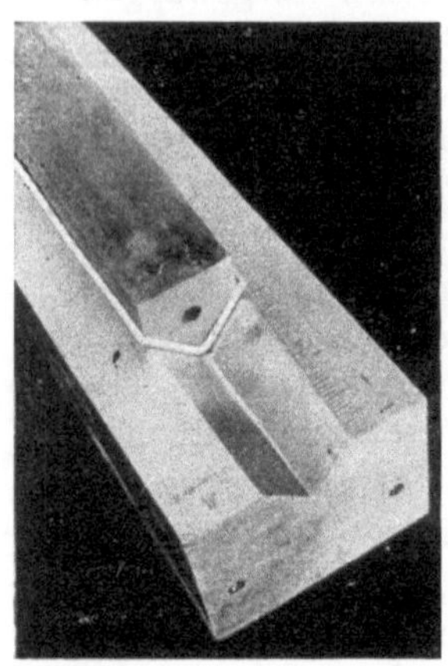

Abb. 127. Biegeprüfgerät nach GÜTH.

Die Beurteilung des Gerätes ist uneinheitlich. Die Kerbwirkung an der scharfkantigen Seite ergibt bei der gleichen Blechgüte oft recht unterschiedliche Rißlängen und somit unterschiedliche Gütewerte. Angeblich soll die neuerdings bekanntgewordene Trapez-Freibiegeprobe, die zwar auf den gleichen Gedankengängen von GÜTH aufbaut, aber auf dem freien Biegen beruht, günstiger sein.

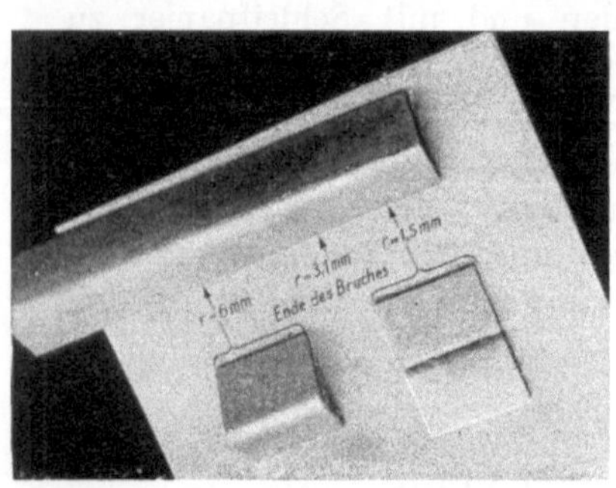

Abb. 128. Auswertung der Bruchlinienlänge an einer Biegeprobe mit dem Gerät zu Abb. 127.

4.46 Trapez-Freibiegeprobe.

Im Gegensatz zu den sonst üblichen rechteckigen Probetafeln wird hier der Probestreifen trapezförmig zugeschnitten derart, daß der Blechstreifen am einen Ende breiter als am anderen ist[1]. Abb. 129 zeigt das

---

[1] THOMPSON: Sheet Met. Ind. Bd. 27 (1950) Nr. 278 S. 503—507 u. 512. Auszug Mitt. Forsch.-Ges. Blechverarb. Nr. 31 v. 20. 9. 1950 S. 7/8.

Gerät von vorn und von der Seite. Es besteht wie ein übliches Stanzwerkzeug aus einer Grundplatte mit dem Werkzeugunterteil und einer Kopfplatte mit dem Einspannzapfen und läßt sich in jede Presse einspannen, wobei eine Ausführung als Säulengestell zur besseren Zentrierung zu empfehlen ist. Durch einen Messingrohranschlag a über der Säule wird das Maß der Durchbiegung des Probestreifens festgelegt oder begrenzt. In der oberen Lage wird der Probestreifen w seitlich in die halbrunden Auskehlungen von Ober- und Unterwerkzeug eingeschoben. Beim Niedergang des Stößels erfolgt eine Verformung derart, daß das Blech, wie in Abb. 129 ganz rechts dargestellt, an der schmalen Seite des Probestreifens sehr scharf und an der breiten Seite nicht so scharf eingekniffen wird. In Übereinstimmung mit dem Gerät von GÜTH

reißt auch hier die Probe auf der kürzeren Trapezseite zuerst, da dort der Krümmungshalbmesser am kleinsten ist. Dabei verspricht die Messung der Einrißlänge bei einem für alle Prüfungen bestimmt eingestellten Hub mehr Erfolg als eine Veränderung des Hubes zur änderung des Hubes zur

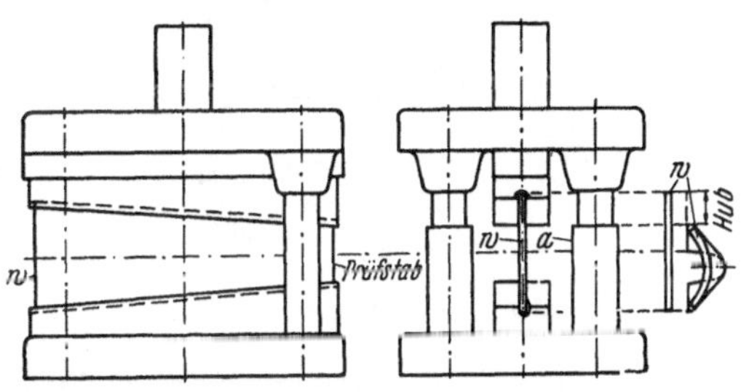

Abb. 129. Trapez-Freibiegeprobe.

Erzielung des kleinsten Biegehalbmessers. Aus dem Verlauf des Biegemoments bei dieser auf Knickung beanspruchten Probe ergibt sich, daß sich das Blech nach einer Biegelinie mit von der Mitte aus wachsenden Krümmung[1] durchbiegt. Da hier eindeutigere Randbedingungen vorliegen als beim GÜTHschen Verfahren, dürfte dieses eine Zukunft haben.

4.47 Faltversuch und Doppelfaltversuch.

Die Blechgütevorschriften nach DIN enthalten häufig Hinweise auf den Faltversuch. Seine Durchführung ist sehr einfach, weshalb er hier und dort heute noch angewandt wird, obwohl ihm insbesondere in bezug auf die Beurteilung des Umformvermögens von Blechen keine und hinsichtlich der Biegefähigkeit nur wenig Bedeutung zukommt. Gemäß DIN 1623 werden dazu Blechstreifen von 50 mm Breite ausersehen, deren Kanten gratfrei bearbeitet sind. Im allgemeinen erfolgt das Vorbiegen bis zu einem Winkel von etwa 90° frei. Das restliche Umlegen des vorgebogenen Schenkels geschieht im allgemeinen nach Abb. 130 unten unter Zwischenlegen einer gleich dicken Beilage unter einer Handspindelpresse. Bei Blechen unter 1 mm Dicke kann gemäß

---

[1] WOLTER: Biegen im Gesenk. Mitt. Forsch.-Ges. Blechverarb. Nr. 29 v. 30. 8. 1950 S. 3 Abb. 7, 8.

Abb. 130 oben auf eine solche Beilage verzichtet werden. Sind an der äußeren, auf Zug beanspruchten Seite der Faltung keine Anrisse zu bemerken, so gilt die Probe als genügend. Es wird dabei vorausgesetzt, daß die gefalteten Blechschenkel sich berühren bzw. an der Beilage anliegen.

Neben dem Faltversuch wird zuweilen der Doppelfaltversuch nach Abb. 131 angewandt, der auch als Taschentuchprobe bezeichnet wird. Hier wird ein quadratischer Zuschnitt von 200 mm Kantenlänge einmal ohne irgendwelche Beilagen in der einen Hälfte gefaltet und dann nochmals senkrecht hierzu in der anderen. Auch hier ist, wie beim Falt-

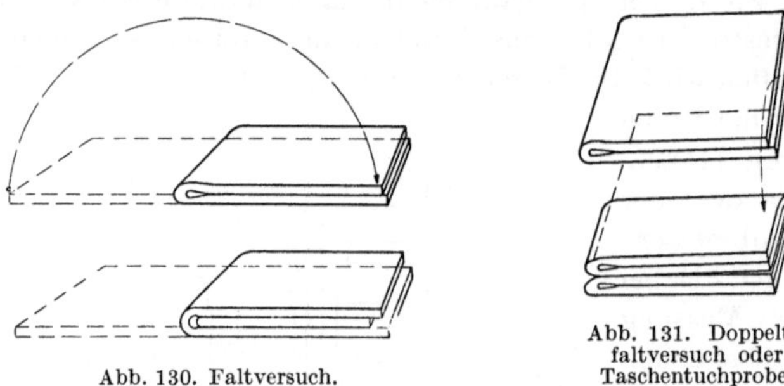

Abb. 130. Faltversuch.

Abb. 131. Doppeltfaltversuch oder Taschentuchprobe.

versuch, auf eine Entgratung der Kanten Wert zu legen. Ebenso besteht das Kriterium der Güte darin, daß keine Anrisse an den äußeren Stellen der Faltung in beiden Richtungen festzustellen sind.

4.48 Sonstige Biegeprüfungen.

Als weitere Biegeprüfverfahren sind der in den Vereinigten Staaten für die Prüfung von Weißblechen gebräuchliche Biegeversuch von WILLETS und die Biegezugverfahren von BUSCHMANN[1] und MOHR[2] zu nennen. Zur Erkennung der Trennbruchneigung an alterungsempfindlichen Blechen wurde von ZIEGLER[3] ein Gerät vorgeschlagen. Daneben bestehen eine Reihe von Untersuchungen, wo durch eine Biegebeanspruchung die Haltbarkeit von aufgeschmolzenen oder plattierten Überzügen geprüft wird, ebenso gilt dies für galvanische und Lacküberzüge. Aber hier hat man im allgemeinen mit Tiefungsproben, die ein Abplatzen der Schicht und entsprechend unter einer verschiedenartigen Gestalt der Rißfiguren das Aufplatzen zeigen, in neuerer Zeit bessere Erfahrungen gemacht. Zum Schluß sei noch auf einen Verwindeversuch[4] hingewiesen,

[1] BUSCHMANN, E.: Das Biegezugverfahren. Z. Metallkde. Bd. 26 (1934) S. 274.

[2] MOHR, E.: Der Biegezugversuch, ein neues Prüfverfahren. Z. VDI Bd. 84 (1940) Nr. 3 S. 49—52.

[3] ZIEGLER, H.: Gestaltfestigkeit und Werkstoffprüfung an alterungsempfindlichen Blechen. Technik Bd. 6 (1951) Nr. 4 S. 155—162.

[4] EISENKOLB, F.: Neuere Prüfverfahren in der Feinblechfertigung. Technik Bd. 3 (1948) Heft 2 S. 62—66.

der an Stäben quadratischen Querschnittes erfolgt, die beim Zuschneiden der Platinen im Blockwalzwerk entnommen werden. Es ist also kein Versuch am Feinblech, sondern am Halbzeug für die später daraus herzustellenden Feinbleche und daher nur für das Walzwerk wichtig. Diese Stäbe werden in einer einfachen Einspannvorrichtung zwei- bis dreimal um ihre Längsachse gedreht. Hierbei werden Lunker und schlecht verschweißte Gasblasenstellen durch Aufreißen äußerlich sehr viel besser sichtbar als an der gewöhnlichen Schnittkante, die sonst zur makroskopischen Untersuchung erst geschliffen, poliert, entfettet und geätzt werden müßte.

Nicht nur der geringstmögliche innere Biegehalbmesser r_i vor Rißeintritt, sondern auch die Rißform selbst ist ein Kriterium für die Biegeeignung eines Werkstoffes. Abb. 132 zeigt drei scharf rechtwinkelig gebogene Bänder von $s = 5$ mm Dicke und 30 mm Breite. Die beiden linken Stücke sind aus Bandstahl

Abb. 132. Scharfkantig bis zum Bruch gebogenes Messingblech (rechts) und Stahlblech (links).

und brachen außen bei $r_i = 3$ mm, das rechte ist aus hartem Messing (Ms 60) und brach außen bereits bei $r_i = 5$ mm. Die ersten beiden Stahlwinkel zeigen beginnende Einrisse an den äußeren Kanten. Dies ist bei gut und normal biegefähigen Werkstoffen in dieser Dicke die übliche Erscheinung, die für eine genügende Zähigkeit spricht. Verläuft hingegen die sich zuerst bildende Bruchlinie über die gesamte Breite in meistens abgehackter oder flacher Zickzackform, wie bei dem in Abb. 132 rechts angegebenen Messingbandwinkel, so ist der Werkstoff außergewöhnlich spröde und zum Biegen ungeeignet.

Ein neues auf den Markt gekommenes Biegeprüfgerät ist der Flex-Tester mit dem Spherometer der Steel-City-Testing-Machines Inc. in Detroit. Gemäß Abb. 133 besteht das Gerät aus der einen Winkel von 120° einschließenden Biegekufe a, der Vorlagebrücke b, dem zum Umlegen der Biegekufe dienenden Handgriff e und der vorn am Handgriff befestigten Fühluhr c, deren Taststift sich gegen das obere Ende der Biegekufe anlegt. Wie in Abb. 133 oben dargestellt, wird die Ecke A_1 der Blechtafel zunächst in den Schlitz zwischen Vorlage und Kufenspitze eingeführt. Dann erfolgt nach Abb. 133 unten das Umlegen der Kufe

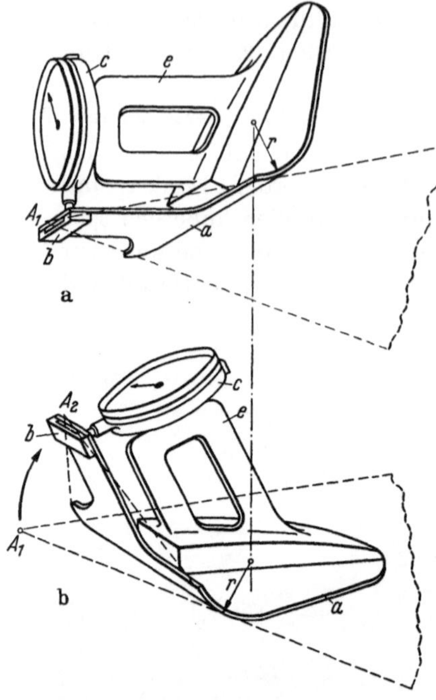

Abb. 133. Flex-Tester.

mittels Handgriff um 60°, und die infolge des Biegewiderstandes bzw. des Biegekraftaufwandes des Bleches sich ergebende elastische Federung der Kufe wird an der Fühluhr c abgelesen. Die hochgebogene Blechecke A_2 bedeutet in den weitaus meisten Fällen keinen Verlust, da sich im gleichen Gerät die Ecke zurückbiegen läßt und meist bei der späteren Verarbeitung als Streifenanfang oder als äußerster Randausschnitt dieser Teil der Blechtafel sowieso abfällt. Der an der Fühluhr abgelesene Ausschlag wird verglichen mit den entsprechenden Werten aus Tabellen, die für die verschiedenen Werkstoffe und Blechdicken für dieses Gerät zusammengestellt sind. Je größer dieser Wert ist, um so weniger geeignet ist das Blech zu Umformzwecken, insbesondere zum Biegen. Der gemessene Wert darf also den in der Tabelle enthaltenen Wert für den jeweiligen Werkstoff und die jeweilige Blechdicke nicht überschreiten. Es mag vielleicht zweifelhaft erscheinen, aus dem Kraftaufwand beim Biegen eines Bleches Rückschlüsse auf dessen Umformeignung zum Biegen oder gar zum Tiefziehen zu ziehen. Außer diesen Bedenken sind nach den deutschen Normen Probeentnahmen in den Ecken von Blechtafeln überhaupt nicht zulässig. Eine Prüfung der Blechtafeln auf diese Weise könnte überhaupt erst nach Aufschneiden der Tafeln erfolgen, wodurch der besondere Vorteil in der bequemen und werkstoffsparenden Anwendung des Gerätes wieder verlorengeht. Als weiteres Kriterium für die Blechgüte wird die mit diesem Biege-

Abb. 134. Spherometer.

prüfgerät erzielte Krümmung angesehen. Sie wird mittels des Sphero-
meters festgestellt. Dies ist gemäß Abb. 134 eine Fühluhr, die beiderseits des Taststiftes mit je einer feststehenden Spitze an einem Quer-
stück versehen ist. Es wird somit die Pfeilhöhe des inneren Krümmungs-
bogens gemessen. Sicher gestattet die Messung einer sich einstellenden
Biegelinie beim Freibiegen Schlüsse auf die Umformbarkeit eines Werkstoffes. Insoweit ist diese Ergänzungsmessung des Biegeversuches vielleicht interessanter als die Messung mit dem Flex-Tester allein. Wie sich
dieses Gerät durchsetzen und in die Praxis einführen wird, bleibt abzuwarten. Sehr günstig ist die schnelle und einfache Handhabung, die
keinerlei Probenvorbereitung erfordert, und dieser Umstand ist für viele
Betriebe oft ausschlaggebender als ein wirklich genaues Prüfverfahren.

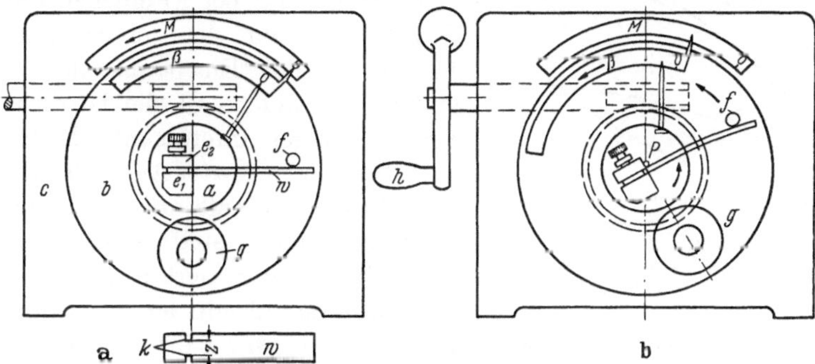

Abb. 135. Stiffness-Tester.

Ein weiteres in Deutschland bisher noch nicht eingeführtes, jedoch
interessantes Gerät ist der Olsen-Stiffening-Test. Hierbei wird zunächst
der etwa 20 mm breite Probestreifen nach Einspannen zwischen zwei
glasharte Platten beiderseits eingesägt. Die 1 mm breiten gegenüberliegenden Sägeeinschnitte senkrecht zur Längskante an einem Ende der
Probe lassen einen Zwischenraum z von $\frac{1}{2}'' = 12{,}7$ mm stehen. Dieses
Ende der Probe w wird gemäß Abb. 135a zwischen zwei Backen e_1 und e_2
des Stiffness-Testers waagerecht so eingespannt, daß die Kerbein-
schnitte k unmittelbar außerhalb dieser Backeneinspannung zu liegen
kommen. Der andere größere Teil des etwa 100 mm langen Probestreifens ragt waagerecht frei außerhalb der Einspannung hinaus. Genau
hinter den Kerben ist der Drehpunkt P zweier waagerecht gelagerten
konzentrischen Scheiben a und b angebracht. Die innere Scheibe a
trägt die Einspannvorrichtung mit den beiden Spannbacken e_1 und e_2.
Die äußere Scheibe b kann je nach Dicke des Probestreifens unterhalb
ihres Drehpunktes P durch Aufschieben von Gewichtsscheiben g belastet werden. Außerdem sind am oberen Rand dieser drehbaren Scheibe
eine kreisbogenförmige Winkelskala für β und seitlich ein vorstehender

Bolzen f angebracht, der im Abstand von $2''$ entsprechend etwa 50 mm vom Drehpunkt P gegen die frei herausragende Probe anliegt. Beim Drehen der Handkurbel h wird über Schraubenspindel und Schneckenrad die innere Scheibe a gedreht, wobei gemäß Abb. 135b die gegen den vorstehenden Bolzen f anliegende Blechprobe w diesen und mit ihm die Scheibe b mitnimmt. Infolge der Gewichtsscheiben g wirkt in Verbindung mit diesem Bolzen f ein Biegemoment auf die Probe. Die Größe des Momentes kann an einer zweiten Kreisbogenskala M abgelesen

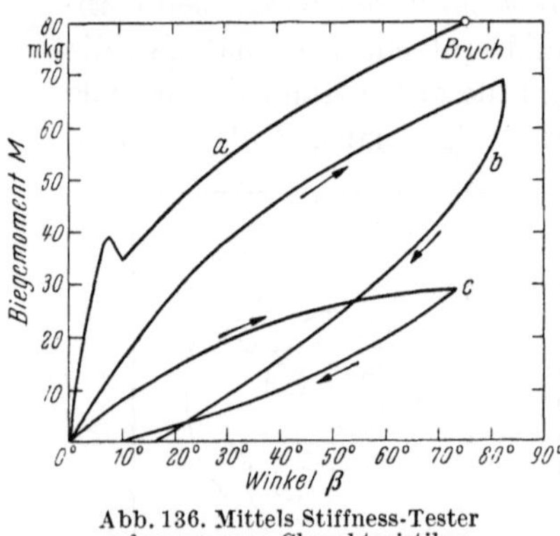

Abb. 136. Mittels Stiffness-Tester aufgenommene Charakteristiken.

werden. Durch ständiges Ablesen an beiden Skalen während des Versuches läßt sich das Biegemoment über dem Biegewinkel aufzeichnen. Der Versuch ist bei Abbrechen der Probe zwischen den eingesägten Kerben an der Einspannstelle beendet. Für weiche Bleche ist diese Probe weniger interessant als für halbstarke oder harte. Auch Bleche, die durch schmale Sicken oder Warzenmuster versteift sind, lassen sich mittels dieses Gerätes auf ihren Biegewiderstand hin leicht prüfen.

Abb. 136 zeigt derartige Charakteristiken, und zwar Kurve a für ein Stahlblech bis zum Bruch, Kurve b für einen mittelharten, Kurve c für einen weicheren Gummistreifen.

4.49 Ermittelung der Rückfederung beim Biegen.

Die Kenntnis des Rückfederungsvermögens ist für einen Werkstoff unter Umständen wichtig. Dies gilt insbesondere von der Schalenbauweise, selbsttragenden Fahrzeugrahmen, Lastenträgern usw., wo Halbschalen mit verschiedenen Querschnittformen und Krümmungen an den einzelnen Stellen gepreßt und zweiteilig zu einem Hohlkörper zusammengesetzt und geschweißt werden. An den Nahtstellen klaffen die Hälften teilweise auseinander. Es bedarf häufig teurer Nachrichtarbeit von Hand, bis die Nähte überall gleichmäßig schließen und schweißbereit sind. Nach SACHS[1] läßt sich die Krümmung für das Biegegesenk berechnen, die erforderlich ist, damit das Werkstück nach dem Pressen in seine endgültige und ihm vorgeschriebene Form zurückfedert. Gewiß läßt sich der Rückfederwinkel bestimmen, wenn der Faktor K bekannt ist, worüber zu S. 62 bereits Ausführungen gebracht wurden. Für

---

[1] SACHS, G.: Principles and methods of sheet-metal fabrication S. 100. New York 1951. Ein Auszug hiervon siehe Mitt. Forsch.-Ges. Blechverarb. v. 15. 8. 1951 Nr. 16 S. 200.

Werkstoffe, deren Rückfederungsfaktor K nicht bekannt ist, müssen die K-Werte erst aufgenommen werden. Das bedeutet die Messung von Rückfederungswinkeln bei verschiedenen r/s_0-Verhältnissen im Gesenk. Zu diesem Zweck wurde vom Verfasser die in Abb. 137 dargestellte Rückfederungszange vorgeschlagen. Sie besteht aus zwei mit der Hand zusammendrückbaren Zangenschenkeln, die am Ende über ein Gelenkzwischenstück miteinander verbunden sind. Im oberen Schenkel befindet sich das Stempelrad mit sechs Stempelzacken und dazu entsprechend im anderen Schenkel das Gesenkrad mit sechs Gesenken. Stempelrad

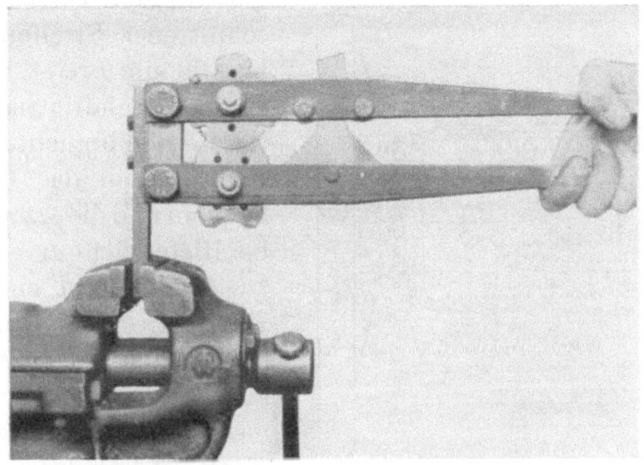

Abb. 137. Biegeprägezange zur Rückfederungsmessung.

und Gesenkrad sind in den Zangenschenkeln drehbar angeordnet. Durch Umstecken der Indexstifte kann immer eines der sechs zusammengehörenden Wirkpaare in Eingriff gelangen, so daß für sechs verschiedene r/s_0-Verhältnisse bei gleichbleibender Blechdicke von $s = 0{,}8$ bis $1{,}0$ mm an kurzen Probestreifen von etwa 25 mm Länge und 10 mm Breite die Rückfederung nach Zusammendrücken und Öffnen der Zange gemessen werden kann. Damit der Stempel sich senkrecht in das Gesenk bewegt, ist ein Führungskurvenstück im unteren Schenkel befestigt, gegen das beiderseits Außenringe zweier im oberen Schenkel eingesetzten Kugellager anliegen.

Die Rückfederung von Blechen oder Blechstreifen kann durch einfache Handhebelmeßgeräte derartig bestimmt werden, daß man die Probe nach dem Einspannen um einen rechten Winkel vorbiegt und dann die Rückfederung an einer Skala abliest. Derartige Messungen können an den bereits beschriebenen Wangenprüfgeräten von ARHELGER und WOLTER durchgeführt werden. Ein Sondergerät nach den gleichen Gesichtspunkten wurde von der Firma Von Tarnogrocki ausgeführt.

12*

4.5 Eignung zur ziehtechnischen Umformung.

Es sind an dieser Stelle nur diejenigen Verfahren aufgeführt, die als typische Tiefzichprüfung gelten, also nicht die Biegeprüfverfahren und Zerreißproben, wenn auch die auf S. 161 beschriebene Keilzugprobe nach Sachs hierzu gehört.

4.51 Einbeulverfahren.

Die am weitesten verbreitete Tiefziehprobe ist der Einbeulversuch, in Deutschland zumeist nach dem Erfinder als Erichsen-Probe benannt. Als Probestück dient entweder ein kurzer Abschnitt Bandmaterial oder ein aus der Tafel herausgeschnittener Streifen von 80 bis 100 mm Breite, der nicht einmal sorgfältig zugeschnitten werden braucht. Die Einspannung in das Gerät ist bequem und die erzeugte Einbeultiefe leicht zu ermitteln. In Abb. 138 ist eine solche Erichsen - Blechprüfmaschine im Schnitt gezeigt. Die Matrize *1* ist in den Kraftmesser *13* eingesetzt. Die Kraft wird an der Kraftmeßskala *16* angezeigt. Durch

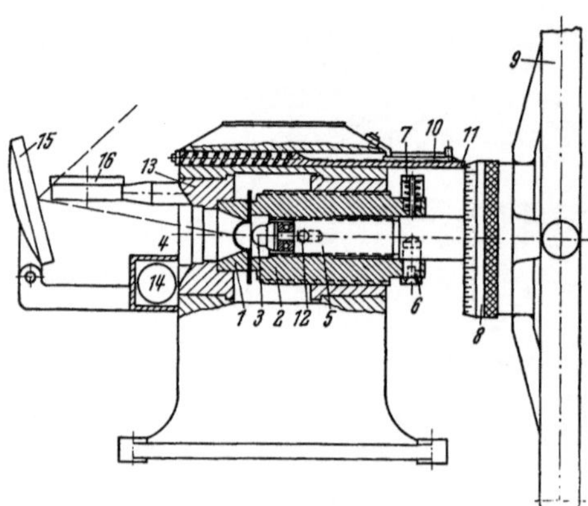

Abb. 138. Erichsen-Prüfapparat.

Rechtsdrehen des Handrades *9* wird die Klemmspindel (Blechhalter) *2* nach vorn bewegt, das Blech *4* leicht eingespannt und das Handrad um 0,05 mm zurückgedreht. Damit ist die Einspannung der Probe beendet. Danach stellt man die Skala *8* am Handrad *9* gegenüber dem Skalenschieber *11* auf 0 und zieht die Noniusskala *10* bis zum Anschlag heraus. Sodann wird die Klemmspindel *2* durch Niederdrücken des Kupplungsringes *7* am gegenüberliegenden Rastbolzen *6* entkuppelt und das Handrad weitergedreht. Auf der Druckspindel *5* sitzt der Stößel *3*. Die Druckspindel wird bis zum Reißen des Bleches nach vorn gedreht. Der Prüfungsverlauf kann bis zur sichtbaren Rißbildung im Spiegel *15* beobachtet werden. Am Kraftmesser ist das Reißen der Probe deutlicher erkennbar, da in diesem Moment die Kraft absinkt. Die Erichsen-Tiefung wird an den Skalen *10* und *8* abgelesen und auf volle $^1/_{10}$ mm abgerundet. Das Entfernen des getieften Bleches erfolgt durch Zurückdrehen des Rades, wobei sich die Klemmspindel selbsttätig einkuppelt und somit das Blech freigibt. Nach Lösen der Bolzenverstiftung *12* können die Umformstempel ausgetauscht werden. Das bereits auf S. 166 beschriebene Kraft-Weg-Registriergerät für Blechuntersuchungen kann in waagerecht

eingeschwenkter Stellung nach Abb. 139 auch mit Einbeulwerkzeug-
einsätzen ausgerüstet werden. Zum schnellen Herausnehmen der getieften Proben dient der aushängbare Vorlagebügel an der Frontplatte c.
Die Buchstabenbezeichnungen in Abb. 139 decken sich mit denen der
Abb. 119 auf S. 163 und Abb. 122 auf S. 166.

Beim Einbeulversuch nach ERICHSEN ist nicht allein die erreichte
Tiefung der Blechprobe bis zum Beginn der Rißbildung ein Kriterium
für die Güte des Bleches, sondern
auch der Verlauf der Rißform (*1*)
selbst ist für die Güte eines Tiefziehbleches wichtig. Im allgemeinen allerdings begnügt man sich
mit der Feststellung der erreichten Tiefung t in mm als Maßstab
für die Zieheignung des Bleches.
Eine solche Prüfarbeit kann durch
einen einigermaßen sorgfältig arbeitenden angelernten Hilfsarbei-
ter vorgenommen werden. Die
Prüfung selbst geht sehr rasch
vor sich und erfordert wenig
Werkstoff. Es ist selbstverständlich, daß aus diesen Gründen die
ERICHSEN-Prüfung (also die Einbeulprobe) in der Praxis sehr
beliebt ist. Es wird daher nicht
ganz einfach sein, den Einbeul-

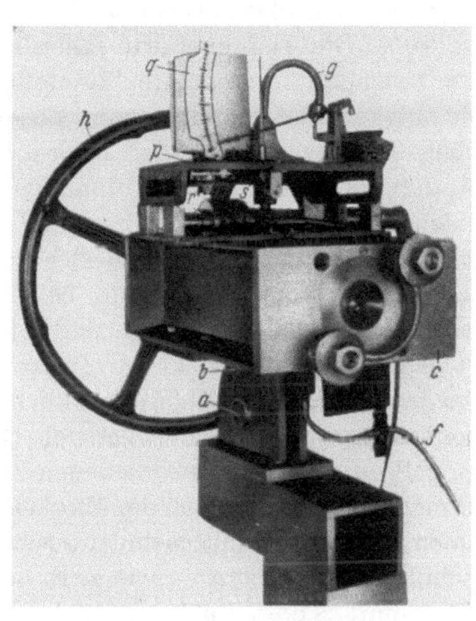

Abb. 139. Kraft-Weg-Registriergerät
nach Abb. 122 im Einsatz für Einbeulversuch.

versuch, wie er in Deutschland nach ERICHSEN[1], in Frankreich nach
GUILLERY[2] und PERSOZ[3], in England nach AVERY[4] und in den Vereinigten Staaten von Amerika nach OLSEN[5] angewendet wird, durch irgendein
anderes, vielleicht sogar teureres und unwirtschaftlicheres Verfahren zu
verdrängen, selbst wenn dieses technologisch genauere Ergebnisse liefert.

Die erste eingehende Untersuchung des Einbeulversuches wurde von
KUMMER[6] durchgeführt. Seine Untersuchungen über den Einfluß der

---

[1] Vgl. DRP 260180. [2] Vgl. DRP 469058.

[3] Die Einbeulprobe nach PERSOZ unterscheidet sich von der ERICHSEN-
Probe nur dadurch, daß der Matrizendurchmesser nicht 27, sondern 50 mm beträgt, während der Kalottendurchmesser in beiden Fällen 20 mm mißt. Infolgedessen sind die Tiefungswerte nach PERSOZ erheblich größer als die nach ERICHSEN.

[4] Vgl. Engineering 1929 S. 497.

[5] Werkstoff-Handbuch Stahl und Eisen, Blatt Q 51—1. Düsseldorf u. Pößneck
1944.

[6] KUMMER, H.: Untersuchungen am Blechprüfapparat nach ERICHSEN.
Masch.-Bau Betrieb Bd. 5 (1926) S. 657—661.

Einspannung der Probe haben ergeben, daß die Tiefung bei großer Einspannkraft etwa um 15 % geringer ausfällt als bei schwacher. Die Kurven zeigen beinahe geradlinige Tendenz, so daß man zwischen mittlerer und starker Einspannkraft etwa 7 % Unterschied in der Tiefung feststellen kann. Der Durchmesser der Probescheibe ist — wie nicht anders zu erwarten — ebenfalls von Einfluß, und zwar besonders dort, wo der Anzugsgrad als schwach bezeichnet wird. Hier beträgt der Unterschied zwischen Platinen von 55 und 90 mm Durchmesser in der Tiefung etwa 10 %. Die Tiefungswerte fallen in beiden Fällen nicht zusammen. Diese besonders interessante Feststellung veranlaßte den Verfasser, die Abhängigkeit der Tiefung vom Zuschnittdurchmesser mit zu untersuchen. Die Versuche wurden nach unten hin ergänzt, und dabei ergab sich, daß der von KUMMER gefundene Unterschied von etwa 10 % auch für den Vergleich des quadratischen Zuschnittes von 90 mm Seitenlänge mit dem von 55 mm Durchmesser zutrifft. Ein weit kleinerer, kaum merklicher Unterschied wurde bei Aluminiumblech festgestellt. Die Ursache liegt dort wohl darin, daß infolge der an sich niedrigen Festigkeit des Werkstoffes so kleine Zugkräfte auftreten, daß der Werkstoff unter dem Blechhalter kaum merklich in die ERICHSEN-Einbeulung mit hineingezogen wird. Bei den Versuchen fiel auf, daß die höchste erreichte Stempelkraft bei den verschiedenen Durchmessern etwa die gleiche ist und nicht, wie man infolge der Werkstoffnachgiebigkeit hätte annehmen können, mit kleinerem Zuschnittdurchmesser abnimmt. Bei ganz kleinen Zuschnittdurchmessern — wie z. B. 35 mm — ist dies freilich der Fall, doch kommt es dort überhaupt nicht zur Rißbildung an der Einbeulung. Hingegen nimmt die Tiefung bei kleiner werdendem Zuschnittdurchmesser D zu. Bezogen auf einen quadratischen Probezuschnitt von 90 mm Seitenlänge beträgt die Zunahme der Tiefung 20 % bei $D = 50$ mm, 33 % bei $D = 45$ mm und 50 % bei $D = 40$ mm.

Die auftretenden Unterschiede zeigen, daß für das ERICHSEN-Verfahren eine bestimmte Mindestgröße der Probe und eine bestimmte Blechhalterkraft vorgeschrieben sein müssen. Einen Anhalt für die genügende Größe des Zuschnittes gewinnt man daraus, daß sich am Rande der Probe während des Tiefungsvorganges keine Falten bilden dürfen. Hiernach genügt strenggenommen eine Probengröße von 90×90 mm für Aluminium, dagegen nicht für Eisen- und Messingbleche größerer Zugfestigkeit.

Über den Einfluß der Geschwindigkeit beim Tiefen nennt KUMMER keine zuverlässigen Werte. Die Beeinflussung des Endergebnisses durch die Tiefungsgeschwindigkeit ist offenbar unbedeutend. Im Durchschnitt erhält man bei größerer Tiefungsgeschwindigkeit eine um 1 % größere Tiefung. Dies widerspricht jedoch den Erfahrungen der Praxis und dürfte nur ein Zufallsergebnis sein oder auf einem Meßfehler beruhen.

Meßfehler sind besonders wahrscheinlich, da man bei rascher Vorwärtsbewegung des Stempels schwerer feststellen kann, bei welcher Tiefung der Riß entsteht, als bei langsamer Spindeldrehung unter sorgfältiger ständiger Beobachtung der Einbeulung im Spiegel.

Im Laboratorium Prof. BALDWIN am Case-Institut in Cleveland befindet sich ein Einbeulprüfgerät für dicke Grobbleche bis zu 15 mm Dicke. Der Ziehringdurchmesser beträgt 130 mm, der Kugeldurchmesser 100 mm. Das Gerät ist unter einer hydraulischen Presse von 200 t aufgebaut. Es ist allerdings ein Problem, inwieweit sich Einbeulversuchsergebnisse mit vom Normalwerkzeugsatz (Kugeldurchmesser 20 mm, Ziehringlochdurchmesser 27 mm) abweichenden Abmessungen sich auf die mit ihm gewonnenen Gütewerte schlechthin übertragen lassen. Diese Schwierigkeiten traten bereits bei den Zusatzwerkzeugen I und II mit den Ziehringlochdurchmessern von 17 und 11 mm nach der früheren DIN 50102 in Erscheinung, die für das Einbeulprüfen schmaler Bänder bis zu 40 und bis zu 25 mm Breite vorgesehen waren. Eine einfache Projektion der geometrischen Verhältnisse in die Ebene, indem man beispielsweise Kugel- und Ziehringdurchmesser sowie Blechdicke und Tiefungswert nach den Normvorschriften mit dem gleichen Faktor multipliziert, bringt keine zutreffenden Ergebnisse. Immerhin lassen sich auch hier durchaus Modellversuche durchführen[1].

Die Stempeleinfettung wirkt sich infolge Reibung auf dem Tiefungsstempel und der Mittenschwächung in größerem Maße aus. Wird der Stempel gut eingefettet, so wird die Reibung des Bleches gegen den Tiefungsstempel herabgesetzt, und die mittleren Teile der Probe sind an der Verdünnung der ursprünglichen Blechdicke stärker beteiligt als ohne Schmierung. Bei geschmiertem Stempel fällt nach KUMMER die Tiefung um etwa 5 % größer aus als ohne Einfettung. Wird außer dem Stempel auch die Blechprobe eingefettet, so ergibt dies keinen Unterschied. Immerhin ist der Einfluß der Schmierung auf die gewonnene Tiefung dort geringer angegeben als nach den Versuchen von SIEBEL[2].

Aus diesen ging hervor, daß bei Stahlblechen die größte Tiefung bei Talg, die nächstkleinere bei Vaseline und die kleinste bei Maschinenfett erzielt wurde. Eine insoweit befriedigende Art der Einbeulprüfung ist der Mullen-Tester. Er beruht darauf, daß die Blechprobe ebenso wie

---

[1] VEGESACK, H.: Ausschalten des Einflusses der Blechdicke beim ERICHSEN-Versuch. Z. Metallkde. Bd. 27 (1935) Heft 10 S. 227—235.

[2] Die ERICHSEN-Tiefungen bei verschiedenartiger Schmierung ließ im Jahre 1933 Prof. SIEBEL auf Anregung des Verfassers entgegenkommenderweise durchführen. Über die Versuche von SIEBEL näheres in G. OEHLER: Die Beseitigung des Ausschusses beim Ziehen von Hohlkörpern. Heft 5 der Schriftenreihe für Wissenschaft und Technik der Metalle. Berlin 1938. — Ferner in G. OEHLER: Eignung der Tiefziehprüfverfahren in der Praxis. Werkstattstechnik Bd. 32 (1938) S. 10f.

bei der Erichsen-Probe zwischen zwei Ringen eingespannt wird. Jedoch erfolgt die Tiefung nicht mittels eines Stempels, sondern mittels einer von unten gegen das Blech drückenden und hydraulisch betriebenen Gummimembran. Auch hier bildet die Einbeultiefe bei Eintritt des Risses das wichtigste Kriterium der Tiefziehgüte. Vorteilhaft ist hier gegenüber den Stempeleinbeulgeräten zweifellos der wegfallende Einfluß der Stempelreibung. Die Art des Schmiermittels und der Grad der Einfettung beeinflussen das Ergebnis der Stempeleinbeulung sonst erheblich. Im Gegensatz hierzu schmiegt sich hier die Oberfläche des Membrangummis an das Blech an und nimmt an seiner Umformung teil. Nachteilig ist jedoch beim Mullen-Tester, daß das Blech etwa im Mittelpunkt der Einbeulung ungleichmäßig auseinanderreißt. Es ist also hierbei nicht möglich, aus der Gestalt und dem Verlauf des Risses sowie aus der Körnung an der Außenhaut der Probe weitere Schlüsse über die Eignung des Bleches zu Umformzwecken zu ziehen, was bei den anderen Stempeleinbeulverfahren durchaus möglich ist. Ein Einbeulverfahren mit direkter hydraulischer Beaufschlagung des Bleches ist der sogenannte hydraulische Ausbauchversuch[1]. Das Blech wird zwischen zwei die Druckflüssigkeit abdichtende Ringe fest eingespannt und einseitig unter Druckwasser ausgebeult. Sowohl die dabei entstehende Einbeulform als auch der Rißverlauf gestatten Schlüsse über die Zähigkeit und die Sprödigkeit des Bleches sowie die Neigung, bevorzugt in Walzrichtung auseinanderzuklaffen. Hier ist die Reibung zwischen Blech und Einbeulwerkzeug, soweit man das Druckwasser als solches bezeichnen darf, gleich Null, also noch geringer als beim Mullen-Tester. Jedoch läßt sich eine Tiefung damit nicht bestimmen und eine klare Auswertung der Versuchsergebnisse ist beinahe unmöglich.

Bis 1925 sind im technischen Schrifttum keine ernstlichen Vorstöße gegen die Einbeulprüfmethode unternommen worden. Erst 1928 fand ein Meinungsaustausch zwischen Aumann[2] und Koppel[3] statt, wobei jener das Erichsen-Verfahren voll anerkannte, während dieser es als Kriterium für die Tiefziehfähigkeit ablehnte. Koppel bemängelt beim Erichsen-Verfahren die im Verhältnis zu Ziehpressen viel zu niedrige Ziehgeschwindigkeit. Hierauf führt Koppel die viel zu großen Unterschiede zwischen Prüfung und Werkstattergebnis zurück und teilt den Standpunkt Aumanns, der die Ungleichmäßigkeit des Werkstoffes als Ursache dieser Erscheinung annimmt, nicht. Daß die Tiefziehgeschwin-

---

[1] Thielsch, H.: Ausbauchversuch an Blechen. Metal Progr. Bd. 56 (1941) Nr. 1 S. 86—88.

[2] Aumann, W.: Prüfung und Eigenschaften von Feinblechen für Stanzzwecke. Masch.-Bau Betrieb Bd. 7 (1928) S. 105 u. 669—675.

[3] Koppel, F.: Zuschrift zum Aufsatz unter Fußnote 2 S. 184. Masch.-Bau Betrieb Bd. 7 (1928) S. 440.

digkeit keinen überragenden Einfluß auf die Kaltumformbarkeit ausübt, haben jedoch die bisherigen Forschungsarbeiten auf diesem Gebiete bewiesen. FISCHER[1] bezeichnet als ersten Anstoß zu seiner Arbeit die Tatsache, daß es mit dem ERICHSEN-Prüfapparat nicht möglich war, in allen Fällen das Blech von vornherein hinsichtlich seiner Tiefziehfähigkeit zu prüfen. SELLIN[2] schildert das ERICHSEN-Verfahren als unvollkommen, weil man nur die Prüfungsergebnisse bei gleichen Blechdicken miteinander vergleichen kann, ohne daß ein Vergleichsmaßstab vorhanden ist, nach dem man auf das wirkliche Maß für die Tiefzieheignung, die Stufungsmöglichkeit, schließen kann. Bei einer kritischen Beurteilung der bisher bekannten Verfahren zur Feststellung der Ziehfähigkeit erklärten gelegentlich einer Rundfrage im Jahre 1928 etwa 15 % der Verbraucher den ERICHSEN-Versuch als das damals beste Verfahren, das bei einiger Übung die Beurteilung der Ziehgüte ermöglichte[3]. Etwa 75 % bezeichneten damals die Prüfung als nicht hinreichend und wünschten ein besseres Verfahren für die Bestimmung der Tiefziehfähigkeit.

Einen wichtigen Grund für die Unzufriedenheit mit dem Einbeulverfahren bildet wohl der Umstand, daß einmal die Tiefungswerte infolge der Ungleichmäßigkeit des Werkstoffes sehr streuen und zum anderen die gewonnenen Tiefungswertmaßstäbe häufig von den Ergebnissen der Werkstatt abweichen[4]. Es wurde bereits hervorgehoben, daß die über der Blechdicke aufgetragenen Tiefungskurven teilweise sehr nahe nebeneinanderliegen, insbesondere gilt das für Weißblech, Falzbleche und Tiefziehstahlbleche nach DIN 1623. Selbst wenn man eine so überaus kleine Toleranz von 3 % gestattet, wie sie AUMANN empfohlen hat, fällt diese bereits teilweise in den Gütebereich der benachbarten Werkstoffe. Als weiterer Gesichtspunkt für die Erschwerung einer sorgfältigen Prüfung ist bei Blechen von über 1,5 mm Dicke zu berücksichtigen, daß am Handrad der Stempelspindel erhebliche Kraft aufgewendet werden muß. Es ist deshalb leicht möglich, daß nach dem Reißen an der Einbeulung infolge der plötzlichen Entspannung über den richtigen Teilstrich der Skala hinweggedreht und nachträglich der Ablesungswert nur geschätzt wird.

Der Umstand, daß die Ansichten über die Eignung des ERICHSEN-Verfahrens im Vergleich zu anderen Verfahren so unterschiedlich sind, liegt wohl tiefer begründet. Es wird häufig der Fehler begangen, daß man

---

[1] FISCHER, R.: Versuche zum Tiefziehen von Messingblech, insbes. S. 26. Diss. Techn. Hochschule Stuttgart 1938.

[2] SELLIN, W.: Handbuch für Ziehtechnik, insbes. S. 69. Berlin 1931.

[3] Vgl. Bericht über die VDMA-Sitzung v. 19. Oktober 1928.

[4] OEHLER, G.: Das Ziehen nichtzylindrischer Hohlteile. Werkstattstechnik Bd. 35 (1941) S. 141—144, insbes. S. 141 Abb. 1.

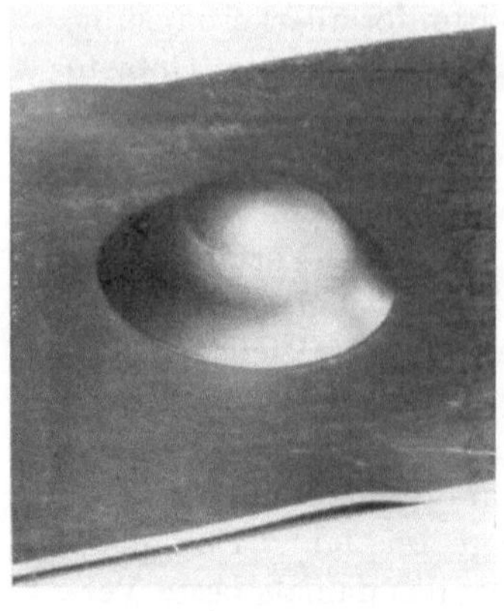

Abb. 140. Einbeulprobe in Stahlblech.

sich über den Unterschied zwischen dem Ziehen tiefer Gefäße mit senkrechten Seitenwänden — Zarge genannt — und dem Zieher flacher, muldenförmiger Teile, also nicht senkrechter Zargen, nicht genügend klar ist. Bei den Einbeulprüfverfahren handelt es sich um einen verwickelten Zerreißversuch. Es treten in den verschiedensten Richtungen des umgeformten Werkstoffes Zugbeanspruchungen auf, wobei die größten radial gerichtet an der Stelle liegen, wo der Kegelmantel der Probe in die Kalotte übergeht. Dort tritt gemäß Abb. 140 der Riß ein. Je besser und gleichförmiger der Werkstoff, um so feiner die Körnung im Rißbereich und um so gleichmäßiger, kreisrunder und zackenfreier der Riß. Rißabweichungen von der Kreisform beweisen einen ungleichmäßigen und zuweilen walz-

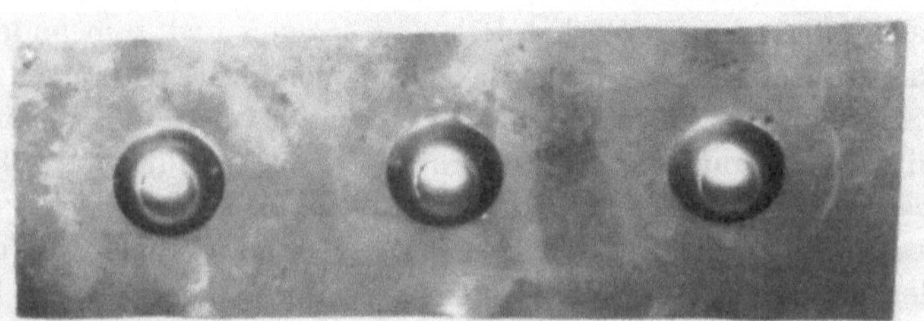

Abb. 141. Einbeulprobe in Stahlband.

strukturbedingten Werkstoff, insbesondere bei Aufspaltungsrissen in Walzrichtung. Abb. 141 und 142 zeigen Probestreifen in Draufsicht, und zwar Abb. 141 einen Stahlblechstreifen mit drei und Abb. 142 einen Kupferblechstreifen mit zwei

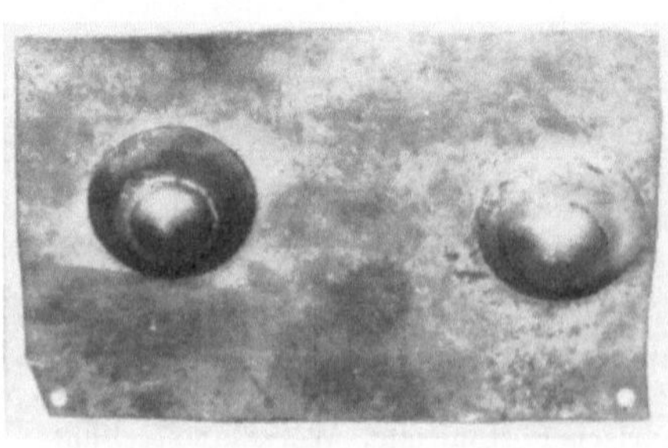

Abb. 142. Einbeulprobe in Kupferband.

Einbeulungen. Die Risse in Abb. 141 verlaufen kreisförmig bei sehr feiner Körnung, weisen also einen gleichmäßigen und zum Tiefziehen geeigneten Werkstoff nach. Es werden daher Vergleichsmuster hergestellt und bei der Abnahme von Blechen zuweilen vorgelegt, wobei insbesondere auf die infolge hoher

Flächendehnung an der Oberfläche sichtbar werdende Körnung Wert gelegt wird. Da kaum bzw. nur sehr wenig Werkstoff über die Ziehkante gleitet, entfällt eine bemerkenswerte Tangentialstauchung, worüber noch auf S. 190 zu Abb. 144 verschiedenes gesagt wird.

Es wäre grundsätzlich falsch, den Einbeulversuch — ganz abgesehen von seinen eingangs geschilderten praktischen Vorteilen in der einfachen Handhabung — zu verwerfen. Es darf nicht übersehen werden, daß es in der Blechverarbeitung eine große Anzahl von Teilen gibt, die eben nur Zugbeanspruchungen unterworfen werden und nicht Zieh-Stauch-Beanspruchungen, wie es bei Ziehteilen mit senkrechter Zarge der Fall ist. Deshalb sollte man die Einbeulprobe überall dort beibehalten, wo es gilt, die Eignung der Bleche für flache Ziehteile zu prüfen. Solche Aufgaben finden sich vorzugsweise im Karosserie- und Flugzeugbau.

Nur werden gerade im Flugzeugzellen-bau, aber auch in anderen Zweigen der blechverarbeitenden Industrie, die Bleche mittels Gummikissens unter meist hydraulischen Hochdruckziehpressen gezogen[1]. Hierbei treten ziemlich gewaltige Preßkräfte bis zu 10000 t auf; die Werkstücke werden dabei Arbeitsdrücken bis zu 600 kg/cm^2 während der Umformung

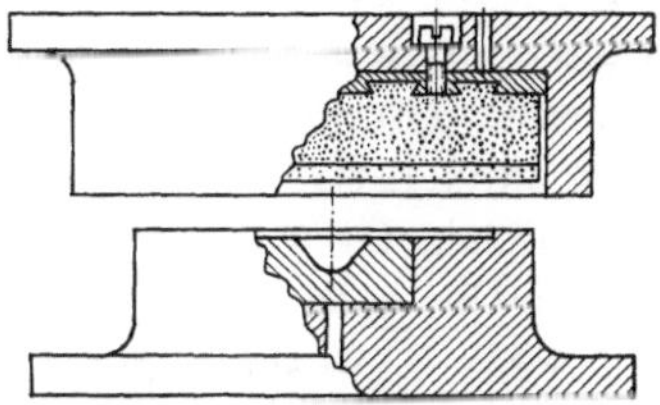
Abb. 143. Gummidruckprüfgerät.

ausgesetzt. Hierbei interessiert das Verhalten der Leichtmetallbleche und ihre Eignung für die Verarbeitung unter derartigen Hochdruckzieh-pressen. Dafür wurde von der Firma Junkers-Flugzeugbau ein betriebs-nahes Sonderprüfverfahren entwickelt[2]. Die fertigen Prüfstücke ähneln dabei äußerlich denen des ERICHSEN-Verfahrens nach Abb. 140. Abb. 143 zeigt den Aufbau eines solchen Gerätes. Das Gesenk, über das der Blechzuschnitt zentrisch gelegt wird, weist in der Mitte eine flachkegelige ausgerundete Grube auf. Durch das Aufsetzen des Oberteiles in Form eines Gummi- oder Mipolamkissens wird das Blech in der Mitte in die Aussparung des Gesenkes eingedrückt bzw. eingebeult. Die Einrichtung kann in einer Materialprüfungsmaschine untergebracht werden. Es handelt sich hierbei um ein noch wenig erprobtes Verfahren. Großzahluntersuchungen sind noch nicht veröffentlicht. Ebenso sind bisher noch keine Maßvorschriften über die verschiedenen Kugelkalotten, welche in dem Gesenk austauschbar untergebracht werden, bekannt.

---

[1] OEHLER: Gestaltung gezogener Blechteile. S. 81—87 Abschnitt 3. 5: Gummi-zugschnittverfahren. Berlin 1951.

[2] Das Gummipreßverfahren und Untersuchung über die Eignung des Kunst-stoffes Mipolam. Dessau 1942. — SAGEL, H. A.: Troisdorf: Mipolam-Preßkissen für Verformungszwecke von Leichtmetall. Techn. Berichte Bd. 9 (1942) Heft 5, Luftfahrtforschung.

Das Verfahren entspricht also durchaus dem bekannten Einbeulverfahren und ist in seiner Handhabung nur insofern erheblich umständlicher, als verschiedene Proben in verschieden tiefen Kugelkalotten geprüft werden müssen. Im Hinblick auf die wachsende Bedeutung der Gummiziehverfahren dürfte jedoch dieses dafür betriebsnahe Prüfverfahren sich durchsetzen. Dabei mag dahingestellt sein, ob sich dieses Prüfverfahren besser zur Beurteilung verschiedener Gummisorten für Kissen als zur Prüfung der Umformfähigkeit von Blechen eignet, wofür es genug bereits bewährte Prüfmethoden gibt.

4.52 Napfziehversuch.

Der Napfziehversuch beruht auf der seit Bestehen des Tiefziehens gewonnenen Erkenntnis, daß es ein gewisses Ziehgrenzverhältnis gibt zwischen dem Ziehdurchmesser und der im ersten Zug erreichbaren Ziehtiefe oder, was damit gleichbedeutend ist, zwischen dem Zuschnittdurchmesser D und dem Ziehdurchmesser d. Eine Werkstoffnorm hierüber ist zunächst nicht aufgestellt worden. Es war wahrscheinlich die AEG[1], die als Großabnehmerin von Blechen in den Jahren vor dem ersten Weltkrieg in ihren Blechliefervorschriften ein Mindestverhältnis D/d vorschrieb, weshalb der Napfziehversuch in weiten Kreisen auch als AEG-Verfahren bekannt ist. Dieses Verhältnis D/d als Ziehverhältnis wird häufig mit β bezeichnet. Man findet im Schrifttum an Stelle von β auch den reziproken Wert $d/D = m$.

In den Jahren vor 1920 wurde der Ermittlung der höchstmöglichen Ziehverhältnisse — von wenigen Großabnehmern wie der AEG abgesehen — keine besondere praktische Bedeutung beigemessen. Es darf schließlich nicht übersehen werden, daß die Bestimmung eines derartigen Grenzverhältnisses ohne Vorliegen irgendwelcher Richtwerte und Normen[2] schwierig ist. Zunächst einmal ist ein geeignetes Ziehwerkzeug erforderlich, das unter Berücksichtigung des richtigen Ziehspaltes für die gerade zu prüfende Blechdicke gebaut ist. Es ist also nötig, bei Prüfung verschiedener Blechdicken für ein solches Werkzeug entweder einen Satz unterschiedlich großer Ziehringe oder einen Satz entsprechend bemessener Stempel bereit zu halten. Eine weitere Schwierigkeit besteht darin, daß zum Ausprobieren des größtmöglichen Ziehverhältnisses verschieden große Zuschnitte hergestellt werden müssen. Ihre Herstellung erfordert nicht nur Werkstoff, sondern auch erheblichen Arbeitszeitaufwand, weil die Zuschnitte nicht mit einem einzigen Werkzeug geschnitten werden können, es sei denn, daß dafür ein Mehrfachschnitt-

---

[1] Siehe AEG-Mitt. 1929 S. 419, 483.

[2] Ein Vorschlag zur Normung des Napfzugverfahrens und hieraus sich ergebenden Richtwerten für verschiedene Werkstoffe wird von SIEBEL und BEISSWÄNGER zur Zeit zusammengestellt.

werkzeug vorgesehen ist. Ferner lassen sich verschieden große Zuschnitte für das Näpfchenziehverfahren durch Ausstechen auf einer Drehbank leicht herstellen.

Im Gegensatz zur Einbeulprüfung ist der Boden der Blechprobe keinen bemerkenswerten Veränderungen sowohl in bezug auf Dehnung als auch auf Dickenänderung unterworfen. Hingegen wird das Blech am Bodenrand sehr geschwächt, und dort ist auch eine hohe Radialdehnung wahrzunehmen. Es werden Blechschwächungen bis zu 25 % und zuweilen sogar noch mehr gemessen. Von hier aus nimmt die Radialdehnung

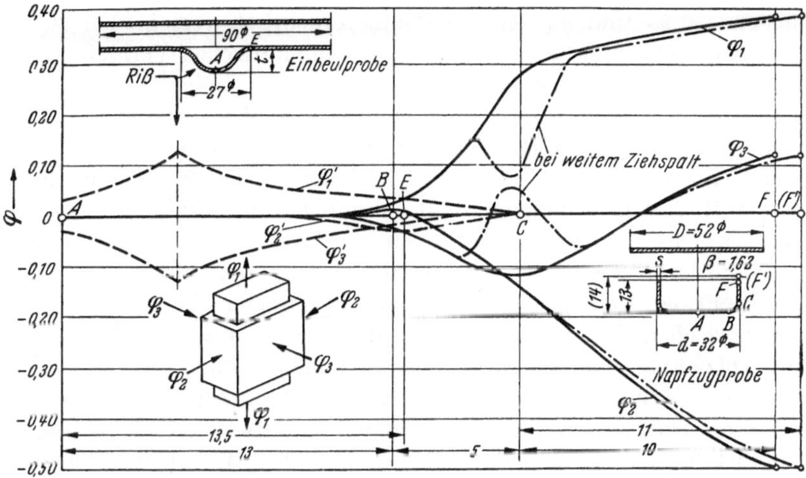

Abb. 144. Gegenüberstellung der logarithmierten Formänderungen beim Napfzug-(φ_1, φ_2, φ_3) und Einbeulversuch (φ_1', φ_2', φ_3').

noch weiter — wenn auch langsam — zu, aber das Blech wird wieder allmählich stärker. In Höhe der Mitte der Zarge bzw. des Mantels kann man schon wieder die Ursprungsdicke messen, und am oberen Rand des Napfes ist die Blechdicke um etwa 20 % größer als zu Beginn. Dies kommt daher, daß neben der Radialdehnung eine Tangentialstauchung stattfindet und die Gefügekristalle in der äußeren Ringzone der Zuschnittscheibe auf den Zargendurchmesser zusammengedrängt werden, d. h. der Zuschnittdurchmesser wird auf den Ziehdurchmesser verkürzt. Diese Tangentialstauchung am obersten Rand ist größer als die Radialdehnung, die dort auch ihren höchsten Wert erreicht, größenmäßig aber unter der Tangentialstauchung liegt. Daher ist dort die Wand dicker.

Bezeichnet man nach Abb. 144 links unten die logarithmierte Formänderung in radialer Richtung mit φ_1, diejenige in tangentialer Richtung mit φ_2 und diejenige senkrecht zur Blechfläche mit φ_3, so erhält man für die Einbeulprobe die in Abb. 144 links dargestellten gestrichelten Kurven und rechts die entsprechenden Schaulinien für den Versuchskörper des Napfzuges. Die strichpunktierten Linien geben den Kurvenverlauf für einen Werkstoff hoher Dehnung an, da dieser die Höhe des Prüflings (14 an Stelle von 13 mm) wesentlich beeinflußt. Diese Abbildung zeigt den erheblichen Unterschied zwischen beiden Verfahren. Während sich beim Einbeulversuch eine Tangentialstauchung (φ_2') kaum und auch nur im Bereich des Matrizenrandes (E) bemerkbar macht, nimmt diese (φ_2) beim Napfzugversuch gegen das Ende zum Rande hin erheblich zu und wird dort am größten. Die logarithmierten Formänderungen φ_1, φ_2 und φ_3 verlaufen außerordentlich verschieden zueinander, während φ_1' und φ_3' beinahe einen symmetrischen Verlauf mit der Nullinie als Spiegelachse zeigen.

Diese Ausführungen beweisen, daß man es sowohl beim zylindrischen als auch beim unzylindrischen Zug mit zwei ganz verschiedenen Vorgängen zu tun hat. Das zylindrische Tiefziehen ist ein Ziehstauchen, der Werkstoff wird in der einen Richtung gezogen und senkrecht dazu gestaucht, wie es bei vielen plastischen Knetvorgängen bekannt ist. Das unzylindrische Tiefziehen ist ein Streckziehvorgang, bei dem in radialer Richtung weit größere Zugbeanspruchungen als in tangentialer vorherrschen, bei dem aber eine allseitige Dehnung vorhanden ist. Die Napfziehprobe ist also dort in erster Linie am Platze, wo Bleche zu prüfen sind, die zu Ziehteilen mit senkrechter Zarge verarbeitet werden sollen. Nun kann in der Praxis selten eine so scharfe Trennung durchgeführt werden. In zahlreichen Betrieben wird das gleiche Blech für die verschiedensten Formen, flache und tiefe, verwendet. Weiterhin sind an vielen Ziehteilen Partien mit senkrecht und solche mit flach verlaufenden Zargen vorhanden, wie dies beispielsweise häufig in der Beleuchtungskörperindustrie, aber auch bei sehr viel anderen Ziehteilen im Apparatebau der Fall ist.

In Verbindung zu Abb. 144 sei auf eine Besonderheit beim Napfzugversuch verwiesen. Bei weitem Ziehspalt $u_z > 1,5\,s$ verlaufen φ_1 und φ_3 nicht entsprechend den dort gezeigten stetigen Kurvenzügen, sondern weichen etwa in Nähe des Punktes C gemäß der dort gestrichelt gezeichneten Linien einwärts einknickend ab. Je größer der Ziehspalt, um so erheblicher die Abweichung. Die hier eingezeichnete Abweichung entspricht etwa $u_z = 3\,s$, wobei der Ziehdurchmesser im Verhältnis zur Blechdicke klein ist und etwa bei $15\,s$ liegt. Da nun gerade beim Napfzugversuch zur Ersparnis und zur Beschränkung der Stempel und Ziehringe auch mit weiten Ziehspalten zuweilen gearbeitet wird, so sei auf die Gefahr verwiesen, daß hierdurch Abweichungen in bezug auf die Betriebsnähe des Verfahrens in Kauf genommen werden müssen.

Da das Verhalten eines Bleches gegenüber Ziehstauchbeanspruchungen beim Einbeulverfahren nicht ermittelt werden kann, wird in Zukunft voraussichtlich das Napfzugverfahren eine größere Zukunft haben, wobei außer dem erreichbaren Ziehverhältnis gleichzeitig die Neigung des Werkstoffes zur Zipfelbildung als Folge der Anisotropie gemäß Abb. 17 bis 19 zu beurteilen ist. Die Zipfeligkeit Z in Prozenten wird gerechnet zu:

$$Z = \frac{h_{\max} - h_{\min}}{h_{\min}} \cdot 100.$$

$h_{\max}$ und $h_{\min}$ sind jeweils die arithmetischen Mittelwerte der Näpfchenhöhen an den vier Zipfelspitzen und den vier Tälern zwischen den Zipfeln. In Zusammenhang hiermit sei auf die Möglichkeit hingewiesen, an Stelle von $\beta_{\max}$ allein den Ausdruck $\beta_{\max}/Z$ zu wählen und somit

Abb. 145. Drei Napfzüge mit wachsendem Zuschnittsdurchmesser.

die Ziehgüte doppelt zu bestimmen, ebenso wie der Gütemaßstab des Lochaufweitversuches zu S. 205 dreifach belegt ist.

Der Napfzugversuch bedarf dort, wo das höchst erreichbare Ziehverhältnis $\beta_{\max}$ durch den Versuch ermittelt wird, runde Zuschnitte verschiedener, möglichst eng gestufter Durchmesser. Daher wird der Napfzug teilweise auch als Stufenprüfverfahren bezeichnet. Um dieses umständliche Ausprobieren und die Kosten der dafür vorzubereitenden verschieden großen Blechscheiben einzuschränken, genügen bei Messung der Stempelkraft drei verschieden große Scheiben gemäß Abb. 145. Den ersten Zuschnitt wählt man nicht viel größer als den Stempeldurchmesser, den zweiten etwas größer, jedoch in dem Bereich, wo noch keinesfalls ein Zerreißen erwartet werden kann, den dritten so groß, daß er bestimmt reißt. Die hierbei auftretenden maximalen Stempelkräfte über $\log D^2 \frac{\pi}{4}$ aufgetragen, liegen angeblich auf einer Geraden. Wenn man die Angaben von SCHMIDT-KAPFENBERG[1] nachprüft, findet man, daß diese Gesetzmäßigkeit nur roh stimmt. Ferner ergibt sich bereits aus einfachen mathematischen Überlegungen, daß bei den geringen Unterschieden der möglichen Blechdurchmesser praktisch ganz

---

[1] SCHMIDT, M.: Die Prüfung von Tiefziehblech. Arch. Eisenhüttenw. Bd. 3 (1929) S. 213—222.

gleich ist, ob man den Wert $\log D^2 \frac{\pi}{4}$ oder D bzw. β als Abszissenmaßstab wählt. In Abb. 146 sind im P_z/β Schaubild auf der Ordinate die Ziehkräfte der drei Proben und auf der Abszisse die Ziehverhältnisse $\beta = D/d$ für die ersten beiden nicht gerissenen aufgetragen. Die Lote über P_{z1}, P_{z2} und β_1, β_2 ergeben die Punkte A_1 und A_2, die auf einer Kurve liegen, welche das Achsenkreuz schneidet. Der gesuchte Grenzwert β_3 wird

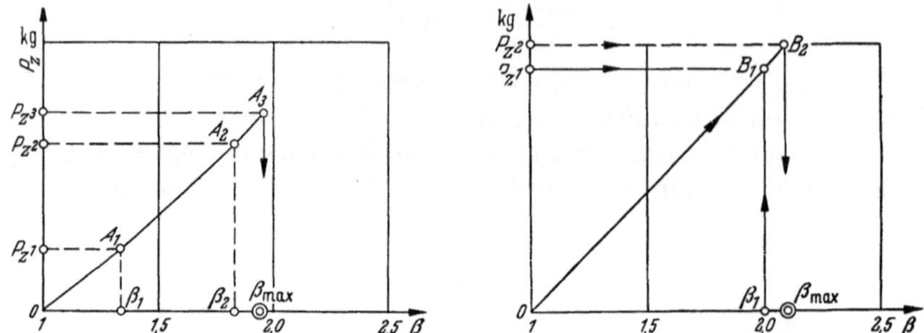

Abb. 146, 147. Ermittelung von β_{max}. Abb. 146 mit drei verschieden großen, Abb. 147 mit zwei verschieden großen Zuschnittsscheiben.

durch Extrapolation dieser Kurve im Schnitt mit der Waagerechten durch P_{z3} gefunden. Ein anderer ähnlicher Weg wird von ENGELHARDT empfohlen[1], wo ebenfalls die Ziehkraft gemessen wird. Dabei werden zwei gleich große Ronden 1 und 2 gezogen, deren Durchmesser gerade

Abb. 148. Napfzugproben im Weiterschlag.

noch knapp im zulässigen Bereich liegt. Die erste Ronde wird unter normalem Blechhalterdruck mit Schmierung gezogen (P_{z1}), die zweite wird durch den Ziehstempel infolge fehlender Schmierung ausgeschert bzw. zum Reißen gebracht (P_{z2}). Angenähert soll gemäß Abb. 147 die Kurve als Gerade durch das Achsenkreuz mit $P_z = 0$ und $\beta = 1$ und den Punkt B_1 der gelungenen Probe mit dem bekannten β_1-Wert und dem gemessenen P_{z1}-Wert gelegt werden. Diese schräge Gerade wird

---

[1] KLEIN u. RECTANUS: Blechforschung in der Ostzone. Mitt. Forsch.-Ges. Blechverarb. Nr. 4 v. 9. 12. 1949.

durch die waagerechte Abszissenparallele durch P_{z2} im Punkt B_2 geschnitten. Darunter liegt der gesuchte β_2-Wert.

Es werden bei der Napfzugprüfung oft auch Weiterschlagproben an vorgezogenen Näpfen durchgeführt. Abb. 148 zeigt eine Versuchsreihe von vier derartigen Weiterschlagnapfzügen mit zunehmendem Zuschnittsdurchmesser bzw. wachsender Höhe der Anschlagnapfzüge. Am dritten noch gelungenen Versuchskörper sind im unteren Zargenrand Werkstofffehler wahrnehmbar. Der vierte Zug mit dem größten Zuschnitt ist nicht mehr gelungen, sondern am Boden aufgerissen.

Es hat an Versuchen nicht gefehlt, gegenseitige Beziehungen zwischen den Gütearten der einzelnen Verfahren festzustellen[1]. Abb. 149 stellt ein Diagramm dar, das zunächst einen Versuch darstellt, Kennwerte des Zug- und Einbeulversuches mit dem Ziehverhältnis β ins Verhältnis zu setzen. Der Wert $\lambda = h/d$ (= Ziehtiefe : Ziehdurchmesser) ist unter Vernachlässigung der Bodenrundung geometrisch ohne weiteres gegeben. Die Geraden als Charakteristiken der Einbeultiefe nach Erich-

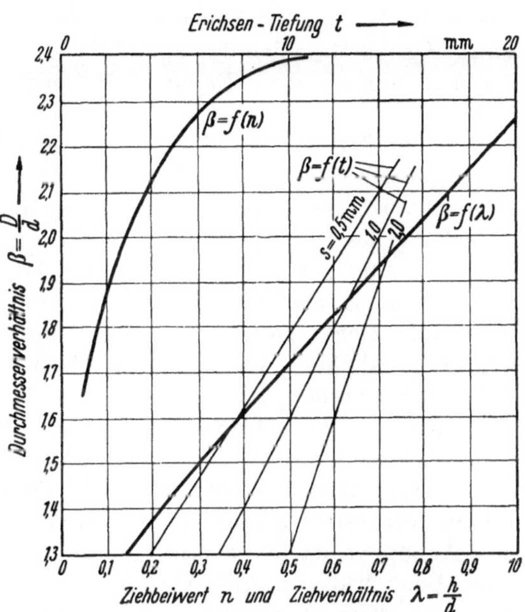

Abb. 149. Beziehung zwischen der Tiefziehfähigkeit und dem Ziehbeiwert.

sen mit einem Ziehringdurchmesser von 27 mm und einem Kugeldurchmesser von 20 mm bieten nur eine äußerst rohe Annäherung. Die Werte

---

[1] Über die Aufstellung gegenseitiger Beziehungen zwischen Zerreißversuch, Einbeulversuch und Napfzugversuch sei verwiesen auf: a) ARBEL, C.: Recherche d'une relation entre les propriétés d'emboutissage des métaux et les essais de traction (Untersuchung der Beziehungen zwischen der Napfziehprobe und dem Zugversuch). Rev. Métall. Bd. 47, Mai 1950, Heft 5. — b) BARTHOLOMEN JR., E. L.: Stress strain measurements in the drawing of cylindrical cups (Zugspannungsmessungen beim Ziehen zylindrischer Näpfe). Trans. Amer. Soc. Met. 1943 S. 582. — c) ASIMOW, M., u. CROMBIE: Problems in the drawability of deep drawing sheets (Probleme über die Zieheignung von Tiefziehblechen). Trans. Amer. Soc. Met. Bd. 27 (1942). — d) FUKUI, S.: Researches on deep-drawing (Untersuchungen über Tiefziehen). Inst. Physical and Chemical Researches. Tokyo, 134 (Okt. 1938), 1. 422. — e) OEHLER, G.: Bestimmung des Ziehverhältnisses durch den Einbeulversuch. Werkstattstechn. u. Masch.-Bau Bd. 39 (1949) Heft 3 S. 72.

in der Praxis streuen erheblich und der Bereich der möglichen Abweichungen läßt sich nicht annähernd bestimmen. Die Kurve für n bezieht sich auf den als Ziehbeiwert bezeichneten Exponenten der Gleichung für die wahre Spannung beim Zugversuch:

$$\sigma' = k \ln \frac{F_0^n}{F'}.$$

Hierin bedeuten F_0 den Einschnürquerschnitt vor und F' nach dem Zugversuch und k eine Werkstoffkonstante, die für die einzelnen Werkstoffe verschieden ist. Die Versuche zur Ermittelung von n wurden auf der TINIUS-OLSEN-Maschine durchgeführt. Es ist dies eine handbediente Vorrichtung ähnlich dem ERICHSEN-Prüfgerät, nur mit senkrechter Spindel.

In jüngster Zeit hat BEISSWÄNGER[1] einen Normvorschlag für den Napfzugversuch vorgetragen und in Verbindung hiermit die bisherigen Umformprüfverfahren kritisch einander gegenübergestellt. Es wird zur Vereinfachung des Verfahrens und Einsparung an Werkzeugkosten angestrebt, den Stempeldurchmesser und die Durchmesser der Ziehringe in möglichst wenig Stufenbereichen zu ändern. Versuche ergaben, daß das maximale Ziehverhältnis in einem weiten Bereich vom Stempeldurchmesser unabhängig sein kann. Für Blechdicken von 0,5 bis 2,0 mm trifft dies für Stempeldurchmesser von 10 bis 70 mm zu. Aus diesem Grund wurde ein verhältnismäßig kleiner Stempeldurchmesser von 32 mm in Anlehnung an bereits auf dem Markt befindliche Geräte gewählt. Der Werkstoffverbrauch entspricht damit bei der Prüfung der erwähnten Mindestrondendurchmesser etwa dem des ERICHSEN-Verfahrens. Außerdem ist 32 näherungsweise der Normalzahl 31,5 gleichzusetzen. Beim früheren AEG-Verfahren war die Spaltweite zwischen Ziehring und Stempel jeweils gleich der Summe von Blechdicke und Blechdicken-Plustoleranz.

BEISSWÄNGER und SCHWANDT[2] stellen weiterhin fest, daß das maximale Ziehverhältnis zunimmt, wenn die Spaltweite vom 1,3fachen der Blechdicke auf das 1,1fache verkleinert wird. Diese Zunahme findet statt, weil bei kleinem Spalt ein Teil der Kraft unter Entlastung des Ziehteils an der Stempelrundung unmittelbar vom Stempel über die Wand des Ziehteils in die Verformungszone übertragen wird. Die Spaltweite soll daher so groß gewählt werden, daß das maximale Ziehver-

---

[1] BEISSWÄNGER, H.: Das Näpfchenziehprüfverfahren zur Bestimmung der Tiefzieheigenschaften von Blechen und Bändern. Mitt. Forsch.-Ges. Blechverarb. Nr. 18/19 v. 15. 9. 1952 S. 201—222,

[2] BEISSWÄNGER, H., u. S. SCHWANDT: Untersuchungen über den Einfluß der Werkzeugform auf die maximale Ziehkraft und das maximal erreichbare Ziehverhältnis beim Weiterschlag zylindrischer Hohlteile. Mitt. Forsch.-Ges. Blechverarb. Nr. 2/3 v. 1. 2. 1953 S. 17—51.

hältnis durch Blechdickenschwankungen nicht beeinflußt werden kann. Versuche BEISSWÄNGERS ergaben, daß bei dem vorgesehenen Blechdickenbereich von 0,5 bis 2,0 mm mit einem einzigen Ziehring gearbeitet werden kann, wobei die Bohrung dieses Ringes nach der größten Blechdicke unter Berücksichtigung der Blechdickentoleranz und der beim Ziehen auftretenden Randverdickung von etwa 40 % des Ziehteils mit 38 mm Durchmesser festgelegt wurde. Die Spaltweite zwischen Ziehring und Stempel beträgt damit 3,0 mm; trotzdem kam es auch bei 0,5 mm dickem Blech noch zu keiner die Genauigkeit des Verfahrens beeinflussenden Faltenbildung. Ziehring- und Stempelrundung wurden ebenfalls so gewählt, daß keine störenden Falten auftreten. So weit sind die Feststellungen und Vorschläge BEISSWÄNGERS gediehen, so daß in Kürze mit der Herausgabe von Normen für das Napfzugverfahren und für Grenzziehverhältnisse nach diesen Verfahren bei verschiedenen Werkstoffen zu rechnen ist.

Abb. 150. Tiefziehprüfgerät mit zwei hydraulischen Meßdosen.

Der ERICHSEN-Apparat ist bei Auswechseln der Werkzeugeinsätze ebenso wie das in Abb. 119, 122 und 139 dargestellte Kraft-Weg-Registriergerät für den Napfziehversuch geeignet. Ebenso lassen sich umgekehrt die in diesem Kapitel im folgenden beschriebenen Geräte durch Werkzeugaustausch für den Einbeulversuch verwenden. Ein älteres mit hydraulischen Meßdosen ausgerüstetes Gerät[1] ist in Abb. 150 dargestellt. Im Oberteil des Gestelles a ist eine Büchse mit Gewinde vorgesehen, welche zur Aufnahme der Druckspindel b für den Tiefungsstempel bestimmt ist. Der in dieser Abbildung nicht sichtbare Meßstempel ist mit der Druckspindel nicht starr verbunden, sondern hängt durch die Verbindung mittels zweier Stifte lose an dieser. Die entsprechende Einschnürung an dieser Stelle der Druckspindel ist genügend lang, so daß sich der Stempeldruck nicht auf diese, sondern auf den ringförmigen Kolbenteil des Stempelhalters und über denselben wiederum auf die Membran einer mit Glyzerinfüllung versehenen Meßdose c überträgt, in deren oberem Teil die Druckspindel b drehbar gelagert und mittels zweier Stifte gesichert ist. Am unteren Teil des Ständers ist die Ziehmatrize d vorgesehen. Die Bohrung ist nach unten konisch stark erweitert, um nach

---

[1] OEHLER, G.: Beseitigung des Ausschusses beim Ziehen von Hohlkörpern S. 26. Berlin 1938.

seitlichem Umlegen des Apparates einen guten Einblick in die Matrizen-durchzugsöffnung von unten zu ermöglichen. Der Niederhalter *e* ist als Meßdose[1] ausgebildet und an zwei seitlichen Spindeln *f* mittels Schraubenmuttern *g* und *h* in seiner Höhe verstellbar. Eine längere Führung in der Mutter soll ein Klemmen möglichst vermeiden. Blechhalterdruck und Stempeldruck sind an Manometern abzulesen[2].

Eine größere Tiefziehprüfmaschine ähnlicher Konstruktion ist diejenige von Wazau. In dem oberen Querhaupt einer Zweisäulenpresse ist die Meßdose für die auftretenden Stempelkräfte untergebracht. Im unteren Querhaupt sitzt die Meßdose für die Blechhalterkräfte. Die Kraftübertragung geschieht hydrau-

Abb. 151, 152. Hydraulische Blechprüfmaschine System GUILLÉRY (Bauart Roell & Korthaus).

lisch, die Kräfte werden von je einer Schreibfeder abhängig vom Ziehweg aufgezeichnet.

Ein anderes Blechprüfgerät ist die Guillery-Maschine von Roell & Korthaus[3], wie sie in Abb. 151 mit aufgeklapptem Bajonettverschluß bereit zur Einlage der Probe und in Abb. 152 im geschlossenen Zustand ziehbereit dargestellt ist. Ähnlich diesem Gerät sind die Universal-Tiefungsprüfmaschinen der Firmen Amsler & Co., Schaffhausen, und Olsen, New York. Der obere Teil des Maschinenkörpers ist als Druckzylinder ausgebildet. In ihm befindet sich ein genau eingeschliffener Kolben. Derselbe wirkt mit der Kolbenstange direkt auf den auswechselbaren Stößel des Prüfwerkzeuges. Der Fuß des Maschinenkörpers dient

---

[1] MOHR: Meßdose und Federmanometer bei Prüfmaschinen. Z. VDI 1926 S. 317ff. Siehe auch Abb. 121 zu S. 165 dieses Buches.

[2] Eine ähnliche Versuchsanordnung mit zwei Meßdosen, die jedoch mit Schreibvorrichtung ausgerüstet sind, zeigt SELLIN auf S. 16 des Handbuches für Ziehtechnik. Berlin 1931.

[3] Auf diesem Gerät wurden die Proben zu Abb. 141, 142, 148 und 164 gezogen.

als Behälter für die Druckflüssigkeit, Druckpumpe und die Steuerorgane
sind hier eingebaut. Die Pumpe wird direkt durch Flanschmotor angetrieben. Die Bedienung der Maschine erfolgt durch zwei Steuerhebel.
Durch den einen Hebel wird die Pumpe ein- und ausgeschaltet. Der
zweite Hebel bestimmt die Fördermenge der Pumpe und gestattet
dadurch eine feinfühlige Regulierung der Prüfgeschwindigkeit. Der Kopf
der Maschine bildet zunächst Zylinderdeckel und Einlage für den Blechhalter. Der obere Teil des Kopfes läßt sich gemäß Abb. 151 durch
Scharnier lüften und mittels Bajonettver-
schluß verriegeln. Der Kopf schließt durch
die Spannmutter ab; diese trägt auswechsel-
bar die Prüfmatrize. Seitlich der Maschine
sind über eine Meßuhr für die Tiefen-
messung und darunter Manometer für die
Druckmessung angeordnet. Kürzlich hat die

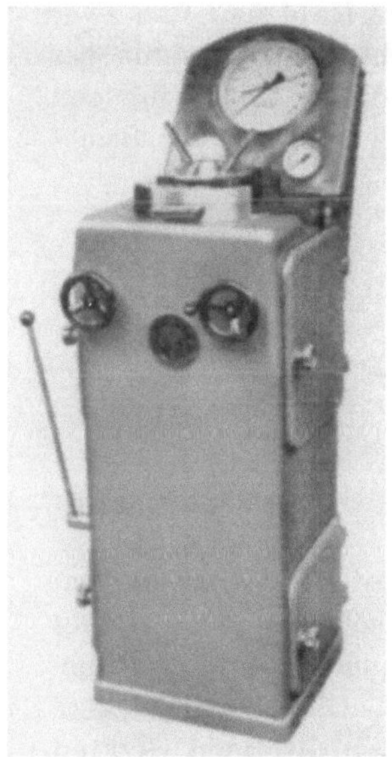

Abb. 153. Hydraulische Blechprüfmaschine System SOLMNITZ (Bauart
Mohr & Federhaff).

Abb. 154. Kopfteil zur Maschine zu Abb. 153.

gleiche Firma eine größere elektrohydraulische Blechprüfmaschine hergestellt, die in ihrem Aufbau der im folgenden beschriebenen ähnlich ist
und sich nur durch die Art der Anordnung der Bedienungshebel und
den um einen Scharnierbolzen klappbaren Blechhalterspannkopf sich
unterscheidet.

Ein größeres Universalblechprüfgerät wurde von Mohr & Federhaff
entwickelt. Das ganze Gerät ist in Abb. 153, sein Oberteil in Abb. 154
dargestellt. Zu Beginn des Versuches wird die Blechronde auf den
Blechhalterring a gelegt und der Schieber b mit der eingebauten Matrize
darübergeschoben. In der Arbeitsstellung wird der Schieber durch einen
Federstifthebel e arretiert. Die Spalthöhe wird dann an der Skala des
Gewinderinges bei c eingestellt und die gewünschte Ziehgeschwindigkeit

mit dem Steuerhebel an der linken Seite in Abb. 153 geregelt. Das linke Handrad öffnet das Ziehstößelventil, das rechte dasjenige des Blechhalters. Die Blechronde wird beim Versuch durch die Matrize hindurchgezogen, zum Näpfchen geformt und dann selbsttätig vom Ziehstempel abgehoben, so daß es leicht der Maschine entnommen werden kann. Reißt das Näpfchen während des Versuches ein, so daß es also lediglich bis zu einer Hutform gezogen wurde, so wird der Ziehdorn durch einen besonderen Rückzug aus dem Näpfchen herausgezogen, wodurch die Probe ebenfalls leicht dem Gerät entnommen werden kann. Abb. 155 zeigt einige auf diesem Gerät hergestellte Napfzüge, und zwar von links nach rechts mit zunehmendem Blechhalterdruck mit der Anzeige bei q. Wird nach Werkzeugaustausch dieses Gerät für den Einbeulversuch eingesetzt, so kann der für die Beurteilung der Blech-

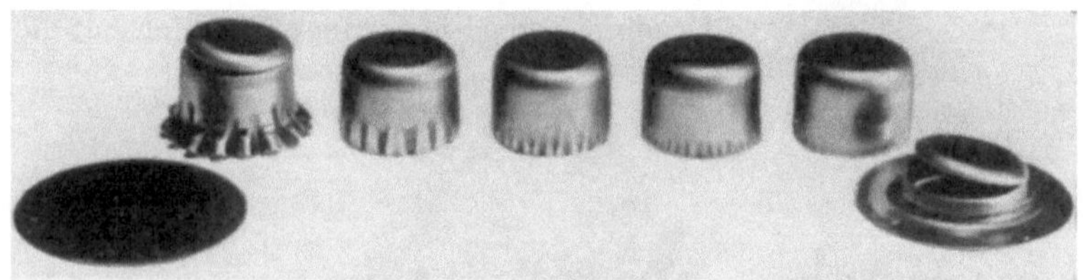

Abb. 155. Unter zunehmendem Blechhalterdruck auf dem Gerät zu Abb. 153/154 gezogene Näpfe gleichen Zuschnittes.

güte maßgebende Beginn des Anreißens auf der gut sichtbaren Probenoberfläche selbst oder am Abfall der Manometeranzeige bei p beobachtet werden. Beim Auftreten des Anrisses wird der Steuerhebel in die Ruhestellung zurückgelegt und die Tiefung an dem nun stillstehenden Zeiger der Tiefungsskala bei t abgelesen. Neben diesen selbsttätigen Geräten bestehen eine Reihe Prüfeinrichtungen dieser Art als Zubehör zu Materialprüfmaschinen. Solche wurden beispielsweise von den Firmen Schuler A.-G.[1] und Amsler schon früher hergestellt, und neuerdings sind weitere von SCHMIDT[2], BEISSWÄNGER[3] und GÜTH[4] bekanntgeworden.

4.53 Schlag-Napfzugverfahren mit anschließender Napfaufweitung.

Eine wesentliche Abwandlung des Napfzuges ist das von PETRASCH entwickelte Schlag-Napfzugverfahren[5] mit anschließender Napfaufweitung. Dieses neue Verfahren ist dem Betriebsverfahren des Tiefziehens

---

[1] Siehe Schuler-Taschenbuch 1937 S. 98 Abb. 45.

[2] SCHMIDT, M.: Die Prüfung von Tiefziehblech. Arch. Eisenhüttenw. Bd. 3 (1929) S. 213—222.

[3] Mitt. Forsch.-Ges. Blechverarb. Nr. 2/3 v. 1. 2. 1953 S. 18.

[4] GÜTH: Dreiachsig gemessene örtliche Formänderung des Tiefziehens und Einbeultiefens. Technik Bd. 6 (1951) Nr. 9 S. 397—405.

[5] PETRASCH, W.: Schlagtiefziehprüfverfahren mit anschließender Aufweitprobe. Mitt. Forsch.-Ges. Blechverarb. Nr. 17 v. 1. 9. 1951 S. 209—211.

unter Fallhammerpressen[1], wie es in USA in den letzten Jahren stark verbreitet ist und wohl auch in Deutschland an Bedeutung gewinnen wird, außerordentlich betriebsnahe. Daher ist bei den besonderen eigenartigen Werkstoffbeanspruchungen des Fallhammerziehens, das sicher noch eine Zukunft haben wird, auch dieses Prüfverfahren interessant. Ob allerdings darüber hinaus das Schlagtiefziehprüfverfahren die bisher bekannten Verfahren, insbesondere die Einbeulprobe und das Napfzugverfahren, verdrängen wird, ist zunächst nicht anzunehmen. Erstens fehlt es noch an ausgedehnten Vergleichsversuchen, bei denen dieses Verfahren anderen und den Ergebnissen des Betriebes gegenübergestellt wurde. Zweitens ist es in seiner Handhabung nicht so einfach wie die beiden genannten und vorher beschriebenen Verfahren. Dieser letzte Punkt ist leider von so ausschlaggebender Bedeutung für den Betrieb, daß selbst ein in der Gütestufung empfindlicheres und im Ergebnis zuverlässigeres Verfahren daran scheitert.

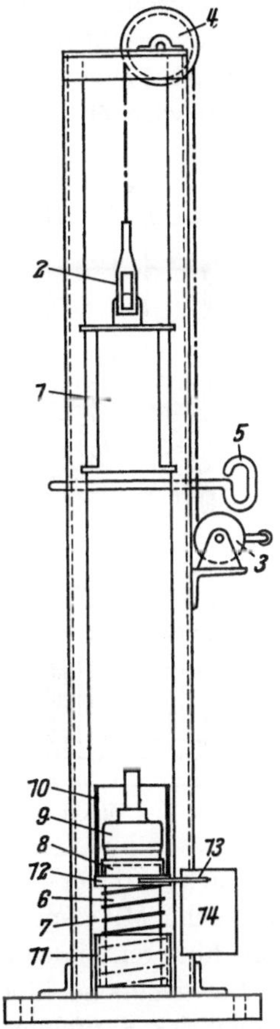

Der Aufbau der Prüfvorrichtung Abb. 156 ist derart, daß der Fallbär *1* von der Halte- und Ausklinkvorrichtung *2* gehalten und durch die Seilwinde *3* über das Rollenlager *4* in die Ausgangslage gebracht wird. Der Bolzen *5* hindert den Fallbären am unbeabsichtigten Herunterfallen. Das Ziehgerät *9* (Ziehring, Ziehstempel und Blechhalter) sitzt als besonderes Teil auf der Schabotte *6*, die von der schraubigen Meßfeder *7* umgeben und durch den Federvorspannring *9* unter leichtem Druck gehalten wird.

Abb. 156. Schlagnapfprüfer.

Nachdem der Blechzuschnitt zentrisch zwischen Niederhalter und Ziehring unter mäßigem Druck eingespannt ist, werden der Ziehstempel in die Führung des Blechhalters auf den Blechzuschnitt, das so vorbereitete Ziehgerät auf die Schabotte und die Hülse um das Ziehgerät auf den Ring gesetzt (Abb. 157). Dann wird der Fallbär auf eine der Blechdicke entsprechende Höhe gebracht und der Sperrbolzen *5* entfernt. Durch Zug an einer Reißleine stürzt der Fallbär nach unten, trifft auf den Ziehstempel, der aus dem Blechzuschnitt das Näpfchen so zieht (Abb. 158), daß die ganze Ronde zum Näpfchen verformt wird,

---

[1] SACHS: Sheet-Metal-Fabricating, Kap. V: Drop hammer forming S. 401—418. New York 1951.

und gibt über die Hülse *10* die Restenergie an die Meßfeder *7* zur Registrierung weiter. Die Hülse *11* verhindert das Stauchen der Feder *7* bei möglichem Durchschlagen des Ziehstempels, so daß die Feder nur im elastischen Bereich beansprucht wird. Mit dem Ring *12* ist die Schreibvorrichtung *13* verbunden, von der der Federweg auf dem Meßblatt *14* vermerkt wird. Ziehstempel und anhaftendes Näpfchen sind inzwischen in die Bohrung der Schabotte gefallen. Die Bedenken, daß die Ronden bei der ungewöhnlich hohen Ziehgeschwindigkeit bis zu 6 m/sec (Fallhöhe 2 m) vom Ziehstempel durchschlagen würden, der Werkstoff

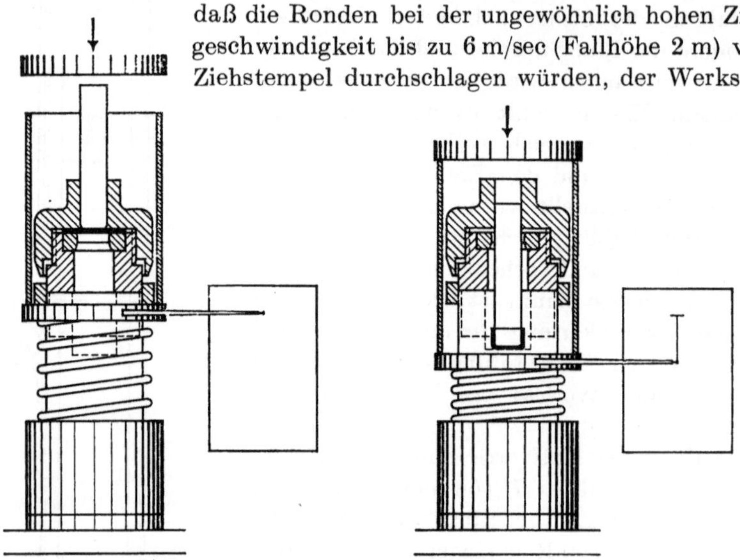

Abb. 157, 158. Gerät Abb. 156 vor und nach dem Napfzug.

also nicht mit derselben Geschwindigkeit nachfließen könne, bestätigten sich nicht. Mit dem Schlag-Tiefziehverfahren wurden nahezu 1000 Näpfchen hintereinander ohne Nacharbeiten der Werkzeuge gezogen.

Die gegebene kinetische Energie des Fallbären *1* dient somit zum Ziehen des Näpfchens von einer Form, die durch die Lage der Hülse *10* gleichgehalten wird und wobei eine von der Blechsorte abhängende Formänderungsarbeit aufgewandt wird. Nicht diese Formänderungsarbeit wird unmittelbar gemessen, sondern nur die restliche kinetische Energie des Fallbären, welche Meßfeder *7* zusammendrückt, und aus welcher sich die geleistete Formänderungsarbeit einfach errechnen läßt.

Das Verfahren läßt sich dadurch vereinfachen, daß das Rondenstanzen und Näpfchenziehen in einem Arbeitsgang ausgeführt wird. Das Gerät ist dann so zu konstruieren, daß der Blechhalter gleichzeitig als Schnittwerkzeug arbeiten kann, also als Schnittzug[1] auszubilden.

---

[1] OEHLER-KAISER: Schnitt-, Stanz- und Ziehwerkzeuge S. 199, 209 Abb. 185, 186, 190. Berlin 1949.

Der von der Schreibvorrichtung festgehaltene Ausschlag der Feder
wird an Hand einer Federeichkurve in mkg umgerechnet. Dieser Arbeitsüberschuß wird von der Gesamtarbeit in Abzug gebracht, auf das
Volumen des Blechzuschnitts umgerechnet und die Endgröße in mkg/cm³
ausgedrückt. Dieser Größe kann man die Bezeichnung „spezifische Tiefzieharbeit" geben. Ein kleines Rechengerät in Form übereinandergelegter
Tabellen ermöglicht die mühelose
Bestimmung dieser Größen.

An sich genügen die Ergebnisse
des hier beschriebenen Schlag-Tiefziehverfahrens für die Feststellung
der Tiefziehfähigkeit beim ersten
Zug. Wenn im Anschluß daran u. a.
auch noch die Aufweitprobe durchgeführt wird, so nur deshalb, um
die Verhältnisse bei der Umformung
nach vorausgegangener Kaltverfestigung kennenzulernen. Die Aufweitprobe wurde als Umformungsvorgang gewählt, weil sie die beim Ziehen
ausgelösten qualitätsmindernden
Effekte schneller erkennbar macht
als der Weiterschlag.

Der Aufweitvorgang am oberen
Zargenrand (im Gegensatz zur im
nächsten Abschnitt beschriebenen
Lochaufweitprobe nach Siebel-
Pomp) verläuft in genau entgegengesetzter Richtung zum Ziehvorgang,
beginnt also am Rand, wo sich normalerweise bei alterungsanfälligem
Blech die ersten Risse zeigen. Für

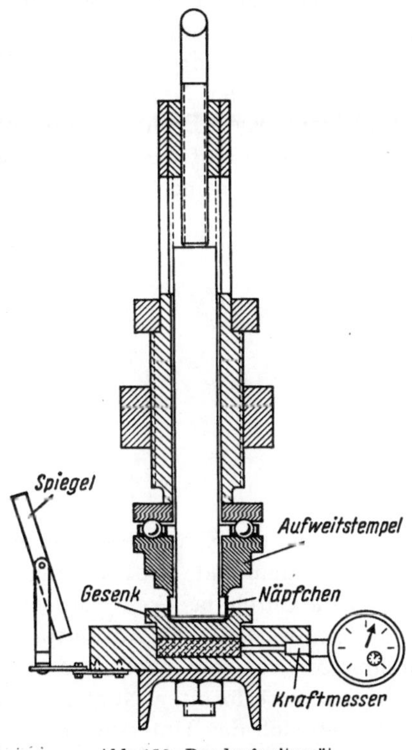

Abb. 159. Randaufweitgerät.

die Beurteilung der Alterungseinflüsse[1] hinsichtlich Dauer, Temperatur,
Werkstoff und Umformgrad kann dieses Aufweitzusatzgerät wertvolle
Aufschlüsse geben. Die Untersuchungen ergaben, daß ein unmittelbarer
qualitativer Zusammenhang der Aufweitprobe mit dem Werkstoffverhalten in der Praxis besteht, da die Werkstoffproben, die beim Aufweiten ungünstig lagen, auch zu Fehlern in der Fertigung führten.

Das für die Aufweitprobe besonders entwickelte Gerät ist in Abb. 159
dargestellt.

---

[1] Alterungsanfälligkeit kann auch durch die Biegeprüfungen nach Eisenkolb
oder Ziegler ermittelt werden. Siehe S. 171 und 217 dieses Buches. Siehe ferner die
kombinierten Verfahren von Kayseler oder Eisenkolb zu S. 162 dieses Buches.

Die mit dem Schlag-Tiefziehgerät gezogenen Näpfchen werden zwecks Beseitigung der durch Anisotropie bedingten Zipfel und des angestauchten Randes, ferner zur Herstellung eines einheitlichen Umformungsgrades und eines gleichmäßigen Werkzeuggriffes bei der Aufweitung auf ein festgelegtes Maß abgedreht. Das aufzuweitende Näpfchen wird in das Gesenk gesetzt, wenn Druckspindel und Bodenhalter hochgeschraubt sind. Der Bodenhalter wird dann niedergelassen und bis zu einem geringen Vordruck, der am Kraftmesser ersichtlich ist, angezogen. Sodann wird der Aufweitstempel durch die Druckspindel in die Tieflage bis zum Anschlag an den Näpfchenrand gebracht. Der Bördelvorgang wird unter gleichmäßiger Drehbewegung der Druckspindel eingeleitet und weitergeführt. Die Aufweitprobe ist beendet, sobald sich der erste Anriß am Näpfchenrand bemerkbar macht. Der Anriß wird durch Stillstand

Abb. 160. Mit dem Gerät zu Abb. 159 geweitete Näpfe.

und Rückgang des Kraftmessers angezeigt. Es hat sich jedoch erwiesen, daß eine gleichlaufende Beobachtung des Näpfchenrandes von Vorteil ist, wozu für die durch das Gerät verdeckte Seite der drehbare Spiegel dient.

Als Kennwert für die Aufweitprobe dient der Unterschied zwischen Durchmesser vor und nach dem Aufweiten, bezogen auf den Durchmesser des unverformten Näpfchens. In Abb. 160 ist zu erkennen, wie verschieden sich das Untersuchungsmaterial verhalten hat. Das rechte Näpfchen ist sofort beim Einspannen bzw. leichtem Anziehen der Druckspindel angerissen; beim linken Näpfchen gingen den verschiedenen Anrissen Einschnürungen voraus, wie sie von Zerreißversuchen bekannt sind. Die Erscheinung der sofortigen Rißbildung kann verglichen werden mit dem Auftreten von Rissen in der Fertigung bei alterungsempfindlichen Blechen.

4.54 Lochaufweitungsverfahren.

Das Lochaufweitungsverfahren nach SIEBEL und POMP[1] — allgemein als Aufweitprobe bekannt — entspricht dem Einbeulversuch bei zylindrischem Stempel, wobei die quadratisch zugeschnittene Werkstoffprobe,

---

[1] SIEBEL, E., u. A. POMP: Ein neues Prüfverfahren für Feinbleche. Mitt. K.-Wilh.-Inst. Eisenforschg. Bd. 11 (1929) S. 287—291.

die in der Mitte eine nach Vorschrift genau bearbeitete Bohrung des Durchmessers d_0 aufweist, in eine dem ERICHSEN-Apparat ähnliche Vorrichtung gemäß Abb. 161 eingespannt wird.

Dieser Bohrungsdurchmesser d_0 ist etwa ein Drittel so groß wie der Stempeldurchmesser D. Die Stempeldruckfläche ist im Gegensatz zum Einbeulversuch eben. Beim Eindringen des Stempels in den Werkstoff entsteht einmal in der Probe eine Tiefung t, und ferner erfährt die mittlere Bohrung eine Vergrößerung, die sogenannte Aufweitung. Bei fortschreitender Beanspruchung werden

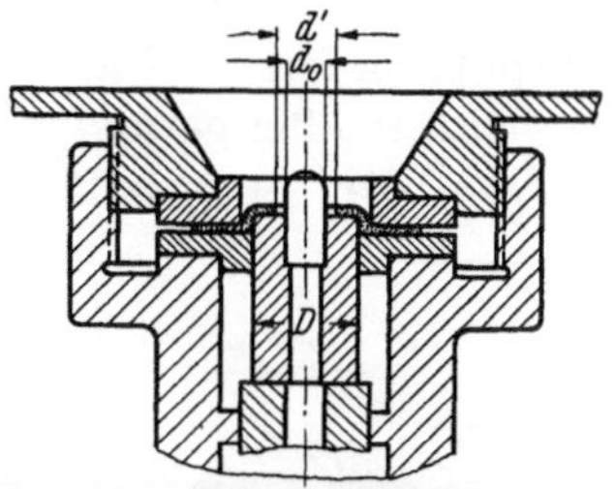

Abb. 161. Aufweitungsversuchsgerät nach SIEBEL-POMP.

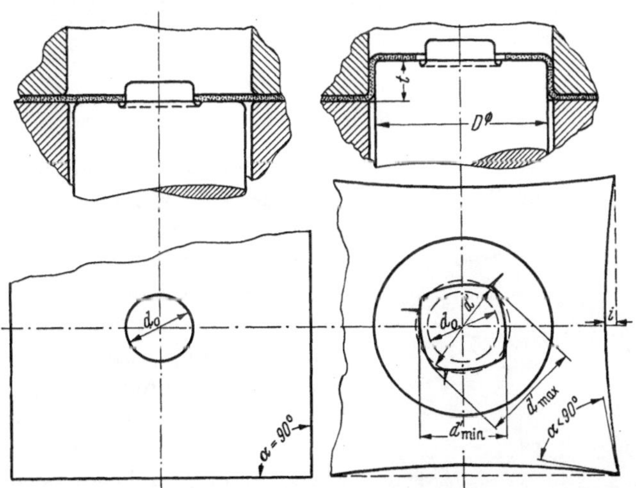

Abb. 162. Aufweitungsprobe nach SIEBEL-POMP.

schließlich an der Aufweitung radial verlaufende Risse sichtbar. In diesem Augenblick gilt die Prüfung als beendet. Der bei Eintreten dieser Rißbildung vorhandene Durchmesser d' der Aufweitung ist als Kriterium für die Tiefziehgüte zu werten.

Abb. 162 zeigt links ein Probeblech vor und rechts nach dem Aufweitungszug. In Abb. 163 ist ein fertiger Prüfling aus überglühtem Stahlblech sichtbar mit der typischen Apfelsinen-

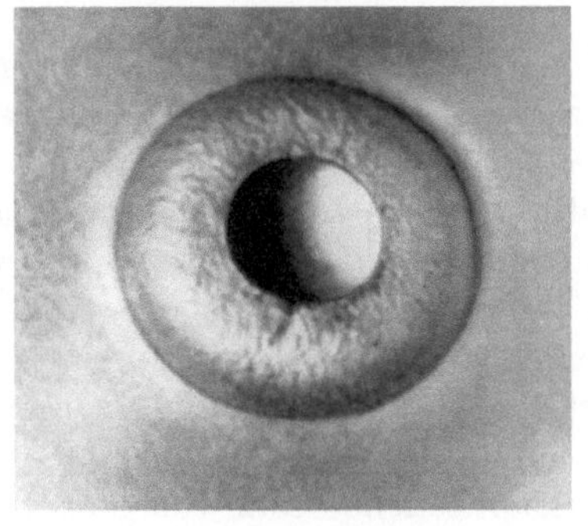

Abb. 163. Aufweitprüfling.

hautoberfläche, wie sie an überglühten Blechen nach der Umformung erscheint und worauf unter S. 23 dieses Buches bereits hingewiesen wurde. Im Gegensatz hierzu zeigt Abb. 164 drei Stahlblechaufweitungsproben mit sehr feinem Korn in der Umgebung des Aufweitungsloches und ein verhältnismäßig geringfügiges anisotropes Verhalten. Diese Proben wurden auf dem in Abb. 151 und 152 dargestellten Gerät gedrückt.

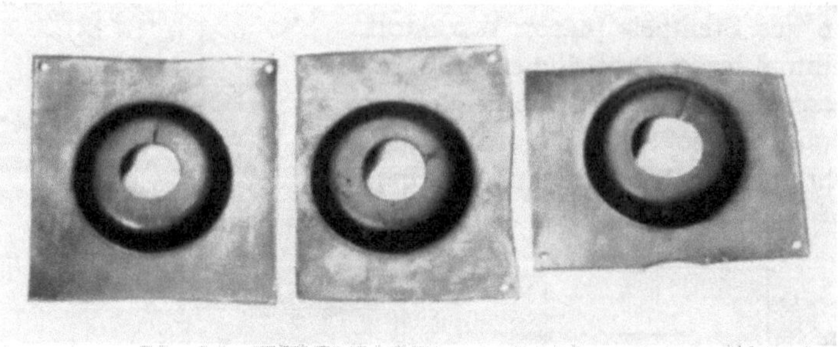

Abb. 164. Auf dem Gerät zu Abb. 163 gedrückte Aufweitungsproben.

Die Aufweitung vollzieht sich nicht gleichmäßig; sie bildet keinen mathematisch runden Kreis des Durchmessers d', wie er in Abb. 162

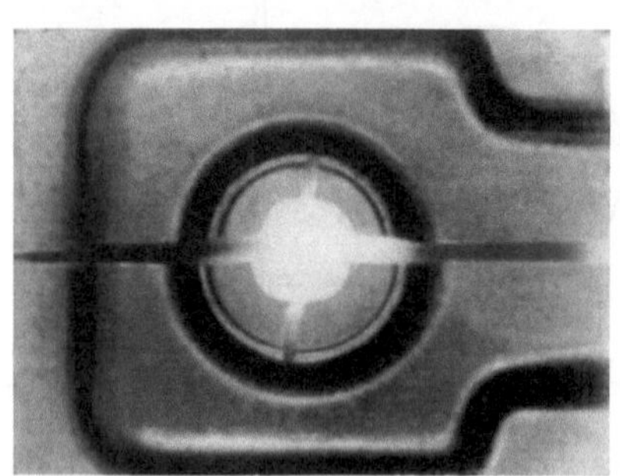

Abb. 165. Anisotrope Lochverzerrung.

gestrichelt eingezeichnet ist. Vielmehr wirkt sich die Ausweitung als unregelmäßiger, geschlossener Linienzug aus mit einem kleinsten Durchmesser d'_{min} und einem größten d'_{max}. Die Unregelmäßigkeit der Lochaufweitung ist in Abb. 162 rechts unten übertrieben dargestellt. Immerhin lassen sich d_{min} und d_{max} wahrnehmen und sind meßtechnisch verschieden. Abb. 165 zeigt an einem mittig aufgeschnittenen Blechteil ähnlicher Umformung deutlich diese anisotrope Lochverzerrung. Eine Auswertung dieses Unterschiedes ist allerdings nur zulässig, wenn die Proben runden und nicht quadratischen Zuschnittes sind. Nach dem Ziehen quadratischer Zuschnitte stellt sich nämlich eine Einbuchtung an den Seitenmitten um das Maß i ein, dessen Größe von der Dehnung des Werkstoffes abhängig ist. Da dort die Entfernung des Randes von der Tiefungsziehkante kleiner ist als an den Ecken, so wird dort der Werkstoff leichter eingezogen als von den Ecken aus, wo infolge der ausspringenden Eckenform der Widerstand gegen das Einziehen der Werkstoffteilchen sehr viel größer ist. Der Eckenwinkel α, der vor dem Zug 90° betrug, ist nach dem Zug kleiner geworden. Das ungleichmäßige

Einziehen des Werkstoffes macht sich selbstverständlich auch in der Aufweitungsform geltend. Es sollten daher nach Möglichkeit runde Zuschnitte zur Aufweitprobe verwendet werden. Dann ist folgende Auswertung möglich und erfolgreich, wobei wir drei Kriterien betrachten, die das Gütemaß g in mm der Aufweitungsprobe dreifach bestimmen:

1. Tiefung t in mm,
2. Aufweitung d'/d_0, wobei $d'=$ mittlerer Aufweitdurchmesser mit $0{,}5\,(d'_{max} + d'_{min})$,
3. Ungleichförmigkeitsgrad $d(_{max} - d_{min})/d'$.

Je größer Aufweitung und Tiefung, aber geringer die den Ungleichförmigkeitsgrad bestimmende Anisotropie ist, um so geeigneter ist das Blech zum Umformen. Daher sind zur 3fachen Bestimmung des Gütegrades g Tiefung und Aufweitung im Zähler, der Ungleichförmigkeitsgrad im Nenner unterzubringen.

$$g = \frac{t\,d'\,d'}{d_0\,(d_{max} - d_{min})}$$

$$= \frac{t\,(d_{max} + d_{min})^2}{4 \cdot d_0\,(d_{max} - d_{min})}.$$

Untersuchungen des Verfassers haben ergeben, daß die Versuche an Aufweitproben mit kreisrunden Zuschnitten die zuverlässigste Beurteilung gestatten, was in längeren Versuchsreihen an Teilen, die im Betrieb für verschiedene Formen aus den gleichen Versuchsblechen ziehtechnisch verarbeitet wurden und wobei die Prüfungen dieser Werkstoffe mittels Zerreißprobe, Faltversuch, Hin- und Herbiegeprobe, Einbeul- und Napfversuch gegenübergestellt wurden[1].

4.55 Streckziehprüfung.

Das Streckziehen hat sich seit mehr als zwanzig Jahren in zunehmendem Umfang in der Fertigung großer flacher Ziehteile eingeführt. Es besteht darin, daß das Blech am Rande durch Spannzangen gehalten und über einen Stempel gezogen wird[2]. Diese Bearbeitungsmethode wird dort angewendet, wo von einer bestimmten Form nicht gar zu große Mengen hergestellt werden, so daß sich teure Ziehwerkzeuge aus Gußeisen oder Stahl, bestehend aus Stempel, Ziehring und Blechhalter, nicht lohnen. Hölzerne, teilweise eisenbeschlagene Stempel genügen. Die Herstellung der Blechteile erfordert allerdings einen erheblich größeren Zeitaufwand als unter normalen Ziehpressen und außerdem eine nicht unbeachtliche Geschicklichkeit des Arbeiters. Für die Herstellung von Karosserieteilen sowie größeren Verschalungsblechen für den Flugzeugbau ist dieses Verfahren von besonderer Bedeutung.

---

[1] OEHLER: Beseitigung des Ausschusses beim Ziehen von Hohlkörpern S. 77. Berlin 1938.

[2] OEHLER: Gestaltung gezogener Blechteile S. 74—80. Berlin 1951.

GÜTH[1] hat für diese Zwecke ein sehr betriebsnahes Verfahren entwickelt. Ein etwa 500 mm langer und 90 mm breiter Blechstreifen wird hufeisenförmig vorgebogen und an beiden Enden in ein Doppelklemmfutter mit zwei Spannexzenterhebeln auf den Unterteil einer Zerreiß-

Abb. 166, 167. Streckziehversuch mit Formrolle.

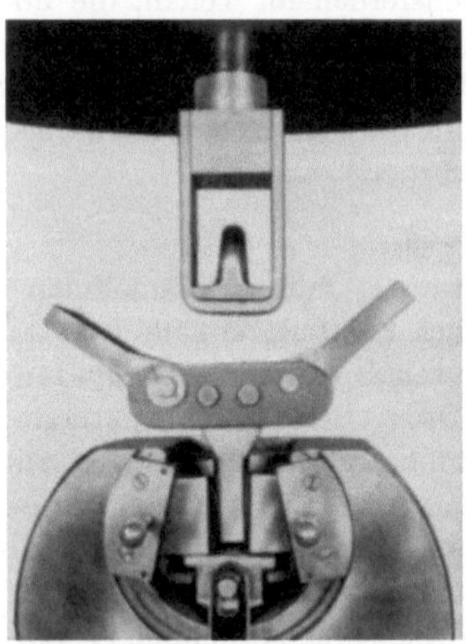

Abb. 168, 169. Streckziehversuch mit Formklotz.

maschine eingespannt. Abb. 166 bis 169 zeigen unten eine derartige Einspannvorrichtung, und zwar Abb. 166, 168 offen, Abb. 167, 169 mit

[1] GÜTH, H.: Ein neues Streckziehprüfgerät. Metallwirtsch. Bd. 20 (1941) Heft 3 S. 55—58. — PATTERSON, W.: Streckziehfähigkeit der Al–Mg-Legierungen. Metallwirtsch. Bd. 21 (1942) Heft 29/30 S. 429—431.

eingespannten Enden der Probe. Der mittlere Teil des hufeisenförmig gebogenen Probestreifens liegt in der gabelförmigen Einspannung des Oberteiles über einer Formrolle (Abb. 166, 167) oder einem Formstempel (Abb. 168, 169). Beim Hochgang des Oberteiles der Materialprüfmaschine entsprechend dem Streckziehvorgang wird im Probestreifen ein muldenförmiger Eindruck erzeugt. Die Zugbeanspruchung wird so lange fortgesetzt, bis sich gemäß Abb. 167 und 169 im Probestreifen Risse bilden. Die Prüfung gilt dann als beendet, und die dabei erzielte Breite der Tiefung ist das Maß für die Eignung des Werkstoffes. Formrolle und Formstempel sind austauschbar, so daß verschiedene Formklötze und Rollenprofile für die Prüfung gewählt werden können. Es läßt sich daher dem jeweiligen Verwendungszweck entsprechend die Prüfung so betriebsnahe als möglich durchführen.

4.6 Schweißbarkeit und Festigkeit der Schweißnaht.

Für die Schweißbarkeit von Blechen sind eine Reihe von Prüfverfahren bekannt[1]. Verschiedene wurden von EISENKOLB[2] vorgeschlagen, darunter die Schweißnahttiefungsprobe nach 4.61 und ein Abkantversuch nach 4.44. Bei den Schweißbarkeitsproben kommt es aber nicht nur auf eine Prüfung der Schweißnaht selbst und den Vergleich des Ergebnisses mit dem Ursprungswerkstoff an. Außerdem ist in einem Abstand von 2 bis 5 cm je nach Stärke von Blech und Schweißnaht parallel zu ihr eine warmspröde Zone geringer Dehnung und Umformfähigkeit vorhanden. So reißen oft dort Eisenfässer beim Ausbauchen aus, während die Schweißnaht unversehrt bleibt. Auch dieser Bereich sollte daher besonders beachtet und geprüft werden.

4.61 Schweißnahttiefungsversuch.

Auf der Mittellinie eines 90 mm breiten Versuchsstreifens wird von Hand mit einem der Blechdicke angepaßten Kleinschweißbrenner ohne Zusatzwerkstoff eine Naht geschweißt derart, daß bei dünnen Blechen dort der gesamte Querschnitt umgeschmolzen wird. Ergeben die später dort ausgeführten Einbeultiefungen Tiefungswerte von 90 % des Ursprungsmaterials, so ist der Werkstoff als *„sehr gut"* schweißbar zu bezeichnen. Als *„gut"* schweißbar werden Bleche bewertet, deren Tiefung über der Schmelznaht mindestens 70 % des Ursprungsmaterials beträgt.

4.62 Schweißnahtbiegeversuch.

Zwei Blechbänder von 50 mm Breite und 200 mm Länge bilden gemäß Abb. 170 übereinandergelegt ein gleichseitiges, rechtwinkliges Kreuz.

---

[1] KRÄCHTER, H.: Erfahrungen bei der Überschallprüfung von Schweißnähten. Stahl u. Eisen Bd. 73 (1953) Nr. 5 S. 279—283.

[2] EISENKOLB, F.: Schweißbarkeit von Feinblechen und ihre Prüfung. Stahl u. Eisen Bd. 63 (1943) S. 553—558. — Prüfen von Feinblechen S. 69—75.

Die Verbindung dieser zwei Bandstücke zum Kreuz erfolgt durch vier
Kehlnähte, von denen nur eine in Abb. 170 sichtbar, die anderen drei

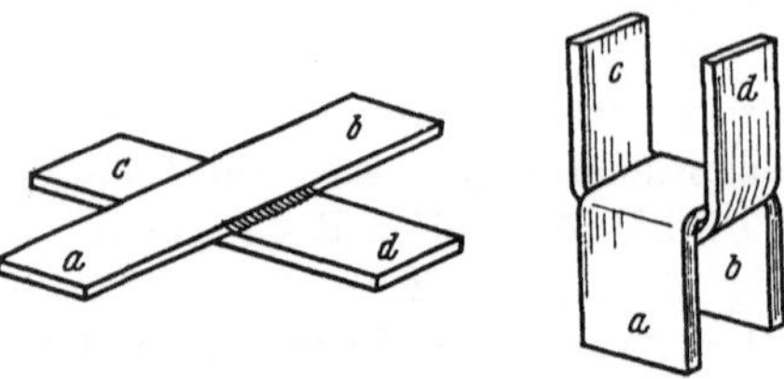

dort verdeckt sind. Gemäß
Abb. 171 werden die vier Kreuz-
lappen über dem doppelt verstärkten Mittenquadrat nach
der Schweißnahtseite hin rechtwinklig gebogen. Treten dabei
keine Risse auf, so ist die Probe
als brauchbar zu bezeichnen.
Der Versuch wird als Kreuzschweißprobe bezeichnet.

Abb. 170, 171. Kreuzschweißprobe vor und nach
dem Biegen.

Daneben sind aber auch andere Biegeversuche möglich. So erscheint
die Freibiegeprobe auf S. 173 durchaus dafür geeignet, desgleichen ein

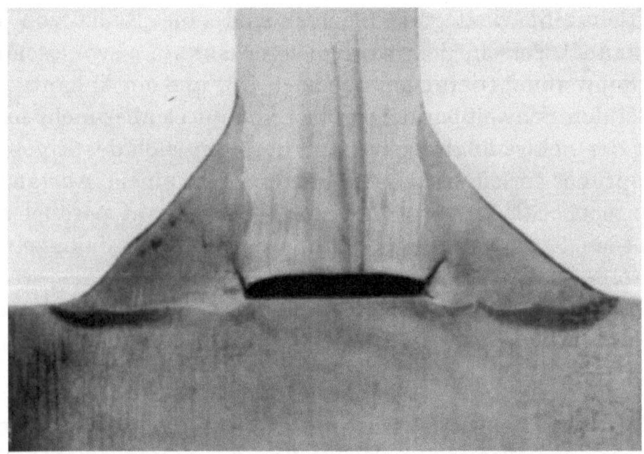

Abb. 172. Abspreizbiegeprobe mit Vorwärmung der Schweißnaht.

Biegen geschweißter Proben auf Rundbiege- oder Wangenprüfapparaten.
Doch fehlt es hier noch an einschlägigen Untersuchungen und Versuchs-
erfahrungen. Da diese Biegeproben eine nahezu unkontrollierbare Be-
anspruchung erreichen, so erscheint für Feinbleche die im folgenden
Abschnitt kurz erläuterte Schweißrissigkeitsprobe als zuverlässiger. Für
Grobbleche und Stahlbaukonstruktionen hingegen sind Abspreizbiege-
proben zur Ermittelung der zulässigen Grenzlast zweckvoll. Die in
Abb. 172 und 173 dargestellten Grobschliffe an Biegeproben über die
hohe Kante zeigen eine innere Auflockerung der Stoßfuge und den
Beginn der Zerstörung der Schweißnaht infolge der Biegebeanspruchung[1].

---

[1] Entnommen aus H. SCHMIDT: Aus der Schweißpraxis des Stahlbaus. Schneiden u. Schweißen Bd. 1 (1949) Heft 6 Abb. 14 u. 15 S. 92.

Während in Abb. 172 die Schweißraupe innig mit dem Grundmaterial verbunden bleibt und erst bei hoher Biegelast die Schweißnaht von der Innenkehle schräg nach außen gerichtet aufzureißen beginnt, hat sich bei der Schweißung nach Abb. 173 bereits bei geringerer Prüflast der Schweißraupenrand vom Untergrund abgelöst. Die Ursache der höheren

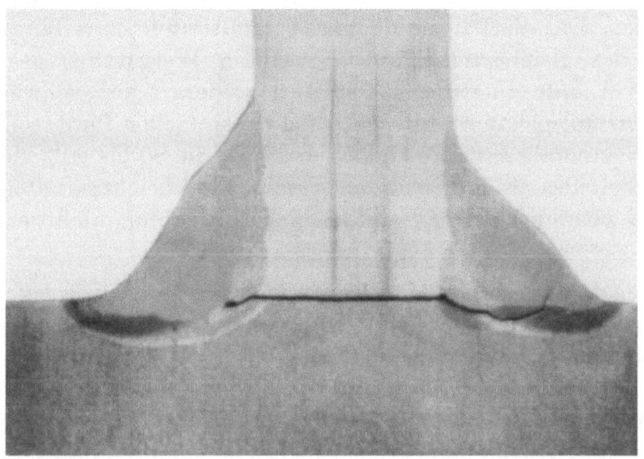

Abb. 173. Abspreizbiegeprobe ohne Vorwärmung der Schweißnaht.

Festigkeit der Probe nach Abb. 172 gegenüber der anderen ist in der dem Schweißen unmittelbar vorausgegangenen Vorerwärmung des Stahles zu suchen.

4.63 Punktschweißverbindung.

Besondere Verfahren sind noch nicht genormt bzw. fehlen Richtlinien zur Durchführung solcher Prüfungen. Es ist möglich, zwei durch Punktschweißen miteinander verbundene Bänder durch Eindrücken zweier Schneiden zwischen die Bleche voneinander abzuspalten bzw. zu trennen. Dieses Verfahren gestattet eine bequeme Messung der für den Spaltdruck erforderlichen Kraft, ist jedoch nur für Bleche bzw. Bänder einer Dicke von über 3 mm anwendbar. Eine andere Prüfmethode beruht darauf, daß zwei übereinandergelegte kurze Bänder von etwa 40 mm Breite von je 100 mm Länge in 20 mm Abstand von dem einen Ende punktgeschweißt werden. An der anderen Seite werden die Bänder um 90° kurz hinter der Schweißstelle jeweils nach außen abgebogen. Die beiden so voneinander entfernten Enden dieser abgebogenen Schenkel dienen als Einspannenden eines Zerreißstabes mit der waagerecht abgebogenen Punktschweißstelle in der Mitte zwischen den Einspannenden. Diese Prüfung kann als Flanschzugversuch im Gegensatz zum Scherzugversuch bezeichnet werden, wo zwei Bandstücke nur an den Enden übereinanderliegend dort punktgeschweißt

Oehler, Das Blech und seine Prüfung. 14

und mit ihren freien Enden in die Beißkeile der Zerreißmaschine eingespannt werden. Während des Zugversuches stellt sich die Probe an
der Schweißstelle etwas schräg bzw knickt dort ein. Je länger solche
Zerreißstäbe gewählt werden, um so geringer ist die Schrägabknickung.
Der Scherzugversuch kann auch mit mehrschichtig geschweißten Ver-
suchsstäben sowie mit verschieden angeordneten Schweißpunkten durchgeführt werden. Das Verhältnis der dabei ermittelten Zerreißkraft zur
Zerreißkraft des gleichartigen ungeschweißten Werkstoffes gestattet
einen guten Anhalt für die Konstruktion derartiger Schweißverbindungen. Für unlegierte Stahlbleche wird bei einfachen Punktschweiß-
nähten günstigstenfalls eine Festigkeit erreicht, die 80 bis 90% der Ur-
sprungsfestigkeit des Stahlbleches entspricht. Bei Leichtmetallblechen
werden diese Festigkeiten mit einfachen Punktnähten nicht erzielt[1].

4.64 Schweißrissigkeit.

Dieses von J. MÜLLER entwickelte Verfahren[2] hat den Zweck, Feinbleche daraufhin zu untersuchen, ob sich neben der Schweißnaht Risse
bilden. Diese Fehlererscheinung wächst mit abnehmender Blechdicke,
jedoch zunehmendem Kohlenstoff- und Schwefelgehalt. In dem dafür
entwickelten Prüfgerät werden nebeneinander zwei Blechstreifen von
50 mm Breite und 75 mm Länge fest eingespannt derart, daß zwischen
beiden Streifen ein Zwischenraum entsprechend der jeweiligen Blechdicke offen bleibt, der durch autogene Schweißung mit dem für diesen
Werkstoff in Frage kommenden Zusatzdraht geschlossen wird. Nach
dem Abkühlen können sich infolge Schrumpfspannungen Risse neben
der Schweißnaht bilden. Ebenso lassen sich nach dem Herausnehmen
der Streifen aus dem Gerät die Schweißnähte ausbrechen und Anlauf-
färbungen feststellen, die durch in die Risse eingedrungenen Luftsauer-
stoff entstehen. Wichtige Schlüsse auf die Eignung von Blechen für bestimmte Schweißkonstruktionen werden mit diesem Gerät auch dort gezogen, wo dünne Bleche mit viel dickeren durch Schweißung verbunden
werden, da dort eine besondere Neigung zur Schweißrissigkeit[3] besteht.

4.65 Zyglo-Verfahren.

Das Zyglo-Verfahren[4] der Magnaflux-Corp. Chicago hat mehr für
Schweißnahtuntersuchungen als für Emailprüfungen Bedeutung und

---

[1] GÖNNER, O.: Einfache Prüfverfahren für Punktschweißverbindungen. Ind.
Anz. Bd. 75 (1943) Nr. 21 S. 257—260.

[2] MÜLLER, J.: Schweißbarkeit von Stählen höherer Festigkeit unter besonderer
Berücksichtigung der Schweißrissigkeit. Luftf -Forschg. Bd. 11 (1934) S. 93—103.

[3] ZEYEN u. LOHMANN: Schweißen der Eisenwerkstoffe S. 142—151. Düsseldorf 1948.—KOCH u. NAGEL: Schweißrissigkeit bei Leichtmetallblechen. Schweißen
u. Schneiden Bd. 4 (1952) Heft 10 S. 347—356.

[4] Siehe hierzu: UPSON, F.: Magnaflux inspection of welded storage tanks.
Welding Journal Januar 1950. — CATLIN, F.: Fluorescent method detects leaks
in process vessels. Chem. metall. Engng. August 1943.

ist neben dem auf S. 248 beschriebenen Röntgen-Makroverfahren beachtenswert. Es beruht auf den gleichen elektrostatischen Pulveraufladungen und physikalischen Gesetzen, wie sie bereits bei dem auf S. 119 geschilderten Statiflux-Verfahren geschildert sind. Auch hier wird eine besonders für das Eindringen in Risse auf Grund der Kappillarwirkung geeignete Flüssigkeit verwendet, die zumeist aufgespritzt wird. Nur bei kleinen Gegenständen ist Tauchen möglich. In einem besonderen Spülmittel werden die Gegenstände dann gespült, doch kann an Stelle desselben auch mit Wasser gespült werden. Hierdurch

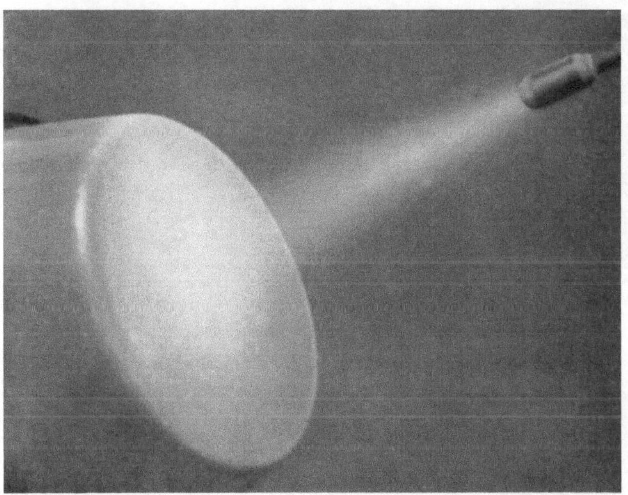

Abb. 174. Besprühen eines Blechteiles nach dem Statiflux- oder Zyglo-Verfahren.

wird die Sichtbarmachung der Fehlstellen nicht allzusehr beeinträchtigt. Wie bei der Statiflux-Methode wird auch hier oberflächlich getrocknet mittels Abwischen oder besser, durch Überblasen warmer Luft. Kleinere Gegenstände werden nach dem Trocknen in einen Behälter mit Pulver so gelegt und darin hin und her bewegt, daß die interessierenden Oberflächen mit dem Pulver in innige Berührung kommen. Größere Gegenstände und Schweißkonstruktionen müssen gemäß Abb. 174 mit Pulver angeblasen werden. In einem dunklen Raum oder unter einem verdunkelnden Vorhang werden die zu untersuchenden und aus dem Pulverbehälter herausgenommenen Teile meist mittels einer Handlampe mit sogenanntem schwarzen Licht angestrahlt, worunter ultraviolette Strahlen einer Intensität von 3200 bis 4000 Ångström verstanden werden[1]. In dem dunklen Raum treten dann an den zu untersuchenden

---

[1] MARKEY, S.: Black light for weld inspection. Issue of modern machine shop. Oktober 1946.

Gegenständen, wie beispielsweise an einem Ziehteil nach Abb. 175, die Risse als gelbgrüne fluoreszierende Linien hervor. Der Helligkeitsgrad

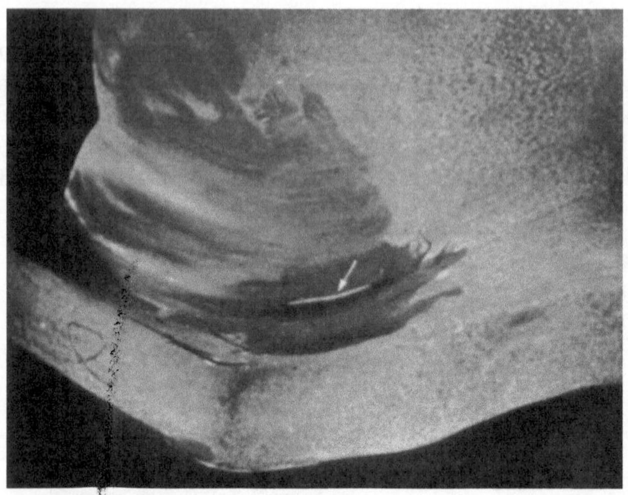

Abb. 175.. Hervortreten eines Risses im schwarzen Licht.

Abb. 176. Die weißen Stellen weisen im schwarzen Licht Schweißfehler nach.

und die Deutlichkeit in der Abzeichnung gestatten Rückschlüsse auf die Rißtiefe. Das ist bei Schweißnähten insofern wichtig, als oft harmlos erscheinende Risse, die als unverdächtig gelten, doch ziemlich tief

bis auf den Grund der Schweißnaht hinunterreichen, während umgekehrt Kerblinien, wie sie an den Schweißnahträndern sich zuweilen sehr deutlich abzeichnen und Bedenken rechtfertigen, sich nach einer solchen Prüfung als belanglos herausstellen. So zeigt Abb. 176 mehrere helleuchtende Stellen an den durch Pfeile hervorgehobenen weißen Flecken auf den Schweißraupen, desgleichen Abb. 177 eine derartige Kontrolle unter Benutzung einer Handlampe für Schwarzlicht. Freilich werden nach dem Zyglo-Verfahren unter der Oberfläche im Schweißnahtgrund liegende Fehler nicht offenbart. Hier wird die Röntgenphotographie diesem Verfahren überlegen bleiben. Inwieweit hier eine Verbindung des Zyglo-Verfahrens mit dem Magnalo- oder anderen Verfahren der Magnaflux-

Abb. 177. Nachweis von Schweißnahtfehlern durch Abstrahlen unter schwarzem Licht mittels Handlampe.

Corp. gelingen wird, die auch innere, völlig verdeckt liegende und nach außen völlig abgeschlossene Fehlstellen nachzuweisen vermögen, bleibt abzuwarten[1].

4.7 Dauerfestigkeit.

Viele neuzeitliche Zerreiß- und Universalwerkstoffprüfmaschinen sind mit Pulsator- oder Vibrationseinrichtungen zusätzlich ausgerüstet. Hier werden nicht nur Bleche sondern Blechverbindungen jeder Art, so beispielsweise die Probekörper der Niet-, Schweiß-, Löt- und Klebefügeverfahren untersucht. Neben diesen Zusatzgeräten sowie Vielzweck-Dauerfestigkeitsprüfmaschinen bestehen Einzelgeräte, die nur für einen ganz bestimmten Zweck eingesetzt werden.

In der großen Forschungsanstalt der Chrysler-Werke in Detroit sind eine ganze Reihe Vibrationsprüfstände für zusammengeschweißte oder montierte Blechteile, wie z. B. Rahmen, Hinterachse, Federaufhängbügel usw. vorhanden, und teilweise in stetigem Betrieb. Diese Schwingungen, deren Frequenz im Bereich von 200 bis 1500 min⁻¹

---

[1] Verwiesen sei hier auf das im Eigenverlag der Magnaflux-Corp. Chicago 31, Illinois, 1951 erschienene Buch DOANE, F., u. C. BETZ: Principles of Magnaflux.

stufenlos regelbar ist, werden rein mechanisch und weder hydraulisch
noch magnetisch erzeugt.

Im South-Building des US National bureau of Standards in Washington wurden Dauerbiegeproben an 25 mm breiten Blechstreifen, die
im Abstand von 50 mm beiderseits eingespannt sind, durchgeführt. Der
Blechstreifen ist in waagerechter Lage an einem Ende fest eingespannt,
am anderen Ende wird er senkrecht zu seiner Oberfläche mittels einer
Kurbel um 20 mm auf und ab bewegt bei einer Hubzahl von 1750 min^{-1}.
Dabei vermag die Pleuelstange Kräfte bis zu 25 kg zu übertragen. Das
Kurbel-Pleuelstangenverhältnis beträgt 1:15. Dieses Prüfverfahren wird
insbesondere für Bandfedern bzw. solche Bänder oder Bleche angewendet, die hart sind und einer intermittierenden Biegebeanspruchung

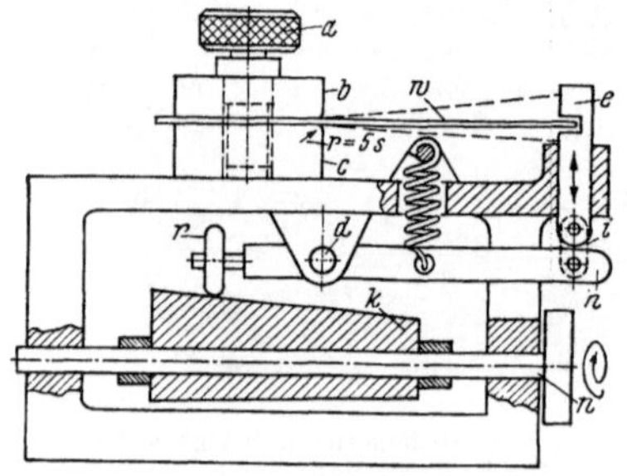

Abb. 178. Federbiegegerät nach
Siemens & Halske.

bei schnellem Lastwechsel unterliegen.
Eine Verbindung dieses Verfahrens
zur Untersuchung der Kerbfestigkeit
solcher bandförmiger Werkstücke ist
gewiß möglich, aber zunächst nicht
in Aussicht genommen.

Ein nur für Federn bestimmtes
Federbiegegerät wurde von der Firma
Siemens & Halske für den eigenen
Bedarf hergestellt und ist in Abb. 178
erläutert. Die Band- oder Blech-
probe w wird mittels zweier die Probe

seitlich umgebenden Rändelschrauben a zwischen den Backen b und c
einer einfachen Klemmvorrichtung eingespannt. Dabei liegt das äußere
Ende der Probe in der Aussparung des Stößels e. Dieser Stößel ist über
ein gelenkiges Zwischenglied i mit dem Schwenkhebel h verbunden.
Dieser Schwenkhebel ist um den Bolzen d drehbar gelagert und trägt
am anderen Ende eine Rolle r. Mittels einer Zugfeder f wird der Hebel
am Rollenende nach unten gegen einen schief durchbohrten Kegel k
gedrückt, der auf der Antriebswelle n festgeklemmt, aber auch wahlweise axial verschoben werden kann, um auf diese Weise die Größe
des Hubes des Stößels e zu verändern. Die Maschine ist so eingerichtet,
daß der die Antriebswelle n antreibende Motor nach 50 Drehzahlen von
selbst ausrückt. Es können auf diese Art und Weise auch Federermüdungs-
erscheinungen festgestellt werden, ebenso Brüche an der Einspannstelle
der Probe. Da diesbezügliche Norm- und Materialprüfvorschriften noch
nicht bekannt[1] sind, so ist das Interesse an derartigen Federprüfvorrich-
tungen nur bedingt. Immerhin können Vorrichtungen dieser Art gerade
beim Vergleich von Federbandwerkstoffen dem Betriebsleiter nützlich
sein. Es ist nicht immer nötig, eine Sondervorrichtung zu schaffen.

---

[1] Das Verfahren des Dauerschwingversuches ist genormt unter DIN 50 100.

Es läßt sich ebensogut dafür eine kleine, nicht im Einsatz befindliche
Drehbank verwenden. Die Probe wird mit dem einen Ende im Stahl-
halter festgeklemmt. Auf der Planscheibe wird irgendein Zapfen oder
eine Scheibe exzentrisch eingespannt, die gegen den Probestreifen an-
liegend eine durchlaufende, intermittierende Biegeprüfung durchführt,
wobei die Hubzahlen an einem Drehzahlmesser abgelesen werden können.
Bei allen derartigen Vorrichtungen ist aber auf die Einspannkante ganz
besonderer Wert zu legen. Sie ist am zweckmäßigsten abzurunden entsprechend der fünffachen Blechdicke ($R = 5$ s). Die Drehzahl der
Antriebswelle ist der jeweiligen Betriebsbeanspruchung entsprechend
zu wählen, damit die Prüfung so betriebsnah als möglich durchgeführt
wird. Bei Prüfungen dieser Art ist einmal die Hubzahl interessant,
bis zu welcher ein Bruch an der Einspannstelle eintritt. Daneben ist
festzustellen, inwieweit das Federungsvermögen nach einer bestimmten
Hubzahl abnimmt. Dies prüft man am besten dadurch, daß man in
einem bestimmten Abstand von der Einspannung aus die Probe belastet,
den Ausschlag mißt und sich davon überzeugt, daß die Probe in ihre
ursprünglich gerade Lage wieder zurückkehrt. Diese Untersuchung ist
nach bestimmten Hubzahlen zu wiederholen.

4.8 Warmfestigkeit.

Im Gegensatz zu Werkzeugstählen spielt bei Blechen, und zwar auch
bei Grobblechen, die Prüfung auf Warmfestigkeit eine untergeordnete
Rolle. Es hat an Versuchen nicht gefehlt, Prüfverfahren zu erforschen,
um über die Eignung eines Bleches zur Warmumformung etwas aussagen
zu können. So sind in Schmiedehitze ausgeführte Biegeproben und
Polterproben neben Warmstreck-[1] und Warmstauchversuchen bekannt.
Während die Warmbiegeproben dem Faltversuch gleichen, beruht die
Polterprobe auf dem Hochstellen der Ränder einer erhitzten Blech-
scheibe durch Aufschlag oder Herabfallen eines unten abgerundeten
Stempels über einer Ringöffnung unter Zwischenlage der erhitzten
Blechscheibe. Das Maß der Randerhöhung bzw. der Tiefung der Mitte
gegenüber dem Rand ist dabei Maßstab für die Warmformfähigkeit.
Die große Schwierigkeit bei einer zuverlässigen Durchführung solcher
Verfahren beruht auf der nicht genau einhaltbaren Temperatur und
der völligen Gleichmäßigkeit der Erwärmung. Diese Gleichmäßigkeit
kann schon durch ein einseitiges Anfassen der Proben mittels Zange
gestört werden. Diese kaum vermeidbaren Unterschiede thermischer
Art überwiegen häufig die tatsächlichen Unterschiede hinsichtlich der
Warmformfähigkeit des Werkstoffes selbst, die eigentlich der Gegenstand

---

[1] Über Warmzugversuche an Kesselblechen, wo es allerdings weniger auf die
Bewährung beim Warmpressen in der Fertigung, sondern im späteren Kessel-
betrieb ankommt, wird in der Umschau zu Stahl u. Eisen Bd. 72 (1952) Heft 15
S. 904ff. unter Hinweis auf weiteres Schrifttum berichtet.

der Untersuchung sein soll. Das ist wohl auch hauptsächlich der Grund dafür, daß man sich bisher scheute, Untersuchungsverfahren zu normen, die über die Warmformeignung eines Bleches Auskunft geben sollen. Denn gerade bei Grobblechen, die häufig im warmen Zustand gepreßt werden, wären diesbezügliche Prüfverfahren erwünscht.

Zuweilen kann an Brüchen des warmverformten Bleches aus dem Bruchaussehen ein Rückschluß gezogen werden. Schiefer-, Faser- oder Holzfaserbrüche deuten auf das Vorhandensein von Einschlüssen und Seigerungen an der Bruchfläche hin. Eine metallographische Prüfung wird dort bereits bei makrogeätzten Schliffen eine stark betonte Zeilenstruktur nachweisen.

Die sogenannte Blaubrüchigkeit, die sich in hoher Sprödigkeit bei Raumtemperatur geltend macht, ist nach ihrer vorausgegangenen Verformung innerhalb eines Temperaturbereiches von 200 bis 300° auf die durch diese Behandlung hervorgerufene Alterung zurückzuführen. Das ist an sich die ungünstigste Temperatur für eine Warmumformung, da hier die Festigkeit höher und die Dehnung geringer als bei der Kaltformung ist. Zuweilen wird dieser Temperaturbereich sogar mit 200 bis 500° angegeben. Bei nachlässiger Warmverarbeitung durch ungelernte und unerfahrene Kräfte kann es schon zuweilen vorkommen, daß mit zu geringer Hitze gearbeitet wird und sich die Teile so weit abkühlen. Der Name Blaubruch rührt von der blauen Anlauffarbe in jenem Temperaturbereich her. Abb. 199 bis 202 zu S. 238 zeigen Beispiele von Blaubrüchigkeit an Böden geschweißter Eisenfässer.

Die Rotbrüchigkeit tritt bei geringen Durchschmiedungstemperaturen auf. Begünstigt wird der Rotbruch durch hohe Sauerstoff- und Schwefelgehalte. Rotbrüchige Bleche zeigen eine mangelnde Warmformfähigkeit bei Temperaturen von über 800°. Außerdem trifft man auf Rotbruch bei sehr manganarmen Stahlblechen eines Mangangehaltes unter 0,2 % innerhalb einer Umformtemperatur von 850 bis 1050°. Schwarzbruch kommt in der Blechverarbeitung kaum vor, da Schwarzbruch Kohlenstoffgehalte im Stahl voraussetzt, wie sie für Bleche nicht üblich sind.

4.9 Alterung.

Die Alterung bereitet bei Stahlblechen oft Schwierigkeiten[1]. Zuweilen tritt sie gemäß Abb. 31 S. 50 auch bei Messingblechen und sehr häufig an aushärtbaren Leichtmetallblechen nach Abb. 29 zu S. 45 auf. Zumeist verlieren dauernd stoßweise beanspruchte Bleche an Dehnung und Zähigkeit, werden spröder und reißen mitunter an den stark kaltverformten Stellen auf. So zeigten sich an den Scheibenrädern einer Automobilfabrik in den Jahren um 1930 im mittleren Halbmesser an

---

[1] HARTEN, K. P.: Schwierigkeiten bei der Blechverarbeitung. Masch.-Bau Betrieb Bd. 16 (1937) S. 73—77.

der zur Versteifung dienenden Sicke Risse. Wurde das Fahrzeug nicht sorgfältig gereinigt, so fiel das Fortschreiten des Risses innerhalb der kreisförmigen Sicke nicht auf. Nach Abreißen des Außenringes mit dem Reifen vom mittleren Scheibenteil ereignete sich dann ein Unfall. Auch Ziehteile zeigen oft Wochen oder gar Monate nach dem Ziehen Risse ohne Beanspruchung. An Siemens-Martin-Blechen hat man diese Alterungsanfälligkeit weniger beobachtet als an Thomasblechen, die nach Kaltumformung und anschließender Lagerzeit spröder werden. Ursache ist der höhere Stickstoffgehalt der Thomasbleche von über 0,01 % gegenüber den Siemens-Martin-Blechen[1]. Die Alterungsanfälligkeit kann durch eine künstliche Alterung, näm- lich durch Erhitzung eines stark kalt- umgeformten Teiles, für zwei Stunden auf 250° C festgestellt werden.

Beim Napfzugversuch können so- mit die mit höchst erreichbarem Durchmesserverhältnis gezogenen Teile zwei Stunden lang auf 250° C erhitzt werden. Beim nächsten Zug auf einen kleineren Durchmesser gemäß des sonst zulässigen Durchmesserverhält- nisses für den Weiterschlag springt alterungsempfindliches Blech gemäß Abb. 179 längs des Mantels auf. Für den Weiterschlag kann ein Durch- messerverhältnis $\beta = d_1/d_2 = 1,25$ ent- sprechend dem dafür bestimmten

Abb. 179. Alterungsempfindliches Blech zur Ziehrichtung beiderseits vom Rand aus zum Boden gerissen.

ERICHSEN-Zusatzgerät gewählt werden. BEISSWÄNGER und SCHWANDT[2] haben festgestellt, daß bei üblichen Auslagerungszeiten und einer Ver- arbeitung bzw. Lagerung der Stahlbleche bei Raumtemperatur ein bemerkenswerter Alterungseinfluß auf das im Weiterschlag erreichbare Durchmesserverhältnis d_1/d_2 noch nicht vorhanden war.

Nach EISENKOLB[3] wird ein Stahlstreifen von 50 mm Breite und 100 mm Länge etwa unter 60° scharfwinklig abgekantet, dann auf Blaubruchhitze bei 350° C erwärmt und unter einem zweiten Werkzeug planiert, wobei das Unterteil unter 60° angeschrägt die äußeren Teile des gebogenen Winkels aufnimmt. Dasselbe geschieht mit weiteren

---

[1] POMP, A., und O. KLEIN: Über die Alterung von Feinblechen aus Fluß- stahl. Mitt. K.-Wilh.-Inst. Düsseldorf Nr. 238 (1933) Bd. XV—XVII.

[2] BEISSWÄNGER, H., u. S. SCHWANDT: Untersuchungen über den Einfluß der Werkzeugform auf die maximale Ziehkraft und das maximal erreichbare Ziehverhältnis beim Weiterschlag zylindrischer Hohlteile. Mitt. Forsch.-Ges. Blechverarb. Nr. 2/3 v. 1. 2. 1953 S. 49.

[3] EISENKOLB, F.: Das Prüfen von Feinblechen S. 63 München 1949.

Streifen aus dem gleichen Werkstoff ohne Zwischenerwärmung. Zeigen sich bei diesen nach dem Planieren keine Risse, hingegen bei den auf 350° C erwärmten Risse, so ist der Werkstoff alterungsanfällig. Sind jedoch in beiden Fällen keine Risse entstanden, so ist der Werkstoff nicht alterungsanfällig.

Eine ähnliche Methode zur Feststellung der Bruchsprödigkeit in Verbindung mit Alterungserscheinungen wurde von BOLLENRATH entwickelt. Abb. 180 oben zeigt einen der Walzrichtung entnommenen Probestreifen w, der an einer Seite bis zur Mittellinie Einschnitte in gleichen Abständen aufweist. Dieser Streifen wird seiner Länge nach über ein Biegegesenk a gemäß Abb. 180 links so gelegt, daß die zwischen den Einschnitten bis zur Mitte der Probe und des Werkzeuges laufenden Querstreifen unter verschiedenen Radien umgebogen werden, so daß nahe der Mittellinie die Querstreifen dem Rundungshalbmesser entsprechend verschieden großen Dehnungs- (= außen) und Stauchbeanspruchungen (= innen) unterworfen werden. Nach dem Einprägen der verschieden großen Rundungen an den einzelnen Streifenabzweigen wird die

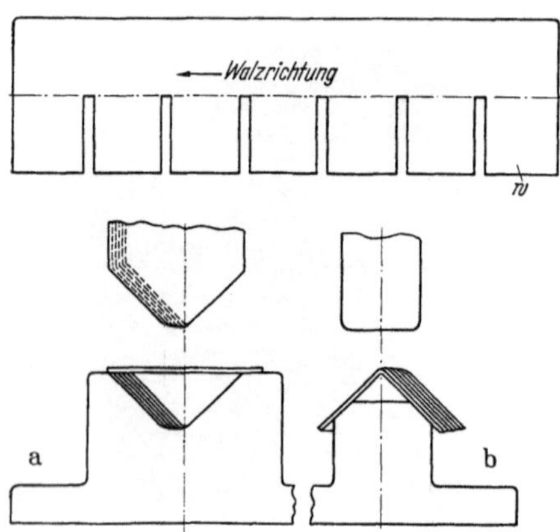

Abb. 180. Biegeprobe nach BOLLENRATH zur Feststellung der Alterungssprödigkeit von Stahlblechen.

so vorgebogene Probe auf 300 bis 400° C erwärmt zwecks künstlicher Alterung und unter einem Planierwerkzeug, Abb. 180 rechts, eben ausgerichtet. Nunmehr wird die Probe in ein Hin- und Herbiegegerät ähnlich dem zu Abb. 124 beschriebenen so eingespannt, daß die Streifenhälfte ohne Einschnitte nach unten, hingegen die Einschnitte nach oben zu liegen kommen, so daß nunmehr jeder einzelne abzweigende Querstreifen zwischen den Einschnitten der Hin- und Herbiegeprobe unterzogen wird, wobei selbstverständlich die scharfkantig im Gesenk a zuvor umgebogenen Querstreifen früher brechen als die mit großer Rundung gebogenen. Über dieses Verfahren sind noch keine Veröffentlichungen bekannt. Doch ist zu erwarten, daß aus dem Verhältnis der Biegeziffern an den einzelnen Streifen zueinander für die Alterungsanfälligkeit wichtige Schlüsse gezogen werden können.

An Stelle der beiden Werkzeuge a und b nach Abb. 180 und des Einspannens in den Hin- und Herbiege-Prüfapparat ließe sich sinngemäß diese von BOLLENRATH gewonnene Erkenntnis auch für das von

WOLTER entwickelte und in Abb. 126 dargestellte Gerät anwenden. Damit wäre ein einfacher Probestreifen ohne Einschnitte in die Spannbackenpaare einzuspannen, wobei der gewünschte Biegehalbmesser sich durch die Abstandsänderung der Einspannkanten vom Gerätedrehpunkt leicht einstellen läßt. In ein und derselben Einspannung könnte gebogen, gerade zurückgebogen und anschließend beliebig oft hin- und hergebogen werden. Nach der ersten Vorbiegung müßte allerdings über den Streifen ein kleiner Ofen mit 2 Durchgangsschlitzen für die Probe aufgeschoben werden zwecks Erwärmung derselben auf die erforderliche Temperatur für die künstliche Alterung. Hierzu könnten ähnliche Heizmodelle verwendet werden, wie sie beispielsweise in Abb. 71/72 angegeben sind.

Über andere Prüfungsarten der Alterungsanfälligkeit wurde bereits bei den Verfahren nach ZIEGLER (S. 174) und PETRASCH (S. 201) Näheres berichtet. Ebenso ist es möglich, die ERICHSEN-Proben (S. 186) verschiedener Bleche miteinander vor und nach künstlicher Alterung zu vergleichen.

5. Sonstige Blechprüfungen.

5.1 Chemische Analyse.

Die chemische Analyse[1] wird bei der Beurteilung von Tiefziehblechen deshalb weniger beachtet, weil erstens die chemische Zusammensetzung von der Werksanalyse her bekannt ist und zweitens solche Analysen nur von geschulten Fachleuten ausgeführt werden können. Während ein Einbeulversuch auch von einer ungeschulten Kraft binnen weniger Minuten vorgenommen wird, sind chemische Analysen einschließlich der Vorbereitungsarbeiten langwieriger und daher teurer.

5.11 Analyse an Stahlblechen.

Die Durchführung einer chemischen Analyse im Verarbeitungsbetrieb interessiert aber aus verschiedenen Erwägungen. So wird bei Stahlblechen dem Gehalt an Schwefel und Phosphor als angeblich sehr schädlichen Bestandteil im Hinblick auf die Kaltverformungseigenschaften Beachtung geschenkt. Daher hat die Werkstoffgruppe IV des VDMA einen höchstzulässigen Phosphor- und Schwefelgehalt von 0,04 % vorgeschlagen und auch die gegenwärtig im Entwurf vorliegenden Arbeiten des ADB-Ausschusses für Kaltformung legen Höchst-

---

[1] Auf folgendes Schrifttum sei hier verwiesen: a) LUNGE-BERL: Chemischtechnische Untersuchungsmethoden Bd. 1. Berlin 1921. — b) FISCHER-SCHLEICHER: Elektroanalytische Schnellmethoden. Stuttgart 1926. — c) Analytische Schnellverfahren. Arch. Metallkde. Bd. 1 (1947) Nr. 3. Verschiedene Aufsätze von MORITZ u. MÜLLER-URI.

gehalte fest[1]. Gemäß S. 11 wird dies bei Qualitätsblechen für Stanze-
rei- und Tiefziehzwecke beachtet. Doch haben von POMP und SIEBEL[2]
mit Stahlblechen verschiedenen Schwefelgehaltes durchgeführte Untersuchungen bewiesen, daß zumindest der Einfluß des Schwefelgehaltes,
wenn nicht auch des Phosphorgehaltes, praktisch doch weniger zu spüren
ist, als allgemein befürchtet wird. Immerhin ist die Feststellung der
Gewichtsprozente an Phosphor und Schwefel bei Stahlblechen, die
trotz hoher Güteklasse ein auffallend schlechtes Verformungsvermögen
zeigen, wichtig. Weiterhin ist der Gehalt, an unerwünschten Eisen-
begleitern mitunter nachzuweisen, zumal infolge der noch nicht einwandfreien Schrottsortierung auch heute Nachwirkungen kupferhaltigen
Kriegsschrottes sich in einer Versprödung des Werkstoffes bemerkbar
machen. Das gilt ebenso von zu hohen Gehalten an Silizium, Mangan
und besonders Kohlenstoff. Es ist beinahe möglich, eine Funktion der
Tiefziehfähigkeit vom Kohlenstoffgehalt aus aufzustellen. Eine Ermittelung des Phosphor- und des Stickstoffgehaltes ist dort wichtig, wo man
die Herkunft der Stahlbleche insoweit feststellen will, ob Thomas-
$(P = 0,06$ bis $0,10$; $N = 0,020$ bis $0,025)$ oder SM-Stahl $(P = 0,05\%$;
$N = 0,012\%)$ vorliegt. Im folgenden sei kurz der Gang einiger wichtiger
bekannter Analysen angedeutet, wobei ausdrücklich zu erwähnen ist,
daß zumeist eine ganze Anzahl von Analysenverfahren für den gleichen
Zweck nebeneinander bestehen.

5.111 Kohlenstoffbestimmung.

Zur Bestimmung des Gesamtkohlenstoffgehaltes Proben sorgfältig
von Öl und Feuchtigkeit reinigen und möglichst fein, beispielsweise mittels Schruppfeilen zerspanen. Verbrennen der Späne bei 900 bis 1150°
im Sauerstoffstrom unter Zuschlag, z. B. von Bleioxyd, wobei der Kohlenstoff in Kohlendioxyd verwandelt wird. Bei gewichtsanalytischer
Bestimmung wird die Kohlensäure in Natronkalk oder Ätznatron absorbiert, wobei die Gewichtszunahme der Absorptionsgefäße gewogen
und der C-Gehalt durch Umrechnung $(1\ g\ CO_2 = 0,273\ g\ C)$ ermittelt
wird. Bei gasanalytischer Bestimmung wird die Kohlensäure als Vo-
lumendifferenz des Gasgemisches nach Verbrennung und Durchleitung
durch Kalilauge gemessen $(1\ cm^3\ CO_2 = 0,005\ g\ C)$, wobei Druck und
Temperatur zu beachten sind. Für Tiefziehstahlbleche niedrigen C-
Gehaltes empfiehlt sich die Absorption der Kohlensäure in Barytlauge,
wodurch Bariumkarbonatniederschlag entsteht. Nach Abfiltrierung desselben und Rücktitrierung der unverbrauchten Barytlauge lassen sich
die aufgenommene Kohlensäure und der Kohlenstoffgehalt der einge-

---

[1] VDI-ADB-Arbeitsblatt: Stähle für Stanz- und Ziehzwecke. In Vorbereitung.

[2] Siehe Mitt. K.-Wilh.-Inst. Eisenforschg. 1929 S. 31. Kurzer Auszug hierüber
Z. VDI 1929 Heft 41 S. 1489.

wogenen Probe bestimmen (1 cm³ n/100 Barytlauge = 0,0001 g C). Für
die hier genannten Verfahren bestehen Sonderapparaturen.

Eine ganz einfache Kohlenstoffgehaltsermittelung gewöhnlicher unlegierter Stahlbleche, wie sie zuweilen in der Emaillierindustrie üblich
ist, geschieht durch die Funkenprobe[1]. Die mit 30 m/sec Umlauf-
geschwindigkeit laufende Schleifscheibe weist ein Korn von 36 bis 60,
eine Härte von J bis M und keramische Bindung auf. Am besten ist
diese Schleifscheibe in einer Dunkelkammer oder einem dunklen Raum
aufzustellen. Verschiedene Vergleichsbleche bekannten Kohlenstoff-

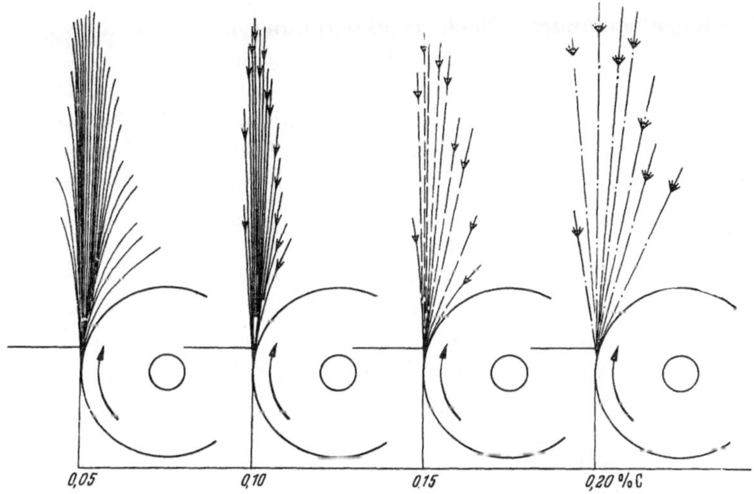

Abb. 181. Bestimmung des C-Gehaltes mittels der Funkenprobe.

gehaltes liegen bereit, damit die zu prüfenden Bleche mit diesen verglichen werden können. Das zu untersuchende Blech und das Vergleichsblech werden in einem gemeinsamen Halter unter gleichbleibendem
Anpreßwinkel und Anpreßdruck gegen die Scheibe bewegt. Auch legierte Stahlbleche lassen sich bei einiger Übung und bei Einsatz vorhandener Vergleichsbleche näherungsweise bestimmen. Aus der Färbung
der Funken und der Gestalt der Strahlen lassen sich Art und Menge
an Eisenbegleitelementen in weiten Grenzen abschätzen. Abb. 181 zeigt
die Idealfunkenbilder mit verschiedenem C-Gehalt. Bis zu 0,05 % C
laufen die Strahlen in dichtem Bündel gleichmäßig aus. Bei mehr als
0,05 % C zeigen die Strahlen punktförmige Enden. Bei 0,10 % C sind
schon an allen Strahlen diese Punkte ausgeprägt. Mit 0,15 % C wird
ein Ausbruch weiterer Strahlen von diesen Punkten erstmalig schwach
bemerkbar, während bei 0,20 % C dieser Ausbruch ganz deutlich zum

---

[1] JÄNICHE, W., u. K. SAUL: Unterscheidung unlegierter Stähle durch Fun-
kenprüfung. Stahl u. Eisen Bd. 68 (1948) Heft 17/18 S. 301—303.

Ausdruck kommt. Ferner ergibt der steigende Kohlenstoffgehalt eine Abnahme der Strahlenzahl von der Schleifstelle aus. Doch treten dabei die Strahlen heller und deutlicher hervor.

5.112 Schwefelbestimmung.

Die Stahlprobenspäne werden im Sauerstoffstrom bei 1250 bis 1350° verbrannt. Die SO_2 enthaltenden Verbrennungsgase werden durch eine Lösung geschickt, die gleichzeitig Wasserstoffsuperoxyd und eine vorher genau bestimmte Menge n/20 Natronlauge enthält. Dabei wird das SO_2 in SO_3 gewandelt unter Absorption des SO_2 und das SO_3 an die Natronlauge gebunden. Nach Rücktitrierung der überschüssigen Natronlauge mittels n/20 Schwefelsäure ergibt sich der S-Gehalt aus der Differenz der Absorptionslösungsmenge (1 cm³ n/20 Natronlauge entspricht 0,0008 g S). Bei einer anderen Bestimmung des Schwefelgehaltes werden Stahlspäne in verdünnter Kadmiumazetatlösung erhitzt. Das in einem Absorptionsgefäß aufgefangene Kadmiumsulfid wird entweder titrimetrisch mittels Thiosulfat in Jodlösung oder gewichtsanalytisch bestimmt. Bei letzterem Verfahren wird dem Inhalt des Absorptionsgefäßes Kupfersulfatlösung zugesetzt. Hierbei wird das entstehende Kadmiumsulfat vom Kupfersulfid durch Filtrieren geschieden. Letzteres wird gewaschen, eingetiegelt, verascht und geglüht. Ein dabei gewonnenes Gewichtsteil Kupferoxyd entspricht 0,4029 Gewichtsteilen Schwefel. Die Auswaage mit 0,4029 multipliziert und durch die Einwaage dividiert, ergibt den Schwefelgehalt. Die Spezialapparatur von HOLTHAUS gestattet eine schnellere Bestimmung des Schwefelgehaltes. Sie ähnelt der Kohlenstoffbestimmung mittels Schiffchen im elektrischen Ofen.

Schwefelseigerungen und Sulfideinschlüsse im Blech, die oft Emailfehler herbeiführen, sind durch Abdruckverfahren nachweisbar. Beim allgemein bekannten BAUMANN-Verfahren wird die verdächtige Stelle mittels feinstem Schmirgelpapier geschliffen. In 5 %iger Schwefelsäure wird Bromsilberphotopapier angefeuchtet und etwa 1 bis 2 Minuten gegen die Schliffstelle am Blech gedrückt. Anschließend wird im üblichen Fixierbad für solches Photopapier dasselbe 10 Minuten lang getaucht und dann 80 bis 100 Minuten lang gewässert. An den Schwefelseigerungen bilden sich auf dem Bromsilberpapier schwarze bzw. dunkle Stellen ab. Nachteil dieses Verfahrens ist, daß bei dieser Prüfung nie die genaue Schwefelmenge bestimmt und oft eine größere Menge von Schwefel vorgetäuscht wird als tatsächlich vorhanden ist. Weiterhin kann diese Dunkelfärbung von Phosphorwasserstoff herrühren.

Sehr viel umständlicher, aber für Phosphorverbindungen im Stahl völlig unwirksam, ist das Verfahren nach ROYEN-AMMERMANN. Die zu untersuchende Blechprobe wird ebenso wie beim BAUMANN-Abdruck durch Feinstschleifen mittels Schmirgelpapier vorbereitet. Verwendet werden keine Bromsilber-, sondern Photogelatinepapierstreifen sowie zwei Lösungen I und II. Die Lösung I besteht aus 25 g Kadmiumazetat gelöst in 200 cm³ 80 %iger Essigsäure und verdünnt in 1000 ccm Wasser. Bei der Prüfung wird die Hälfte dieser Flüssigkeit mit der Hälfte 5 %iger Schwefelsäure gemischt. Die Lösung II enthält 120 g Kupfersulfat, 120 cm³ konzentrierte Schwefelsäure und 900 cm³ Wasser. Das Gelatinepapier wird etwa ½ Minute lang in Lösung I gespült, 3 Minuten gegen das geschliffene Blech gedrückt, 3 Minuten in Lösung II gelegt, 50 Minuten in fließendem Wasser gespült und dann getrocknet. Über den Schwefelstellen im Blech entwickelt sich auf dem Gelatinepapier Schwefelwasserstoff. Dieser bildet gelbes Kadmiumsulfid mit Lösung I und schwarzes Kupfersulfid mit Lösung II als eindeutiger Nachweis für Schwefelseigerungen.

5.113 Phosphorbestimmung.

Das in Salpetersäure aufgelöste Stahlblech wird zur Überführung des Phosphors in Phosphorsäure mit Kaliumpermanganat gekocht, dessen Überschuß mittels Salzsäure entfernt wird. Die Phosphorsäure geht nach Erwärmung mit molybdänsaurem Ammonium in Anwesenheit von Ammoniumnitrat und Salpetersäure eine Verbindung von Phosphorammoniummolybdat (1 g = 0,0164 g P) ein, die filtriert, bei 100 bis 110° C getrocknet und gewogen wird.

Die maßanalytische Bestimmung des Phosphorgehaltes ist schwierig und nur in einem gut eingerichteten Laboratorium möglich, wo im allgemeinen wenige Gramm Stahl im ERLENMEYER-Kolben in Salpetersäure gelöst und unter Zusatz von Kaliumpermanganat gekocht werden. Nach Eindampfen unter Zugabe von Ammoniumnitratlösung und Ammoniummolybdat wird Ammoniumphosphormolybdat ausgefällt. Dasselbe wird filtriert, säurefrei gewaschen und in einer abgemessenen Menge n/1 Natronlauge, von der 1 cm³ = 0,025 g Phosphor entspricht, gelöst. Der Überschuß an Natronlauge wird unter Zusatz von Phenolystabein mit einer gleichwertigen Schwefelsäurelösung zurücktitriert. Die für das Lösen des Phosphors verbrauchte Kubikzentimeterzahl Natronlauge mit 0,025 multipliziert und durch die Einwaage dividiert, ergibt den Phosphorgehalt in %. Keinesfalls darf an Stelle der Salpetersäure zum Lösen der Stahlspäne Salzsäure verwendet werden, da dabei Phosphorwasserstoff entweicht. Die hier in kurzen Umrissen dargestellte Analyse kann mittels eines Sondergerätes, der sogenannten Phosphorzentrifuge, vereinfacht und beschleunigt werden.

5.114 Siliziumbestimmung.

In Salzsäure gelöstes Stahlblech wird eingedampft unter Erhitzung der Rückstände auf 135°. Nach mehrfachem Auswaschen derselben mit

Wasser und Salzsäure wird die unreine Kieselsäure abfiltriert und das Filtrat im Platintiegel verbrannt und gewogen. Durch Abrauchen der Asche mittels Flußsäure entweicht die Kieselsäure. Eine erneute Wägung des Tiegels weist durch die Gewichtsdifferenz die Menge der entwichenen Kieselsäure (1 g $SiO_2 = 0,467$ g Si) nach. Bei Dynamo- und Trafoblechen mit höherem Si-Gehalt als 1 % muß das Filtrat nach der ersten Kieselsäureabscheidung nochmals eingedampft und filtriert werden.

5.115 Manganbestimmung.

In Salzsäure gelöstes Stahlblech wird bei 60° C unter Zugabe von Silbernitrat und Ammoniumpersulfat erwärmt, wobei das in der Lösung vorhandene Mangan zu Übermangansäure oxydiert wird. Nach Fällung des Silbers mit Natriumchloridlösung wird die Übermangansäure mit n/100 arseniger Säure (1 cm³ $= 0,0002$ g Mn) maßanalytisch bestimmt.

5.116 Kupferbestimmung.

In Salzsäure aufgelöstes Stahlblech ermöglicht nach Zugabe von Schwefelwasserstoff ein Ausfällen des Kupfers. Die Fällung wird filtriert, in Salpetersäure gelöst und hieraus der Rest des Eisens mit Ammoniak abgeschieden. Das übrige Filtrat wird bis auf einen kleinen Rest eingedampft, mit Essigsäure und Jodkalium versetzt, worauf das dabei ausgeschiedene Jod mit Thiosulfat rücktitriert wird (1 cm³ n/100-Thiosulfatlösung $= 0,0012$ g Cu).

Stahlbleche mit mehr als 0,2 % Kupfergehalt überziehen sich beim Eintauchen in 10- bis 20 %ige verdünnte Schwefelsäure mit einer der Höhe des Kupfergehaltes entsprechenden mehr oder minder deutlich erkennbaren roten Kupferschicht.

5.12 Analyse an Messing- und Bronzeblechen.

5.121 Kupfer- und Zinkbestimmung bei Messingblechen.

Gewichtsanalytisch erfolgt die Ermittelung des Zinkgehaltes durch Wägung des zurückbleibenden Kupfers von der Einwaage, die im allgemeinen 2 bis 4 g beträgt. Die Messingspäne werden mit Natronlauge zersetzt, wobei das Zink gelöst wird. Der in der Lauge unlöslich gebliebene Rückstand wird mit Salpetersäure gelöst und die Lösung elektrolysiert, wobei Kupfer niedergeschlagen wird. Ein anderer Weg ist die maßanalytische Bestimmung nach der Methode von SCHAFFNER oder derjenigen von URBASCH[1]. Noch einfacher ist die Abscheidung des Kupfers nach der sogenannten FÖRSTER-Elektrolyse.

5.122 Zinnbestimmung bei Bronzeblechen.

Die Bronzespäne der dünnen Bronzeblechabschnitte werden in Salzsäure gelöst. Die hierbei entstehende salzsaure Lösung des Zinnchlorürs

---

[1] URBASCH: Chemiker-Ztg. Bd. 46 (1922) S. 54.

wird im Kohlensäurestrom mit Eisenchlorid unter Zusatz von Stärke-
oder Kupferjodürlösung als Indikator titriert. Neben der Titration mit
Eisenchlorid wird außerdem eine Titration mit Jodlösung häufig an·
gewendet. Die Reduktion zu Zinnchlorür geschieht in der salzsauren
Lösung häufig mit Aluminium und Wiederauflösen des sich bildenden
Zinnschwammes mit Salzsäure.

5.123 Kupferbestimmung.

Außer der gewichtsanalytischen unter 5.121 beschriebenen Methode
genügen für eine näherungsweise Bestimmung des Cu-Gehaltes kolori-
metrische Messungen. Diese beruhen auf Herstellung blau gefärbter
Kupferoxydammoniaklösungen. Der Farbton wird nun mit dem anderer
gleichartiger Lösungen verschiedener Konzentration verglichen und
mittels Einstufung der untersuchten Probe entsprechend vorliegender
Vergleichsreagenzen wird der Kupfergehalt geschätzt.

5.13 Tüpfelproben, insbesondere an Leichtmetallblechen.

Für die Verbraucher von Leichtmetallblechen ist eine Feststellung
der Legierungsgattung nach DIN 1713 zuweilen wichtig. Ein verhältnismäßig einfaches Verfahren ist die sogenannte Tüpfelprobe[1] auf das vorher mit Alkohol entfettete Blech. Hierzu genügen vier Reagenzien.

a) 20 %ige Natronlauge,
b) Ammoniumpersulfat,
c) Dimethylglyoxim (1 g in 100 cm³ Alkohol gelöst),
d) Chinalizarin (20 mg in 100 cm³ Alkohol gelöst).

In Abb. 182 ist die Reihenfolge der einzelnen Tüpfelproben schema-
tisch erläutert. Zunächst wird mit Natronlauge a) gebeizt. Hierbei
werden schon reines Magnesium und Al–Si-Legierungen erkannt. Die
weißgebeizten Blechproben werden mit dem Reagenz zu b), die schwarz-
gebeizten mit dem Reagenz zu c) weiter behandelt. Bei letzterem weist
eine Rotfärbung auf eine Legierung der Gattung Al–Cu–Ni hin. Die
übrigen Gruppen ergeben sich auf Grund einer Tüpfelung mit Reagenz d),
wobei sich teilweise blauer oder gar kein Niederschlag bildet. Die Reagenzien lasse man 5 bis 10 Minuten auf die jeweilige Probe einwirken.

Im übrigen sind derartige Tüpfelproben nicht nur bei Leichtmetallblechen, sondern auch bei anderen Blechen als sogenannte Kurzprüfungen beliebt. Die zu 5.116 zuletzt angegebene Untersuchung auf Kupfergehalt von Stahlblechen[2] gehört beispielsweise mit hierzu. Weiterhin

---

[1] Siehe hierzu auch die Hinweise von v. ZERLEEDER: Z. Aluminium Bd. 17
(1934) Heft 10 S. 88—90. — BLOSSHARD: Z. Aluminium Bd. 18 (1935) Heft 1
S. 13—15. — ZURBRÜGG: Z. Aluminium Bd. 20 (1938) Heft 3 S. 196—200. —
Aluminium-Taschenbuch Bd. 10 (1951) S. 127.

[2] Über Tüpfelproben an Stahlblechen siehe BAERLECKEN, E.: Schnellprüf-
verfahren zur Erkennung von Stahlverwechslungen. Stahl u. Eisen Bd. 73 (1953)
Nr. 1 S. 31.

bleiben korrosionsfeste Cr- und CrNi-Stahlbleche nach Eintauchen in Kupfersulfat- oder $CuCl_2$-NH_4-Lösung blank, während andere Stahlbleche einen roten oder rostbraunen Kupferniederschlag aufweisen. Es würde aber zu weit führen, würde im Rahmen dieses für den Blechver-

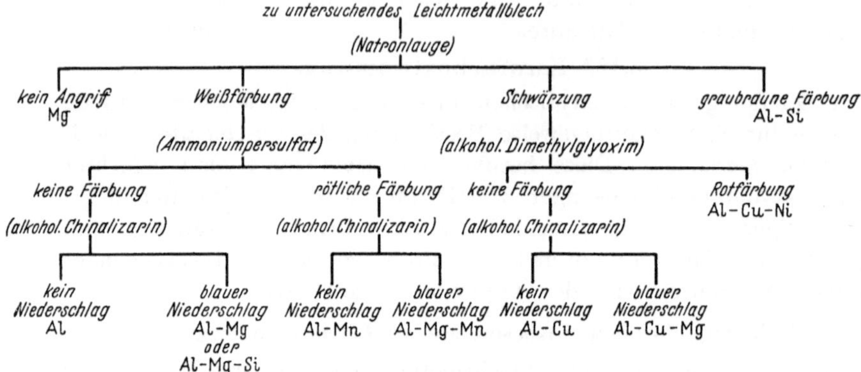

Abb. 182. Schema der Tüpfelprobe zur Bestimmung der Legierungsgattung von Leichtmetallblechen.

arbeiter bestimmten Buches noch näher auf Einzelheiten der chemisch-analytischen Prüfmethoden eingegangen.

5.14 Weitere chemische Prüfverfahren.

Es bestehen außerdem eine ganze Anzahl weiterer chemischer Prüfmethoden von Blechen, die weniger die Analyse bezwecken, sondern die Oberfläche einem chemischen Angriff meist durch ätzende Säuren unterziehen. Hierzu gehört beispielsweise die Porenprobe von Schutzüberzügen. Auf die vorher sorgfältig entfettete Blechoberfläche wird bei warmer Zimmertemperatur ein poröses weißes Fließpapier oder Filterpapier aufgelegt, das vorher durch eine wässerige Lösung von 1% Glyzerin und je 5% roten Blutlaugensalzes und reiner Gelatine stark angefeuchtet ist. Auf dem weißen Papier treten die Poren als blaue Punkte nach zwei Stunden hervor. Nach EISENKOLB[1] dienen diese später trocken gewordenen Filterpapierblätter als Beleg für die Güte der Porenfreiheit, wobei man wie folgt bewerten kann.

Anzahl der Punkte/dcm² Papierfläche	Beurteilung
0 oder 1	sehr gut
2 bis 5	gut
6 bis 25	genügend
26 bis 125	mangelhaft
über 125	ungenügend

Für Bleche mit Überzügen aus Zink oder Zinklegierungen ist dieses Verfahren wenig geeignet, da jene Lösung Zink angreift.

---

[1] EISENKOLB, F.: Das Prüfen von Feinblechen, S. 92. München 1949.

Eine weitere Reihe von Verfahren, wie beispielsweise der PREECE-Versuch für das Ablösen von Zinküberzügen in Kupfersulfatslöungen, dient der Ablösung von Schichtüberzügen, um deren Dicke zu ermitteln. Ihre Bedeutung für Bleche tritt jedoch mit der in letzter Zeit auf den Markt gekommenen elektromagnetischen Schichtdickenmessern (S. 135 bis 138) in den Hintergrund. Andere chemische Ätzwirkungen werden zur Prüfung der Korrosionsbeständigkeit angewandt. Schließlich hat man in Verbindung mit Biegeuntersuchungen versucht, zur Ermittelung der Stärke des inneren elastischen Schichtbereiches gebogene Bleche in Säure zu legen und beiderseits gleichmäßig abzuätzen[1]. Da sich die ungelängten und spannungsfreien Fasern zwar ziemlich, aber nicht genau in der Mitte befinden, bringt dieses Verfahren keine genauen Werte.

5.2 Metallographische Prüfung.

Die metallographische Untersuchung[2] ist für den mittleren und Kleinbetrieb der Blechbearbeitung meistens zu umständlich und schwierig. Diesen Betrieben ist daher anzuraten, metallographische Untersuchungen besser in einem dafür eingerichteten Laboratorium oder einem Materialprüfungsamt ausführen zu lassen. Im Großbetrieb hingegen wird die metallographische Untersuchung in der Blechbearbeitung zur Kontrolle von Werkstoffgüte und der Umformstruktur häufig angewendet. Selbstverständlich dienen metallographische Untersuchungen in erster Linie in den Stahl-, Metall- und Walzwerken der Legierungskontrolle. In der blechverarbeitenden Industrie hingegen interessieren die Legierungszusammensetzungen weniger. Hier kommt es vielmehr auf die Feststellung von Verunreinigungen, Einschlüssen, verarbeitungs- oder walzbedingten Strukturfehlern und Glühfehlern an, die der Metallograph aus dem Gefügebild herauszulesen vermag.

5.21 Vorbereitung des Schliffes.

Zur Vorbereitung der metallographischen Schliffe werden kleine Blechproben meist in Fassungen eingespannt, wie sie in Abb. 183 und 184 dargestellt sind. Eine der einfachsten ist die beiderseitige Einspannung nach Abb. 183 zwischen zwei Klemmplatten von mindestens je 4 mm Dicke mittels zwei Schrauben. Die Breite der Proben darf nicht

---

[1] MAASS, E.: Prüfverfahren zur Feststellung der Korrosion von Aluminium und Aluminiumlegierungen. Z. Metallkde. Bd. 22 (1930) S. 280—283.

[2] Siehe auch folgendes Schrifttum: a) GOERENS, P.: Einführung in die Metallographie, 6. Aufl. Halle: Wilhelm Knapp 1948. — b) BERGLUND, T., u. A. MEYEN: Handbuch der metallographischen Schleif-, Polier- und Ätzverfahren. Berlin: Springer 1949. — c) SCHULZ, E.: Hinweise für das Schleifen, Polierung und Ätzen unter besonderer Berücksichtigung von weichen Metallen. Metallwirtsch. Bd. 20 (1941) S. 418—424 (Neueste Erfahrungen). — d) MIES, O.: Metallographie. Werkstattbuch. Berlin 1949.

viel kleiner als der innere Abstand der Schrauben sein, da sich sonst
die Klemmplatten wölben. Um einerseits nicht von der ungleichen
Spannung beider Schrauben abzuhängen, andererseits das Schleifen
und Polieren in allen Richtungen zur Probe leicht und bequem durchzuführen, haben sich in der Längsrichtung mittig durchsägte Rohr-
abschnitte nach Abb. 184 gut bewährt, die mit einer Schraube verbunden werden. Bei Einspannen der Probe ist ein gleichdickes Blech,
was meist von der Probe abgeschnitten wird, jenseits der Schraube – in
Abb. 184 darüber – als Parallelitätsausgleich beizulegen. Die Breite
der Probe und der Beilage ist nicht viel größer als der äußere Durchmesser zu halten. Bleche von über 1,5 mm Dicke können notfalls auch

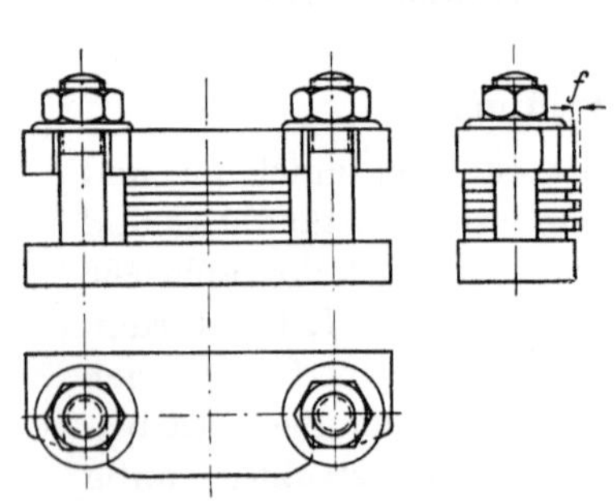

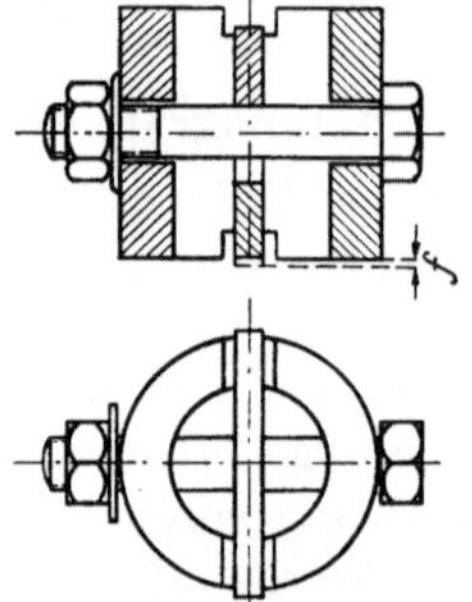

Abb. 185.
W-förmig gebogenes
Band (Notbehelf).

Abb. 183.
Spannvorrichtung für Schliffe an Blechen.

Abb. 184. Blechfassung aus
halbiertem Rohrabschnitt.

ohne Klemmen geschliffen werden, wobei sich eine ⌴- oder ⬚-förmige
Biegung oder eine W-förmige nach Abb. 185 zur Erhaltung ebener
Schleifflächen bis zu den Kanten innerhalb des schraffierten Bereiches
empfiehlt. Allerdings ist zu bedenken, daß bei den Klemmeinspannungen
nach Abb. 183 und 184 die äußeren Ecken und Kanten der mit dem
Poliertuch in Berührung kommenden Klemmleisten abgerundet ($r =$
1 mm) werden können und somit dasselbe mehr schonen als solche zu-
rechtgebogenen Bleche, die sowieso nur Notbehelf sind. Sehr kleine
Blechproben werden auch oft in Legierungen niedrigen Schmelzpunktes,
in Schellack oder in im Handel erhältliche durchsichtige thermoplastische Stoffe eingebettet. Hierbei wird das kleine Teil mit der zu schleifen-
den Fläche nach unten in eine runde zylindrische Hohlform von etwa
25 mm Durchmesser gelegt. Die auf 200° C erhitzte Kunstharzpreßmasse wird in Pulverform darübergeschüttet und nach Herabdrücken
eines Stempelkolbens unter mindestens 2,5 t Preßkraft erkalten gelassen.

Die Proben selbst werden bei Blechen meist mit der Schere her-
ausgeschnitten. Doch ist zu beachten, daß mit dem Abscheren der
Werkstoff an den Schnittflächen stark verformt wird. Es empfiehlt
sich daher, die Proben in Abb. 183 und 184 um das Maß f nach der

Einspannung zunächst hervorstehen zu lassen und dann diesen Über-
stand *f* abzufeilen. Derselbe ist für Bleche unter 1 mm Dicke mit
0,5 mm, für dickere je nach Aussehen der Schnittfläche größer zu
wählen. Bei gehärteten Blechen ist die Probe an der späteren Schliff-
fläche mittels einer schmalen Korundscheibe bei geringem Vorschub
und unter reichlicher Wasserkühlung herauszuschneiden. Nur an voll
durchgehärteten Blechen gelingt zuweilen ein geradliniger Abschlag
mit dem Hammer. Zur Herstellung der Schliffe werden die zu schleifen-
den Flächen der Proben nach Abb. 183 bis 185 entweder auf mit Schmirgelpapier bezogenen Schleifbrettern hin- und hergerieben oder gegen
mit Schmirgelpapier beklebte Scheiben bis zu etwa 200 mm Durchmesser einer minutlichen Drehzahl von 400 bis 1000 gedrückt, wobei
nacheinander Papiersorten mit immer feinerer Kornabstufung verwendet
werden: Nr. 60, 80, 90, 100, 120, 150, 180, 220, 240, 280, 1/F, 1/0, 2/0,
3/0, 4/0, 5/0, 6/0 und 6/0 F. Bei weichen Blechen können Zwischenstufen
übersprungen werden. Für makroskopische Beobachtungen, wo keine
Photoaufnahme erfolgt, genügt es im allgemeinen, bis zur Stufe 1/0, für
Tiefätzungen bis zur Stufe 1/F herunter zu schleifen. Beim Übergang von
einer Papiersorte zur nächstfeineren wird der Schliff um 90° gedreht
und so lange geschliffen, bis die alten senkrecht zur neuen Richtung
liegenden Schleifrisse verschwunden sind. Wichtig ist eine peinliche
Sauberkeit; zwischen den Stufen sind die Metallschliffe und die Scheiben
von lose abgestoßenen Körnern zu reinigen. Sich in das Schliffbild ein-
grabende Körner führen zu falschen Schlüssen. Örtliche Erhitzungen
verändern das Gefüge. Daher darf der Andruck gegen das Schmirgelpapier nicht zu groß sein. Abgenutzte Schmirgelbogen feinster Körnung
(000 bis 00000) eignen sich zum Schleifen weicher Bleche oft besser als
neue. Nach dem Feinschleifen wird der Schliff auf einer Polierscheibe,
die mit sogenanntem Husarentuch bespannt ist, blank poliert. Dieses
alte festgewebte Uniformtuch mit glatter und dichter Oberfläche ist
meistens widerstandsfähiger und leichter sauber zu halten als häufig
angepriesene Filztuche, in die sich harte, den Schliff immer wieder ver-
derbende Korundkörner sehr viel leichter festsetzen und erheblich
schwerer bei der Reinigung zu entfernen sind. Polierscheiben laufen mit
einer minutigen Drehzahl von 1400 bis 2200. Als Poliermittel werden
für besonders weiche Bleche Tonerde Nr. 2, sonst stets Tonerde Nr. 1
verwendet. Oft wird vorher noch ein Vorpolierarbeitsgang auf einer sehr
viel langsamer laufenden Tuchscheibe bei einer minutigen Drehzahl von
200 bis 400 unter Beigabe von Chromoxyd als Poliermittel empfohlen,
doch ist dieses bei weichen bis mittelharten Blechen nicht unbedingt
erforderlich. Noch mehr als bei den Schmirgelscheiben ist eine Sauber-
haltung der Polierscheiben und ihre staubdichte Aufbewahrung wichtig.
Eingetrocknete Tonerde ist aus dem Tuchbezug herauszubürsten.

Die in letzter Zeit bekanntgewordenen elektrolytischen Schnellmethoden für Polierungen werden neuerdings auch in der Metallographie angewandt. Ein dafür gebauter Apparat[1] arbeitet nach folgendem Prinzip: Die Probe wird mit der zu polierenden Fläche nach unten auf den durchbrochenen Boden einer Schale gelegt, wobei sie mit einem als Anode wirkenden Klemmbügel gegen diese Öffnung festgedrückt wird. Unter der Öffnung befindet sich der Elektrolyt mit der der Probe gegenüberstehenden Kathode. Der Elektrolyt selbst wird an der bereits erwähnten Bodenöffnung der Schale vorbeigespült. Die Durchströmgeschwindigkeit und die Zeit für die Pumpentätigkeit können an Regelschaltern eingestellt werden. Die Größe und Form des Bodenloches bestimmt die zu polierende Stelle. Es kann also nicht die gesamte Unterfläche bis zu den Rändern poliert werden, weshalb für Randbetrachtungen insbesondere an dünnen Blechen sich das Verfahren weniger eignet, es sei denn, daß dünne Bleche in mehrfacher Schichtung miteinander verbunden oder zusammengespannt werden. Weiterhin stellt der Klemmbügel eine elektrisch leitende Verbindung zur zu polierenden Probe her. So können daher in Kunstharzpreßmasse eingebettete Proben, wie sie gerade bei Feinblechproben häufig erforderlich sind, dafür nicht verwendet werden. Vorteilhaft hingegen ist es, daß sowohl mit der Polierflüssigkeit als auch mit anderen Elektrolyten geätzt werden kann, ohne die Flüssigkeit im Apparat auszuwechseln. Dadurch können z. B. hochlegierte rostfeste Stahlbleche elektrogeätzt werden.

5.22 Herstellung der Ätzung.

In der Tab. 10 sind für verschiedene Bleche geeignete Ätzverfahren zusammengestellt. Die Tabelle ist nicht vollständig. Sie enthält nur die für den Blechfachmann hauptsächlich interessierenden Ätzmittel und Verfahren. So wurde beispielsweise auf das sonst bekannte OBERHOFFER-Verfahren bewußt verzichtet, das in erster Linie dem Nachweis von Phosphoranreicherungen dient. Da Bleche im allgemeinen nur wenig Phosphor enthalten und Seigerungen durch das sehr viel bequemere HEYNsche Reagens genügend hervortreten, wurde dieses Verfahren weggelassen. Überhaupt empfiehlt sich eine Beschränkung auf nur wenige Verfahren, die in den allermeisten Fällen ausreichen. Außerdem ist eine Beschränkung auf nur wenige Ätzmittel deshalb wertvoll, da gerade hier Erfahrungen und Gewöhnung eine große Rolle spielen. Bei der Wahl des Verfahrens ist grundsätzlich zu prüfen, ob dasselbe für makroskopische (Vergrößerungsgrad etwa bis zu 50 $\times$) oder mikroskopische (Vergrößerungsgrad über 50 $\times$) Beobachtungen dient. Unter ersteren wird eine Untersuchung auf die Walzstruktur, den Faserverlauf und Einschlüsse verstanden. Zum Nachweis von Rissen, Hohlräumen,

---

[1] Disa-Elektropol-Gerät und Mikropol-Gerät nach KNUTH-WINTERFELDT.

Überwalzungen und gröberen Einschlüssen bedarf es oft nicht einmal einer Ätzung. Diese Mängel sind am Schliff oft schon mit bloßem Auge erkennbar (siehe Abb. 195). Im Gegensatz zum makroskopischen Schliffbild wird als mikroskopisch der feingeschliffene, polierte und geätzte Schliff bezeichnet, der die Lage der einzelnen Gefügekörner bei wesentlich höherem Vergrößerungsgrad beobachten läßt, dabei allerdings eine einwandfreie, riefenfreie Politur des Schliffes voraussetzt.

Durch den Ätzvorgang werden die Gefügekörner verschieden gefärbt und verschieden stark angegriffen, so daß ein schwaches Relief entsteht, das auffallende Lichtstrahlen verschieden stark reflektiert. Vor dem Ätzen ist die Schliffläche in Alkohol zu säubern und zu entfetten. Tab. 10 enthält einige Behandlungshinweise für die einzelnen Ätzverfahren. Die Ätzdauer ist sehr unterschiedlich. Es ist daher zwecks Überwachung des Ätzvorganges und zwecks Vermeidung eines überätzten oder gar verbrannten Schliffes die Probe wiederholt aus der Ätzlösung herauszunehmen, mit Alkohol zu reinigen, mittels sauberem Wattebausch zu trocknen und unter dem Mikroskop zu beobachten. Der dadurch bedingte Mehraufwand an Zeit ist immer geringer als das Neuvorrichten einer überätzten Probe. Schliffe für hohe Vergrößerungen müssen vorsichtiger geätzt werden, haben also eine kürzere Ätzdauer als andere. Die Ätzdauer hängt vom Verdünnungsgrad der Ätzlösung außerdem stark ab. Auf den Gebrauch von Gummihandschuhen bei Lösungen mit stark ätzenden Säuren ist ausdrücklich hinzuweisen.

Auf die zahlreichen auf dem Markt befindlichen Metall-Auflichtmikroskope, die neben der einfachen optischen Beobachtung zumeist mit photographischer Ausrüstung versehen sind, kann im Rahmen dieses Buches nicht näher eingegangen werden. Nach Möglichkeit sind bei Gefügeaufnahmen folgende Vergrößerungsgrade V einzuhalten: 1, 2, 5, 10, 25, 50, 100, 200, 500 und 1000. Vergrößerungsgrade unter 10 lassen sich mit den üblichen Mikroskopen oft nicht aufnehmen, dafür eignen sich Balgenvorsatzgeräte als Kamerazubehör. Bei Vergrößerungen von $V \geq 500$ werden gern Objektive für homogene Immersion verwendet, wobei während des Gebrauches zwischen Schliff und Objektiv ein Tropfen Zedernholzöl als Immersionsflüssigkeit beigegeben wird. Die Immersionsobjektive sind sehr empfindlich, ein Anfahren gegen das Objekt ist zu vermeiden. Die lineare Vergrößerung V ergibt sich aus der Beziehung

$$V = \frac{250 \times \text{Okularvergrößerung}}{\text{Objektivbrennweite in mm}}$$

Zumeist ist auf den Okularen die Vergrößerung und auf den Objektiven die Brennweite in mm eingestempelt. Oft wird man zur genaueren Bestimmung des Vergrößerungsgrades Glas- oder Metallplättchen mit fein eingeritzter Mikroteilung (bis 0,01 mm) beilegen. Die mittlere Korn-

Tabelle 10. *Ätzmittel für metallographische Untersuchungen von Blechen.*

Werkstoff	Zweck d. Ätzung (ma. = makroskopisch mi. = mikroskopisch)	Ätzmittel			Ätz-dauer	Bemerkungen zur Ausführung der Ätzung
		Nr.	Bezeichnung	Zusammensetzung (bezogen auf 100 cm³)		
Stahlblech	ma. Faserstruktur, Nachweis von Einschlüssen u. Seigerungen	1	HEYNsches Reagens	5—10 g Kupferammonium-chlorid in 100 cm³ Wasser	1—5 min	Feinschleifen nur bis 0. Polieren nicht erforderlich. Kupferniederschlag mit Wasser abspülen, evtl. mit Wattebausch unter Wasser abreiben. Einfachstes und billigstes Verfahren.
Stahlblech mit Stickstoffgehalt	ma. Sichtbarmachen von Spannungen in Form von Kraftwirkungsfiguren	2	FRYsches Ätzmittel	40 g Kupferchlorid 45 cm³ Wasser 55 cm³ Salpetersäure, konz.	2 bis 20 min	1 bis 3 min in Lösung, dann Verreiben von Kupferchloridpulver mit in Lösung getränktem Lappen. Sobald dunkle Kraftwirkungslinien sichtbar, in Salzsäure, dann in Wasser abspülen. Proben vorher auf 200 bis 300° erwärmen.
Stahl (Grobblech)	ma. grober Faserverlauf und Seigerung	3 4	Tiefätzung	50 cm³ Wasser 50 cm³ Salzsäure oder 95 cm³ Wasser 5 cm³ konz. Schwefelsäure	5 bis 20 Std. 20 bis 30 Std.	Teilweise genügen roh vorgeschliffene Proben. Seigerungen werden herausgefressen. Für photographische Wiedergabe weniger geeignet.
Weiche Stahlbleche	mi. Kornstruktur	5	Alkoholische Salpetersäure	4 cm³ konz. Salpetersäure je 32 cm³ Äthyl-, Amyl- und Methylalkohol	10 bis 300 sec	Bei Korngrenzenätzung mehrmaliges Anätzen und Abpolieren mit feuchter Schlämmkreide oder Wiener Kalk vorteilhaft.
Alle Stahlsorten	mi. Mikrostruktur	6 7	Alkoholische Pikrinsäure	5 g krist. Pikrinsäure 100 cm³ Äthylalkohol oder wie zu 6 mit 1 cm³ Salpetersäure[1]	10 bis 300 sec	Die Lösung kann wiederholt verwendet werden. Universalätzmittel für laufende Untersuchungen des Mikrogefüges. Die Pikrinsäure geht erst nach Tagen und Wochen in Lösung. Besondere Aufbewahrungsvorschriften! [1] Schärfer wirkend als 6
Nichtrost. Stahlblech	mi. Mikrostruktur von schwer angreifb. Legierg.	8	V2 A-Beize	1 cm³ Sparbeize 4 cm³ Salpetersäure 45 cm³ Salzsäure 50 cm³ Wasser		Ätzwirkung bei heißer Lösung von 60 bis 70° C schärfer, desgl. bei Zugabe einiger Tropfen Salpetersäure.

Werkstoff		Nr.	Ätzmittel	Zusammensetzung	Dauer	Bemerkungen
Nickelblech u. Ni-Legier.	mi.	9	Königswasser	3 cm³ konz. Salzsäure 2 cm³ konz. Salpetersäure 95 cm³ Alkohol	1 bis 5 Std.	Schärfere und schnellere Ätzwirkung ohne Alkoholzusatz bei 80 cm³ konz. Salzsäure und 20 cm³ Salpetersäure.
	ma.	10	Salpeter-säure	70 cm³ Salpetersäure 30 cm³ Alkohol	10 bis 30 min	
Cu-Blech Ms-Blech mit mehr als 70% Cu und Bronzen, a. Neusilber	ma. und mi.	11	Eisenchlorid	5 g FeCl₃ 25 cm³ konz. Salzsäure 75 cm³ Wasser	5 bis 30 min	BeiUntersuchung auf Kornfelder genügt a. Stelle einer Ätzung ein Anlassen der Schlifffläche derart, daß diese auf eine geschliffene, heiß gehaltene, von unten beheizte Stahloberfläche gelegt werden. Gute Gefügebilder b. Anlaßtemp. v. 250 bis 300° C. Anschl. Abschrecken in kaltem Wasser.
		12	Ammonium-persulfat	10 g Ammoniumpersulfat 100 cm³ Wasser		
Ms-Blech m. weniger als 70% Cu	ma. und mi.	13	Kalilauge	kalt gesättigt, heiß verwandt	5 bis 10 min	Ätzlösung durch Bunsenbrenner auf 70 bis 90° C warm halten. In heißem Wasser nachspülen.
	ma. und mi.	wie 5	—	—	—	
Zinkblech und Zn-Legierung	ma. und mi.	14	Salzsäure	2 cm³ konz. Salzsäure 100 cm³ Wasser	5 bis 60 min	
	mi.	15	Chromsäure	50 g krist. Chromsäure 50 cm³ Wasser	4 bis 20 min	
Mg- und Al–Mg-Bleche	mi.	wie 15	—	10 g krist. Chromsäure 100 cm³ Wasser	1 bis 10 min	
Al–Cu- und Al–Cu–Mg-Bleche	mi.	16	Flußsäure	15 cm³ Flußsäure 85 cm³ Wasser	1 bis 10 min	Flußsäureätzung bis Oberfläche mattiert, dann in konz. Salpetersäure nachätzen [2].
Al–Zn und Al–Cu–Zn–Mg	mi.	wie 16 wie 13	—	— —	— —	wie 16 — Als für alle Leichtmetallbleche geeignet gilt das Reagens nach TUCKER, das warm zwischen 40 bis 50° C verwendet wird: 45 cm³ konz. Salzs. (1,19 = 36%) 15 cm³ konz. Salpeters. (1,40 = 65%) 15 cm³ Flußsäure (1,13 = 40%) 25 cm³ Wasser
Al–Si	mi.	17	Kupfer-chlorid	15 g krist. CuCl₂ 100 cm³ Wasser	5 bis 10 sec	
Al 99 und 99,5	mi.	wie 16 wie 11	—	— —	— —	
Al 99,9	mi.	18	Flußsäure-freies Ätzmittel	15 cm³ konz. Salzsäure 45 cm³ konz. Salpetersäure 40 cm³ Wasser		[2] KOSTRON, H.: Kornfärbungs- und Schraffurätzung von AlCuMg-Legierungen. Z. Metallkde. Bd. 39 (1948) S. 333—342.

größe eines Gefügeausschnittes wird am bequemsten am aufgenommenen
Gefügebild geschätzt. Genauer ist ein Ausplanimetrieren einer größeren
Anzahl Kornflächen unter Berechnung des Durchschnittes. Es gibt
außerdem eine ganze Anzahl weiterer Verfahren[1]. Die Anwendung der
Metallographie in der Blechverarbeitung wird im folgenden Abschnitt
näher erläutert.

5.23 Beispiele für die Anwendung.

Abb. 186 zeigt in 200facher Vergrößerung einen Bandstahl St C 45.61
im Anlieferungszustand. Die Walzstruktur des mit körnigem Perlit
durchsetzten Gefüges ist deutlich erkennbar. Zur Erhöhung der Ver-

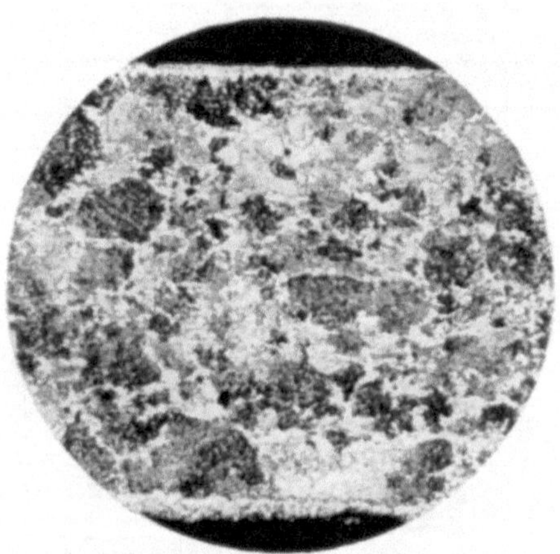

Abb. 186.
Gut verarbeitbarer Bandstahl St C 45.61 (V = 200).

Abb. 187. Das gleiche Band wie Abb. 186, aber
randentkohlt und überglüht (V = 200).

formbarkeit wurde dieser Bandstahl geglüht. Es erwies sich, daß der
Werkstoff darnach noch schlechter verarbeitbar war. Die metallographische Prüfung gemäß Abb. 187 in gleicher Vergrößerung ergab
ein überglühtes und randentkohltes Gefüge.

In 100facher Vergrößerung ist in Abb. 188 das Schliffbild eines
Tiefziehstahlbleches mit 0,039 % Kohlenstoffgehalt und einer Dicke von
2,5 mm dargestellt. Das Gefügebild veranschaulicht eine typische Zeilenstruktur dieses Werkstoffes, welche durch Glühen beseitigt werden
kann. Nach einer Normalisierungstemperatur von 950° C ist gemäß
Abb. 189 die Zeilenstruktur fast verschwunden. Damit ist gleichzeitig
eine Kornverkleinerung verbunden. Zwischen den kleinen Ferritkörnern
ist die Zeilenstruktur nur teilweise in Form feiner horizontaler Linien
erkennbar. Auch diese Abbildung ist ebenso wie Abb. 188 bei 100facher
Vergrößerung hergestellt.

---

[1] DEDERICHS, A., u. H. KOSTRON: Zwei neue Schnellverfahren zur Korn-
querschnittsbestimmung. Verlag Chemie 1950.

Ein gut verarbeitbares Tiefziehstahlband von 0,5 mm Dicke zeigt
Abb. 190 in 200facher Vergrößerung. Ein gleichartiger Werkstoff, der
jedoch beim Tiefziehen reißt, ist in Abb. 191 bei gleicher Vergrößerung

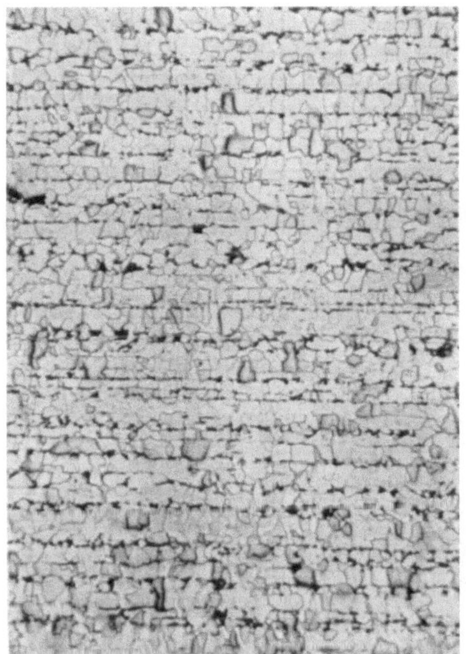

Abb. 188. Tiefziehstahlblech (C = 0,039%)
mit Zeilenstruktur (V = 100).

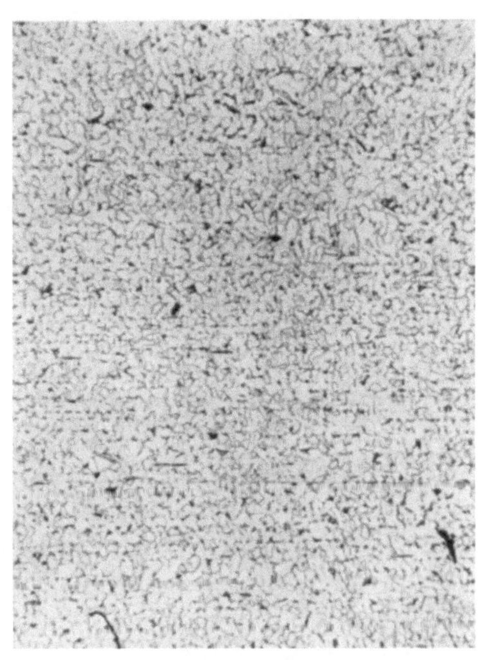

Abb. 189. Das gleiche Blech nach Abb. 188
normalisiert (V = 100).

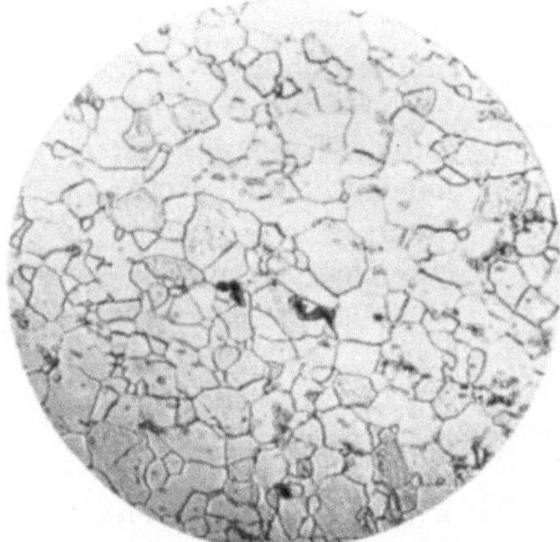

Abb. 190. Gut verarbeitbares Tiefziehstahlband (V = 200).

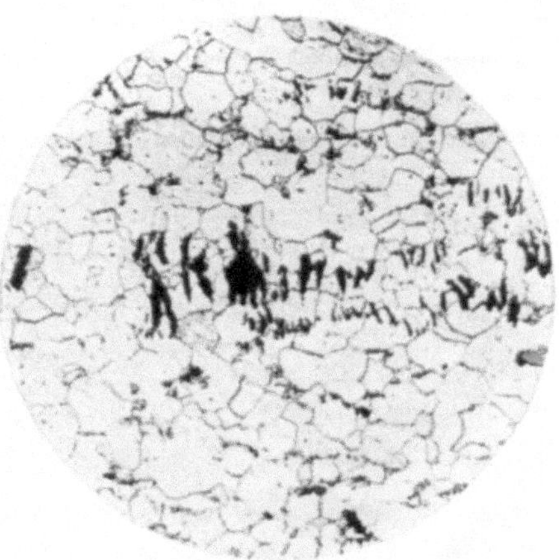

Abb. 191. Schlecht verarbeitbares Tiefziehstahlband (V = 200).

Abb. 192. Bandstahl wie Abb. 190, jedoch überglüht (V = 200).

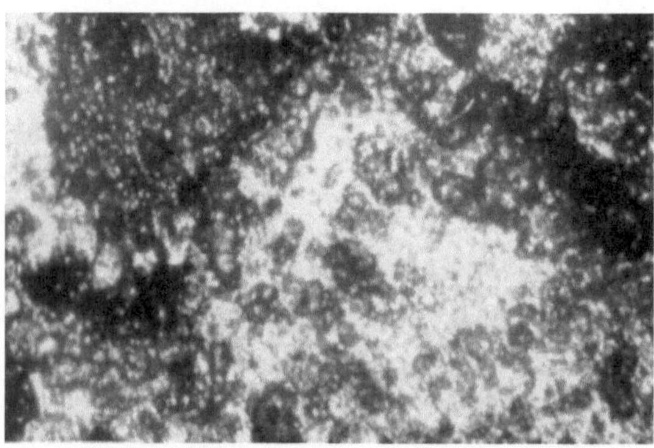

Abb. 193. Mit oxydischen Schlacken verunreinigter Bandstahl (V = 500).

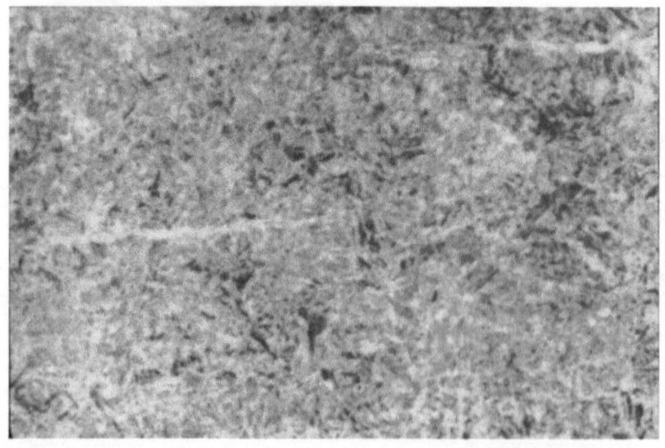

Abb. 194. Verwalzte Blasen in Chromnickelstahlblech (V — 100).

sichtbar. Eine Erklärung hierfür ist die zeilenartig angeordnete Schlacke in Form der schwarzen nebeneinanderliegenden schmalen Flecke. Offensichtlich ist dieses Blech zunächst in horizontaler Richtung vorgeblockt worden und senkrecht hierzu kalt nachgewalzt. Auch hier dürfte ebenso wie bei Abb. 189 ein Normalisieren derartige zeilenstrukturartig verteilte Schlacke zwar nicht völlig zum Verschwinden bringen, aber im Gefüge verteilen und durch eine Kornverminderung eine festere gegenseitige Bindung herbeiführen, wodurch die Tiefzieheignung verbessert würde. Dabei darf aber nicht durch Überglühen der Werkstoff zu grobkörnig werden, wie dies Abb. 192 zeigt bei gleicher Vergrößerung und gleichem Werkstoff. Es wurde bereits in Verbindung mit der Einbeulprüfung der Einfluß der Korngröße behandelt. Eine Kornvergrößerung bedingt eine Herabsetzung der Reibungsflächen zwischen den einzelnen Körnern und eine schwierige Verformung, da sich kleine Teile leichter als große verschieben und umordnen lassen.

Abb. 193 stellt bei einer 500fachen Vergrößerung das grobe Vergütungsgefüge eines mit lang oxydischen Schlacken stark verunreinigten Bandstahles dar. Die Ferritkristalle erscheinen hell in Abb. 193. Die in

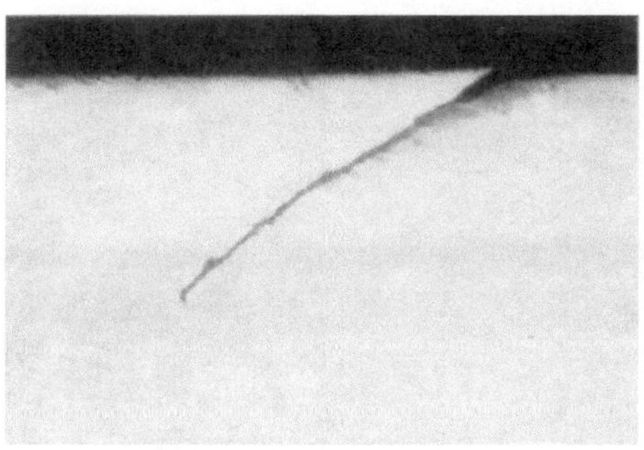

Abb. 195. Ungeätzter Schliff an einer Überwalzstelle nach Abb. 11 (V = 50).

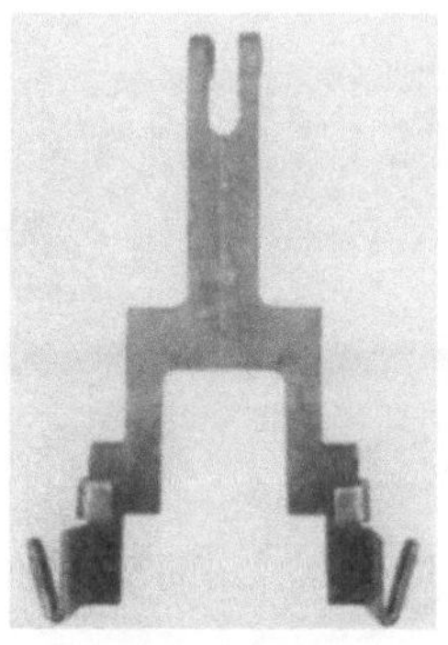

Abb. 196. Farbbandführung aus St C 15-Blech. (V = 2)

Abb. 193 schwarz hervortretenden Schlacken sind zumeist in feinkugeligen Korngrenzenzementit eingebottet. Während Schlakken meist in einzelne aufgerissene Stücke, die durch den Walzvorgang in einer Richtung gereckt werden, zerfallen, werden Gasblasen dicht geschlossen und zeigen selbst im Gefügebild sich als schmale dunkle Striche parallel zur Walzrichtung. In Abb. 194 sind solche Risse in einem Gefüge eines Chrom–Nickel-Stahlbleches deutlich sichtbar.

Ein makroskopisches Bild ist weiterhin der Überwalzungsriß in Abb. 195 bei einer 50fachen Vergrößerung eines ungeätzten Schliffes. Fehler dieser Art

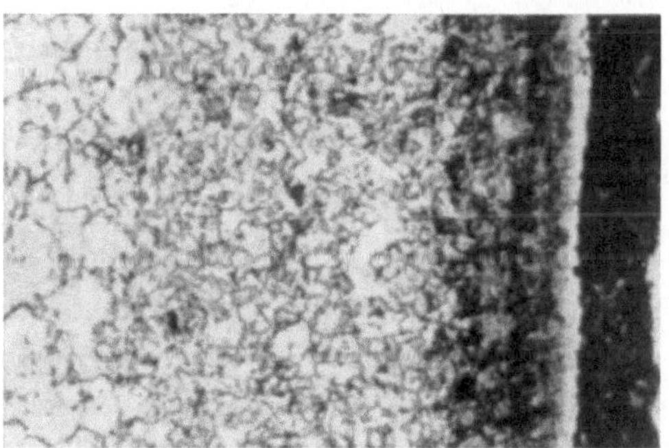

Abb. 197. Einsatzzone 0,09 bis 0,12 mm des Teiles Abb. 196 (V = 100).

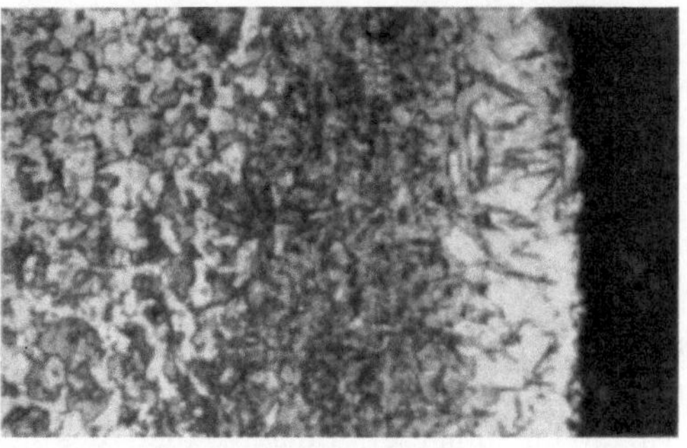

Abb. 198. Einsatzzone 0,30 bis 0,35 mm des Teiles Abb. 196 (V = 100).

sind mit bloßem Auge in den meisten Fällen äußerlich gemäß Abb. 11
erkennbar. Allerdings ist im Schliff die Rißtiefe, in diesem Falle
0,64 mm, nur im Schliff nachweisbar.

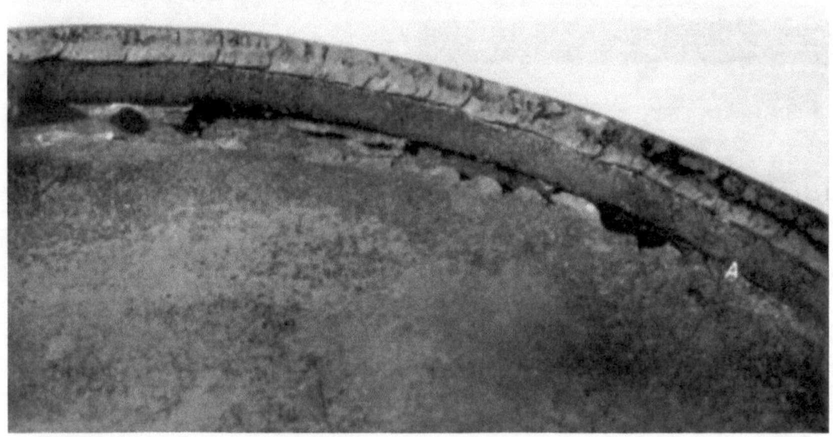

Abb. 199. Alterungsriß von A nach links.

Die in Abb. 196 sichtbare Farbbandführung einer Schreibmaschine
wurde aus verschiedenen Stählen hergestellt, die außerdem einer unter-

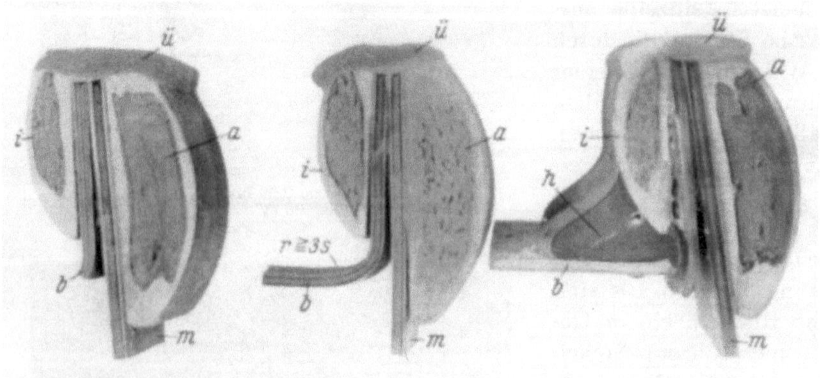

Abb. 200 bis 202. Querschnitte durch Boden und Umreifung zu Abb. 199.

schiedlichen Behandlung unterworfen wurden. So zeigt Abb. 197 in
100facher Vergrößerung ein aus St C 15 gehärtetes Blechteil einer Einsatzzone von 0,09 bis 0,12 mm mit sorbitischem Rand und ferritischem
Kern. Nach längerer Einsatzdauer des gleichen Bleches ist gemäß
Abb. 198 die Einsatzzone stärker geworden, sie beträgt 0,3 bis 0,35 mm.

Hier ist zwar das Kerngefüge ebenso wie in Abb. 197 ferritisch, aber das Randgefüge martensitisch und nur das Übergangsgefüge sorbitisch

Gerade für die Beanspruchungsart dieses Teiles empfiehlt sich eine zu starke Einhärtetiefe nicht. Ein Randgefüge nach Abb. 197 ist daher im Hinblick auf Verschleißwiderstand und Haltbarkeit günstiger als ein solches nach Abb. 198.

Ein weiteres Beispiel für die Anwendung der Metallographie in der Verarbeitung von Stahlblechen zeigen Abb. 199 bis 204. Hierbei handelt es sich um einen typischen Fall von Blaubrüchigkeit an Bodenrändern von Eisenfässern. Ein solcher Bodenrand ist in Abb. 199 erkennbar. Vom Punkt A ab nach links verläuft der Riß. An verschiedenen Stellen des Randes wurden die in Abb. 200 bis 202 dargestellten drei Proben entnommen, die feingeschliffen, poliert und mittels des OBERHOFFERschen Reagens geätzt wurden. Diese drei Schliffe zeigen übereinstim-

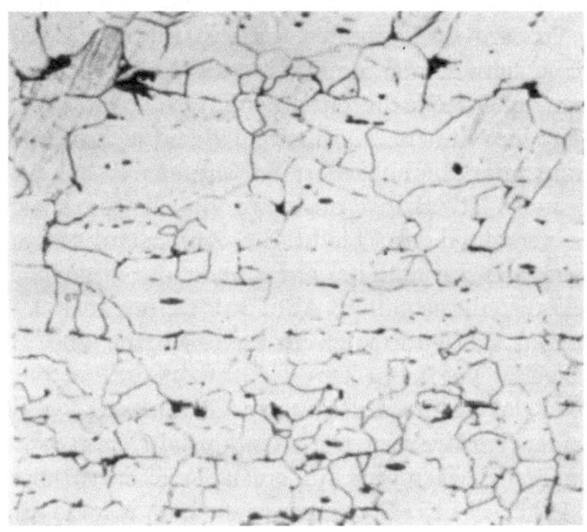

Abb. 203. Grobkorn und Zeilenstruktur im umgeformten Bereich (V = 150).

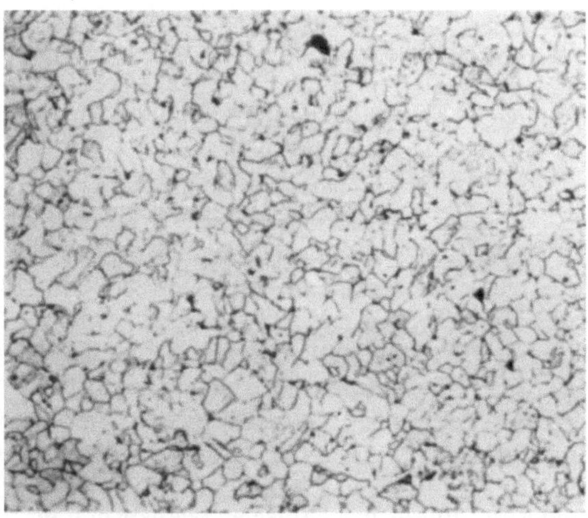

Abb. 204. Normales Feinkorn des gleichen Stahlbleches wie Abb. 203 im nicht umgeformten Bereich (V = 150).

mend rechts das größere halbrunde Walzprofil des Außenreifens a und links das kleinere des Innenreifens i. Zwischen beiden Reifen ist rechts das Mantelblech m, links das Blech des umgebördelten Bodens b erkennbar. Da dort die Biegekrümmung $r \geq 3s$ ist, so kann hier eine zu scharfkantige Einbördelung nicht die Ursache des in Abb. 199 von A aus nach links sichtbar verlaufenden Risses sein. Abb. 200 zeigt im Querschliff eine Bruchstelle, Abb. 201 ein unversehrtes und Abb. 202 ein hartgelötetes h Randstück. Alle drei Schliffe zeigen oben die Überschweißung $\ddot{u}$. Bereits die Makrostruktur zeigt im Werkstoffinnern der Bleche betonte Zeilen. Noch stärker fällt dies in Abb. 203 auf, wo das innere Kerngefüge des Bleches in der Krümmung nach Ätzung mit alkoholischer Salpetersäure bei 150facher Vergrößerung dargestellt ist. Selbst dort, wo die Korngrenzen infolge Kornwachstums verschwinden, bleibt die Zeilenstruktur mit ihren Einschlüssen gut sichtbar zurück. Bei einer mehr der Oberfläche nahen Probe treten diese Einschlüsse gemäß Abb. 204 weiter zurück. Es handelt sich dabei um einen Werkstoff, der im unversehrten und nicht umgeformten Teil des Bleches liegt. Der Vergleich zwischen den beiden Abb. 203 und 204 beweist das starke Kornwachstum und die Rekristallisation erstens infolge der Verformung beim Umbördeln und zweitens infolge der später folgenden Erwärmung auf einen Temperaturbereich zwischen 200 und 500° C. Diese Erwärmung ergab sich infolge der Schweißung, wobei die Innen- und Außenreifen wärmespeichernd wirkten und außerdem eine rasche Abkühlung verhinderten, so daß die dafür kritische Temperatur gut bis zur Umformstelle der Bördelung vordringen konnte. Das vorliegende Thomasstahlblech ist für den fraglichen Zweck infolge seiner hohen Alterungsempfindlichkeit ungeeignet. Diese Alterungsempfindlichkeit ist wiederum einmal metallurgisch bedingt durch die reichlich vorhandenen Einschlüsse, zum anderen durch einen verhältnismäßig hohen Stickstoff- und Phosphorgehalt.

5.24 Plastizometeruntersuchungen.

Diese hier gezeigten Beispiele, welche nicht nur für Stahlbleche, sondern auch für andere Metallbleche beliebig ergänzt werden können, zeigen die Bedeutung der metallographischen Prüfung für die Beurteilung der Bleche nicht nur in der Herstellung, sondern auch in der Verarbeitung. Dabei werden aus dem metallographischen Befund Schlüsse auf die Verformbarkeit von Werkstoffen bisher in der Regel nur vor der Verformung oder nach der Verformung, also im ruhenden Zustand der Gefügeteile, untersucht. Seltener wurde das Gefüge während seiner Veränderung durch mechanische Beanspruchung beobachtet. Die wenigen, zumeist von Pöschel[1] angeregten Untersuchungen beschränken sich auf den Zerreißvorgang, also auf eine Zugbeanspruchung in einer

---

[1] Pöschel: Mikrozerreißmaschine zur mikrophotographischen und mikrokinematographischen Untersuchung der Werkstoffe. Arch. Eisenhüttenw. Bd. 13 (1939/40) Heft 4 S. 189—192. — Über Gleitvorgänge in Metallkristallen. Z. techn. Phys. Bd. 22 (1941) Heft 3 S. 47.

Richtung. Abb. 205 stellt ein solches Gerät unter einem Mikroskop dar. Es läßt sich damit die Verschiebung des Gefüges an der durch Schleifen, Polieren und Ätzen vorbereiteten Einschnürstelle des Blechprüfstabes beobachten. Dieser Zerreißstab ist an beiden Enden in die Backenpaare

Abb. 205. Zerreißapparat zur mikroskopischen Betrachtung der Einschnürstelle.

der Einspannvorrichtung eingespannt, die ihrerseits durch eine Schraubspindel mit Rechts- und Linksgewinde zueinander genähert oder voneinander entfernt werden. Dies geschieht mittels des links in Abb. 205

Abb. 206. Gerät wie Abb. 205, jedoch mit Kraftmeßbügel und zweiter Meßuhr.

sichtbaren Schneckentriebes. Die rechte Meßuhr zeigt den Weg an, den die äußeren Einspannbacken zurücklegen. Einen anderen Aufbau zeigt Abb. 206. Auch hier erfolgt die Betätigung der Dehnspindel über einen Schneckentrieb. Jedoch ist die den Backenvorschub anzeigende Meßuhr am anderen Ende, also links in Abb. 206 vorgesehen. Dafür ist die rechte Zugplatte mit einem Kraftmeßbügel verbunden, dessen Aus-

lenkung an der dort angebrachten rechts im Bild sichtbaren Meßuhr
abgelesen werden kann. Der Zerreißstab ist nicht allseitig eingespannt,
sondern wird in seinen Bohrungen an den verbreiterten Enden durch
auf den Zugplatten vorstehende Zapfen aufgenommen.

Für die Umformung des Werkstoffes während eines Zieh-Stauch-
Vorganges, wie er für das Tiefziehen in Betracht kommt und auf S. 189
in Verbindung mit Abb. 144 für die beim Napfzugversuch auftretenden
Formänderungen geschildert ist, ist die bloße Beobachtung der Gefüge-

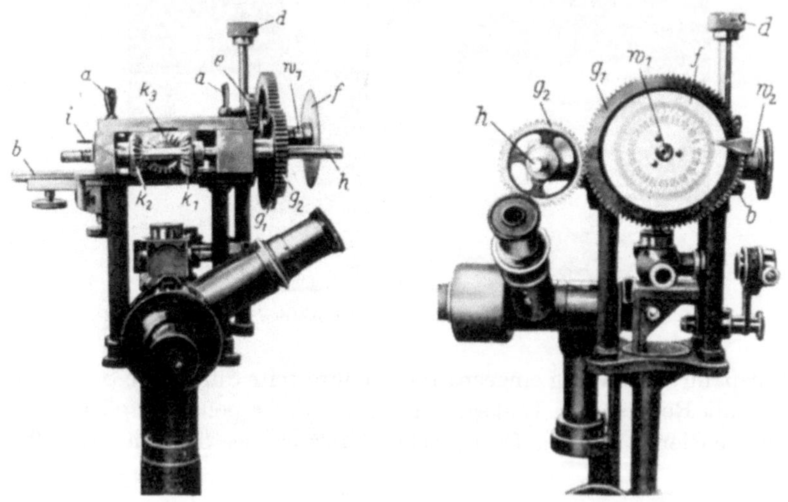

Abb. 207, 208. Auf dem Objekttisch aufgeschraubtes Plastizometer.

änderung am Zerreißstab unwesentlich. Beim Keilzugversuch wäre zwar
die Beobachtung theoretisch möglich; jedoch gleitet das beobachtete
Korn während seiner merkbaren äußeren Veränderung unter dem Objektiv hinweg und entschwindet somit dem Gesichtskreis. Deshalb ist
nur ein Gerät verwendbar, das die Beobachtung eines im Gesichtsfeld
zwar bleibenden, jedoch während der Kristallverschiebung beanspruchten Gefüges gestattet. Zu diesem Zweck wurde das in Abb. 207/208
dargestellte und als Plastizometer[1] bezeichnete Gerät entwickelt, das
auf den Tisch über der Opak-Beleuchtung und dem Objektiv einer optischen, zu metallographischen Untersuchungen bestimmten Bank auf-
geschraubt wird. Abb. 207 zeigt das mittels Flügelschrauben a auf den
Objektivtisch b aufgeschraubte Plastizometer, Abb. 209 das Gerät von
unten gesehen.

---

[1] Über Plastizometer siehe Werkstatttechnik Bd. 36 (1942) Heft 15/16
S. 300; ferner Metallwirtsch. Bd. 22 (1943) Heft 7/8 S. 97—100.

Zunächst wird ein Probestab z hergestellt, dessen Mitte hochglanzpoliert, geätzt und der gemäß Abb. 209 auf dem Backenpaar c_1/c_3 befestigt wird. Auf dem anderen Backenpaar c_2/c_4 sind die Stauchstempel t angebracht. Diese vier Backen c sind jeweils in ihrer Längsrichtung prismatisch geführt und werden mittels der beiden sowohl mit Links- als auch mit Rechtsgewinde versehenen Gewindespindeln w_1 und w_2 vor- und zurückgeschoben. Der Plastizometerantrieb erfolgt durch Drehen am Knopf d, wodurch eine auf der gleichen Welle befestigte Schnecke das auf w_1 befestigte Schneckenrad e bewegt. Die Welle w_1 wird also unmittelbar angetrieben und ihre Verdrehung an der Skalenscheibe bei f abgelesen. Da

die Steigung des Gewindes auf w_1 und w_2 1 mm beträgt, so entspricht einem Skalenstrich ein Vorschub von $10\,\mu$ für beide Backen c_1 und c_3 oder $5\,\mu$ für jede Backe. Der Antrieb der Gewindespindel w_2 mit den Backen c_2 und c_4 erfolgt über das Stirnräderpaar g_1/g_2, die Querwelle h und die Kegelräder k_1 oder k_2 und k_3. Dieses ist mit der Ge-

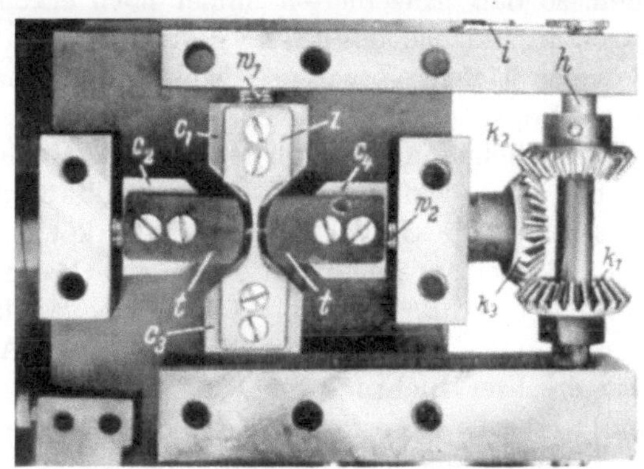

Abb. 209. Ansicht des Plastizometers von unten.

windespindel w_2, die anderen, k_1 und k_2, sind mit der Querwelle h fest verbunden. Am anderen Ende der verschieblichen Querwelle h sind drei Nuten eingedreht, in die der Kuppelungsriegel i eingelegt werden kann. Entsprechend der in Abb. 207 gezeigten Stellung ist die innerste Ringnut verriegelt, und das Kegelrad k_1 steht mit k_3 in Eingriff. Abb. 209 zeigt die Mittelstellung, wo überhaupt kein Eingriff erfolgt und nur die Gewindespindel w_1 allein bewegt wird. Bei der Verriegelung der äußersten Ringnut stehen die Kegelräder k_2 und k_3 miteinander im Eingriff, so daß die Bewegungsrichtung der Gewindespindel w_2 gegenüber der in Abb. 207 gezeigten Anordnung umgekehrt wird. Die Stirnräder g_1 und g_2 sind aufsteckbar und austauschbar, so daß das Vorschubverhältnis beider Gewindespindeln zueinander verändert werden kann. An Stelle der Form des Probestabes Abb. 209 hat sich auch eine kleinere Ausbuchtung im Prüfkörper und eine entsprechend geringere Abrundung der Stauchstempel bewährt.

Der Vergrößerungsgrad ist für diese Versuche infolge der mangelnden Tiefenschärfe begrenzt. Bei 125-facher Vergrößerung läßt sich das Gefüge noch gut beobachten. Die geringste Breite in der Stabmitte ist der Dicke des Werkstoffes gleichzusetzen, da sich sonst der Prüfkörper zu stark wölbt und eine mikroskopische Beobachtung ausgeschlossen ist. Bleche unter 0,4 mm Dicke eignen sich daher nicht zur Beobachtung der Gefügeveränderung unter dem Plastizometer.

Die Begrenzung der Tiefenschärfe ist für die Beobachtung der Verformungsvorgänge sehr hinderlich. Je weiter die Verformung fortschreitet, um so mehr treten aus der geschliffenen und polierten Oberfläche des Prüfstückes einzelne Körner plastisch hervor und die Fläche wird rauh. Gewiß kann der Vorschub nach jeweils 10 μ unterbrochen und das Sichtfeld durch Verstellung des Objektivträgers abgetastet werden, so daß Einzelheiten immer noch erkennbar bleiben; doch ist der Gesamteindruck des Bildes gestört.

Für den Tiefziehvorgang sind folgende bisher gewonnenen Erkenntnisse wichtig. Die Gefügeänderung bei reiner Zugbeanspruchung ist eine wesentlich andere als bei einer Zug-Stauch-Beanspruchung, wie sie in der Zarge während des Tiefziehens tatsächlich eintritt. Abb. 210 bis 213 zeigen die Gefügeänderung eines kohlenstoffarmen mit alkoholischer Salpetersäure geätzten Tiefziehbleches bei einer 80-fachen Vergrößerung. In Abb. 210 und 211 steht der Werkstoff unter reiner Zugbeanspruchung. Dabei ist der Prüfstab nach Aufnahme der Abb. 210 in waagerechter Richtung um 60 μ gereckt worden bis zur Aufnahme Abb. 211. Der Bruch erfolgte später bei zunehmendem Vorschub an der gestrichelten Stelle. Gewiß ergibt die Nachprüfung der Breitenmaße der Kristallkörner unter dem Meßmikroskop und sogar beim flüchtigen Vergleich beider Bilder eine Verlängerung in der Breite und eine Verkürzung oder Schrumpfung in der Höhe. Doch bleibt im großen und ganzen das Gefügebild bis zum Eintritt des Bruches ziemlich erhalten, soweit die Beobachtung durch die obengeschilderte mangelnde Tiefenschärfe nicht behindert wird. Ganz anders sind die Veränderungen beim Zug-Stauch-Vorgang. Abb. 212 und 213 zeigen für den gleichen Werkstoff aus der gleichen Blechtafel bei gleicher Ätzung und Vergrößerung entsprechende Bilder. In waagerechter Richtung wird gezogen, in senkrechter hierzu gestaucht bei gleichem Vorschubverhältnis der Gewindespindeln w_1 und w_2, d. h. die Zähnezahlen der Zahnräder g_1 und g_2 sind einander gleich, bei der vorliegenden Einrichtung je 70 bei einem Teilkreisdurchmesser von je 70 mm. Die Verformung entspricht etwa der Zargenmitte eines zylindrischen Ziehteiles. Nach Aufnahme der Abb. 212 erfolgte an beiden Spindeln w_1 und w_2 ein Vorschub von je 20 μ bis zur Aufnahme Abb. 213. Hier wird das Gefüge durcheinandergeknetet. Die Korngrenzen werden abgerundet, verschwinden ganz oder es entstehen neue. Eigenartig ist die Zusammenballung und Verschweißung der Kristalle zu klumpenähnlichen Gebilden. Gewiß wird auch hier eine Kornvergrößerung in waagerechter Richtung und eine Schrumpfung senkrecht hierzu beobachtet. Die Veränderung der Korngrenzen erfolgt jedoch in viel ungeordneteren Formen als in Abb. 210 und 211 während der reinen Zugbeanspruchung. Härtere Körner werden durch

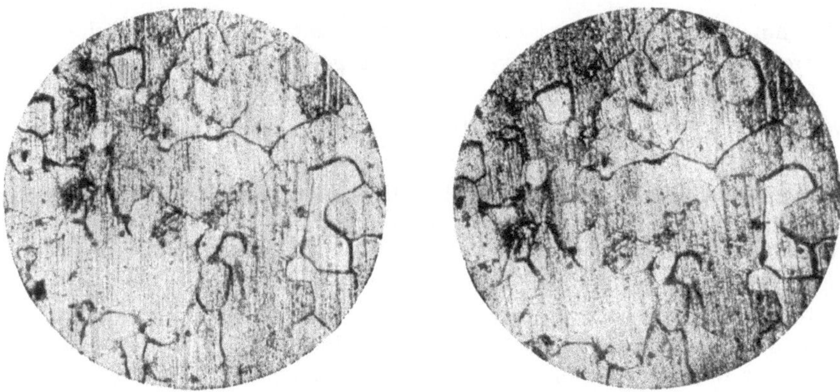

Abb. 210, 211. Gefügeveränderung bei reiner Zugbeanspruchung.

die Stauchstempel weiter vorgetrieben als weichere, die zurückbleiben und gewissermaßen beiseite gequetscht werden. Dabei treten unvor-

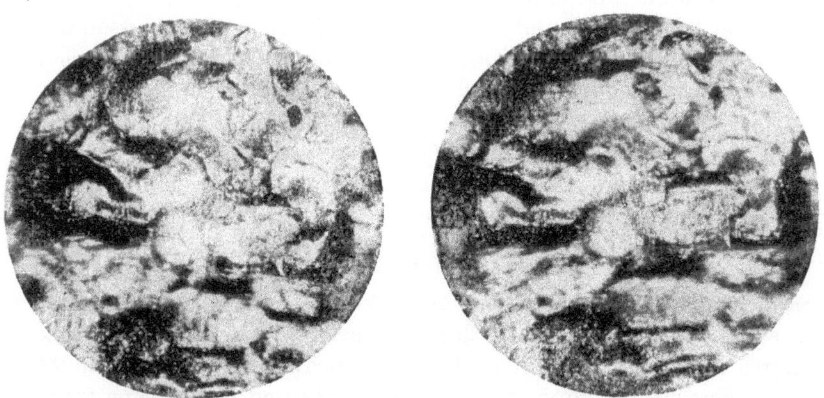

Abb. 212, 213. Gefügeveränderung bei einer dem Tiefziehvorgang entsprechenden Zugstauchbeanspruchung.

hergesehene und überraschende Verdrehungen und Verlagerungen ein, die für den Tiefziehvorgang offenbar von wesentlicher Bedeutung sind. Beim Zugstauchen unter dem Plastizometer fällt weiterhin auf, daß einmal der Kraftaufwand bis zum Riß sehr viel größer als beim reinen Zugversuch ist, und daß eine zeitliche Unterbrechung des Zugstauchvorganges, also auch des Tiefziehens, den Bruch früher als bei langsamer aber stetiger Umformung eintreten läßt[1].

5.3 Zerstörungsfreie Blechprüfverfahren.

Die nur kurze Behandlung dieses in letzter Zeit außerordentlich hervorgetretenen Zweiges der Werkstoffprüfung geschieht aus zwei Gründen. Einmal sind diese Verfahren in ihrer Anwendung oft schwierig und physikalisch derart verwickelt, daß im Rahmen dieses Buches unter Hinweis auf das einschlägige Schrifttum nur kurz verwiesen werden kann. Andererseits lohnen diese Verfahren für die laufende Blechfertigung noch nicht. Gewiß wurden in USA stellenweise Versuche unternommen, direkt am Kaltwalzwerk Strahlungsapparate anzubringen oder das Blech oder Band durch mit solchen Geräten ausgerüstete Sortiermaschinen hindurchzuschicken, eventuell diesen Arbeitsgang mit einem Richtarbeitsgang zu verbinden. Doch werden diese Geräte erst in weiter Zukunft an Bedeutung gewinnen, soweit sie als zuverlässige Anzeiger von Doppelungen und anderen von außen nicht sichtbaren Fehlern wirtschaftlich eingesetzt werden. Über ihre wesentlich zeitnahere Verwendung zur Blechdickenmessung wurde bereits zu S. 147/151 Näheres ausgeführt. Damit soll nicht gesagt werden, daß für diesen oder jenen besonderen Fall sich eine kostspielige Werkstoffprüfung doch lohnt und empfiehlt.

Während Klangprobe und Magnetprobe bei feinen Einschlüssen und inneren Fehlern kaum etwas bringen, sind die Strahluntersuchungen aussichtsreicher, von denen hier drei genannt werden.

5.31 Röntgenstrahlen.

Die Art der Untersuchungen[2] trennt man den Eigenschaften dieser Strahlen entsprechend in drei Gruppen:

5.311 Grobstrukturuntersuchung.

Sie beruht auf der Absorption der Röntgenstrahlen bei Durchgang durch einen Werkstoff. In der Blechverarbeitung wird die Grobstrukturuntersuchung bei der Güteprüfung der Schweißnähte angewandt[3]. Abb. 214 zeigt ein für Grobstruktur bestimmtes und durch seine transportable Gestaltung auch für Untersuchungen an Blechen und Schweiß-

---

[1] Siehe in Übereinstimmung hierzu: K. P. HARTEN: Schwierigkeiten bei der Blechbearbeitung. Masch.-Bau Betrieb Bd. 16 (1937) S. 73—77, sowie E. GÖHRE: Werkzeuge und Pressen der Stanzerei S. 45. Berlin 1939.

[2] GLOCKER, R.: Materialprüfung mit Röntgenstrahlen unter besonderer Berücksichtigung der Röntgenmetallkunde. Berlin 1949.

[3] EGGERT, J., u. H. GAJEWSKI: Einführung in die technische Röntgenphotographie. Leipzig 1945.

verbindungen geeignetes 200-kv-Gerät[1]. Links sind der zur Gerätebedienung erforderliche Schaltschrank, in der Mitte die beiden Transformatoren, rechts daneben das rollbare Stativ mit schwenkbarer und in der Höhe verstellbarer Röhre und ganz rechts vorn die Zahnradpumpe für die Ölkühlung der Röntgenröhre sichtbar. Die durchstrahlbare Grenzdicke von Blechen liegt bei Verwendung von Kalzium-Wolframat-Folien bei 65 mm, bei Forderung nach höchster Bildgüte und Anwendung von Bleifolien bei 30 mm.

In USA ist schon seit 1933 die Prüfung der Schweißnähte von Hochdruckbehältern bis zu 100 mm Blechdicke mit Röntgen- (oder β-)

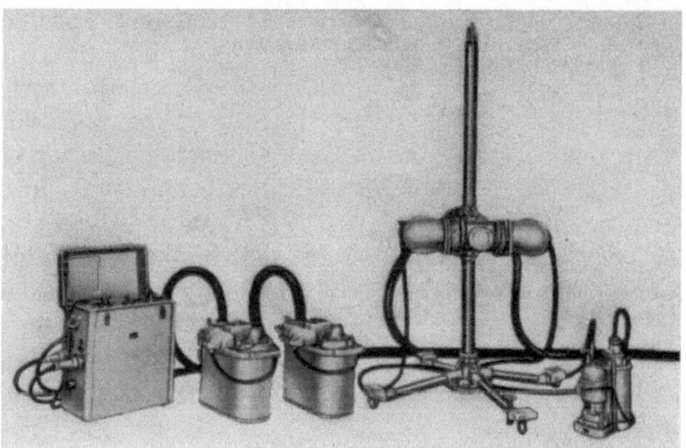

Abb. 214. 200-kV-Röntgen-Grobstrukturgerät.

Strahlen und mit den durchdringenderen radioaktiven (oder γ-) Strahlen vorgeschrieben. Auch die Böden und Zargen gezogener Stahlflaschen werden durch Einlegen von Schlauchkassetten für die Röntgenphotographie zugänglich. Die Tiefenausdehnung einer Fehlstelle in der Strahlrichtung läßt sich durch Vergleich seines Schattens mit einem Gegenstand bekannter Dicke abschätzen. Dies wird durch gleichzeitiges Mitphotographieren von Drahtmeßmarken erleichtert. Dies sind kleine Rahmen, in denen Drähte verschiedenen Durchmessers nebeneinander eingespannt sind (DIN E 1914).

Abb. 215 bis 219 zeigen Aufnahmen von Schweißraupen, wo auf den ersten beiden und letzten beiden Filmen derartige Drahtmeßmarken als Beilagen zu erkennen sind. Für das Röntgen von Schweißnähten werden solche Anlagen vorzugsweise eingesetzt. In Abb. 215 ist eine einwandfreie Schweißnaht erkennbar. Hingegen zeigen die Filme nach

---

[1] Abb. 214, 218, 219, 225—229 wurden von der Fa. Siemens-Reiniger-Werke, Erlangen, zur Verfügung gestellt.

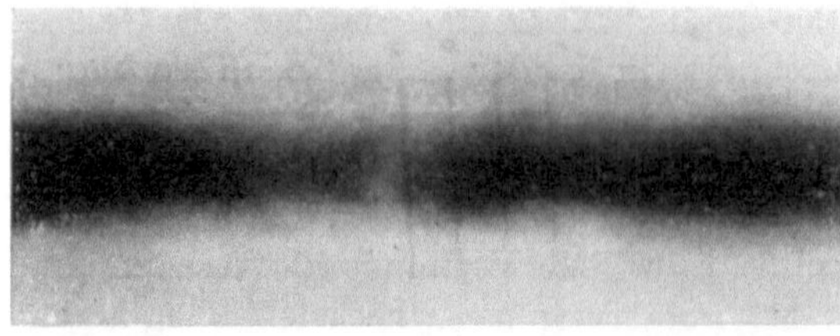

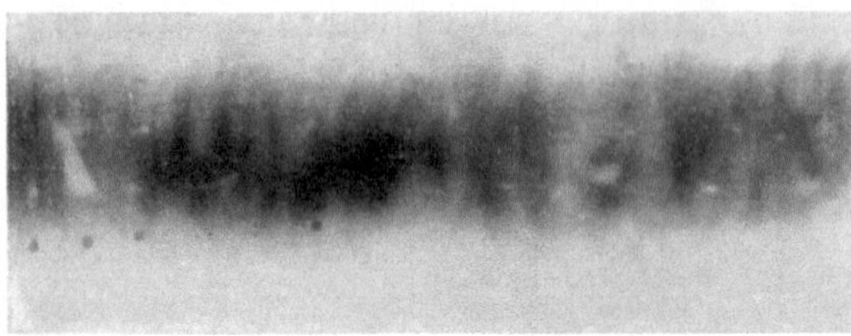

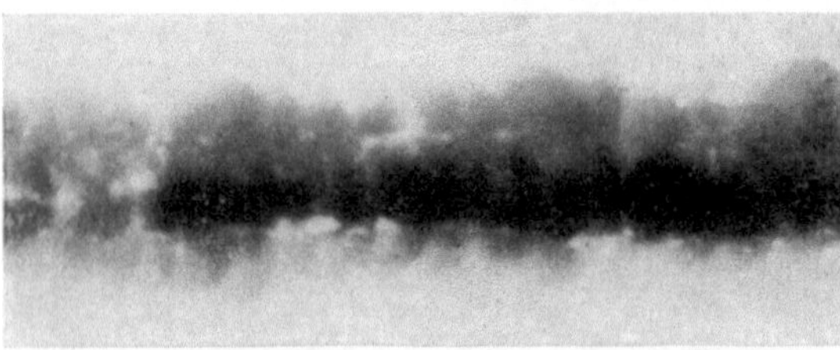

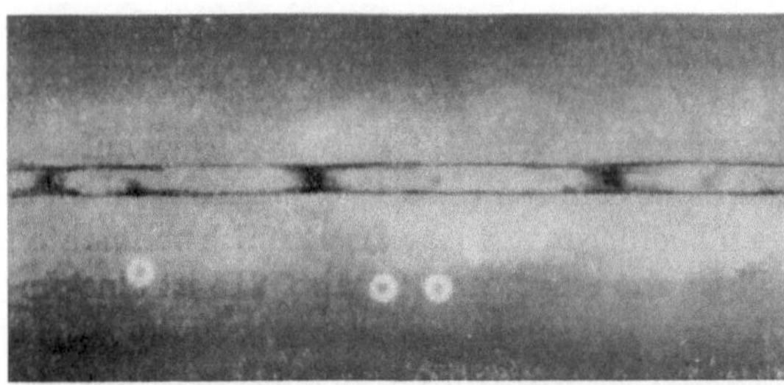

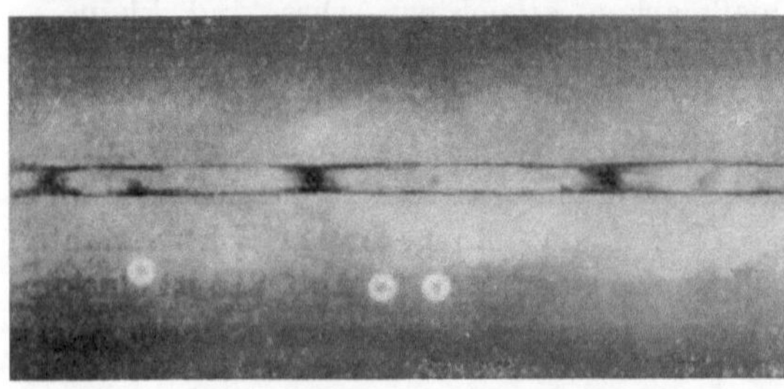

Abb. 215 bis 219. Röntgenbilder von Schweißnähten,
hergestellt mit dem Gerät zu Abb. 214.

Abb. 216 und 217 unvollkommene Schweißraupen und Bindefehler in Form weißer Flecke in der Wurzel und am Rand. Eine Schweißnaht mit durchgehendem Wurzelfehler ist in Abb. 218 zu sehen. Eine Schweißnaht mit starkem Wurzelfehler und Schlakkenansammlung in der Wurzel wird in Abb. 219 offenbar. Es handelt sich hierbei um ein auf Stumpfstoß zu verschweißendes, 23 mm dickes Stahlblech. Durch die Aufnahme stellte sich ein 4 mm breiter Luftspalt unterhalb der sonst am Rande gut abschließenden Schweißraupe heraus. Abb. 215 bis 217 sind Positiv-Kopien, während Abb. 218 bis 224 den Original-Negativ-Film im Dunkelfeld darstellen.

Für die schlecht zugänglichen Grenzflächen von Kehlschweißnähten wurde von BERTHOLD eine Einpolröntgenröhre mit fingerförmiger Anode entwickelt. Die Feststellung flach ausgewalzter Lunker in Blechen, die zu den berüchtigten Doppelun-

gen führen, ist nicht immer einfach, insbesondere wenn das Verhältnis
Blechdicke : Lunkerdicke groß ist. Nur durch eine sehr geschickte Filmbehandlung mit Verstärkern und Abschwächern treten anfänglich kaum
sichtbare verschwommene Schatten härter hervor. Daher die eingangs

erhobenen Bedenken gegen
die Wirtschaftlichkeit einer
laufenden Betriebskontrolle
in der Blechverarbeitung
und Herstellung! Jedoch
sind derartige Lunker unverwalzt im Rohblock sehr
viel leichter mittels Röntgenstrahlen zu erkennen.

Während der Einsatz
der Röntgenstrahlen bei der
Nachprüfung von Schweißnähten außerordentlich

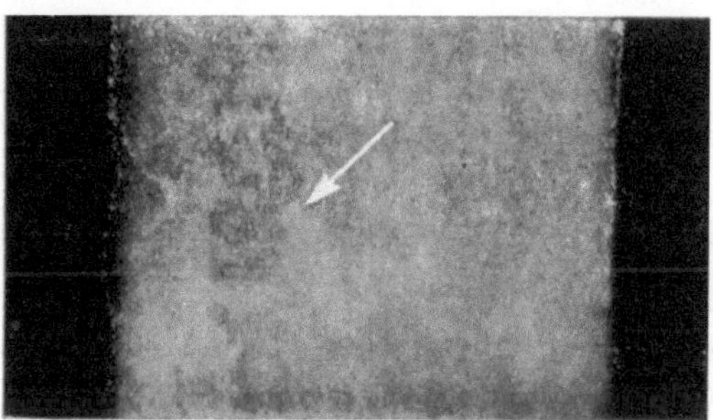

Abb. 220. Röntgenographisch schwer nachweisbarer
Einschluß im Bandstahl.

häufig ist, so daß in USA keine größere Schweißwerkstatt zu finden ist,
die nicht mit einer gut ausgerüsteten Röntgenanlage ausgerüstet ist,

wird die Untersuchung
des Halbzeuges ebenso wie
in Deutschland nur in
sehr seltenen Fällen durchgeführt. Die Abb. 220 bis
223 zeigen Aufnahmen an
0,6 mm dickem kaltgewalztem Bandstahl mit
äußerlich nicht erkennbaren Fehlern, die im
Battelle-Institut in Columbus hergestellt wurden. Abb. 220 stellt den
Nachweis eines röntgenographisch sonst so schwer
nachweisbaren Einschlusses dar. Die Trübung an

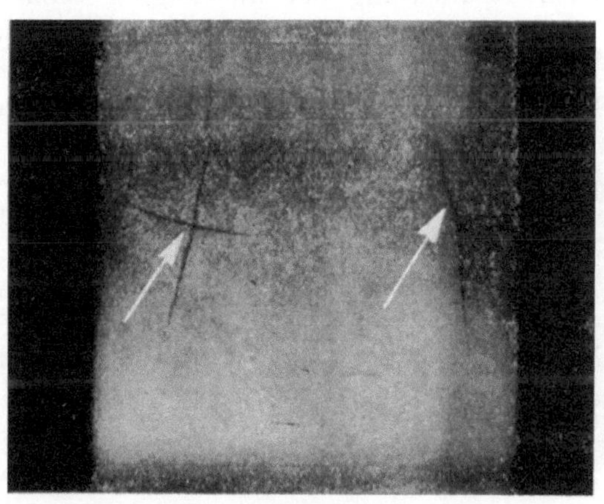

Abb. 221. Innenliegende Risse in kaltgewalztem
Bandstahl.

der Einschlußstelle ist kaum zu sehen, und die Grenzen sind schwer
erkennbar. Trotzdem muß diese Abbildung noch als eine verhältnismäßig wohlgelungene Aufnahme bezeichnet werden, da in den allermeisten Fällen Einschlüsse überhaupt nicht hervortreten und an
Bändern über 1 mm Dicke nur in Ausnahmefällen zu erkennen sind.
Eine Einschlußkontrolle durch Passieren des Bandes unter dem
Röntgenschirm verspricht bei den in Walzwerken üblichen Walz-

geschwindigkeiten keinen Erfolg. Dafür eignet sich eine Beobachtung mittels Ultraschallgeräten besser. In Abb. 221 sind innen liegende und in Abb. 222 außen liegende Risse, die beim ersten Augenschein äußerlich nicht erkennbar sind, röntgenographisch nachgewiesen. Es muß

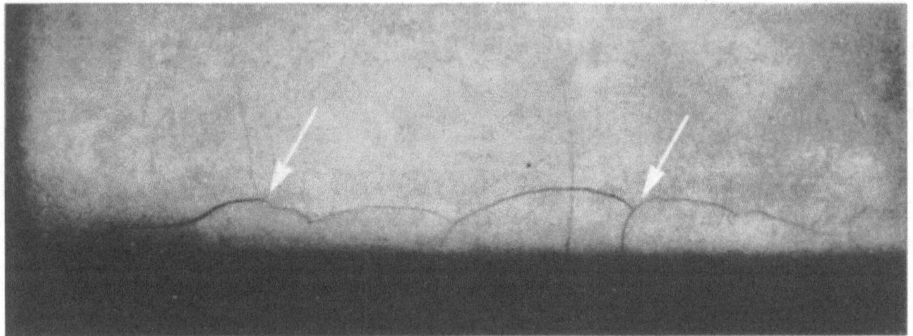

Abb. 222. Rissiges Randgefüge in kaltgewalztem Bandstahl.

hierzu allerdings gesagt werden, daß bei einer nachträglichen mikroskopischen Betrachtung der angezeigten Stellen der Riß stellenweise,

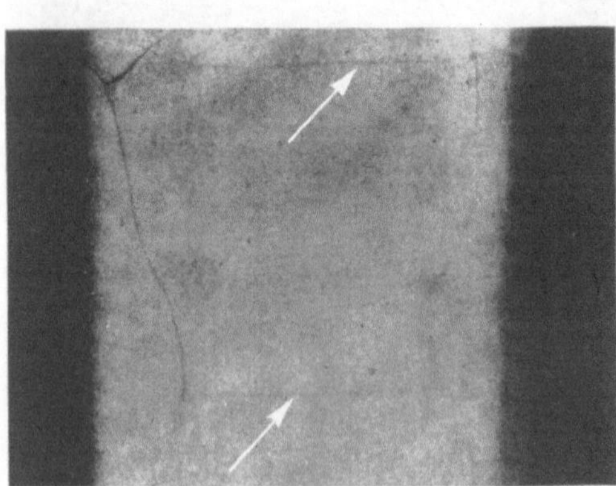

Abb. 223. Quer verlaufende Bruchlinien.

wenn auch nicht in seinem geschlossenen Zusammenhang, entsprechend dem Röntgenbild entdeckt werden konnte und daß das fragliche Band an einigen anderen Stellen, insbesondere an den Rändern, Einrisse zeigte, die mit dem bloßen Auge wahrgenommen werden konnten. Immerhin waren andererseits bei der Durchleuchtung teilweise sogar starke Risse bemerkbar, die das Band durchquerten, ohne daß hierbei ein Bruch eintrat, oder das Band einknickte, oder sich die Spur eines beginnenden Einknickes, eines Bruches, wie überhaupt des Einrisses selbst äußerlich zeigt. In Abb. 223 sind durch die beiden weißen Pfeile derartige Querlinien gekennzeichnet, deren Ursprung auf Knickbrüche gemäß S. 19 oder Knitterlinien zurückzuführen ist.

In den Chrysler- und Plymouth-Werken in Detroit werden röntgenographische Untersuchungen ohne Beigabe von Stahlspänen an verdäch-

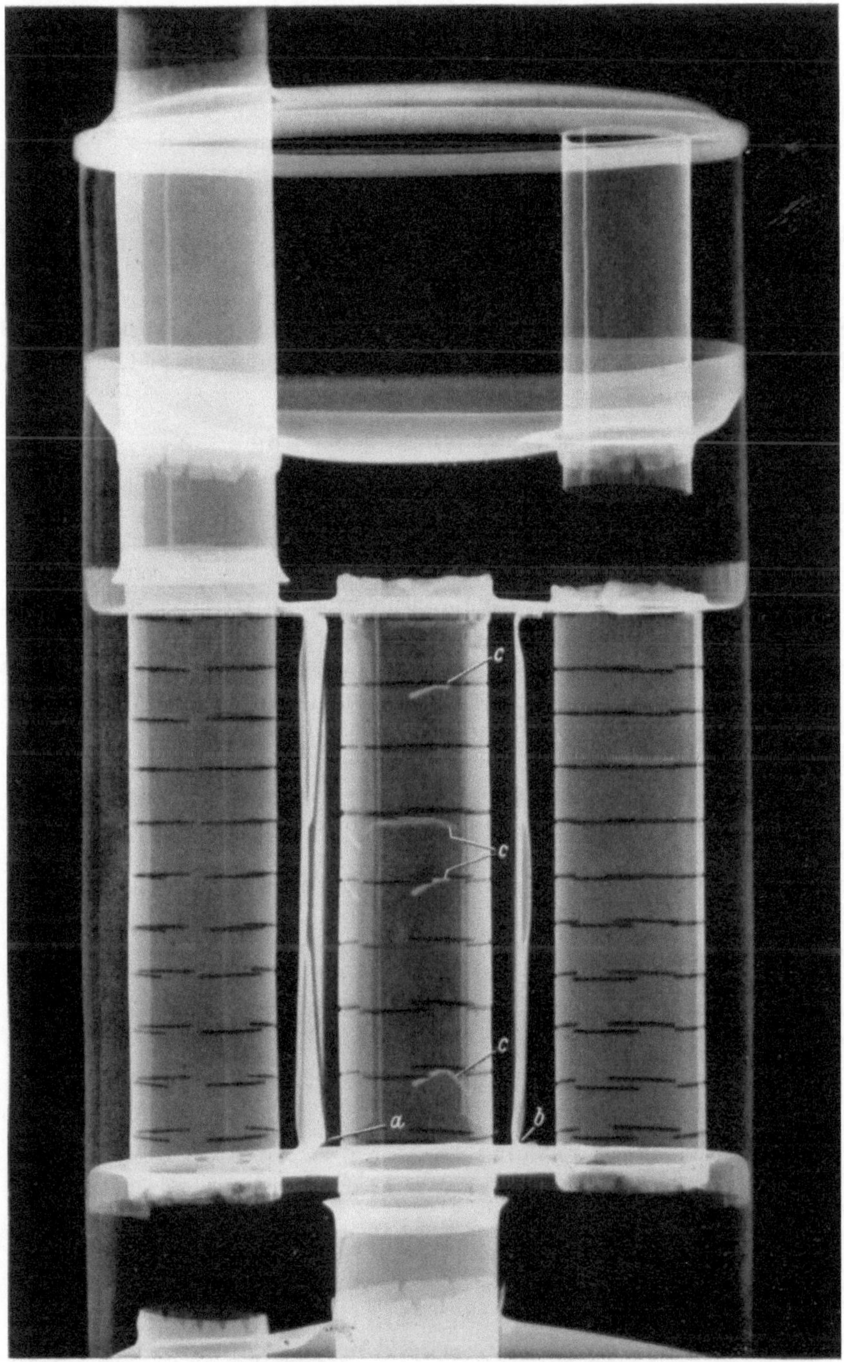

Abb. 224. Durchleuchtung eines Auspufftopfes.
Schlechte Anlage des mittleren Hülsenflansches bei a, gute bei b. Mangelhafte Schlitzentgratung bei c.

tigen Auspuffgehäusen aus Stahlblechen von knapp 1 mm Dicke häufig durchgeführt. Sie ergaben teilweise unzulässige Verschiebungen oder gar Zerstörungen von Zwischenwänden oder sonstige Fehler. Abb. 224 zeigt die Aufnahme eines bei der Probe durch zu starkes Geräusch aufgefallenen Auspufftopfes. Hervorzuheben ist hierbei, daß diese Aufnahme ohne Einbettung des Auspuffgehäuses in Eisenpulver erfolgte. Hierbei weist die Aufnahme bei Pfeil *a* ein mangelhaftes Anliegen des unteren Hülsenflansches an der linken Seite nach, der das Mittelrohr umgibt, während bei Pfeil *b* rechts der Flansch gut anliegt und nicht wie bei *a* durch den Gasdruck ausgebeult ist. Die Pfeile *c* zeigen Grat, der nach dem Einschneiden der waagerechten Schlitze im Mittelrohr sich dort gelöst hat und nicht entfernt wurde. Für die Geräuschbildung ist dieser Umstand jedoch kaum von Bedeutung.

5.312 Feinstrukturuntersuchung.

Sie beruht auf der Eigenschaft der Röntgenstrahlen, in allen kristallinen Gittern die Strahlrichtung zu beugen. Dadurch wird die Lage der Kristalle im Werkstoff (= Fasertextur) nachgewiesen. Die Entwicklung dieser Feinstrukturverfahren führte zur Größenbestimmung sehr kleiner, mit dem Mikroskop nicht mehr wahrnehmbaren Kristallen und zur Messung elastischer Spannungen[1]. Diese letztere Erkenntnis ist für die Blechverarbeitung wichtig, und in nicht allzu ferner Zukunft wird die Forschung sich dieser Verfahren bedienen, um insbesondere den elastischen Spannungszustand an gezogenen Teilen nachzuweisen, was bisher nur aus der gemessenen größten Formänderung und der mittleren Formänderungsfestigkeit unter Annahme eines Formänderungswirkungsgrades in weiten Grenzen berechnet werden konnte. Nun ist allerdings die Röntgenbestimmung auf die Messung von Oberflächenspannungen beschränkt. Um die Spannung an der bestimmten Stelle eines Bleches zu ermitteln, werden zwei Rückstrahlaufnahmen hergestellt mit verschiedenen Einstrahlrichtungen. Die eine steht senkrecht zur Blechfläche, die andere schräg. Meist wird dafür ein Einstrahlwinkel von 45° gewählt. Die vom Auftreffpunkt zurückgeworfenen (reflektierenden) Strahlen belichten den Film in einer Kamera. Die Lage des Reflexes auf dem Filmstreifen gestattet Rückschlüsse über die Dehnung in Richtung der Winkelhalbierenden zwischen dem schrägen Einfall

---

[1] Über die Grundlagen der Spannungsmessung: F. WEVER u. H. MÖLLER: Vergleich des Röntgenverfahrens mit mechanischer Spannungsmessung. Arch. Eisenhüttenw. Bd. 5 (1931) S. 215. – R. GLOCKER: Materialprüfung mit Röntgenstrahlen S. 309. Berlin 1936. – WEVER, F., u. H. MÖLLER: Arch. Eisenhüttenw. Bd. 5 S. 215; Mitt. K.-Wilh.-Inst. Eisenforschg. Bd. 18 (1936) S. 27. (Vergleich des Röntgenverfahrens mit mechanischer Spannungsmessung.) — MÖLLER u. BARBERS: Röntgenographische Messung elastischer Spannungen. Mitt. K.-Wilh.-Inst. Eisenforschg. Bd. 16 (1934) S. 21—31.

strahl und den Reflexstrahlen. Die Filme werden in einer halbrunden Kamera (beispielsweise System DEBYE-SCHERRER) untergebracht, die

zwecks Durchgang der Strahlen durchbohrt ist. Ebenso sind an diesen Stellen die Filmstreifen vor dem Einlegen zu lochen. Die zu untersuchende Stelle wird, um Einflüsse der Oxydation der Oberflächenbearbeitung auszuschalten, 0,2 mm tief abgeätzt. Darüber wird ein sehr dünner Belag eines Eichstoffes aufgetragen. Bei Stahlblechen eignet sich dafür Gold, das auf dem Film eine scharfe gleichmäßig geschwärzte Kreislinie als Rückstrahlmarke hinterläßt und als Ausgangswert für die Auswertung dient.

Der in Abb. 225 dargestellte 60-kV-Feinstrukturapparat ist für alle röntgenmetallographischen Untersuchungen geeignet, die bei der Herstellung und Verarbeitung von Blechen vorkommen. Die beiden in der Abbildung sichtbaren Kammern sind zur Untersuchung blechförmiger Proben bestimmt. Die rechte Flachkammer zeigt die Durchstrahlung eines Bleches, dessen Dicke nicht wesentlich größer als 0,1 mm sein darf, damit die Probe auch noch von den verhältnismäßig weichen Röntgenstrahlen durchdrungen wird. Dickere Blechproben können durch Abfräsen, Schaben oder Feilen an der nur kleinen bestrahlten Fläche auf eine so geringe Dicke gebracht

Abb. 225. 60-kV-Röntgen-Feinstrukturgerät für Blechuntersuchungen.

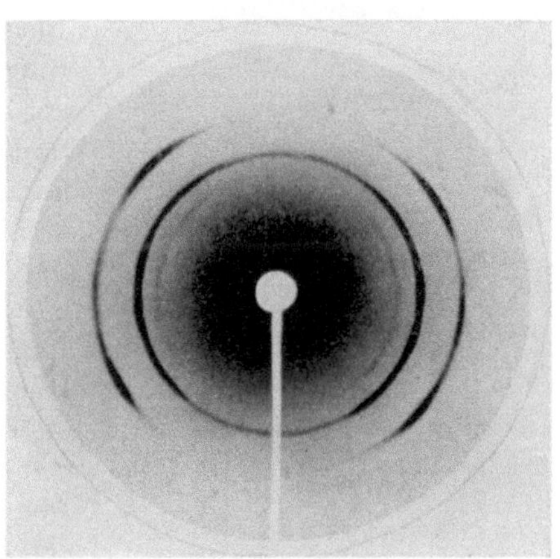

Abb. 226. Walztextur eines Nickelbleches, aufgenommen mit der in Abb. 225 rechts dargestellten Kammer.

werden. Für die linke Kammer ist eine solche Maßnahme nicht nötig, da sie nach dem Rückstrahlprinzip arbeitet. Hier kann die Probe beliebig

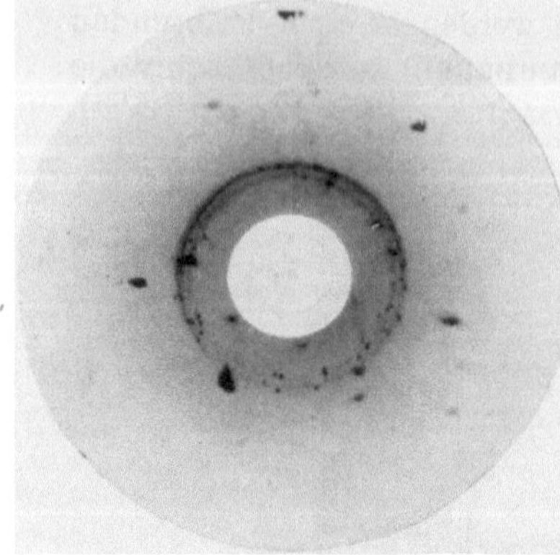

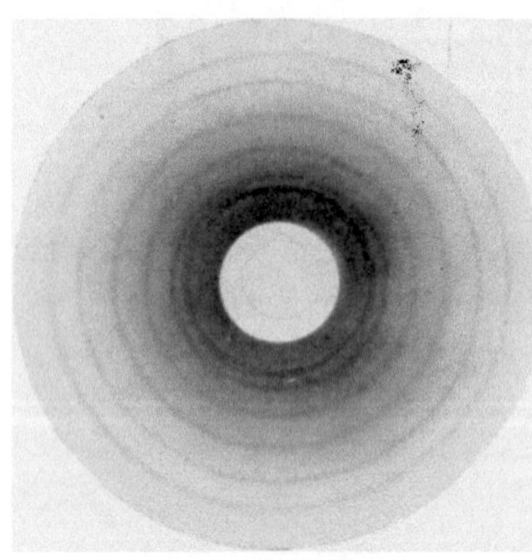

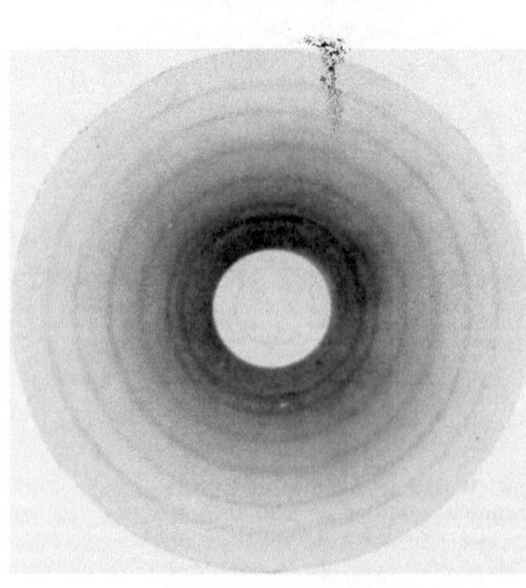

Abb. 227 bis 229. Rückstrahlaufnahmen an verzinkten Stahlblechen mit der in Abb. 225 links dargestellten Kammer.

dick sein. Unter Verwendung einer beweglichen Röhrenhaube, die durch ein Kabel mit der Spannungsquelle verbunden ist, können auch Teile von Blechkonstruktionen untersucht werden. Hierbei wird die Röhre nahe an die Prüfstelle gebracht. Ein solcher Einsatz des Gerätes erfolgt beispielsweise bei der Prüfung von Brückenkonstruktionen zur Feststellung elastischer Spannungen. Eine Aufnahme mit der Kammer nach Abb. 225 rechts zeigt Abb. 226. Sie veranschaulicht die Walztextur in einem nur 0,05 mm dicken Nickelblech. Erforderlich waren hierzu zwei Stunden Belichtungsdauer und Kupferkathoden. Aus der Lage der Maxima auf den Interferenzringen läßt sich die Vorzugsrichtung der Kristallit-Orientierung ablesen. Wie zu S. 19/20 ausgeführt, sind zur Kaltformung insbesondere zum Tiefziehen bestimmte Bleche mit so starker Walzorientierung für die Verarbeitung ungeeignet. Andererseits werden für magnetische Zwecke absichtlich Bleche hergestellt, die starke Texturen und damit Vorzugsrichtungen für magnetische und elektrische Leitfähigkeit aufweisen, wie z. B. Bleche für Pupinspulen. Die Abb. 227 bis 229 zeigen Rückstrahlaufnahmen mittels der in Abb. 225 links erkennbaren Kammer an verzinkten Eisenblechen. Der innere geschwärzte Doppelring der Abb. 227 rührt vom Stahlblech als Grundmaterial her, während die unregelmäßigen schwarzen Flecken durch die Verzinkung zu erklären sind. Die Aufnahme weist ein verhältnismäßig feines Korn des Stahlbleches nach, wobei es dahingestellt bleiben mag, inwieweit diese Feinkörnigkeit auf den Glühprozeß oder auf das Zerbrechen gröberer Körner beim Walzen zurückzuführen ist. Hingegen ist die Zinkauflage ganz grobkristallin. Die schwarzfleckigen Reflexe rühren nur von etwa fünf getroffenen Körnern innerhalb eines Aufnahmebereiches von 0,3 cm² her. Man kann Filme dieser Art um den Mittelpunkt der Strahldurchtrittsöffnung rotieren lassen und erhält dann Aufnahmen entsprechend Abb 228. Hier sind die einzelnen Zinkinterferenzen zu Kreisringen auseinandergezogen. Solche Aufnahmen haben den Vorteil besserer Auswertbarkeit, sagen aber nichts über die Kristallitgröße aus. An einer anderen Feinstrukturaufnahme dieser Art nach Abb. 229 ist zu erkennen, daß der Zinkbelag schwächer als nach Abb. 228 ist, da hier die Eisenlinien erheblich intensiver als die Zinklinien erscheinen. Aus dem Intensitätsverhältnis der Eisen- zu den Zinklinien läßt sich ohne Zerstörung des Werkstoffes die Dicke der Zinkauflage feststellen. Grundsätzlich ist dieses Verfahren der Dickenmessung von metallischen Überzügen keineswegs auf verzinktes Stahlblech beschränkt. Es kann auch jede andere Metallkombination hiernach untersucht werden. Voraussetzung ist allerdings, daß die Überzugsschicht für die verhältnismäßig weiche Röntgenstrahlung noch durchdringbar ist.

Die Abstände der konzentrischen Kreislinien verschieben sich unter Einwirkung elastischer Spannungen. Im plastischen Bereich, der für die Blechverarbeitung besonders interessiert, wird das Gefüge verfestigt und hierdurch die Rückstrahlung beeinflußt. Die Auswertung von Spannungsbildern wird hierdurch erschwert. Das Verfahren wird wegen der Schwierigkeiten in seiner Handhabung, Anwendung und Auswertung nur im engsten Rahmen der Forschung eingesetzt. So ist es beispielsweise möglich, an den Mikrozerreißstäben des Plastizometers S. 243 derartige Spannungsprüfungen röntgenographisch durchzuführen und bei fortschreitender Längung und Querkontraktion zu den verschiedenen Gefügeaufnahmen einer jeweils zugehörigen Röntgenspannungsaufnahme herzustellen[1] Voraussetzung hierfür ist allerdings eine nicht zu weitgehende Tiefenätzung und eine nur teilweise Abdeckung durch den Eichstoff. DIETZEL[2] hat auf röntgenographischem Wege mittels DEBYE-SCHERRER-Aufnahmen die Spannungen an Ziehteilen, nämlich 2 mm dicken Kochtöpfen, ermittelt. Wie bekannt, hat er im Boden keine Spannungen, jedoch nach dem Rande zu wachsende Spannungen im oberen Zargenteil festgestellt. Nach einem Erhitzen

---

[1] OEHLER: Verfahren und Vorrichtung zum Untersuchen der bildsamen Verformung und zum Feststellen des Spannungszustandes an festen Körpern, insbesondere Metallen auf röntgenspektrographischem Wege. DRP 756941.

[2] DIETZEL, A., u. W. STEGMAIER: Vorschläge für emailtechnische Prüfverfahren. Ber. DKG u. VDEfa Bd. 29 (1952) Heft 4 S. 133.

des Topfes auf 700° C waren diese Spannungen dort nach 10 Minuten zwar zeitweise, aber auch nicht ganz verschwunden.

Das National Bureau of Standards am US-Dept. of Commerce in Washington[1] hat gleichfalls nach diesem Verfahren die unter verschiedenen Walzwerken (Duo-, Trio-, Quarto-Walzwerken, dabei Duo teilweise in Tandemanordnung, sowie Steckelwalzwerk) und bei verschiedenen Abwalzgraden erzeugten Spannungen untersucht. Wird das Kristallgefüge in Walzrichtung angestrahlt, so ist dies eine Aufnahme in Richtung der X-Achse. Bei einer Aufnahme senkrecht hierzu, jedoch in der Blechebene liegend, ist dies die Y-Achse und senkrecht zur Blechebene die Z-Achse, etwa entsprechend den 3 Hauptformänderungsrichtungen für φ_1, φ_2 und φ_3 gemäß Abb. 144 zu S. 189 dieses Buches. Abb. 230 bis 235 zeigen 6 Rückstrahlaufnahmen, von denen die linken den Spannungszustand nach 67 %iger Reduktion ($s = 0,6$ mm), die rechten denselben nach 86%iger Reduktion ($s = 0,25$ mm) kennzeichnen. Hierbei wurde der weiche unter einfachem Duowalzwerk kaltgewalzte, ursprünglich 1,8 mm dicke Bandstahl gemäß der oberen Abbildungen in der X-Richtung, gemäß der mittleren Abbildungen in der Y-Richtung und gemäß der unteren in der Z-Richtung spannungsröntgenographisch untersucht. Die rechten Abbildungen zeigen gegenüber den linken ein stärkeres Hervortreten der hellen Stellen auf den Ringen. Viel größer sind die Unterschiede der Abbildungen, gesehen von oben nach unten. In der X-Achse ist eine symmetrische Anordnung der hellen Stellen unter 90° im breiten Innenring, unter 45° an den beiden schmalen hellen folgenden Ringen und unter 90° an den äußeren unterbrochenen Ringen deutlich wahrzunehmen. In den mittleren Abbildungen für die Y-Achse ist nur diese zuletzt erwähnte Orientierung noch erhalten, während der breite und die darum liegenden zwei schmalen Innenringe deutlich eine Abzeichnung der hellen Stellen unter 60° zeigen. Noch betonter wird diese Tendenz in den unteren Abbildungen für die Z-Achse, wo alle Kreise eindeutig und klar eine einem regelmäßigen Sechseck entsprechende Orientierung nachweisen. Jedenfalls haben diese Versuche die große Bedeutung der Einstrahlrichtung, bezogen auf Blechoberfläche und Walzrichtung, nachgewiesen[2].

Weniger deutlich treten diese Unterschiede bei warmgewalzten Blechen hervor, da hier gemäß Abb. 236 der breite und die beiden schmalen inneren Ringe durch ein dichtes Bündel radialer dunkler Linien so stark verdeckt werden, daß Helligkeitsunterschiede an den verschiede-

---

[1] Noch nicht veröffentlicht. Abb. 230 bis 236 sind mit Genehmigung der Herren J. G. THOMPSON und BENNET als Auszug jener Arbeit hier gebracht.

[2] Andere Blechwerkstoffe wurden in dieser Weise in der Arbeit von G. L. CLARK: The x-ray examination of materials in industry. Proc. Amer. Soc. Test. Mater. 1916. Race Str. Philadelphia 27 (1927) S. 21ff. untersucht.

nen Stellen des Umfanges nicht mehr auffallen. Im Hinblick darauf,
daß es sich hierbei um eine noch nicht veröffentlichte Arbeit eines frem-
den Institutes handelt, soll auf die hieraus abzuleitenden Schlüsse hier

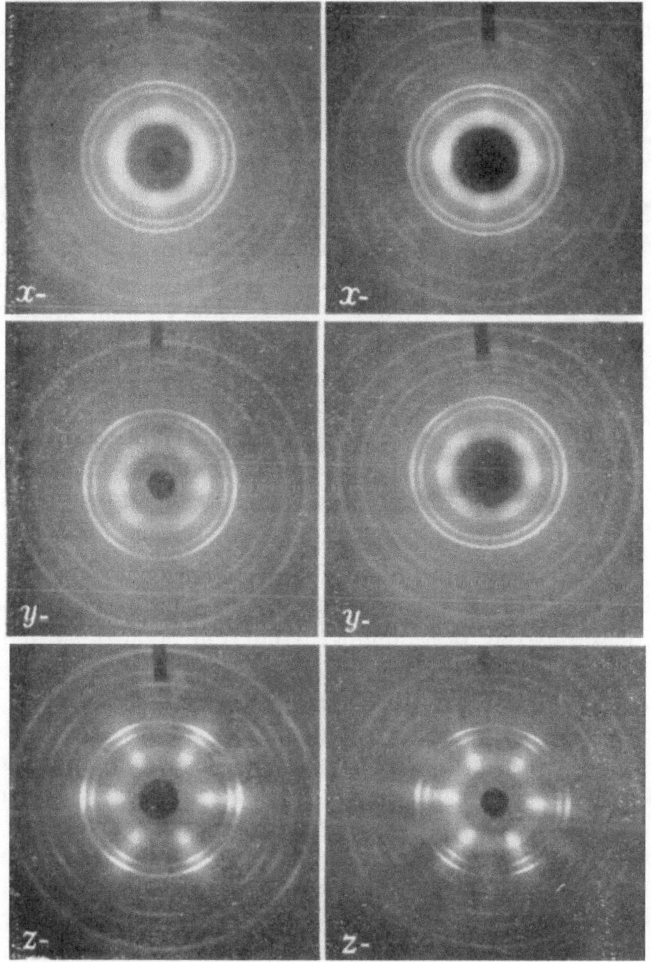

Abb. 230 bis 235. Rückstrahlaufnahmen in den 3 Hauptformänderungsrichtungen X, Y, Z an weichem unter Duowalzwerken kaltgewalztem
Bandstahl bei 67- (links) und 86%iger (rechts) Reduktion

nicht näher eingegangen werden. Immerhin wird hierdurch bewiesen,
daß bei Spannungsuntersuchungen die Einstrahlrichtung sehr wichtig
ist, und offenbar Aufnahmen in der Walzrichtung ($= X$) bei Vergleichen
von Spannungszuständen in Blechen besondere Merkmale am besten
zeigen, und daß derartige Untersuchungen nur an kaltgewalzten, nicht
an warmgewalzten Blechen befriedigende Abbildungen ergeben. Man

wird auch darum nicht herumkommen, von jeder Untersuchungsprobe eine große Anzahl Aufnahmen herzustellen. Denn der jeweils betroffene Kristall beeinflußt das Bild, und wir bekommen hierbei eine Streuung, die eine allgemeine Einführung des Verfahrens in der blechverarbeitenden Industrie erschweren mag. In der gleichen amerikanischen For-

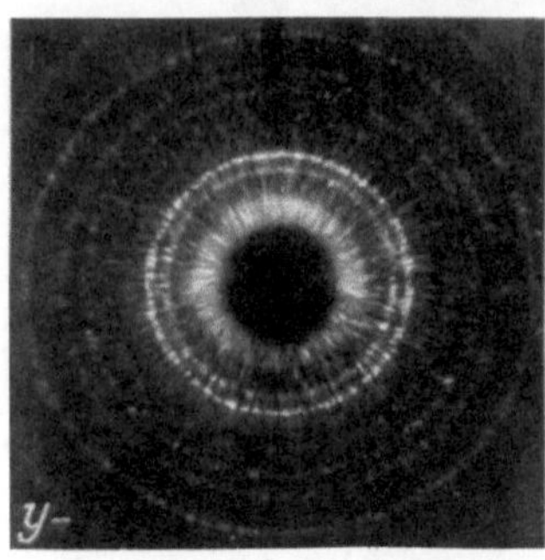

Abb. 236. Unter Steckelwalzwerk warmgewalzter Bandstahl.

schungsarbeit wurden unter sonst völlig gleichen Versuchsbedingungen Bleche an ihrer Oberfläche und im Bereich ihrer mittleren, innenliegenden Fasern untersucht. Hierbei ergeben sich deutliche Unterschiede, jedoch ohne eine überzeugende klare Tendenz insofern, als bei drei Versuchen die Aufnahmen in der mittleren Struktur helligkeitsbetonter erschienen, im vierten ohne ersichtlichen Grund sich die Umkehrung der Abbildungen zeigte[1]. Mit diesen Schwierigkeiten der Streuung wird man bei Blechen eines nun einmal sehr unterschiedlichen Gefügeaufbaus rechnen müssen. Es ist daher sehr zweifelhaft, ob die röntgenographische Spannungsermittlung an Ziehteilen für die Praxis jemals einsatzfähig wird.

5.313 Spektralanalyse.

Sie beruht auf der Eigenstrahlung der Atome und dient zur qualitativen und quantitativen Bestimmung. Weiterhin ergänzt sie die bisherigen Verfahren der chemischen Analyse und gestattet teilweise eine schnellere und bequemere Bestimmung. Darunter gibt es auch Aufgaben, die nur mit der Röntgenspektralanalyse zu lösen sind. Es bestehen verschiedene Arten der Erzeugung eines Röntgenspektrums; für Untersuchungen an Blechen kommt nur das Emissionsspektrum in Betracht. Erforderlich sind dafür besondere Röntgenröhren mit auswechselbarer Anode, da auf deren Reflexfläche der zu untersuchende Stoff bzw. das Blech aufgebracht wird. Die von dort abgelenkten und aus der Röntgenröhre tretenden Strahlen passieren eine spaltförmige Blende und treffen auf ein Liniengitter, meist in Form eines Kristalles, wo die Strahlen verschiedener Wellenlänge gewissermaßen sortiert und gebeugt seitlich reflektiert werden. Die so spektral zerlegte Strahlung wird auf dem Filmband einer Kamera abgebildet. Es wurden dafür bereits eine große Anzahl von Geräten entwickelt für die verschiedensten Verfahren, von denen hier nur kurz das Drehkristall-, das Schneiden-,

---

[1] Siehe hierzu den Bericht des Verfassers mit den entsprechenden DEBYE-SCHERRER-Aufnahmen in dem demnächst erscheinenden Buch über eine USA-Studienfahrt deutscher Fachleute der Blechverarbeitung, herausgegeben vom Auslandsdienst der RKW.

das Lochkamera- und das Fensterverfahren genannt werden. Der belichtete Film zeigt nur relative und keine absolute Wellenlängen. Bei der Auswertung muß man daher von einer bekannten Bezugslinie ausgehen, die sich entweder markant und unmißverständlich von der anderen abhebt, oder es wird durch eine zusätzliche Belichtung mit einer Röntgenröhre geeigneten Anodenwerkstoffes unter halbseitiger Abdeckung des Filmes eine solche Bezugslinie erzeugt. Diese Bezugslinie ist also hier wie bei den Feinstrukturuntersuchungen die Kreislinie des Eichstoffes Ausgangspunkt der Auswertung. Die Messung der Spektrallinienabstände erfolgt unter Sondermikroskopen. Dies und das damit verbundene Rechenwerk sind eine langwierige Arbeit, besonders bei der quantitativen Analyse. Es darf aber nicht übersehen werden, daß dort, wo ein für ein und dieselbe Analyse eingerichtetes Gerät verfügbar ist, vorbereitete Meß- und Auswertungsformulare vorliegen und nur die Beobachtung weniger, bestimmter Wellenlängen bei stets gegebener Bezugslinie interessiert, eine solche Prüfung auch für laufende Kontrollen wirtschaftlich eingesetzt werden kann[1].

Neuerdings wird die Spektralanalyse mit Hilfe einer Kupfergegenelektrode für Fertigstücke bis zu 100 kg Gewicht und darüber eingesetzt[2]. Es entfällt hier also die sonst notwendige Herstellung der Versuchsstäbchen oder Auflagen. Bei damit zu untersuchenden Blechteilen ist eine rauhe Oberfläche sogar günstiger als eine zu glatte oder polierte, da bei glatten Oberflächen eine veränderte Entladungsform auftritt. Außer C, P und S lassen sich in Stahlblechen alle Legierungsbestandteile bei einer Genauigkeit von ± 3 bis 5% der ermittelten Gehalte quantitativ bestimmen. Besonders für eine rasche Unterscheidung ähnlich legierter Stahlsorten, wie beispielsweise Blechteile aus V 2 A, V 4 A usw., hat dieses im Leuna-Werk entwickelte Verfahren eine Zukunft.

5.32 Ultraschall.

Die Ultraschallprüfung[3] von Blechen kann nach zwei grundsätzlich voneinander verschiedenen Verfahrensgruppen erfolgen. Die erste beruht auf der Änderung der Schallwelle, die zweite auf der Änderung der Schallintensität.

5.321 Schallintensitätsverfahren.

Bei diesen Verfahren läuft das Blech zwischen einem von einem Hochfrequenzsender erregten Sendequarz auf der einen Seite und einem auf der anderen Seite gegenüber angeordneten Empfangsquarz hin-

---

[1] SIEGBAHN, M.: Spektroskopie der Röntgenstrahlen. Berlin 1931.

[2] GAULRAPP, K.: Zerstörungsfreie Spektralanalyse an Fertigstücken. Chem. Techn. Bd. 4 (1952) Heft 11 S. 511.

[3] BERGMANN, L.: Der Ultraschall und seine Anwendung in Wissenschaft und Technik. Stuttgart 1949. — Siehe auch Fußnote 1 zu S. 207.

durch. Zwischen dem Blech und den Quarzen müssen Flüssigkeitspolster aus Wasser oder Öl und dürfen keinesfalls Luftzwischenräume sich befinden, da selbst dünnste Luftschichten zwischen Quarzen und Blech die Ultraschallenergie erheblich schwächen und Fehler vortäuschen. Die Intensität am Empfangsquarz wird mittels eines angeschlossenen Verstärkers gemessen. An Stelle des Empfangsquarzes und Verstärkers werden beim Bildwandler- oder POHLMANN-Verfahren[1] die austretenden Strahlen, die bei Einschlüssen, Doppelungen oder sonstigen Fehlern im Blech ihre Reflexion und Brechung ändern, am besten mittels einer nicht unbedingt erforderlichen Schallinse auf einen schmalen flachen Behälter gerichtet. Derselbe ist nach dem Blech zu mit einer Aluminiumfolienwand, nach dem Beschauer zu mit einer Glasscheibe versehen. Zwischen beiden Wänden befindet sich eine durch Aluminiumfolienflitter von etwa 1 μ Dicke und 10 μ Durchmesser getrübte Flüssigkeit. Diese Leichtmetallflitter werden von einer schräg hinter dem Beschauer angebrachten Lichtquelle angeblendet. Die ungeschwächten Ultraschallstrahlen vermögen diese Flitterflächen quer zu den Strahlen auszurichten, so daß infolge der Lampenbeleuchtung diese das auffallende Licht reflektieren und scheinbar eine einheitlich helle Fläche dem Beschauer zeigen. Bei Lufteinschlüssen im Prüfling wird der Strahlendurchgang so geschwächt, daß keine Lichteinwirkung auf die Flitterteilchen bleibt und diese Stellen dann grau bzw. dunkel sich von der hellen Fläche abheben. Es wird weiterhin zwischen Aufsicht- und Durchsicht-Schallsichtverfahren unterschieden, je nachdem die auf der Einstrahlseite oder Gegenseite austretende Strahlung optisch abgebildet wird.

5.322 Impulsverfahren.

Bei den Impulsverfahren[2] erzeugt der Sender Hochfrequenzimpulse von etwa 5 bis 12 μsec. Die Frequenz, d. h. die Anzahl der Impulse je Sekunde liegt im Bereich bis zu 100 Hz und hängt vom Werkstoff und der Blechdicke ab. Der zu entsprechenden Impulsen angeregte Sendequarz ist gleichzeitig Empfangsquarz, so daß das Blech nur an einer Seite abgetastet wird. Der Ultraschallimpuls durchdringt vom Sendequarz ausgehend das Blech und kehrt nach einer der Blechdicke entsprechenden Laufzeit zum Quarz zurück, erregt diesen zu einem Hochfrequenzimpuls, der über einen Empfänger verstärkt mit einer Kreisablenkung im Takte der Impulsfrequenz von einer BRAUNschen Röhre angezeigt wird. Der erste im Blickfeld der BRAUNschen Röhre erscheinende Empfangsimpuls hat einen der doppelten Blechdicke entsprechenden Zeitabstand vom Sendeimpuls. Bis zu seiner völligen Absorption

---

[1] POHLMANN, R.: Technik Bd. 3 (1948) S. 465—470.

[2] TROST, A.: Nachweis von Werkstofftrennungen in Blechen mit Ultraschall. Z. VDI Bd. 87 (1943 S. 352—354.

läuft der Impuls innerhalb des Bleches hin und her, und es erscheinen im Blickfeld der Röhre hinter dem ersten Impuls weitere in gleichen Abständen bei einem gleichmäßigen Blech ohne Doppelungen und andere Fehlstellen. Sind aber solche vorhanden, so wird der Sendeimpuls frühzeitiger reflektiert. Dadurch wird das bisher angezeigte Bild gestört, und es erscheint neben dem normalen Impuls ein anderer mit kürzerer Impulsdauer. Aus dieser und der Normalimpulsdauer läßt sich die Tiefenlage der Fehlstelle im Blech ohne weiteres ermitteln, da ja der Abstand der Zacken im Blickfeld sichtbar ist. Die Impulsverfahren werden auch als Echoschall- oder Ultraschallradarverfahren bezeichnet

Abb. 237. Ultraschallaufnahmegerät mit Photoeinrichtung vor dem Bildschirm.

und haben ein erheblich größeres Auflösungsvermögen als die der erstgenannten Gruppe zu 5.321.

Abb. 237 zeigt ein sogenanntes Laufzeit-Echogerät[1]. Der Sendeimpuls kann in einer Breite von 0,75 bis 7 μsec entsprechend einer Stahlblechdicke von 2 bis 20 mm für Längswellen geregelt werden. Der links unten auf der Bedienungstafel sichtbare Frequenzwahlschalter gestattet die Wahl von Frequenzen zu 0,5, 1, 2,5 und 5 MHz. Der rechts unten befindliche Einstellknopf dient der Verstärkungsregelung. Das Leuchtschirmbild kann gleichzeitig beobachtet und photographiert werden[2]. Infolge der periodischen Wiederholung des Sendens und Empfangens überdecken sich die Abbildungen und erscheinen für den Beobachter

---

[1] LUTSCH: Zerstörungsfreie Werkstoffprüfung nach dem Ultraschall-Impuls-Echoverfahren. Arch. Eisenhüttenw. Bd. 23 (1952) Heft 1/2 S. 57—65. Abb. 237, 238, 239 sind hieraus entnommen.

[2] SCHREIBER u. DEGNER: Sichtbarmachung von Ultraschallwellen. Naturwiss. Bd. 37 (1950) Heft 15 S. 358—359.

als ein stehendes Bild. In Abb. 238 und 239 sind derartige als Oszillogramme bezeichnete Aufnahmen wiedergegeben. Abb. 238 zeigt eine fehlerfreie Stelle an einem 11 mm dicken Stahlblech. Wie bereits erwähnt, zeigen die Echos gleich große Abstände. Werden diese Abstände kleiner gemäß Abb. 239, so beweist dies die frühzeitigere Rückkehr des Strahles und das Vorhandensein einer Doppelung. Es läßt sich aus dem Verhältnis der Echoabstände bei den Abbildungen die Tiefenlage der Fehlstelle leicht bestimmen, falls dies interessieren sollte. Der oben angegebene Bereich von 2 bis 20 mm umfaßt die alleräußersten Grenzen, praktisch kommt ein engerer Bereich in Betracht. Es gibt eine untere physikalische Grenze, unterhalb der keine Echos empfangen werden. Sie ist durch die endliche Impulslänge bestimmt und könnte nur durch eine Erhöhung der Prüffrequenz noch weiter herabgesetzt werden.

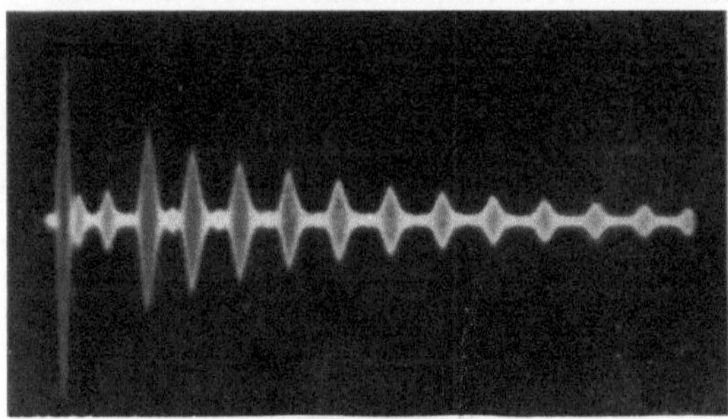

Abb. 238. 11 mm dickes Stahlblech einwandfrei.

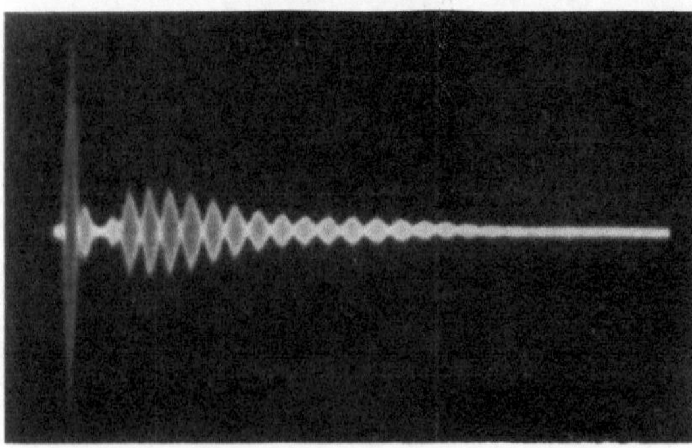

Abb. 239. Dasselbe Blech mit Doppelung.

Abb. 228, 239.
Mit dem Gerät zu Abb. 237 aufgenommene Oszillogramme.

Ein anderes Gerät, das sich infolge seines hohen Auflösungsvermögens auch für dünnere Bleche bis herab zu 3 mm Dicke eignet, ist das von BRANSCHEID und DEUTSCH entwickelte Ultraschallmeßgerät. Es beruht auf einem Impulssender mit vier Frequenzstufen von 0,5, 1,0, 2,5 und 5 MHz Der Impulsgenerator löst im Sender einen hochfrequenten Impuls von sehr kurzer Zeitdauer aus. Der Sendeimpuls wird auf dem Schirm abgebildet. Im Quarz des Schallkopfes wird der Sendeimpuls in einen mechanischen Schwingungsimpuls umgeformt, dringt durch eine Ölkoppelung in das Werkstück ein, durchläuft es fast geradlinig bis zum Ende, wird reflektiert, kehrt als Echo zum Schallkopf zurück und wird dort in elektrische Schwingungen zurückverwandelt. Der unmittelbar nach dem Sendeimpuls aufnahmebereit ge wordene Empfänger verstärkt die Schwingungen und führt sie dem Kathodenstrahlrohr zu. Die bildliche Darstellung dieses Vorganges erfolgt im Kathodenstrahlrohr durch einen vertikalen Impuls auf der linken Seite des Leuchtschirms. Gleichzeitig mit dem Sendeimpuls beginnt die horizontale Zeitauslenkung des Kathodenstrahles. Diese kann so eingestellt werden, daß die Bildbreite der Länge des Werkstückes entspricht. Das erste Endecho erscheint dann als Impuls am rechten Ende des Leuchtschirmes. Ist nun ein Fehler im Werkstück, so erscheint zwischen den beiden Marken eine Auslenkung auf dem Kathodenstrahlrohr als Fehlerecho und kennzeichnet durch ihren Abstand von der Impulsmarke die Lage des Fehlers im Werkstück, während die Höhe der Marke auf die Größe des Fehlers schließen läßt Durch Hin- und Herschieben eines mit dem Gerät durch Kabel verbundenen Tastkopfes auf dem Blech wird die Lage des Fehlers ermittelt. Abb. 240 zeigt die Vorderansicht des Gerätes mit dem bereits genannten Lichtschirm im oberen Teil, vor den in Übereinstimmung mit Abb. 237 ein Photoapparat

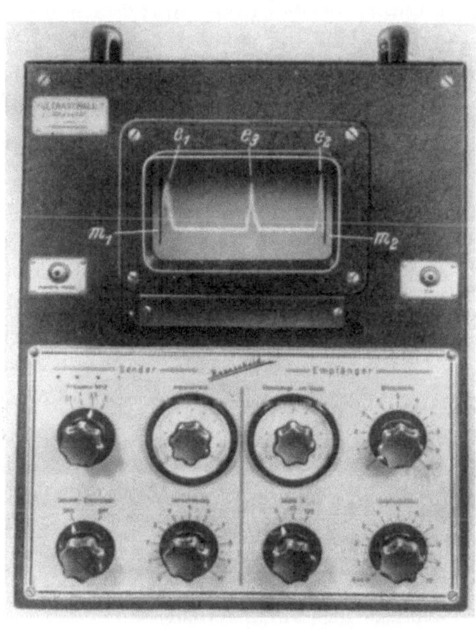

Abb. 240.
Ultraschallmeßgerät System BRANSCHEID-DEUTSCH.

vorgesetzt werden kann. Die darunter befindlichen acht Schaltknöpfe beziehen sich in der linken Hälfte auf den Sender, in der rechten auf den Empfänger. Der linke obere Knopf dient zur Einstellung der Frequenz. Der Knopf darunter zur Betätigung des Gerätes für die Reflexions- und Durchschallungsmessung. Der zweite von links oben regelt die Impulsbreite bzw. die Sendeleistung, der darunterliegende Knopf bringt die Bildverschiebung. Mit ihm wird also erreicht, daß der Eingangsimpuls e_1 scharf auf die erste Meßmarke m_1 geregelt werden kann. Der dritte von links oben regelt die Meßlänge. Mit ihm wird das Echo e_2 zur Bestimmung der Lage auf die rechte Meßmarke m_2 eingeregelt. Der darunterliegende Knopf dient zur Einstellung der Meßbereiche von 0,25 bis 5 MHz, der rechte obere Knopf der Regelung der Bildschärfe auf dem Kathodenstrahlrohr, der darunterliegende Knopf zur Ausschaltung des Gerätes und gleichzeitig zur Regelung der Empfindlichkeit des

Empfängers. Die beiden Abb. 241 und 242 zeigen zwei Aufnahmen von Blechen am Leuchtschirm. Abb. 241 stellt das Blech ohne Fehler dar. Der Bereich zwischen den Spitzen e_1 und e_2 entspricht der Dicke des Bleches, wobei die Stelle des Bleches, wo der Schall in die Oberfläche eindringt, der linken Spitze entspricht und auf die linke Meßmarke m_1 mittels des unteren Knopfes von links einzustellen ist. In entsprechender Weise bedeutet die rechte Spitze e_2 die Stelle des Schallaustritts in den Quarz, wobei diese Spitze auf die rechte Meßmarke m_2 mit dem dritten oberen Knopf von links einzuregulieren ist. Da Eintritt und Austritt des Schalles auf derselben Seite des Bleches liegen, legt der Schall zwischen den beiden Spitzen e_1 und e_2 als Weg die doppelte Blechdicke zurück. Die Meßmarken m_1 und m_2 sind in Abb. 240 als schwarze senkrechte Striche in Nähe des Leuchtschirmrandes links und rechts erkennbar. Abb. 242 zeigt für das gleiche Blech einen Doppelungsfehler. Infolge der Materialtrennung kehrt der Schall früher zurück. Ist die Fehlstelle wie im vorliegenden Fall kleiner als die Schallkopffläche, so bildet sich außer der Fehlerspitze in Übereinstimmung mit Abb. 241 die normale Spitze wie beim fehler-

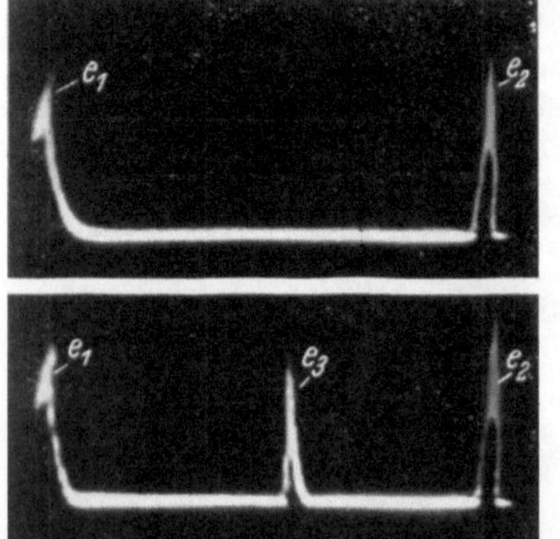

Abb. 241. Mit dem Gerät zu Abb. 240 hergestellte Aufnahme eines fehlerfreien Bleches.

Abb. 242. Aufnahme des gleichen Bleches nach Abb. 240, jedoch mit Doppelungsfehler.

losen Blech ab. Ist hingegen die Fehlstelle größer als die Schallkopffläche, so daß kein Schall an ihr vorbeigeführt wird, so wiederholt sich die mittlere Fehlerspitze e_3 immer im gleichen Abstand von der linken Eintrittsspitze. Die beiden Abstände der drei Spitzen voneinander nach Abb. 242 verhalten sich wie 55 : 45. Daraus ergibt sich, daß der Fehler unter der Schalleintritts- und -austrittsseite um 0,55 der Blechdicke entfernt liegt. Es können mit diesem Gerät auch sehr kleine Materialtrennungen bis zu einem Spalt von nur 0,000001 mm angezeigt werden. Schweißnahtprüfungen werden mit diesem Gerät durchgeführt. Statt der normalen Schallköpfe verwendet man solche mit vorgesetzten abgewinkelten Plexigläsern.

Ein ähnliches Gerät nach dem sogenannten Senizon-Verfahren[1], dessen Handhabung aus Abb. 243 hervorgeht, gestattet eine einfache

---

[1] Entwickelt von der Magnaflux-Corp. Chikago.

Abtastung von Hohlgefäßen mittels eines mit dem Sendegerät über ein Kabel verbundenen Tastkopfes mit Handgriff. Allerdings sind im Gegensatz zu Abb. 237 hier mehrere Kabel, die je einen Tastkopf tragen, angeschlossen, um auf diese Weise die verschieden großen Tastköpfe sogleich beim erstmaligen Probieren zur Verfügung zu haben. Die Ablesegenauigkeit am Instrument wird mit 1 bis 2% angegeben. Der Blechdickenbereich, innerhalb dessen das Sonizon-Verfahren angewendet wird, liegt zwischen 0,3 bis 50 mm. Außer diesem Gerät ist in USA ein ähnlicher Ultraschallprüfapparat, das Reflektoskop der Sperry-Products

Abb. 243. Prüfung einer Blechzarge mittels des Sonizon-Ultraschallgerätes.

Inc. in Danbury, Conn., verbreitet. Als weitere, teilweise auch in Deutschland verbreitete und eingeführte Ultraschallverfahren, die für Untersuchungen an Blechen und aus Blech gefertigten Gegenständen geeignet sind, wären das Impuls-Schallgerät nach KRAUTKRÄMER[1] der Gesellschaft für Elektrophysik in Köln für einen Schallfrequenzbereich von I bis 4 MHz und das von POHLMANN[2] für die zerstörungsfreie Werkstoffprüfung entwickelte Sonometer zu nennen. Der Leistungsbedarf dieses Gerätesenders beträgt 3 W bei einer Frequenz von 2,8 oder 8,5 MHz. Die Anwendungsmöglichkeit dieses Apparates[3] ist vielseitig. Nicht nur Feststellungen von Doppelungen an auf der Fertigungsstraße durchlaufenden Blechteilen, sondern auch Dickenmessungen, Kontrollen

---

[1] KRAUTKRÄMER, H., u. J. KRAUTKRÄMER: Praktische Werkstoffprüfung mit Ultraschall. Z. VDI Bd. 93 (1951) Nr. 13 S. 349—362.

[2] POHLMANN, R.: Zerstörungsfreie Werkstoffprüfung mit dem Sonometer. Mitt. Forsch.-Ges. Blechverarb. Nr. 23 v. 1. 12. 1952 S. 264—271.

[3] Hergestellt von Dr. Lehfeldt & Co., Heppenheim a. d. Bergstraße.

der Haftfähigkeit von Plattierungen und Schweißnahtprüfungen lassen sich damit durchführen.

Es leuchtet ein, daß nach diesem Prinzip auch andere Blechprüfungen als der Nachweis von Einschlüssen und Doppelungen möglich ist. Theoretisch ist der Einsatz dieser Geräte zur Dickenmessung durchaus möglich, obwohl feine Unterschiede der Blechdicke sich durch eine Gegenüberstellung der verschiedenen Echoabstände schwer genau ermitteln lassen. Zweckmäßig ist dann schon die Zusammenfassung der ersten 5 oder 10 Echos, um auf diese Art und Weise größere Meßlängen miteinander vergleichen und Längenunterschiede besser feststellen zu können. Bei Plattierungen und Emaillierungen kann man zwei Echobilder übereinander erhalten, von denen das eine der Dicke des Grundmaterials, das andere derjenigen der Auftragsschicht entspricht. Man strahlt von der Seite ein, welche ein Material geringerer Absorption dem Sender zukehrt. So wird bei Emailleüberzügen an der Emailleseite eingestrahlt, da Emaille ein guter Schalleiter ist. Hingegen wird bei verbleiten Stahlblechen infolge der großen Absorptionsfähigkeit des Bleis für die Strahlen die Stahlseite der Einstrahlung zugekehrt. Bei einem Bindefehler bleibt die Anzeige des Echobildes für den dem Gerät abgekehrten Werkstoff aus, also im ersten Falle bleiben dann nur das Echoanzeigebild des Emails und im zweiten Falle das des Stahlbleches sichtbar. Für die praktische Anwendung solcher Laufzeit-Echogeräte bietet die blechverarbeitende Industrie viel Gelegenheit[1]. Freilich erfordert dies mit der Arbeitsweise solcher elektrophysikalischer Geräte vertrautes Bedienungspersonal.

5.33 Induktive Prüfverfahren.

Unter den zerstörungsfreien Prüfverfahren für Halbzeuge haben sich die elektro-induktiven zur Massenprüfung von gewalzten, gepreßten und gezogenen Stangen, Rohren, Profilen und Drähten besonders bewährt, da sie eine laufende Prüfung auf mechanische Fehlstellen, Vergütungszustand und Richtigkeit der Abmessungen in einem Arbeitsgang gestatten. Das erste praktische erfolgreiche Gerät wurde von MATTHAES[2] entwickelt. Hierbei liegen zwei den Prüfling umfassende und auf gleiche elektrische Werte abgeglichene Prüfspulen innerhalb der Erregerspule dicht beieinander und sind derart gegeneinander geschaltet, daß die in ihnen bei Wechselstromerregung der Erregerspule induzierten Spannungen sich aufheben, wenn der Zustand des Prüflings im Bereich beider Prüfspulen genau derselbe ist. Diese Anordnung gestattet vorzugs-

---

[1] MÜLLER: Ultraschall als Hilfsmittel der Materialprüfung. Werkst. u. Betr. Bd. 84 (1951) Heft 12 S. 3ff.

[2] MATTHAES, K.: Automatische Prüfanlage zur elektro-induktiven Prüfung von Stangen und Rohren. Metallwirtsch. Bd. 22 (1943) S. 173—179.

weise die Feststellung solcher Fehler, die zu Unterschieden der elektrischen und magnetischen Leitfähigkeit zwischen benachbarten Querschnitten des Prüflings führen, also von Längsrissen, Querrissen und Doppelungen. Hingegen ergeben Abweichungen in der Legierung und im Vergütungszustand sowie im Durchmesser und in der Wanddicke kaum bemerkenswerte Unterschiede zwischen den benachbarten Prüfspulen. Infolgedessen wurde neuerdings ein Vergleichsverfahren entwickelt, bei dem der Prüfling und ein Vergleichsstück mit den vorgeschriebenen Eigenschaften miteinander verglichen werden. Hierfür sind zwei in Reihe geschaltete Erregerspulen und zwei Prüfspulen erforderlich. Die Anzeige ist allerdings weniger empfindlich als bei der zuerst beschriebenen Fehlerprüfung; örtliche Fehlstellen werden bei der Vergleichsprüfung im allgemeinen nicht angezeigt. Bei Einordnung einer solchen Prüfeinrichtung in den Arbeitsfluß empfiehlt sich die Verwendung von Schreibgeräten oder optischen bzw. akustischen Signaleinrichtungen. In Verbindung mit selbsttätigen Werkstoff-Zu- und -Abführeinrichtungen sind Prüfgeschwindigkeiten von 1,2 bis 1,5 m/sec möglich. Diese Verfahren sind zur Zeit für die Blechprüfung noch nicht einsatzfähig. Es ist aber denkbar, daß bei schmalen Bändern sich das zweitgenannte Verfahren anwenden läßt und zumindest gröbere innere und von außen nicht sichtbare Fehler angezeigt werden. Die Schwierigkeit liegt hier wie bei den meisten Verfahren dieser Art darin, daß bei großer Empfindlichkeit eines solchen Gerätes zwar auch feinere Fehler entdeckt werden; jedoch spricht dann das Gerät bei geringfügigen Unregelmäßigkeiten in der Walzstruktur an, die selbst keine Fehler sind, aber solche vortäuschen. Deshalb erscheint das Vergleichsverfahren trotz seiner geringeren Empfindlichkeit für eine laufende Prüfung schmaler Bänder als geeigneter. Es sind Geräte dieser Art in verschiedener Abwandlung und Schaltung bekanntgeworden, wie beispielsweise von BERTHOLD[1], SCHIRP[2] und FÖRSTER[3] (= Durokawimeter).

5.4 Kornorientierung und magnetische Eigenschaften.

5.41 Torsionsmagnetometer.

Unter Bezugnahme auf die Anisotropie bzw. Zipfelbildung beim Ziehen, worüber auf S. 19/20 zu Abb. 17 bis 19 und auf S. 191 in Verbin-

---

[1] TROST, A.: Die Prüfung von Rohren, Stangen und Profilen aus Nichteisenmetallen nach dem Wirbelstromverfahren. Metallwirtsch. Bd. 20 (1941) S. 697—699.

[2] SCHIRP, W.: Neue magnet-induktive Prüfgeräte für Halbzeuge aus Nichteisenmetallen. ETZ Bd. 64 (1943) S. 413/14.

[3] FÖRSTER, F., u. H. BREITFELD: Die zerstörungsfreie Prüfung von Leichtmetall mit Hilfe einer Tastspule. Aluminium Bd. 25 (1943) S. 253—256. — MÄDER, H.: Erprobung des magnet-induktiven Prüfgerätes „Durokawimeter". Aluminium Bd. 26 (1944) S. 10—13.

dung mit der Napfzugprobe berichtet wird, wurde ein neues Prüfverfahren[1] mittels eines Torsionsmagnetometers entwickelt. Das Verfahren bezweckt die Feststellung des Umfanges einer Vorzugsorientierung des Gefüges, wie es durch den Walzvorgang bedingt ist. Die Kornorientierung beeinflußt die magnetischen Eigenschaften des Stahles, und hier wird ein neuer Weg gezeigt, diese Vorzugsorientierung elektrisch zu messen und in einem aufgezeichneten Diagramm niederzulegen. Das Prinzip der Messung ist sehr einfach. Zwischen den Schenkeln eines Hufeisenmagnets wird eine aus dem zu prüfenden Stahlblech geschnittene runde Scheibe in waagerechter Ebene drehend bewegt. Ähnlich einer Kompaßnadel ist die Scheibe infolge des magnetischen Feldes bestrebt, eine ganz bestimmte Stellung einzunehmen. Die sich drehende Scheibe neigt dazu, in bestimmte Stellungen einzupendeln und leistet beim Weiterdrehen so lange Widerstand, bis sie in die nächste bevorzugte Lage einschwingt. Bei den meisten Stählen gibt es zwei derart bevorzugte Lagen, die eine parallel zur Walzrichtung und die andere senkrecht hierzu. Der Grund für dieses Verhalten ist der, daß die sehr kleinen Eisenkristalle des Gefüges in bestimmten Richtungen sich leichter magnetisieren lassen. Wenn sie in ein magnetisches Feld gebracht werden, haben sie das Bestreben, die Scheibe so zu drehen, daß eine dieser Richtungen parallel zu dem magnetischen Feld liegt. Je weniger eine bevorzugte Walzstruktur hervortritt, um so flacher verlaufen die mittels des Magnetometers aufgezeichneten Sinuslinien und um so geringer sind auch die magnetischen Eigenschaften. Man kann hier von einem isotropen Stahlblech sprechen, wie es beispielsweise bei kohlenstoffarmen Stählen zu finden ist. Im Gegensatz hierzu zeigen Transformatorenbleche hohen Siliziumgehaltes hohe magnetische Eigenschaften und ein stark anisotropes Verhalten. Diese Torsionsmagnetometer werden z. Z. in verschiedenen amerikanischen Forschungsinstituten zur Feststellung der Tiefzieheignung von Blechen ausprobiert.

Es ist sicher, daß die Zipfelung bei Stahlblechen ein Maßstab für die Tiefziehgüte ist und daß stark anisotrope Stahlbleche mit erheblicher Zipfelung sich zu Tiefziehzwecken selten bewähren. Es erscheint aber zweifelhaft, ob dieses magnetische Verfahren zuverlässigere Ergebnisse bringen wird als die bisher bekannten Umformprüfverfahren, worunter in erster Linie der Einbeulversuch und der Napfziehversuch zu verstehen sind. Nicht nur die ungleichmäßige Walzstruktur allein ist maßgebend für die Güte eines Tiefziehstahlbleches. Es spielen auch die

---

[1] Entwickelt von S. MILLER im Forschungslaboratorium der U. S. Steel Corporation in Delaware. Darüber berichtet K. ROSE: Materials and Methods Bd. 30 (1949) Nr. 4 S. 62/63. — Siehe weiterhin: Automatisch registrierendes Torsionsmagnetometer zur Messung der magnetischen Anisotropie von Stahl. Techn. Rdsch. Nr. 183 S. 15—27. Bern 1950.

chemische Zusammensetzung, die Wärmebehandlung des Vormaterials u. dgl. eine ausschlaggebende Rolle. Weiter darf nicht übersehen werden, daß, abgesehen von den Kosten der Prüfapparatur, die Herstellung der Probe und eines Prüfdiagrammes sehr viel mehr Zeit erfordert als eine einfache Einbeul- oder Napfziehprobe. Dagegen mag für Prüfungen an Blechen, wo es weniger auf die Tiefziehfähigkeit als auf elektromagnetische Eigenschaften ankommt, dieses Gerät seine Berechtigung haben.

Die zerstörungsfreie Prüfung von Blechen mittels Magneto-Struktureffekten[1] wird weiterhin durch ein ziemlich vielseitig einsetzbares Gerät nach Abb. 244 ermöglicht. Ebenso wie bei den induktiven Verfahren,

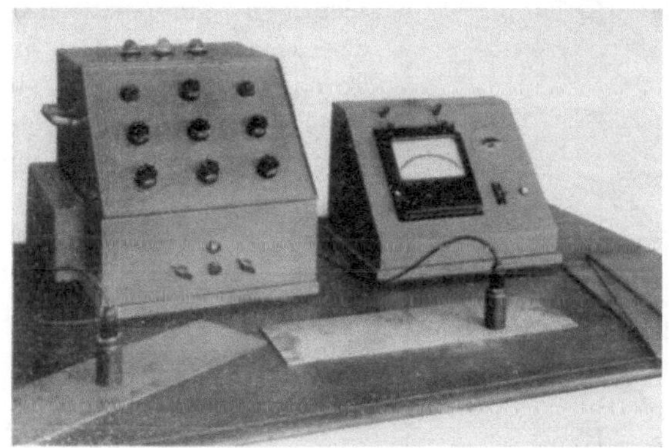

Abb. 244. Prüfung der Glühbehandlung von Blechen mittels LOS-Magneto-Strukturprüfer.

die im vorausgehenden Abschnitt beschrieben wurden, dient zur Messung auch hier ein Vergleichsstück. Weicht das zu messende Teil von dessen Magnetisierungskennwert ab, so wird dies durch farbige Signallampen angezeigt. Die Abb. 244 zeigt das Gerät bei der Untersuchung der Bleche auf richtige Glühbehandlung. Rechts liegt das Musterblech und links das mit diesem zu vergleichende. Auf den Blechen stehen die durch Kabel mit dem Hauptanzeigegerät verbundenen Magnettaster. Dieselben tragen nach Art von Topfmagneten die Magnetisierungswickelung auf einem zentral angeordneten lamellierten Kern. Die Meßschaltung besteht aus einer von einem Wechselstromgenerator gespeisten Gleichrichter-Kompensationsschaltung. Bei dieser Brückenschaltung, die in ihrem Aufbau derjenigen nach BECKER gemäß Abb. 98 ähnlich ist, liegt im Diagonalzweig ein Galvanometer zur Abgleichung. Der Magnetisierungskennwert eines Prüfstückes ist abhängig von der zu messenden Magnetisierungsstromstärke, vom Phasenwinkel und von der

---

[1] GOEBBELS, H.: Zerstörungsfreie Prüfung mit Hilfe von Magneto-Struktureffekten. Bericht 1 Losenhausenwerk. Diesem sind Abb. 244 und 245 entnommen.

Magnetisierungsfrequenz. Als Beispiel dafür ist in Abb. 245 der Kennwert über dem Siliziumgehalt von Blechen auf Grund solcher Messungen aufgetragen. Die Magnetisierungskennlinien wurden aufgenommen bei verschiedenen Magnetisierungsfrequenzen von 1000, 2000 und 3800 Hz. Wie ersichtlich, nimmt die Magnetisierungsfrequenz von 1000 Hz bei Änderung des Siliziumgehaltes von 1% auf 4%, der Magnetisierungskennwert um etwa 200 Ohm bzw. um etwa 50% zu. Weiterhin erkennt man, daß die Bestimmung des Siliziumgehaltes auf $\pm$ 0,1% Genauig-

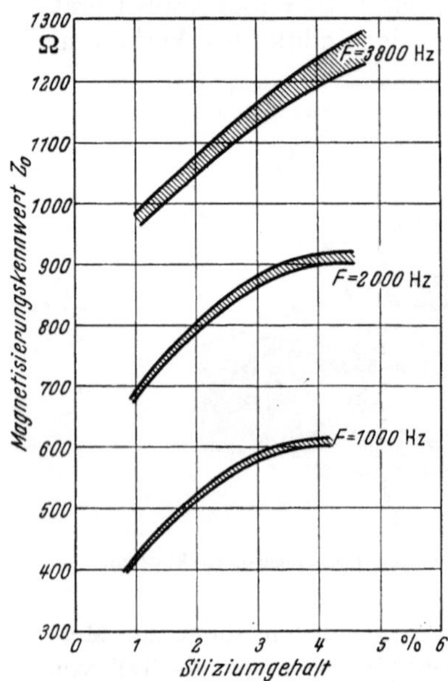

Abb. 245. Abhängigkeit des Magnetisierungskennwertes vom Siliziumgehalt.

keit durchführbar ist. Wie Abb. 245 erkennen läßt, ist bei einer solchen Analysenbestimmung die Wahl einer niedrigen Magnetisierungsfrequenz zweckmäßig, um den nun einmal durch die wechselnde Oberflächenbeschaffenheit bedingten und in Abb. 245 schraffiert angedeuteten Streubereich so klein als möglich zu halten. Geradelaufende Messungen können mit einem solchen Gerät sehr viel billiger, schneller und bequemer als die auf S. 223 beschriebene chemische Analyse durchgeführt werden. Neben diesem Anwendungsbeispiel gibt es noch viele andere im Arbeitsgebiet der Blechbearbeitung und -herstellung. Auf den Einfluß der Glühbehandlung auf die Magnetisierungskennlinie wurde bereits zu Abb. 245 Bezug genommen. Mit zunehmender Anzahl der Glühungen steigt der Magnetisierungskennwert. Weiterhin besteht ein Zusammenhang zwischen Härte bzw. Festigkeit und Magnetisierungskennwert. Gerade bei Kaltformhärtungen nach dem Ziehen ist eine solche zerstörungsfreie Nachprüfung für den Blechverarbeiter mitunter recht wichtig. Schweißelektroden schlechter Verschweißbarkeit haben wesentlich höhere Magnetisierungskennwerte als solche günstiger Eigenschaften. Das sei nur eine kurze Auswahl für Güteprüfungen mittels solcher Magnetostruktureffekte.

5.42 Epstein-Gerät und Ferrometer.

DIN 46400 enthält die Gütewerte für Dynamo- und Trafobleche. Zur Messung der Wattverlustziffern und Magnetisierungszahlen werden das Epstein-Gerät oder der Apparat Lonkhuysen-Epstein dafür eingesetzt[1]. Wie bei den meisten, teilweise auch bei den auf S. 269 beschriebenen elektromagnetischen Meßverfahren beruht diese Meßmethode darauf, daß zwei Stromkreise mittels regelbarer Widerstände aufeinander abgestimmt werden. Die Probestreifen werden gebündelt und in die mit Primär- und Sekundärwickelung versehene Prüfspule des Meßkreises eingesetzt. In der Prüfspule des zweiten sogenannten Kompensationskreises ist die gleiche Anzahl Bündel von gleicher Abmessung und gleichem Gewicht jedoch bekannter elektromagnetischer Eigenschaften untergebracht. Allerdings sind diese Vergleichsbündel in Zeiträumen von einem Halbjahr zu eichen, da sich durch natürliche Alterung des Werkstoffes die Gütewerte ändern. Bei künstlicher Alterung der Eichstäbe besteht keine Gefahr einer allzu großen nachträglichen Veränderung der Gütewerte.

Das von Siemens & Halske entwickelte Ferrometer[2] gestattet die Aufnahme der Hysteresisschleife mit Koerzitivkraft, Remanenz, Maximalinduktion bis in das Gebiet der Sättigung, die Messung der Verlustziffer sowie die Aufnahme der Magnetisierungskurve vom Gebiet der Anfangspermeabilität bis zum Gebiet der Sättigung bei Wechselstrommagnetisierung, also unter Betriebsbedingungen. Abb. 246 zeigt den Ferrometermeßplatz. Das Hauptgerät oder sogenanntes Grundgerät a enthält einen Vektormesserkreis zur Messung des algebraischen Mittelwertes von Wechselspannungen von 10 mV bis 10 V, einen weiteren Vektormesserkreis zur Messung der Augenblickswerte von Wechselströmen von 10 mA bis 20 A, einen Meßkreis zur Ermittelung des effektiven Wechselstromes von 5 mA bis 20 A und schließlich noch einen Meßkreis für die Messungen von Gleichspannungen von 9 mV bis 9 V. Zur Anzeige dient ein Lichtmarkengalvanometer ($3 \mu A$, 320Ω). Im Vordergrund links vor dem Tisch in Abb. 246 steht das Stromversorgungsgerät b. Es enthält den Netzanschluß mit den Hilfskreisen für die Speisung des Grundgerätes und einen Stufen- und Regeltransformator für Spannungen von 0 bis 50 V und Belastungen bis 20 A. Links vom Grundgerät a ist als Zusatzgerät c ein 50-H_z-Grundwellenfilter mit 150-H_z-Oberwellenfilter angeschlossen zur Messung von Grundwelle, Induktionsspannung und Magnetisierungsstrom. Rechts vom Grundgerät

---

[1] Entwickelt von Siemens & Halske.

[2] Hinsichtlich der Ferrometermessungen wird auf folgendes Schrifttum Bezug genommen: THAL, G.: Gerät für Eisenmessungen ATM J 60—1; Das Ferrometer ATM J 60—2; Genauigkeit bei Eisenmessungen ATM J 60—4; Wechselstrom-Hystereseschleifen ATM V 951—2. — POLECK, H.: Grundwellenfilter für Instrumente und Meßschaltungen. Frequenz Bd. 5 (1951) S. 255—266. — KRUG, W.: Verfahren und Geräte zur Messung der Augenblickswerte der Induktion und der Feldstärke und der Ummagnetisierungsverluste von Elektroblechen. Arch. Eisenhüttenw. 1952 Teil I Heft Mai/Juni; Teil II Heft September/Oktober. Jener Verfasser stellte Abb. 250 und 251 zur Verfügung.

ist ein weiteres Zusatzgerät *d* angeschlossen, ein als Blindstromkompensator eingesetzter Spannungswandler zur besonders bequemen Messung des Wirkstromanteiles des Magnetisierungsstromes. Rechts von diesem zweiten Zusatzgerät *d* ist das Gleichrichterprüfgerät *e* aufgestellt. Ein weiteres, nicht abgebildetes Zusatzgerät, nämlich ein Stromwandler mit Potentiometer, dient als Wirkspannungskompensator bei kleinen Induktionen. Im Hintergrund links in Abb. 246 steht ein Probentransformator *f*.

Abb. 246. Ferrometer-Meßplatz. *a* Grundgerät, *b* Stromversorgungsgerät, *c* Zusatzgerät 1, *d* Zusatzgerät 2, *e* Zusatzgerät 3, *f* Probentransformator.

Mit einem anderen Probentransformator, einem Streifenjoch, können von wenigen Blechstreifenproben bei sinusförmiger Induktion und homogener Magnetisierung die reinen magnetischen Materialeigenschaften bis in das Gebiet der Sättigung ermittelt werden.

Ein Ganztafelmeßjoch ermöglicht die Messung der Verlustziffer und der Permeabilität bei 10000 G und 15000 G von ganzen Blechtafeln. (Mindestfläche $13 \times 30 \text{ cm}^2$; Maximalfläche $1 \times 2 \text{ m}^2$.)

Die Ausmessung kann in jeder Richtung vorgenommen werden. Das Meßergebnis ist absolut und erfordert keine empirisch bestimmten Hilfskurven.

Dynamische Hysteresiskurven lassen sich mit dem Ferrometer durch gleichzeitiges Abtasten von Feldstärke und Induktion bequem aufnehmen. In bestimmten Stellungen des Meßkreiswählers werden die

beiden zugehörigen Meßbereichschalter in die der Größe der Meßwerte
entsprechende Stellungen gebracht und die den Momentanwerten von
Induktion B und Feldstärke H entsprechenden Spannungs- und Strom-
meßwerte werden abgelesen. Die anschließenden Messungen gleicher
Art erfolgen nach Weiterdrehen des Phasenschiebers in bestimmten
Intervallen. Die Abb. 247 bis 249 zeigen mit dem Ferrometer in dieser
Weise aufgenommene Hysteresisschleifen, und zwar Abb. 247 im Gebiet
der Anfangspermeabilität, die nach Abb. 248 größer geworden ist, während Abb. 249 das Gebiet des bald erreichten Sättigungszustandes
anzeigt. Die in jenen drei Bildern dargestellten steileren Schleifen des
engeren H-Bereiches kennzeichnen ein sehr gutes Transformatorenblech

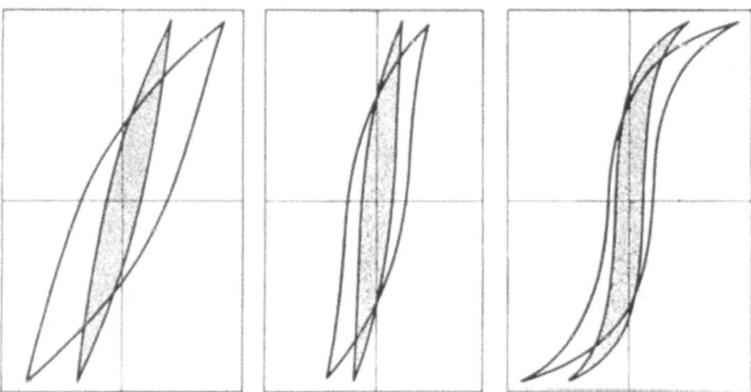

Abb. 247 bis 249. Mittels Ferrometer aufgenommene Hysteresisschleifen.

einer Verlustziffer $V_{10} = 1{,}1$ Watt/kg, während die breiteren Schleifen
eines weiteren H-Bereiches einem Transformatorenblech mäßiger Beschaffenheit einer Verlustziffer $V_{10} = 1{,}8$ Watt/kg entsprechen. Da bei
Verwendung des 50-H_z-Filters der Spannungsmeßwert der Grundwelle
angezeigt wird und bei Einstellung auf Spannungsmeßwert ,,Maximum‘‘
und ,,Null‘‘ mittels Phasenschieber die Ablesung des Blind- und des
Wirkstromes möglich ist, ergibt sich der Tangenswert des Verlust-
winkels aus dem Verhältnis von Wirkstrom : Blindstrom sowie der
Eisenverlust aus Spannungsmeßwert und Wirkstrom.

Abb. 250 zeigt die wichtigsten Kenngrößenfunktionen von Dynamoblech IV 0,35 mm bei Wechselstrommagnetisierung nach Messungen
mit dem *k'einen Streifenjoch* und *dem Ferrometer*. Die eingezeichneten
Sollwertkurven entsprechen den geforderten Mindest- bzw. Höchstwerten
nach DIN 46400 und geben einen Einblick in die Meßgenauigkeit des
Verfahrens und des kleinen Streifenjoches. In Tab. 11 sind die für die
Ferrometermessung wichtigen Gütewerte von Dynamo- und Transformatorenbleche enthalten.

Tabelle 11. *Vorschriften für Dynamo- und Transformatorenbleche nach DIN 46400.*

	I Normale Dynamo- bleche (Dynamo A)		II Schwach legierte Bleche (Dynamo B)	III Mittelstark legierte Bleche (Dynamo C)	IV Hoch legierte Bleche (Transforma- torenbleche)	
Blechdicke in mm . .	0,5	1,0	0,5	0,5	0,35	0,5
Verlustzahl V_{10} in Watt	3,6	8,0	3,0	2,3	1,3	1,7
(Größtwert) V_{15} siehe Abb. 250 . . .	8,6	19,0	7,4	5,6	3,25	4,0
Alterungsverlustzu- nahme in % nach 600 Stunden bei 100° C (Größtwert)	9,0		7,5	6,5	5,0	
Magnetische Induktion B_{25}	15300		15000	14700	14300	
bei AW/cm B_{50}	16300		16000	15700	15300	
(Mindestwert) B_{100}	17300		17100	16900	16500	
B_{300}	19800		19500	19300	18500	

Abb. 251 enthält die gleichen Kenngrößenfunktionen von Dynamoblech IV 0,35 mm bei Wechselstrommagnetisierung nach Messungen
mit dem *Ganztafelmeßjoch* und *dem Ferrometer* im Vergleich zu den
Werten des gleichen Bleches nach dem kleinen Streifenjoch. Bei Zu-

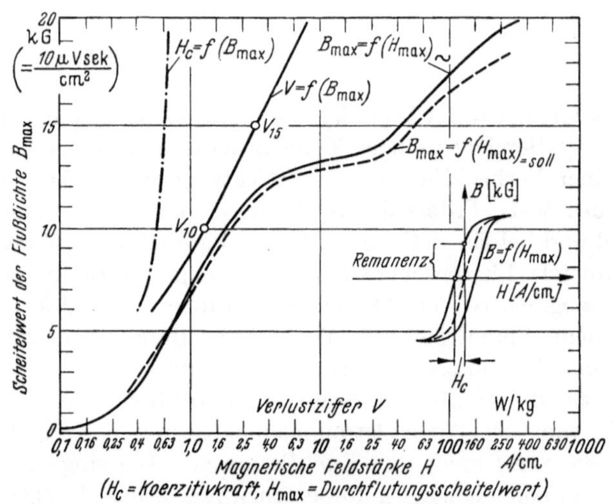

Abb. 250. Magnetische Kenngrößen von Dynamoblech IV, 0,35 mm in Streifenform,
aufgenommen mit dem kleinen Streifenjoch und dem Ferrometer.
Probe: Dynbl. IV 0,35 grau, 14 Streifen 3 × 50 cm, Gewicht 551 g.
Meßwerte: Wechselstrom-Magnetisierungskurve: $B_{max} = f\,(H_{max})$,   Ummagnetisierungsverlust:
$V = f\,(B_{max})$, Wechselstrom-Koerzitivkraft $H_c = f\,(B_{max})$.
Sollwerte: Gleichstrom-Magnetisierungskurve: $B_{max} = f\,(H_{max})_{=soll}$,
Ummagnetisierungsverlust: $V_{10\,soll}$ und $V_{15\,soll}$.

lassung einer Meßgenauigkeit von $\pm$ 5 % kann somit das Ganztafelmeßjoch nicht nur zur Sortierung, sondern auch zur absoluten Messung von ganzen Tafeln verwendet werden. Das Ferrometer ist für eine ganze Reihe weiterer elektrischer Messungen einsetzbar, so auch für Vektormessungen, auf die im Hinblick auf den begrenzten Stoff dieses Buches nicht näher eingegangen werden kann. In den folgenden Ausführungen zu 5.43 werden einige von der AEG entwickelte Geräte beschrieben, die teilweise ähnliche Aufgaben wie das Ferrometer lösen.

5.43 Vektormesser.

In der Elektrotechnik werden Magnetkerne für Maschinen, Umspanner, Wandler, Hubmagnete, Relais usw. benutzt. Je nach dem Verwendungszweck werden an diese Kerne entweder Anforderungen hinsichtlich kleinen Magnetisierungsstromes oder hinsichtlich kleiner Verluste gestellt. Beide Eigenschaften des Eisens lassen sich mit einem Vektormesser prüfen[1]. Der Meßkontakt eignet sich für diesen Zweck in solchem Maße, daß er als „Eisenvoltmeter" bezeichnet wird. Dies hängt damit zusammen, daß

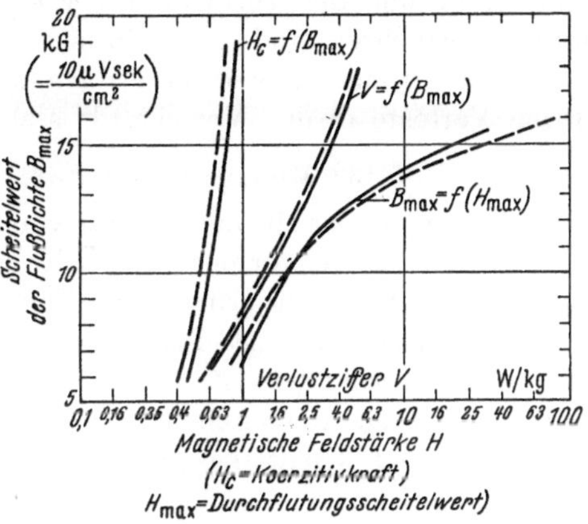

Abb. 251. Magnetische Kenngrößen von Dynamoblech IV, 0,35 mm in Tafelform, aufgenommen mit Ganztafel-Meßjoch und Ferrometer.
Ganztafel-Meßjoch
Probe:　Dynbl. IV 0,35 mm, 10 Streifen 3 cm × 50 cm, oder Blechstück 30 cm × 50 cm.
Meßwerte: Wechselstrommagnetisierungskurve: B_{max} $= f\,(H_{max})$,
Ummagnetisierungsverlust: $V = f\,(B_{max})$,
Wechselstromkoerzitivkraft: $H_c = f\,(B_{max})$,
———————— mit Ganztafel-Meßjoch,
– – – – mit kleinem Streifenjoch zum Vergleich.

die mit dem Meßkontakt gemessene Spannung an einer um den Eisenkern gelegten Wicklung direkt die Induktion im Eisen angibt, und zwar nicht nur ihren Höchstwert, sondern auch ihren zeitlichen Verlauf. Das sonst übliche Verfahren, die Induktion aus dem Effektivwert zu berechnen, gibt schon bei kleinen Abweichungen von der Sinusform Fehler und gibt außerdem keinen Aufschluß über den zeitlichen Verlauf. Mit einem solchen Vektormesser lassen sich folgende Untersuchungen durchführen:

5.431 Messung an geschichteten Kernen oder an Ringproben.

Man gebraucht außer dem Vektormesser eine Luftspule mit zwei Wicklungen (Gegeninduktivität), welche vor den Prüfling geschaltet

---

[1] Die in diesem Abschnitt 4.63 beschriebenen Geräte sind von der AEG entwickelt und in dem von dieser Firma herausgegebenen Buch: „Meßtechnik des mechanischen Präzisionsgleichrichters (Vektormesser)" beschrieben.

wird. Dann läßt sich die Wechselstromhysteresisschleife aufnehmen. Aus ihr folgen alle interessierenden Daten des Materials. Die Messung kann ebensogut an fertig geschichteten großen Transformatorenkernen als auch an kleinsten Übertragern ausgeführt werden. Es wird lediglich die Empfindlichkeit des Instrumentes entsprechend gewählt. Die reinen Eisendaten ohne den Einfluß von Stoßstellen erhält man bei ringförmig gestanzten Proben bei Ringbandkernen.

Will man nur die Verluste des Eisens ermitteln, kann man die Luftspule entbehren und den Wirkstrom mit den im Vektormesser eingebauten Strommeßbereichen ermitteln. Auf diese Weise lassen sich z. B. die Verluste in den Vorschaltdrosseln von Leuchtröhren messen.

5.432 Messung mit dem Anlegejoch.

Das Anlegejoch ist ein Zusatzgerät von der Größe eines Bügeleisens, das dem Zweck dient, vor der Verarbeitung das zu verwendende Blech auf seine Verlustziffer zu prüfen. Der Vorteil des Gerätes besteht darin, daß es ohne Zerstörung des Prüflings arbeitet und, wenn der normale Vektormesser vorhanden ist, nur einen geringen Kostenaufwand bedeutet. Es ist geeicht für übliche Transformatoren- und Dynamobleche zwischen 0,8 und 3 Watt/kg (bei 10000 Gauß) und Blechdicken von 0,3 bis 0,6 mm.

5.433 Messung mit dem Sortiergerät.

Dieses Gerät ist für Hersteller und Verbraucher großer Mengen von Blechtafeln geschaffen. Bekanntlich weichen die magnetischen Eigenschaften der Tafeln einer Lieferung unter Umständen untereinander erheblich voneinander ab. Mit dem Gerät ist es möglich, die Tafeln sowohl nach Verlustziffer als auch nach Anfangspermeabilität zu sortieren. Die Meßfehler betragen nur wenige Prozente, der Meßvorgang ist einfach und die Ablesung erfolgt an großen Instrumenten, so daß das Gerät auch von ungeübten Kräften, z. B. in Walzwerken oder in Lagerräumen, benutzt werden kann. Es benötigt nicht den normalen Vektormesser, sondern hat einen eingebauten Meßkontakt. Es wird für Blechtafeln verschiedener Abmessungen gebaut.

5.434 Messung von Streifenproben.

Zur Messung der Verlustziffer, Magnetisierbarkeit und Anfangspermeabilität eignet sich am besten eine Eisenprüfspule, die aus einem magnetischen Schlußjoch und einem Spulenkörper besteht, der zwei Kammern für die Probestreifen sowie eine Magnetisierungs-, eine Feldmeß- und eine Induktionsmeßwicklung enthält. Letztere ist mit einer Kompensationsspule für das Luftfeld in Serie geschaltet. Die Probestreifen mit der Abmessung 500×60 mm werden zu gleichen Anteilen in die Kammern der Spule eingeschoben und mittels vier Rändelschrauben festgeklemmt. Die Probemenge beträgt mindestens zwei Streifen, doch können auch mehr bis zu 2 kg eingelegt werden. Die Feldstärkenmessung beruht darauf, daß in dem schlitzförmigen Raum zwischen den Probeblechstreifen die gleiche Feldstärke wie im Blech selbst herrscht.

In der Eisenprüfspule können auch andere Bänder mit magnetischer Vorzugsrichtung, wie z. B. Eisen–Nickel-Legierungen (Mu-Metall) usw., untersucht werden. Außer dem Vektormesser mit einem Anzeigeinstrument (möglichst $R_i \geqq 100\,\Omega$) und der Eisenprüfspule, sind ein Regeltransformator zum Einstellen des Magnetisierungsstromes und ein bzw. zwei regelbare Vorwiderstände zur Erreichung von runden, gut ablesbaren Anzeigewerten der Induktion und der Feldstärke erforderlich.

5.5 Oberflächenrauhigkeit.

5.51 Öltropfenprobe.

In den vorhergehenden Ausführungen sind Blechprüfungsverfahren beschrieben, welche den Werkstoffbeanspruchungen durch Kräfte unterziehen, die zum Bruch des Gefüges an den hochbeanspruchten Stellen des Versuchskörpers führen. Daß hieran Reibungserscheinungen in starkem Maße beteiligt sind, wurde wiederholt hervorgehoben. Der Reibungsfaktor hängt von der Schmierung einerseits, von der Oberflächenbeschaffenheit des Bleches andererseits ab. Eine sehr viel größere Bedeutung hat die Oberfläche aber für die Oberflächenbehandlungsverfahren, worauf im folgenden Abschnitt zu 5.52 noch eingehend hingewiesen wird. Deshalb wird eine glatte Oberfläche von manchen Bestellern unter Beifügung von Mustern vorgeschrieben und wird auch in den kommenden DIN-Vorschriften für Blechgüten stärkere Beachtung finden. Bisher ist nur DIN 7183 über deutsche Oberflächenmaße bekannt.

Durch Einfärben der Oberfläche mittels Farbe und Abwischen derselben werden Poren und andere Vertiefungen des Bleches leicht sichtbar. Zunder- und Oxydschichten dagegen sind, soweit nicht bereits äußerlich sichtbar, durch leichte Ätzung mit Säure festzustellen. Ferner ist darauf zu achten, daß die Oberfläche von gutem Blech frei von Blasen, Narben, Rissen und unganzen Stellen ist, da diese die Verwendungsfähigkeit der Bleche wesentlich herabsetzen. Eine Anzahl bekannter Oberflächenfehler wurde bereits eingangs auf S. 12 bis 15 behandelt.

Rein systematische Versuche über den Einfluß der Oberflächenbeschaffenheit auf das Ziehergebnis sind bisher nicht bekannt. Dagegen hat es sich bei der Prüfung von Mustertafeln häufig herausgestellt, daß sehr rauhe Bleche im Gegensatz zu glatteren Qualitäten manchmal im Widerspruch zur Kornbeurteilung auf Feinheit an der Einbeultiefe gemäß S. 181 ein ganz hervorragendes Ergebnis unter der Ziehpresse lieferten.

Über die Feststellung des Rauhigkeitsgrades bestehen heute noch keine genormten Gütegrade. Ein älteres Verfahren beruht[1] darauf, daß auf ein ebenes unter 45° geneigtes Blechtäfelchen ein Öltropfen bestimmter Größe aus einer Höhe von 5 cm fällt. Der vom ablaufenden Tropfen in der Zeiteinheit zurückgelegte Weg sowohl in der Walzrichtung wie auch quer dazu wird gemessen und ein Mittelwert aus diesen Messungen als Glättegrad zur Kennzeichnung des Bleches bestimmt. Vor einer allseitigen Anerkennung dieser Methode müßte jedoch dieselbe durch sehr gründliche, physikalische Untersuchungen, insbesondere hinsichtlich der Beschaffenheit des Prüföles, belegt werden.

5.52 Tastschnittgerät.

Für die Untersuchung der Haftfähigkeit von Lacken und anderen Überzügen (z. B. Email) auf Blechen ist die Kenntnis der Blechrauhigkeit wichtig. Dabei genügt es nicht, die Rauhigkeit nur in einem sehr kleinen Bereich festzustellen, sondern es muß ein großer Teil der Oberfläche erfaßt werden, damit man sich ein Bild über ihre durchschnittliche Beschaffenheit machen kann. Im folgenden wird die Wirkungsweise eines kurz vor dem Kriege am Lehrstuhl für Werkzeugmaschinen und Betriebswissenschaft der Technischen Hochschule Berlin entwickelten Oberflächenprüfgerätes beschrieben[2], in Abb. 252 als LEITZ-Oberflächenmeßgerät nach FORSTER dargestellt.

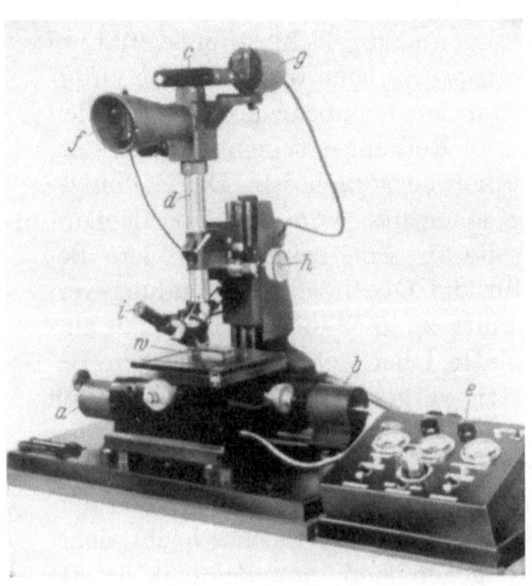

Abb. 252. LEITZ-Oberflächenmeßgerät nach FORSTER mit Photoeinrichtung.

Das Meßprinzip ist folgendes: Eine Tastnadel mit einer außerordentlich spitz geschliffenen Saphirnadel (Spitzenhalbmesser etwa 0,01 mm) schwingt, elektrisch erregt, senkrecht auf und ab. Gleichzeitig wird die zu prüfende Blechoberfläche mit einer gleichbleibenden Vorschub-

---

[1] Siehe hierüber die Notiz in Stahl u. Eisen 1927 Heft 12 S. 505. Der Bericht enthält Prüfungsergebnisse an verschiedenen Sonderblechen.

[2] FORSTER, A.: Neuartiges Oberflächenmeßgerät nach dem Differential-Tastverfahren. Werkst. u. Betr. Bd. 38—23 (1944) Heft 9 S. 234—238. — Profilmessung von Oberflächen. Bedeutung von Profilaufzeichnungen großer Länge. Werkst. u. Betr. Bd. 38—23 (1944) Heft 5 S. 125—127.

geschwindigkeit unter der Nadel waagerecht fortbewegt. Dies geschieht durch die Synchronmotoren a und b zu beiden Seiten des Sockels, wobei der linke Motor a einen Vorschub von 4 mm/min, der rechte Motor b einen solchen von 1 mm/min bewirkt. Rechts vom Oberflächenmeßgerät ist ein Schaltgerät gesetzt. Die schwingende Nadel tastet die Rauhigkeiten ab. Sie taucht in die Vertiefungen der Oberfläche des Werkstückes w, in unserem Fall des zu untersuchenden Bleches, ein und setzt sich auf die Erhöhungen auf. Die Eintauchtiefe der schwingenden Nadel wird gemessen. Dazu ist die Nadel mit einem Drehspiegel verbunden, der den Lichtstrahl einer feststehenden Lichtquelle mehr oder minder weit ablenkt. Die Ablenkung des Lichtstrahls wird an einem Fenster f sichtbar und kann außerdem auf einen Filmstreifen in der Kamera c aufgezeichnet werden. Ein dritter Synchronmotor g betätigt den Filmvorschub mit 100 mm/min. Die Höheneinstellung der Meßnadel geschieht am Griff h und die Beobachtung des Aufsetzens der Nadel zwecks richtiger Einstellung durch das Mikroskop i. Mit diesem Gerät lassen sich Rauhigkeiten in der Größenordnung von 1 μ ($= 0{,}001$ mm) ohne weiteres feststellen. Der besondere Vorteil des Gerätes ist der große Meßbereich. Die Rauhigkeit kann längs einer Linie von mehreren Zentimeter Länge ohne Schwierigkeit aufgenommen werden. Stets wird dann photographisch das Profil der Rauhigkeiten in der Aufnahmerichtung wiedergegeben, wobei zu berücksichtigen ist, daß sich in vielen Fällen die Rauhigkeiten in verschiedenen Richtungen unterscheiden, z. B. in Walzrichtung und senkrecht dazu. Durch verschiedene Laufgeschwindigkeiten des Filmstreifens wird das wiedergegebene Profil mehr oder minder gedehnt und der Längenmaßstab geändert, so daß nötigenfalls Einzelheiten des Rauhigkeitscharakters deutlicher hervortreten. Die senkrechte Vergrößerung ist umstellbar, die abgebildeten Profile sind auf diese Weise im Verhältnis zur Länge stark überhöht. So entsprechen in den Aufnahmen zu Tab. 12[1] 1 mm Höhe 0,001 mm in der Wirklichkeit und 1 mm Länge 0,04 mm in der Wirklichkeit. Der in Abb. 252 sichtbare Tubus d für einen Vergrößerungsmaßstab 1 : 1000 kann auch gegen andere kleinere Maßstäbe wie 1 : 200 ausgewechselt werden. Die Abb. a und b in Tab. 12 zeigen eine Gegenüberstellung von gewöhnlichem Schwarzblech mit kaltgewalztem Karosserieblech und die weiteren Aufnahmen Stahlbleche in gebondertem c, gebürstetem d, gebeiztem e und mit Stahlkies bestrahltem f Zustand. Insbesondere bei nichtnachbehandelten Blechen kann ein Unterschied zwischen Längs- und Querrauhigkeit bei schlechtem Zustand der Walzen nachgewiesen werden. In diesem Fall zeigt die Querrauhigkeit eine sehr viel höhere Rauhtiefe als die Längsrauhigkeit.

---

[1] Andere und ähnliche Aufnahmen sind enthalten in dem Aufsatz von WOLTER: Gerät zur Prüfung von Blechoberflächen. Mitt. Forsch.-Ges. Blechverarb. Nr. 11 v. 10. 2. 1950.

Tabelle 12.

Am FORSTER-LEITZ-Gerät an Stahlblechen aufgenommene Rauhigkeitsbilder eines Höhenmaßstabes 1000:1 und eines Längenmaßstabes 25:1.

Aufnahme	Rauh-tiefe R in μ	Art der Aufnahme
a	6–16	St I 23 gewöhnliches Handelsblech (Schwarz-blech)
b	0,1–0,5	St X 23 Karosserie-blech
c	0,2–2	St VI 23 bei 68° C gebondert
d	2–3	St X 23 mit rotieren-den Stahl-drahtschei-ben gebürstet
e	7–20	St X 23 3 min in Sal-petersäure (10%) gebeizt
f	8–25	St X 23 mit Stahlkies bestrahlt

Ein anderes Tastschnittgerät ist der Perthograph[1], bestehend aus dem Tastgerät, dem Verstärker, dem Steuergerät und dem Aufzeichnungsgerät. Im Tastgerät sind der elektrische Fühler, die Verschiebe- und Verstellwerke für denselben und die Sicherungseinrichtungen gegen Beschädigung der Tastnadel untergebracht. Der Verstärker mit Steuergerät verstärkt die vom Fühler gelieferten elektrischen Zustandsänderungen, die den Auslenkungen der Tastnadel proportional sind. Der Verstärkungsgrad ist einstellbar. Die verstärkten Ausgangsspannungen werden dem elektrischen Schreibgerät zugeführt, das das Oberflächenprofil aufzeichnet. Der Papiervorschub ist mit dem Vorschub der eigentlichen Tasteinrichtung nicht mechanisch verbunden, sondern elektrisch gesteuert.

Sowohl Längen- als auch Höhenmaßstab lassen sich ebenso wie beim FORSTER - LEITZ - Gerät unterschiedlich einstellen, und zwar sind folgende elektrische Feineinstellbereiche möglich: 0 bis 10 μ, 0 bis 50 μ und 0 bis 500 μ. Die im Mittel 0,5 g betragende Meßkraft ist auf größere oder kleinere Werte regelbar.

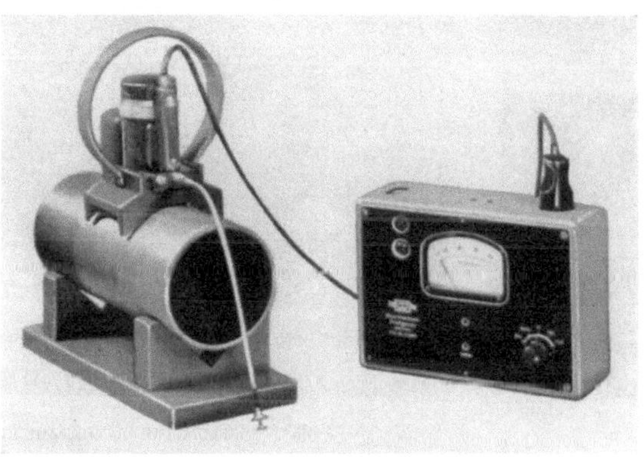

Abb. 253. Rauhigkeitsprüfer FORSTER-LEITZ.

Sowohl FORSTER als auch PERTHEN haben neben den Geräten mit graphischer Aufzeichnung neuerdings vereinfachte Rauhigkeitsprüfer mit Schaltkasten entwickelt, der gleichzeitig Anzeigegerät und Verstärker ist. Abb. 253 und 255 zeigen diese Rauhigkeitsprüfer.

Das Tastgerät FORSTER-LEITZ nach Abb. 253 besteht aus einem der Form des Prüfstückes angepaßten und austauschbaren Fußstück, dem rundgebogenen Handgriff, dem dazwischenliegenden Tastkopf und dem Federbandvorspannwerk, das unter einer kleineren zylindrischen Blechhaube in Abb. 253 hinter dem Tastkopf zu erkennen ist. Durch eine Regulierschraube unterhalb des Vorspannwerkes ist die Ablaufgeschwindigkeit einstellbar. Der Tastkopf enthält in seinem unteren Teil die an Membranen schwingend aufgehängte und von einer Impulsgeberspule umgebene Tastnadel. Ihr oberer Teil betätigt ein aus Membrane, Tauch-

---

[1] PERTHEN, J.: DRP 738 124 Kl. 42 b Gr. 12₀₅. Vorrichtung zum Messen kleinster Längen- oder Dickenunterschiede, insbesondere zum Prüfen metallischer Oberflächen.

spule und Dauermagnet bestehendes Induktionsgebersystem. Von hier
ab zweigt ein mehrpoliges Kabel zum Verstärker- und Anzeigegerät,
das seinerseits an das Netz angeschlossen ist. Nach einer zweiminutigen
Anheizdauer des Schaltkastens wird das Tastgerät auf das zu prüfende
Blech (in Abb. 253 ein Rohr) gesetzt. Der Rändelring am oberen Tastkopf wird nach Einschalten auf den großen Bereich bis 50 μ unter
ständiger Beobachtung des Anzeigegerätes so lange gedreht, bis der
Zeiger des Verstärkerkastens ausschlägt. Der Handauslöser, in Abb. 253
vorn links sichtbar, dient zum Anheben der Tastnadel, die nach Los-
lassen unter gleichbleibender Geschwindigkeit in die Taststellung zurückkehrt. Ist der Ablesebereich zu klein, so wird auf die nächst niedere

Abb. 254. Mikrogeometer mit Lichtpunktlinienschreiber.

Bereichsstufe umgeschaltet von 0 bis 10 μ, und ist diese auch noch
zu klein, wird auf die letzte 0 bis 1 μ geschaltet. Das Umschalten ermöglicht eine genauere Ablesung.

Im Gegensatz zum LEITZ-FORSTER-Gerät arbeitet der Mikrogeometer
von ASSMANN, Bad Homburg, zwar gleichfalls mit einer Saphirnadel.
Doch taucht diese nicht schwingend in die Oberfläche ein, sondern wird
mit einer kontinuierlichen, sehr kleinen Geschwindigkeit über diese
hinweggezogen. Der Meßbereich beträgt 0,1 bis 100 μ, die Vergrößerung
der Rauhtiefe (y-Achse) ist wahlweise 300-, 1000-, 3000- und 10000fach.
Das Ergebnis liegt sofort vor, indem es durch einen Lichtpunktschreiber
auf ein mittels Vorschubgerät bewegtes Papierband graphisch nieder-
gelegt wird. Im Gegensatz zu den Abbildungen in Tab. 12 zeigen die
so gewonnenen Diagramme keine schwarze Zackenfläche, sondern die
obere Begrenzung einer solchen Fläche als dunkle Linie. Vergleichs-
messungen an beiden Geräten zeigten völlige Übereinstimmung. Abb. 254
stellt die Apparatur für die Mikrogeometermessung dar. Rechts ist der
Tastkopf mit dem Vorschubmechanismus a für die Saphirnadel b und
dem kapazitiven Meßsystem c zu sehen. Dieses Meßsystem c mißt die

Bewegung der Nadel in der senkrechten Richtung (= Rauhtiefe). Links vom Tastkopf befindet sich der Verstärker g mit dem Anzeigegerät d für die Rauhtiefe. Mit diesen beiden Geräten kann schon allein gemessen werden, wenn auf die Registrierung verzichtet wird. Andernfalls wird dazu der Lichtpunktlinienschreiber geschaltet. Derselbe trägt außen rechts bei e die Papierrolle für die Diagramme. Der gegen ultraviolette Strahlen empfindliche Papierstreifen wird mittels eines Vorschubapparates nach links transportiert. Unter dem Fenster f färbt ein scharfer Lichtstrahl das Papier ohne besondere Nachbehandlung dunkel und erzeugt somit die Rauhigkeitslinie in wahlweise eingestellter Vergrößerung. Zum Lichtpunktschreiber gehört außerdem ein besonderes Netzanschlußgerät.

Das Oberflächenmeßgerät Perthometer G nach Abb. 255 gestattet unmittelbar nach dem Aufsetzen einer Meßelektrode auf die zu prüfende Oberfläche die Ablesung der Glättungstiefe in μ.

Durch Benutzung anderer Meßelektroden

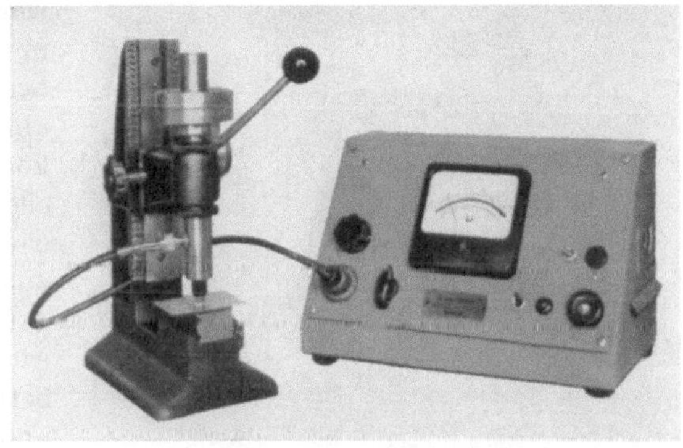

Abb. 255. Oberflächenmeßgerät Perthometer G.

kann außerdem die beispielsweise durch Beizen oder Sandstrahlen hervorgerufene Oberflächenaufrauhung gemessen werden. Dabei wird nicht die Tiefe der Rauhung, sondern die Vermehrung oder Verringerung ihrer Spitzen ermittelt. Dieses Meßverfahren beruht darauf, daß auf die Oberfläche eine Meßfläche bestimmter Größe aufgesetzt wird. Sie besteht aus einem Isolierstoff hohen Widerstandes, dessen eine zur prüfenden Oberfläche abgewandte Seite metallisiert ist. Wird diese Meßfläche auf die zu prüfende rauhe Oberfläche aufgesetzt, dann bildet sich ein elektrischer Kondensator, dessen einer Belag die rauhe Oberfläche, dessen anderer Belag die Metallisierung auf dem Isolierstoff ist. Zwischen beiden Belägen befinden sich die Isolationsschicht und der Luftraum in den Rauheiten der Oberfläche. Durch entsprechende Bemessung des Dielektrikums wird erreicht, daß schon geringe Änderungen der Oberflächenrauhigkeit sehr große Änderungen der elektrischen Kondensatorkapazität hervorrufen. Diese Kapazitätsänderungen werden an einem Zeigerinstrument abgelesen.

Abb. 255 zeigt ein derartiges erschütterungsunempfindliches Gerät, das aus einem Taster mit der Prüfelektrode besteht. Der Taster wird

in einem Stativ gehalten, auf dessen Boden die zu untersuchende Blechprobe aufgelegt wird. Doch kann zur Prüfung großer Blechtafeln die
Prüfelektrode unmittelbar auf diese aufgesetzt werden. Der Taster ist
durch ein Kabel mit dem Anzeigegerät verbunden. Dieses mißt an sich
die elektrische Kapazität, ist aber bereits so abgeglichen, daß auf der
Skala das Oberflächenmaß in μ angezeigt wird. Die Anzeige erfolgt
sofort nach dem Aufsetzen der Meßelektrode. So kann an vielen Stellen
einer Blechtafel, aber auch an bereits aus Blech gefertigten Teilen die
Oberflächenrauhigkeit ermittelt werden. Selbstverständlich müssen
durch Öl, Fett, Wasser bedingte Verunreinigungen der Oberfläche vor

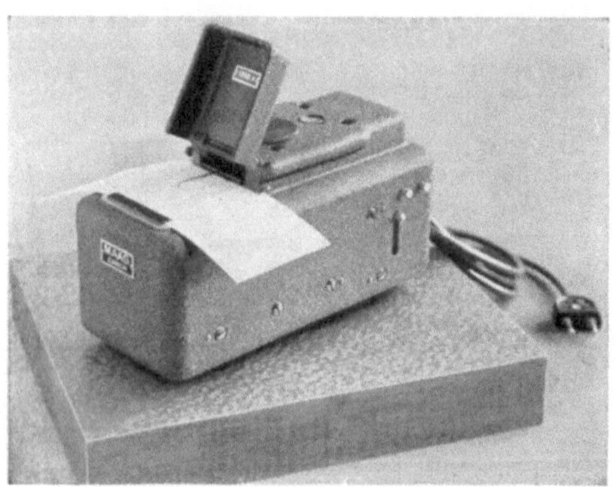

Abb. 256. MAAG-Oberflächenprüfer.

dem Messen entfernt werden. Es genügt, Fette mit Benzin oder Tri zu beseitigen und Wasser abzutrocknen. Fremdkörper auf der Oberfläche, wie Staub, Fasern, usw., verursachen so herausfallende Meßwerte, daß sie sofort erkannt werden. Der Meßbereich beträgt normal 0 bis 2 μ und 0 bis 20 μ.

Neben diesen deutschen Geräten bestehen noch ausländische Bauarten, wie beispielsweise der Brush Surface Analyzer der Brush Development Co. Cleveland, Ohio, das ,,Talysurf-Oberflächenmeßgerät (Taylor,
Taylor & Hobson, Leicester, England), der ,,Tomlinson Surface Finish
Recorder" und der ,,Tomlinson Waviness Recorder" (J. E. Baty & Co.,
London). Ein Schweizer Abtastgerät mit graphischer Aufzeichnung der
Oberflächenrauhigkeit ist der Maag-Oberflächenprüfer nach Abb. 256,
der Unebenheiten innerhalb eines Bereichs von 1 bis 40 μ in tausendfacher Höhenvergrößerung auf dem in Abb. 256 dargestellten Papierstreifen festhält. Beim Abtasten von Blechoberflächen beträgt die Prüfstrecke bis zu 50 mm. Dabei wird das Gerät in einfachster Weise auf die
zu untersuchende Oberfläche aufgesetzt.

5.53 Andere Oberflächenprüfverfahren.

Außer den Tastschnittgeräten gibt es noch eine Reihe weiterer Verfahren, die jedoch für Blechuntersuchungen nur von untergeordneter
Bedeutung sind. Zunächst sind das Lichtschnittgerät nach SCHMALTZ[1]

---

[1] SCHMALTZ, G.: Eine Methode zur Darstellung der Profilkurven rauher

und das Raulimeter[1] zu nennen. Das Lichtschnittverfahren ist zur Herstellung von Schattenrissen sehr alt, wird aber in der Meßtechnik auch heute noch angewandt. Jedoch erst durch Einführung der Mikroprojektion des Lichtspaltes und seiner mikroskopischen Betrachtung wurde dieses Verfahren für die Oberflächenprüfung erschlossen. Dabei wird nicht der Gegenstand, sondern die Kante des auf dem rauhen Blech entworfenen Spaltbildes betrachtet. Seine Schattengrenze muß genügend scharf sein. Es gibt verschiedene Betrachtungsweisen. Ist die Neigung der Achsen des Spaltstrahles gegen die Senkrechte zur Oberfläche die gleiche wie diejenige des Mikroskopes, so ist bei dieser sogenannten Hellfeldbetrachtung die Helligkeit des Schnittbildes größer. Die Oberfläche wird dabei vom Spaltstrahl meist unter 45° geschnitten. Sind hingegen die Achsen des Spaltstrahles und der Beobachtungsoptik verschieden zur Oberfläche geneigt, so erfolgt die Betrachtung im Dunkelfeld. In Umkehrung zu den Lichtschnittverfahren können an Stelle eines Lichtbandes auch ein oder mehrere Schattenbänder gegen die Oberfläche projiziert werden. Bei der Abstumpfung der Schnittwerkzeuge bildet sich an den geschnittenen Blechteilen Grat. Die Messung der Grathöhe erfolgt zweckmäßigerweise unter Lichtschnittgeräten, sonst unter dem Mikroskop. Daneben gibt es aber auch einfache Verfahren durch seitlich auftreffende Lichtstrahlen, wobei die vom Grat hervorgerufenen Schattenbänder eine bequeme Messung gestatten. Ein solches von Weber-Telefunken in Gemeinschaft mit der AEG (Werkzeugbau Berlin, Brunnenstraße) entwickeltes Gerät etwa in Größe eines Bügeleisens besteht aus einem unten offenen Gehäuse, das auch über größere Blechteile verschoben werden kann. Im oberen Teil dieser Haube befinden sich ein Mikroskop und innerhalb der Haube daneben eine Glühlampe. Der zu messende, nach oben gerichtete Grat wird mittels dieser Lichtquelle von der Seite angeleuchtet, so daß ein schräger etwa unter 10° geneigter schmaler Lichtstrahl jenseits des Grates ein Schattenband erzeugt. Über der sich hieraus ergebenden Schattenbandbreite wird die Grathöhe bei der mikroskopischen Beobachtung abgelesen. Zu diesem Zweck befindet sich im Okular eine Strichplatte mit einer Teilung von 0,02 mm, die einen Meßbereich von 0,7 mm umfaßt. Um die mikroskopische Einstellung zu erleichtern, kann das Mikroskop seitlich ausgeschwenkt und die Prüfstelle zwischen zwei Markenrissen angelegt werden, so daß die Meßlinien der Strich-

---

Oberflächen. Naturwiss. 1932 S. 315. — SCHMALTZ-WALLICHS-LINDAU: Messung der Oberflächengüte. Diskussion. Schleif- u. Poliertechnik Bd. 13 (1936 S. 32) u. 55. — SCHMALTZ, G.: Oberflächenbeschaffenheit und Passungen. Werkstatttechnik Bd. 30 (1936) S. 453.

[1] NAUMANN, H.: Das Busch-Lichtschnittmikroskop. Bl. Unters. Forsch.-Inst. Bd. 16 (1942) Nr. 3/4 S. 25.

platte im Okular parallel zum Grat ausgerichtet sind. In Abb. 257 ist der Aufbau des Gerätes im Schnitt dargestellt, und zwar links das Mikroskop und rechts die Lichtquelle mit dem Schalter außerhalb des Gehäuses. Die linke obere Ecke des Bildes veranschaulicht den vom Lichtstrahl getroffenen Stanzgrat, wobei eine Schattenbandbreite in fünffacher Größe der Grathöhe erzeugt wird. Die senkrechte Schraffur deutet das Liniennetz aus der Sichtrichtung des Beobachters durch das Okular an. Das dem Beschauer durch die Optik des Mikroskops sich bietende Bild des Schattenbandes ist in Abb. 258 dargestellt mit den parallelen Meßlinien in der linken Bildhälfte. Unter Zugrundelegung eines Verhältnisses von 1:5 für Grathöhe: Schattenbandbreite und des oben angegebenen Meßlinienabstandes ist die Höhe des Schnittgrates mit 0,02 mm im Mittel abzulesen[1].

Es bestehen außerdem zahlreiche mikroskopische Verfahren zur Ermittelung der Oberflächenbeschaffenheit von Blechen, die jedoch für eine Messung der Rauhigkeit selbst kaum in Betracht kommen[2].

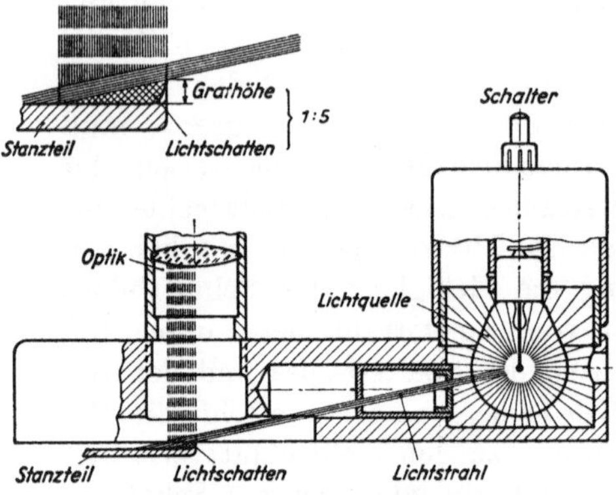

Abb. 257. Schnittgratprüfer.

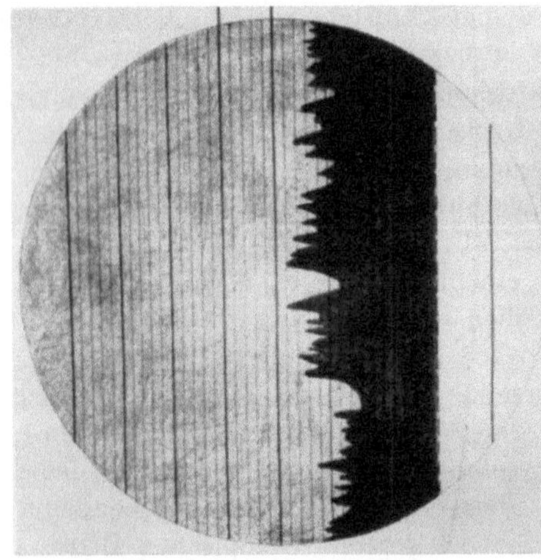

Abb. 258. Schattenbandbild des Gerätes zu Abb. 257.

[1] Abb. 257 und 258 entnommen der Beschreibung dieses optischen Gratmessers im Ind. Anz. Bd. 75 (1953) Nr. 25 S. 302.

[2] PERTHEN, J.: Prüfen und Messen der Oberflächengestalt. München 1949. Im Anhang jenes Buches befindet sich ein ausführliches Schrifttumsverzeichnis über Oberflächenmeß- und Prüfverfahren.

DIN-Blatt-Verzeichnis für Prüfverfahren.

Im Gegensatz zu Tabelle 1 auf Seite 2, wo die DIN-Vorschriften für die Bleche zusammengestellt sind, gibt dieses Verzeichnis Hinweise auf diejenigen DIN-Blätter, die zur Durchführung der Blechprüfungen notwendig sind oder interessieren. Weitere Blätter sind in Bearbeitung. E bedeutet Entwurf, Bbl Beiblatt.

DIN-Nr.	Jahr	Gegenstand	Gehörig zu Seite
50942	1952	Phosphatieren von Stahlteilen	24, 226
E 50960	1951	Galvanische Überzüge	30, 226
hierzu Bbl 1	1952	Galvanische Überzüge auf Stahl	30, 226
E 50962	1952	Galvanische Kadmiumüberzüge auf Stahl	30, 226
E 50963	1952	Galvanische Nickel- und Nickel-Chrom-Überzüge auf Stahl	30, 226
E 50961	1952	Galvanische Zinküberzüge auf Stahl	36, 226
50142	1941	Dauerbiegeversuch für Leichtmetalle. Flachbiegeversuch	37, 213
50116	1950	Schlagbiegeversuch für Zink und Zinklegierungen	50, 174
50964	1952	Galvanische Cu-Ni- und Cu-Ni-Cr-Überzüge auf Zink und Zinklegierungen	50, 226
50950	1952	Mikroskopische Bestimmung der Schichtdicke galvanischer Überzüge	128, 152
50051	1952	Schichtdickenbestimmung nach dem Strahlverfahren	128, 152
50953	1952	Schichtdickenbestimmung dünner Chromüberzüge nach dem Tüpfelverfahren	128, 152
50960	1952	Galvanische Überzüge, Schichtdicken	128, 152, 226
50351	1942	Härteprüfung nach BRINELL	154
E 50133	1940	Härteprüfung nach VICKERS	155
50103	1942	Härteprüfung nach ROCKWELL	155
50115	1937	Kerbschlagversuch	161
50125	1951	Zugproben	161
E 50145 E 50146	1951 1951	} Zugversuch	161
50143	1944	Ermittelung der Elastizitätsgrenze	161
50144	1944	Ermittlung der 0,2-Grenze	161
1602 1605 }	1936	Mechanische Prüfung der Metalle	155 bis 180
4854	1942	Prüfung bei Druck und Temperaturerhöhung	161, 215
(50101) (50102)	1947 in Bearb.	} Tiefungsversuch nach ERICHSEN	180

DIN-Blatt-Verzeichnis für Prüfverfahren (Fortsetzung).

DIN-Nr.	Jahr	Gegenstand	Gehörig zu Seite
50120	1952	Zugversuch an schmelzgeschweißten Stumpfnähten	207
50121	1952	Faltversuch an schmelzgeschweißten Stumpfnähten	207
50122	1952	Kerbschlagversuch an schmelzgeschweißten Stumpfnähten	207
50123	1943	Zugversuch an Leichtmetallschmelzschweißverbindungen	207
50126	1951	Zugversuch an geschweißten Kehlnähten	207
50127	1951	Bruchflächenbeurteilung schmelzgeschweißter Stumpf- und Kehlnähte	207
50124	1943	Scherzugversuch an Punktschweißnähten	209
E 50100	1951	Dauerschwingversuch	213
50113	1934	Umlaufbiegeversuch	213
E 50118	1951	Zeitstandversuch	213
E 50119	1951	Standversuch	213
50900	1951	Korrosion	226
50905	1952	Durchführung von Korrosionsversuchen	226
4860	1942	Bodenkorrosionsversuche ohne Fremdströme	226
4861	1942	Bodenkorrosionsversuche mit Fremdströmen	226
7949	1948	Klimaeinwirkungen	226
50907	1952	Meerklima- und Meerklimabeständigkeit	226
50940	1951	Prüfung chemischer Entrostungsmittel und Sparbeizen	226
50600	1952	Metallographische Gefügebilder	227
7090	1945	Zerstörungsfreie Prüfverfahren	246 bis 266
54121	1944	Magnetpulver-Prüfung	267
50320	1952	Verschleiß	277
50049	1951	Bescheinigungen über Werkstoff	allgemein

Schrifttum.

Zusammenstellung der wichtigsten deutschsprachigen Bücher zu dem hier behandelten Gebiet. Auf Zeitschriftenveröffentlichungen und ausländisches Schrifttum wird in den einzelnen Fußnoten jeweils Bezug genommen.

ALBRECHT, R.: Lichtbogenschweißung für Stahlhoch- und Brückenbau. Berlin 1947.

Aluminium-Taschenbuch. Düsseldorf 1951.

AWETISSJAN, C. K.: Grundlagen der Metallurgie. Halle 1951.

AWF: Verarbeitung von Leichtmetallen in der Stanzereitechnik. Leipzig 1939.

BABLIK, H.: Das Feuerverzinken. Wien 1941.

BAUKLOH, W.: Physikalisch-chemische Grundlagen der Metallurgie. Berlin 1949.

Betriebshütte, Bd. 1 (Berlin 1951) und Bd. 2 (Berlin 1952).

BILLIGMANN, J.: Stauchen und Pressen. München 1952.

BÖHLE, H.: Nichteisenmetalle. Berlin 1953.

BRANDENBERGER, E.: Röntgenographisch-analytische Chemie. Zürich 1946.

BRUNST, W.: Elektrisches Widerstandsschweißen. Berlin 1952.

BUBERT, J.: Elektrische Meßgeräte. Füssen 1949.

BULIAN-FAHRENHORST: Metallographie d. Magn.-Leg. Berlin 1949.

BURKHARDT, A.: Spanlose Formgebung von Metallen. Stuttgart 1940.

BURRI, C.: Polarisationsmikroskop. Basel 1950.

BUNSTYN, W.: Das Löten. Berlin 1944.

CHRISTOPH, K.: Prüfung von Feinblechen. Diss. München 1929.

COHEN, A.: Rationelle Metallanalyse. Zürich 1948.

COTEL, E.: Grundlagen des Walzens. Halle 1950.

DAMEROW, E.: Allgemeine Werkstoffprüfung. Berlin 1953.

Dehnungsmeßstreifen — Meßtechnik. Eindhoven 1951.

DIERGARTEN, H.: Gefüge-Richtreihen. Düsseldorf 1951.

DIN-Werkstoffnormen, Bd. 1: Stahl und Eisen (Berlin u. Köln 1952); Bd. 2: Nichteisenmetalle (Berlin u. Köln 1953).

DURRER, R.: Metallurgie des Eisens. Berlin 1943.

DURRER, R., u. G. VOLKERT: Metallurgie der Ferrolegierungen. Berlin 1953.

EGGERT-SCHIEBOLD: Röntgentechnik in der Materialprüfung. Leipzig 1930.

EISENKOLB, F.: Prüfen von Feinblechen. München 1949.

— Das Tiefziehblech. Leipzig 1951.

ERDMANN-JESSNITZER: Werkstoff und Schweißung. Berlin 1951.

EWALD-HINTERBERGER: Massenspektroskopie. Berlin 1952.

EYER, Ph.: Emailwissenschaft. Halberstadt 1932.

FAHRENBACH, W.: Widerstandsschweißen. Berlin 1949.

FEY, H.: Chemisch-technische Vorschriftensammlung. Stuttgart 1952.

FINK, K.: Grundlagen und Anwendung der Dehnmeßstreifen. Düsseldorf 1952.

FRIEBEL, W.: Handbuch der Dosenfertigung. Berlin 1936.

GABLER, P.: Stanzereitechnik in der feinmechanischen Fertigung. München 1951.
GINSBERG, H.: Leichtmetallanalyse. Berlin 1945.
GLOCKER, R.: Materialprüfung mit Röntgenstrahlen. Berlin 1949.
GÖHRE, E.: Leistungssteigerung und Ausschußminderung in der Stanzerei. München 1953.
GOLDSTEIN, J.: Meßwandler. Berlin 1952.
GÖNNER, O.: Elektrische Widerstandsschweißung. München 1949.
GOERENS, P.: Einführung in die Metallographie. Halle 1932.
GRAHL, F.: Werkstoffprüfung. München 1949.
GÜTTNER, R.: Das Feinblech und seine Verwendung im Karosseriebau. Berlin 1939.

Handbuch für das Eisenhüttenlaboratorium, Bd. 1 (Düsseldorf 1939); Bd. 2 (Düsseldorf 1941).
HARTING, H.: Photographische Optik. Berlin 1952.
HENGLEIN, M.: Lötprobierkunde. Berlin 1949.
HENZE, W.: Glasuren. Halle 1951.
HILBERT, H. L.: Stanzereitechnik, Bd. 1 u. 2. München 1949.
HOFF-DAHL: Grundlagen des Walzverfahrens. Düsseldorf 1950.
HOFMANN-SCHMITZ: Metallkunde. Wolfenbüttel 1948.
HORNAUER, H.: Spanlose Formung von Halbzeugen aus Leichtmetallwerkstoff. München 1938.

Jahrbuch für Keramik, Glas, Email. Coburg 1951/52.
JÄNECKE, E.: Handbuch aller Legierungen. Wien u. Heidelberg 1949.

KACZMAREK, E.: Praktische Stanzerei. Bd. 1 u. 2. Berlin 1949.
KAISER, H.: Grundriß der Spektrochemie. Köln-Opladen 1952.
KAYSELER, H.: Eigensch. versch. beh. Bandstahls mit Berücksichtigung der Tiefzieheignung und deren Prüfung. Dortmund 1934.
KIRSTEN-EHRLICHER: Schweißen, Brennschneiden, Löten. Hannover 1949.
KITTEL, H.: Lexikon der Farben, Lacke. Stuttgart 1952.
KLEIN, P.: Elektronenstrahl-Oszillograph Bd. 1 und 2. Berlin 1952.
KLINGER-KOCH: Beiträge zur metallkundlichen Analyse. Düsseldorf 1949.
KLOSSE, E.: Lichtbogenschweißen. Berlin 1950.
KOCHENDÖRFER, A.: Plastische Eigenschaften von Kristallen und metallischen Werkstoffen. Berlin 1953.
KOLOC, K.: Stoff-ABC. Leipzig 1950.
— Werkstoff-Kartei Kupferlegierungen. Leipzig 1951.
KOSTRON, H.: Aluminium und seine Legierungen. Berlin 1952.
KREKELER-KLOUGT: Ausgewählte Kapitel schweißtechnischer Fertigung. Essen 1949.
KRETZMANN, R.: Industrielle Elektronik. Berlin-Borsigwalde 1952.
KRÖGER, D.: Grundriß der technischen Chemie. Bd. 2. Wolfenbüttel 1951.
KUNZE, H.: Elektrische Meßinstrumente. Berlin 1949.

LEHMANN, H.: Werkstoffprüfung, Bd. 1: Metalle. Leipzig 1951.
LIMANN, O.: Prüffeldmeßtechnik. München 1947.
v. LINDE, R.: Das Löten. Berlin 1953.
LIPINSKI, F.: Das keramische Laboratorium, Bd. 1 und 2. Halle 1950.
LOHMANN u. ZEYEN: Schweißen der Eisenwerkstoffe. Düsseldorf 1947.
LOSKUTOW-KRANTZ: Metallurgie des Zinks. Halle 1950.
LÖWE: Optische Messungen des Chemikers. Dresden u. Leipzig 1949.

Maass, E.: Nichteisenmetalle. Wittenberg 1952.
Machu, W.: Phosphatierung. Weinheim 1950.
Masing, G.: Lehrbuch der allgemeinen Metallkunde. Berlin 1950.
Matthaes, K.: Prüfung metallischer Werkstoffe. Berlin-Grunewald 1952.
Mayer-Luszczak: Absorptions-Spektralanalyse. Halle 1951.
Mayer-Sidd-Hutterer: Merkbuch für Fehler in der Warmbehandlung von Stahl. Berlin 1943.
Meller, K.: Taschenbuch für Lichtbogenschweißung. Leipzig 1952.
Meyer-Moerder: Spiegelgalvanometer und Lichtzeigerinstrumente. Leipzig 1952.
Michel, K.: Grundzüge der Mikrophotographie. Jena 1943.
Mies, O.: Metallographie. Berlin 1949.
Moritz, H.: Spektrochemische Betriebsanalyse. Stuttgart 1946.
Müller, E. A.: Materialprüfung mit dem Magnetpulververfahren. Leipzig 1951.

Niezoldi, O.: Ausgewählte Untersuchungen für Stahl- und Eisenindustrie. Berlin 1949.

Oberhoffer, P.: Das technische Eisen. Berlin 1936.
Oehler-Kaiser: Schnitt-, Stanz- und Ziehwerkzeuge. Berlin 1949.
Oehler, G. W.: Gestaltung gezogener Blechteile. Berlin 1951.
— Beseitigung des Ausschusses beim Ziehen von Hohlkörpern unter Berücksichtigung der Prüfverfahren. Berlin 1938.

Palm, A.: Elektrische Meßgeräte und Meßeinrichtungen. Berlin 1948.
— Registrierinstrumente. Berlin 1950.
— Elektrostatische Meßgeräte. Karlsruhe 1951.
Perthen, J.: Prüfen und Messen der Oberflächengestalt. München 1949.
Pflier, P. M.: Elektrische Messung mechanischer Größen. Berlin 1948.
— Elektrische Meßgeräte und Meßverfahren. Berlin 1951.
Plessow, G.: Anstrichstoffe. Berlin 1928.
Pomp, A.: Abhandlungen über Materialprüfungen, siehe Werkstoff-Handbuch Stahl — Eisen und Puppe-Stauber!
Puppe-Stauber: Eisenhüttenwesen, Bd. 3: Walzwerkswesen. Düsseldorf u. Berlin 1935.

Räntsch, K.: Optik in der Feinmeßtechnik. München 1949.
Renesse-Rauhut: Werkstoff-Ratgeber. Essen 1949.
Ricken, T.: Grundzüge der Schweißtechnik. Berlin 1949.
Riebensam-Traeger: Werkstoffprüfung der Metalle. Berlin 1949.
Roscher, E.: Feinmechanik, Bd. 1: Werkstoffe, Pass., Toleranzen. Heidelberg u. Wien 1951.

Salmang, H.: Physikalische und chemische Grundlagen der Keramik. Berlin 1951.
Schenk, M.: Werkstoff Aluminium. Bern 1948.
Schimpke-Horn: Praktisches Handbuch der gesamten Schweißtechnik. Berlin 1948.
Schimpke, P.: Die neueren Schweißverfahren. Berlin 1950.
Schleicher-Fischer: Elektroanalytische Schnellmethoden. Stuttgart 1947.
Schlesinger, R.: Messung der Oberflächengüte. Berlin 1951.
Schönert-Eschelbach: Praktische Materialprüfung. Braunschweig 1950.
Sachs, G.: Spanlose Formung der Metalle. Berlin 1931.

19*

SELLIN, W.: Handbuch der Ziehtechnik. Berlin 1931.
— Stanztechnik, Teil 4: Formstanzen. Berlin 1949.
SIEBEL u. POMP: Über den Kraftverlauf beim Tiefziehen und bei der Tiefungs-
prüfung. Düsseldorf 1929.
SIEBEL, E.: Handbuch der Werkstoffprüfung. Berlin 1952.
— Formgebung im bildsamen Zustand. Düsseldorf 1932.
v. STACKELBERG, M.: Polarographische Arbeitsmethoden. Berlin 1950.
STEINKE-RUBO: Schweißen und Brennschneiden. Leipzig 1953.
STRIGEL, R.: Ausmessung von elektrischen Feldern. Karlsruhe 1950.
STUCKERT, L.: Emailfabrikation. Berlin 1952.
SUDASCH, E.: Schweißtechnik. München 1950.

TEWES, K.: Stahl und Eisen beim Schweißen. Essen 1948.
THEWS: Weichlote, Herstellung und Verwendung. München 1953.
TREY, F.: Einführung in Methoden der Feinstrukturuntersuchung. Stuttgart 1953.

ULLMANN: Enzyklopädie der technischen Chemie, 13 Bände. München u. Berlin
1951.

VIELHABER, L.: Emailtechnik. Berlin 1939.

WASSERMANN, G.: Texturen metallischer Werkstoffe. Berlin 1939.
WEIHRICH, R.: Chemische Analyse in der Stahlindustrie. Stuttgart 1953.
WELLINGER-GIMMEL: Metallische Werkstoffe. Stuttgart 1950.
— Werkstofftabellen der Metalle. Stuttgart 1951.
Werkstoff-Handbuch Stahl und Eisen. Düsseldorf u. Berlin 1953.
— Nichteisenmetalle. Düsseldorf u. Berlin 1940.
WIDEMANN, M.: Röntgenwerkstückprüfung. Berlin-Zehlendorf 1944.
WIEDERHOLT, W.: Korrosionsprüfverfahren. Berlin 1945.
WILBORN, F.: Physikalische und technologische Prüfverfahren für Lacke. Stutt-
gart 1953.
WOLF, W.: Zink-ABC. Berlin 1950.
WURZEL, G.: Schweißen von Leichtmetallen. Leipzig 1949.

v. ZEERLEDER, A.: Technologie des Aluminiums und der Aluminiumlegierungen.
Leipzig 1947.
Zerstörungsfreie Werkstoffprüfung (Bericht intern. Tagung vom 30. 11. bis 2. 12.
1950, Düsseldorf 1952).
ZEYEN, L.: Neue Erkenntnisse und Entwickelungen beim Schweißen von Eisen-
werkstücken. Düsseldorf 1948.
ZIMMERMANN, E.: Werkstoffkunde und Werkstoffprüfung. Hannover 1950.
Zink-Taschenbuch. Halle 1942.
ZORN, E.: Maschinelles Gasschmelzschweißen. Halle 1949.

Sachverzeichnis.

Die fettgedruckten Ziffern beziehen sich auf die Seiten, auf denen der Gegenstand am eingehendsten behandelt ist.

Abbrennschweißung 73.
Abkantversuch 171.
Abspreizbiegeprobe 208.
Abwalzgrad 11.
AEG-Verfahren siehe Napfzugversuch.
Aircomatic-Verfahren 84.
AK-Wert 115
Alclad 3.
Alodine-Verfahren 103.
Alpacca 55.
Alprox-Verfahren 104.
Alterungsriß 238.
Alterungssprödigkeit 22, 44, 66, 212, **217—219.**
Alto-Stahl 7.
Aluminiumlegierungen 40.
Alumite-Verfahren 45.
Amerikanische Normen 3—5.
Analyse, chemische 219 bis 226.
Anfangspermeabilität 27.
Anisotropie **19**, 191, 204, 268.
Anlauffarbe 116.
Anlegejoch 276.
Anstriche 102—109.
Apfelsinenhaut 23.
Arcatom-Schweißverfahren 78, 82.
Argentan 55.
Argonarc-Schweißverfahren 85.
Armcoeisenblech **28**, 75.
Ätzmittel 231—233.
Aufkochprüfung 116.
Aufweitungsprobe nach Petrasch 201.
— nach Siebel-Pomp 203.
Ausdehnungskoeffizient, kubischer 115.

Aushärtung 43.
Auslagerungsperiode **43**, 217.
Austenitische Bleche **28**, 66, 67.
Auswiegen 130.
Autogenschweißen 76.
Azetylenverbrauch 77.

Balkenherd 9.
Bandgußform 88.
Baumann-Probe 222.
Behälterbleche 28.
Beißkeil 159.
Beize 8, **10**, 49, 102, 112.
Beizblasen **12**, 112, 113.
Beiznarben 13.
Beizverzugprobe 35, **113.**
Bekleidungsbleche 5.
Bengough-Verfahren 45.
Beruhigtes Stahlblech 6, **16.**
Betastrahl-Dickenmessung 149.
Betastrahler 138.
Biegekraft 61.
Biegeprüfung 167—179.
Biegeradius 60.
Biegewerkzeug 59—63.
Blankglühanlage 11, 49, 67, **96.**
Blaubrüchigkeit **216**, 239.
Blechdickenlehre 133.
Blechdickentoleranz 121.
Blechhalterdruck beim Napfzug 192.
Blechhalterkraft 64.
Blindstrom 273.
Blitzfiguren 15.
Blockstraße 7.
Bodymaker 126.
Bolometer 150.

Bondern **24**, 69.
Bördelschweißung **71**, 81, 89.
Braunsche Röhre 260.
Brinellhärte 154.
Britannia 4.
Bronzebleche **54**, 224.
Bronzeschweißen 87.
Buckelschweißung 72.

Cartridge 3.
Chemische Analyse 219 bis 227.
Clad 3.
Cupal 86.
Cupronickel 4.
Cutlery 4.

Dauerfestigkeit 213—215.
Debye-Scherrer-Aufnahmen 253—257.
Dekapierte Bleche 10.
Deckelfalzquerschnitte 127.
Deckschicht 32.
Dehnungsmessung 157.
Desoxydationserzeugnisse **12**, 15.
Dichtigkeitsprobe an platt. Bl. 32.
Dickentoleranz 120—128.
Dilatometer 115.
DIN 2.
Disa-Elektropol-Gerät 230.
Doppelfaltversuch 174.
Doppelung 6, **21**, 249, 261.
Doppel-Vickershärteprobe 155.
Dow-Metal 4.
Durchlaufofen 11, **27.**
Durchschlagprobe 108.

Durokawimeter 267.
Dynamobleche **26**, 273 bis 277.

Echoschallverfahren 261.
Eiche geritzt 15.
Einbeulprüfung 105, **180** bis 188, 217.
Einfalzzone 238.
Einkammerofen 11.
Einpolröntgenröhre 248.
Einschlüsse 6, 7, **12**, 249, 261.
Einspannfutter f. Zerreißprobe 159.
Eisenbahnschwellen 28.
Eisenbegleiter 6.
Eisenvoltmeter 275.
Elbus 129.
Elefantenhaut 23.
Elektro-Compar 129.
Elektrode **69**, 77.
Elektrolyt f. Polieren 230.
Elektrolytisches Verzinnen 34.
— Entfetten 35.
Elektromagn. Bleche 26.
Elektron 45.
Elektroofen 29.
Elektroplattieren 34.
Elektrostatisches Farbspritzen 103.
Elin-Hafergut-Verfahren 79.
Ellira-Schweißverfahren 80.
Elmillimeß 130.
Eloxal 45.
Eltaslehre 139.
Email-Prüfverfahren 109 bis 120.
Entfettung **26**, 35, 102.
Entkohlung 23.
Entspannungsglühen 49.
Epsteingerät 270.
Erichsenprüfung siehe Einbeulprüfung.
Erichsen-Lackprüfgerät 105.
Etamic-Gerät 145.
EW-Verfahren 46.
Exatestgerät 148.

Falte 17.
Faltversuch 173.
Falzquerschnitte **126**, 127.
Federbiegegerät 214.
Federmessingblech 49.
Federstahlbleche 29.
Feinbleche 6.
Feinstruktur 252—257.
Ferrometer 271—273.
Fesa-Weibel-Verfahren 82.
Filterpapierprobe 226.
Fischschuppenanfälligkeit 116.
Flammofen 9.
Flecke auf dem Blech 17.
Flex-Tester 175.
Fließfiguren 11, **18**, 160.
Flockengraphit 26.
Formänderung, logarithmierte 189.
Freibiegeprobe 172.
Fühlhebel, Fühluhr 128.
Funkenprobe 112, **221**.

Gammastrahlen 146.
Ganztafeljoch 272.
Gasblasen 12.
Gaseinschluß 12.
Gasschmelzschweißung 76.
Geatest 129.
Gefüge 11.
Gegeninduktivität 275.
Geiger-Zählrohr 146.
Gilding Metal 4.
Glanzverzinken 37.
Glättstich 10.
Gleichrichterprüfgerät 272.
Gleitflächen und Gefüge 11.
Glühen 49, **67**.
Glühfehler 23.
Glühofen 8, 52.
Graphit 26.
Graphotest 133.
Grat 15, 286.
Grobbleche 6, 79.
Grobkornbildung 161.
Grobstruktur 246—252.
Guillery-Apparat 181.
Gummidruckprüfgerät 187.

Gütegrad des Aufweitversuches 205.

Haftuntersuchungen 118.
Hammerschweißung 85.
Handelsbleche 7.
Härtemessung 154—157.
Härte-Meßuhr 156.
Hartlot 90—92.
Hazelett-Verfahren 38.
Heliarc-Verfahren 84.
Hin- und Herbiegeprobe 168.
Hitzebeständige Bleche 29.
Hochdruckbehälter 33.
Holzfaserbruch 216.
Hunter-Douglas-Verfahren 39.
Hunter-Reflectometer 107.
Hysteresisschleife 273.

Immersionsobjektiv 231.
Impulsschweißung 72.
Impuls-Ultraschallverfahren 260—266.
Induktive Fühlhebel 139.
— Prüfverfahren 266 bis 267.
Induktives Hartlöten 93 bis 95.

Kammschläge **16**, 50.
Kanalglühofen **9**, 27.
Kapazitive Mikrometer 150.
Karosseriebleche **5**, 102.
Keilzugversuch 161.
Kistenglühen 9.
Kleber **15**, 17.
Knickbrüche **19**, 250.
Koerzitivkraft 271.
Kohlenstoffbestimmung (Analyse) 220.
Kondensator-Impulsschweißung 72.
Kondensator-Kapazität 283.
Konservendosen 35, **126**, 131.
Kontaktmessung 128.

Korngefüge an Oberfläche
22, 161, 204, 277.
Korngrenze 11.
Korngröße 236.
Kornhartlotverfahren 98.
Kornorientierung 267.
Kornverminderung 236.
Korrosionsbeständigkeit
39, 44, 69.
Korrosionsschutz 6, 33,
36.
Kraftmeßdose 165—167.
Kraft-Weg-Registrier-
gerät 163, 166, 181.
Kreuzschweißprobe 208.
Kricogerät 149.
Kritische Verformung 22.
Kritischer Glühbereich
22.
Kugeldruckprobe 154.
Kugelfalluntersuchung
118.
Kunstharzüberzug 25.
Kupferbestimmung (Ana-
lyse) 224.
Kupferblech 47.
—, löten 100.
—, schweißen 86.
Kupfergehalt 225.
Kupferhaltige Stahlbleche
(gekupferte) 28.
Kupfersulfatschicht 24,
25.

Lackprüfung 104—109.
Laufzeit-Echogerät 261.
Legierte Leichtmetall-
bleche 39, 40.
— Stahlbleche 26.
Leichtmetallbleche 39 bis
47.
—, löten 97—100.
—, schweißen 81—85.
Leitfähigkeits-Dicken-
messung 131.
Leptoskop 137.
Leuchtschirm 264.
Lichtbogenschweißen 77.
Lichtpunktlinienschreiber
282.
Lichtschnittverfahren 285.
Lochaufweitprobe 203.

Logarithmierte Form-
änderung 189.
LOS-Magneto-Struktur-
prüfer 269.
Lösungsglühen 43.
Lötpistole 98.
Lötverfahren 88—101.
Lüders-Linien siehe Fließ-
figuren.

Maag-Oberflächenprüfer
284.
Magnesiumblockguß 38.
Magnet. Dickenmessung
132, 142.
Magnetisierungszahlen
270—274.
Magneto-Strukturprüfer
269.
Mangangehalt (Analyse)
216, 224.
MBV-Verfahren 46, 103.
Mehrstufenpresse 66.
Messingblech 48—50, 102,
224.
—, löten 101.
—, schweißen 86.
Messinglot 90.
Meßjoch 272.
Meßdose zur Kraftmes-
sung 165—167, 195.
Meßtaster 128—130.
Metallographische Prü-
fung 227—240.
Mikrogeometer 282.
Mikrometermessung 128.
—, kapazitive 150.
Mikropolgerät 230.
Mikrotest-Schichtdicken-
messer 136.
Mikrozerreißprobe 160.
Mipolam-Einbeulgerät
187.
Mittelbleche 6, 79.
Monelmetall 4, 55.
Movilinit-Gerät 150.
MPI-Prüfgerät für Ver-
zug 114.
— Wasserstoffdurchläs-
sigkeit 117.
Mullen-Tester 184.
Mu-Metall 277.

Napfzugversuch 22, 63,
188—198.
Narben 14, 22.
Naßverzinken 36.
Neusilber 55.
Nichtrostende Stahl-
bleche 28.
Nickelblech 55, 253.
Nickelgehalt 29.
Nimonic 29, 55.
Normalisieren (Glühen)
9, 37.
Normbezeichnungen 2.

Oberflächenglätte 11.
Objektiv 231.
Offsetbleche 51.
Okular 231, 286.
Olsen-Einbeulgerät 181.
Öltropfenprobe 277.
Oszillogramm 262

Paketwalzen 9, 51.
Panzerholz 34.
Parallelitätstoleranz 122
bis 127.
Parkern 24, 69.
Partek-Verfahren 120.
Peco-Schweißverfahren
74.
Permeabilität 27, 272.
Persoz-Einbeulgerät 181.
Perthometer 283.
Phosphatschicht 24, 103.
Phosphorarme Stähle 7.
Phosphorgehalt 28, 36,
223.
Phosphorlot 90.
Plastizometer 66.
Platinenadern 7, 8.
Plattierte Leichtmetall-
bleche 42, 47.
— Stahlbleche 30—34,
49, 81.
Plexiglas 56.
PN-Stahl 7.
Pneumatische Dicken-
messung 143.
Pohlmann-Verfahren 260.
Poliermittel 229/230.
Polierstich 11.
Polterprobe 215.

Poren 12, 13, **16**.
Porenprobe 226.
Porensuchgerät **106**, 118.
Präzisionstoleranz 127.
Preeceversuch 227.
Preßschweißen 75.
Projektometer 130.
Properzi-Verfahren 38.
Punktschweißen **69**, 83.
Punktschweißzange 86.

Querkraftfreie Biegeprobe 169.
Querkraftfreies Biegen 160.

Raffinade-Hüttenroh-zink 36.
Randaufweitungsgerät 201.
Randfalte 17.
Rauhigkeitsmessung 277 bis 285.
Rauhtiefe 279.
Raulimeter 285.
Reaktionslöten 99.
Reckspannung 50.
Reflektoskop 265.
Rekristallisation 240.
Reiblöten 99.
Remanenz 271.
Ringprobe 275.
Ritzprüfung 103.
Rockwellhärte 156.
Rollennahtschweißung 71.
Rollentastgeräte 139 bis 142.
Röntgenverfahren
—, Dickenmessung 147.
—, Feinstruktur (Mikro) 252—257.
—, Grobstruktur (Makro) 247—251.
—, Interferenzmessungen 138.
—, Spannung 113.
—, Spektralanalyse 258 bis 259.
Rotbrüchigkeit 216.
Rotgußschweißdraht 87.
Rotschlacke 12.
Rückfederung **62**, 152, 178.

Rückstrahlaufnahmen 253—257.

S.A.E.-Normen 5.
Sammelschiene 44.
Saphirnadel 278.
Sauerstoffverbrauch 77.
Säurebeständig siehe nichtrostend!
Säurewiderstandsprobe für Email 120.
Schallintensitätsverfahren 259.
Schallkopf 264.
Schattenband 285.
Scheitelwert 274.
Scherkraftmesser 165.
Schichtdickenmessung 32, **134—138**.
Schildplattoberfläche 23.
Schlackenspuren 17.
Schlaglot 97.
Schlagnapfzuggerät 199.
Schlagprüfgerät 108.
Schlagwellen 16.
Schlauchkassetten 247.
Schleifrißnarben 14.
Schleppelektroden 80.
Schliffherstellung 227 bis 230.
Schmierstoff 26, 63.
Schmirgel 229.
Schneidfähigkeit 58.
Schneidspalt 58, **167**.
Schnittgratmesser 286.
Schnittwerkzeug **57**, 285.
Schrott 6.
Schutzblech, siliziumhaltiges 24.
Schutzgas 11.
— -Hartlötofen 96.
Schwarzblech 2.
Schwarzes Licht 212.
Schwefelgehalt (Analyse) 222.
Schweißnahtprüfung **207**, 213, 248.
Schweißrissigkeit 208.
Schwerrostende Stahlbleche 27.
Seigerung 6, 7.
Siemens-Martin 7.

Silberlot 90.
Silicon 4.
Silizium 6, **35**, 36.
Siliziumbestimmung (Analyse) **223**, 270.
Siliziumstahlblech 24, **26**, 273.
Solex-Verfahren 143.
Sondenbügel 151.
Sondertiefziehbleche 5.
Sonizon-Ultraschallgerät 149, **265**.
Sortiergerät 276.
Spannungsmessung 157.
Spannvorrichtung für Schliffe 228.
Sperry-Reflectoscop 265.
Spherometer 176.
Stahlblech 2—37.
—, löten 89—96.
—, schweißen 69—80.
Stainless 4.
Standardemail 116.
Statifluxverfahren 118 bis 120.
Stiffening-Test 36, **177**.
Stop-Cote-Gerät 150.
Strahlungsmeßgerät 151.
Stranggießverfahren 37, **51**.
Streckgrenze **17**, 44.
—, obere 11.
Streckziehversuch 206.
Streifenjoch 272.
Structural 5.
Strukturprüfer 269.
Stufenprüfverfahren siehe Napfzugversuch!
Stufungsverhältnis β 65.
Sturz 8, **10**.

Talkum 26.
Tandemwalzwerk 8.
Tastrollen-Dickenmessung 139—142.
Tastschnittgerät 278 bis 284.
Thermitpreßschweißen 75.
Thermoplastische Stoffe 56.
Thomasstahl **7**, 29, 217.
Tiefbrandkontaktelektrode 80.

Tiefung 205.
Tiefungszerreißversuch 163.
Tiefziehbleche 3.
Tiefziehen 63—67.
Tiegelofen 29.
Tonerde 6, **18**.
Torsions-Magnetometer 268.
Trafobleche (= Transformatorenbleche) **26**,273.
Trapez-Freibiegeprobe 173.
Triphosphatschicht 24.
Trockenverzinken 36.
Tüpfelprobe 225.
Tupfenbildung 18.

Überglühung **22**, 27, 236.
Überwalzschnitt **14**, 22, 237.
Überzugsschicht siehe Deckschicht!
Ultraschall 66, 149, 250, **259—266**.
— -Lötgerät 99.
Umfangsmessung 153.
Umhüllelektrode 87.
Unberuhigtes Stahlblech 6.
Unganzes Blech siehe Doppelung!
Unmagnetisches Stahlblech 27.
US-Normen 3—5.

Vektormessung 275—277.
Verlustziffer 273.
Verzinktes Blech **36**, 254.
Verzinntes Blech 34—36.
Verzugmessung 114.
Verzunderungsgrad 112.
Vickershärteprobe 155.
Vorblech 8.
Vorgerüst 8.

Wagenbleche 28.
Walzfalte 17.
Walzvorgang 8, 256.
Wangenbiegeprüfgerät 168.
Warmauslagern 44.
Warmfestigkeit 215/216.
Warmwalzfehler **24**, 52.
Warzenschweißung siehe Buckelschweißung!
Wassergasschweißung 76.
Wassergußverfahren 51.
Wasserstoffabscheidung **16**, 35.
Wasserstoffdurchlässigkeit 117.
Weicheisenjoch-Dickenmessung 132.
Weißblech 34—36.
—, löten 96.
Weiterschlag-Napfzugprobe **192**, 194.
Wellblech 28.

Wiederaufkochversuch 116.
Willets-Biegeversuch 33.
Wirbelstromdickenmessung 131.
Wirkstrom 273.
Wolkenbildung **13**, 15.
Wolter-Biegegerät 160.
Wrought iron 5.

Zählrohr 146.
Zerreißstab 159.
Zerreißversuch 157—160.
Ziehbeiwert 193.
Ziehbleche 5.
Ziehspalt 190.
Ziehverhältnis siehe Stufungsverhältnis!
Zinkauflage 254.
Zink, Zinklegierungsbleche 50—54.
— —-, löten 101.
— — , schweißen 87.
Zinkgehalt (Analyse) 224.
Zinngehalt (Analyse) 224.
Zipfelbildung **19**, 191, 268.
Zugbeanspruchung 245.
Zugstauchbeanspruchung 245.
Zunder 6, 14, **24**, 29, 67, 69, 112.
Zyglo-Verfahren 211.